高等学校酒店管理专业本科系列教材

智慧酒店工程技术应用

ZHIHUI JIUDIAN GONGCHENG JISHU YINGYONG

◎编著 黄 崎

重庆大学出版社

内容提要

随着我国社会与经济的快速发展,旅游与酒店业已呈现出蓬勃繁荣之势,成为我国国民经济的支柱产业之一。我国的酒店业经40多年发展,已聚集成世界级规模效应。但行业面临着数字化转型、智慧化引领、高质量发展的机遇与挑战。酒店业应用高新技术服务行业转型高质量发展尤为迫切。在此背景下,此书及时介绍酒店业数字化与工程技术在行业需求与引领性的应用。本书分10个章节,重点介绍了智慧酒店与数字化高新技术的应用、智慧酒店信息化工程系统、酒店经营管理与工程系统、酒店多媒体系统应用与管理、酒店智能安全预警和监控系统、酒店先进的大型工程设备,还分析了酒店的能源供给系统、旅游饭店星级标准与工程规划设计等。本书也从我国碳达峰和碳中和的国家能源战略的视角,介绍了酒店企业综合能耗基准线的构建和节能减排科技应用。

本书可以作为高等院校酒店管理等相关专业的教学用书,也可以作为酒店行业相关从业人员的培训用书。

图书在版编目(CIP)数据

智慧酒店工程技术应用 / 黄崎编著. —重庆 :
重庆大学出版社, 2022.8
高等学校酒店管理专业本科系列教材
ISBN 978-7-5689-3260-8

Ⅰ. ①智… Ⅱ. ①黄… Ⅲ. ①饭店—智能技术—高等
学校—教材 Ⅳ. ①TU247.4

中国版本图书馆CIP数据核字(2022)第068974号

智慧酒店工程技术应用

黄　崎　编著

策划编辑:高东亮　助理编辑:任静萱
责任编辑:尚东亮　赵　晟　　版式设计:尚东亮
责任校对:刘志刚　　　　　　责任印制:张　策

*

重庆大学出版社出版发行
出版人:饶帮华
社址:重庆市沙坪坝区大学城西路21号
邮编:401331
电话:(023) 88617190　88617185(中小学)
传真:(023) 88617186　88617166
网址:http://www.cqup.com.cn
邮箱:fxk@cqup.com.cn (营销中心)
全国新华书店经销
重庆巍承印务有限公司印刷

*

开本:787mm×1092mm　1/16　印张:18.25　字数:470千
2022年8月第1版　2022年8月第1次印刷
ISBN 978-7-5689-3260-8　定价:49.00元

编委会

前言

旅游业在世界经济发展中占有重要的地位,作为经济增长重要的促进与驱动因素,有着显著的发展空间。近些年,我国的旅游业对国民经济的综合贡献度和对社会就业的综合贡献度均超越了10%,旅游业已经成为我国的战略性支柱产业。

在旅游产业链上,酒店业地位特殊,是旅游客人(包括各种公务、商务等流动人员)在非居住地停留时间最长的时空区域,酒店为客人提供住宿、休闲、就餐、宴会和娱乐等服务,以及客人所期望的安全、舒适及高端的立体体验。由此酒店是旅游产业链上非常重要的环节。我国酒店业的发展态势迅速。中国星级饭店统计公报的数据显示,近几年全国星级饭店总数在10 000家左右,这些数据还不包括没有挂牌的非星级酒店,特别是基于互联网业态下数量巨大的非星级连锁酒店和民宿等。我国的酒店业(Hospitality Industrys)成为一个富有朝气、发展迅速并具有鲜明行业特征的新型体验经济的产业。

但科学技术、文化创意、经营管理和高端人才对推动旅游与酒店业发展的作用日益增大,云计算、物联网、大数据等现代信息技术在酒店业的应用更加广泛,产业体系的现代化成为旅游业发展的必然趋势。为此,在酒店企业经营管理上,现代的工程系统应用显得尤为重要,酒店工程系统是一个具有基础性、准入性、导向性、决定性和先进性的技术领域。酒店工程技术是一个具有一定广度和深度的科研应用体。酒店各个工程系统之间又彼此联系、交叉。酒店的工程技术部既要处理复杂的技术问题,又要服务于酒店的整体经营。酒店高新技术的应用将与酒店的运营融合到一起。从过去传统的酒店到现代国际品牌酒店,从单体酒店到连锁酒店集团,从高星级酒店到高端精品文化酒店,酒店业呈现出争奇斗艳、多元化竞争的格局。正因如此酒店的工程系统管理显得如此交错复杂,酒店工程技术部作为酒店运行的基本保障部门,任务繁重而富有挑战。随着时代的发展,酒店工程技术应用已经或正在发生变革和创新。数字化和信息化的推进,给酒店业的发展带来了本质的变化;旅游电子商务的兴起给酒店经营带来了新的理念和方法;物联网、大数据等高新技术,已经在酒店行业开始了引领性的应用;云技术在行业应用推广迅速。酒店企业面临巨大的市场压力,竞争异常激烈,酒店行业的管理者必将开拓新的数字化营销渠道,采用适合时代发展的新管理模式。数字化运营、节能减排是酒店行业在今后发展中的两大科研主旋律。酒店的管理层应该知晓酒店工程技术与管理的基本知识,了解酒店重要工程系统的运行原理,掌握酒店关键系统的运行技术标准(参数),了解酒店工程系统的运维模式和管理制度,酒店中高层管理者要站在酒店行业发展的高度,去审视酒店工程技术的应用与发展,对行业的数字化转型有着非常敏锐的意识和行动能力。

根据酒店工程技术应用的特征,编者将以下几个方面作为本书的整体展开思路。第一,从数字化、信息化在酒店各个工程系统的融合应用视角展开:以数字化为代表的高新技术应用是酒店行业发展的战略定位,酒店发展战略变革将直接影响酒店行业的运营模式、人才需求和组织架构等。第二,从酒店重点的工程系统展开:酒店企业应用工程系统和设备、设施很多,小到电器开关,大到电梯系统等;从客房中的数据点,到连锁酒店大规模远程数据控制等。由此本书将各类需求应用梳理成系统,抓住重点,对酒店企业重要的设备系统做清晰介绍和讲解。这些重要系统的应用必将影响酒店发展的大局。第三,从酒店行业碳达峰和碳中和的视角展开:近几年,酒店业非常重视环保和绿色饭店的推广,低碳经济发展模式既符合我国产业发展的方向,也是酒店行业自身发展的需求。本书将重点介绍酒店行业最新的低碳经济模式、碳足迹(Carbon Footprint)和企业综合能耗的控制,酒店节能减排技术也将重点推广介绍。

本书有较强的技术应用特征,在讲解酒店工程系统时,以真实的酒店工程系统应用为导向,突出对学生或行业人士的专业知识、职业素质和管理能力的引领,由此具有应用性和实用性;在讲解酒店工程系统相关技术知识时,以国际或国内著名工业品牌为技术蓝本,讲解相关的技术要点和参数,由此具有先进性和示范性。以数字化转型为行业发展战略定位,介绍最新的酒店数字化应用引领性应用技术框架。

本着上述思想和理念,作者编写了本书(原版为《酒店工程技术应用与管理》)。由于高新技术在酒店的应用在不断变化和发展,书中一定会存在不妥之处,由衷希望得到专家学者、企业家和工程技术人员的批评和指正,为此深表感谢!此外,本书编写过程中得到了国际品牌酒店集团的大力支持,如万豪酒店集团(上海)、洲际酒店集团、东湖酒店集团等。杭州西软信息技术有限公司、北京石基科技有限公司提供了先进的前台客人管理运营模式与技术方案。作者单位与上海晨鸟信息科技有限公司校企融合,研发的酒店虚拟仿真系统可以在教学上得到应用。

本书有配套的电子课件,以及关于旅游大数据平台、酒店经营虚拟仿真沙盘、酒店管理软件、酒店智能消防物联网监控系统等的数字化教学资源,可在出版社网站下载。最后特别感谢旅游行业和旅游教育界前辈和同仁们的多年帮助和支持,在此敬意并鸣谢!

黄　崎
壬寅年春　于苏州河畔

目　录

第一章　智慧酒店

【本章导读】 新时代以数字化技术为代表的高新技术发展迅猛，影响和改变着世界，推动和冲击着各个行业前行。在数字化应用领域，我国加快了智慧城市的科技构建与应用推进。作为国民经济支柱产业之一的旅游业，我国旅游业正在向高质量转型发展，智慧旅游和智慧酒店应用是最好的契机。计算机科技、现代通信技术、物联网（IoT）、人工智能（AI）、5G技术、云计算、区块链等高新技术应用，将在旅游与酒店行业发展中发挥重要的基础性作用。数字化的各项技术是行业发展的机遇所在。

智慧旅游，其概念最早在2009年世界经济论坛《走向低碳的旅行及旅游业》中首次提出，之后成为大旅游发展的引领方向。同年9月，国内创新型酒店与IMB公司合作，开发、设计并建成了全球第一家智慧酒店。由此智慧旅游、智慧酒店开启了拓展之旅。鉴于智慧旅游与智慧酒店的概念、社会需求和应用迅速扩大，对智慧旅游与智慧酒店创新需求不断上升。在智慧旅游与酒店应用过程中，人才是第一需求。

本章重点向酒店行业的从业人员和在校的专业学生介绍智慧酒店的概念，智慧酒店的社会需求、技术框架、功能和应用发展的探究等。智慧旅游与酒店将会不断推动行业向前发展，会推动酒店行业的营销渠道、管理模式、运营体制向集约化和低碳运行方向转型，最重要的是全面刷新与极大地提升宾客的体验，展现全新的智慧服务场景。

第一节　智慧旅游与智慧酒店

一、旅游与酒店业发展

近些年我国旅游业快速发展，联合国世界旅游组织对中国旅游发展的统计测算显示，中国旅游产业对国民经济综合贡献和社会就业综合贡献双超10%，远高于世界平均水平。旅游业全面融入国家战略体系，走向国民经济建设的前沿，旅游产业链发展成为我国的战略性支柱产业。旅游业发展不仅体现在对国民经济的贡献度上，更成为衡量新时代生活水平的重要指标之一，成为人民幸福生活的刚需。旅游业列“五大幸福产业”之首。我国每年近50亿人次的旅游市场，年均增速9.86%。旅游市场成为文化传承，提升国民综合素养，促进人们互动、亲情交流、经济循环的重要渠道和途径。旅游成为生态文明建设的重要力量,南有绿水青山,北有冰天雪地,东有浩瀚之海,西有丝绸之旅。中国旅游日成为真正的情怀释放和幸福之日。在国际旅游市场上,我国连续多年保持世界第一大出境旅游客源国和全球第四大入境旅游接待国地位。

在旅游产业链上,酒店住宿业有着不可替代的地位与作用。在上述旅游亿级人次规模效应中,旅游住宿是很重要的一个环节。中国酒店住宿业,经过改革开放后40多年的发展,已经具备世界级规模效应,大部分国际顶端品牌的酒店在我国落地经营,国内酒店品牌也跃居世界前列。

近些年,我国酒店业发展不仅在规模上不断扩张,在酒店住宿业市场细分、特色经营、文化传承、集团化等领域进行了创新探索,取得了很好的市场效益。按目前的发展方向,其可以分为以下几大主流类型:

1. 星级酒店

星级酒店继续引领中国酒店住宿业发展的主旋律。无论国际化、品牌建设、服务质量体系等,都是行业内外公认的酒店发展标杆性。近10年我国星级酒店数量基本维持在11 000~12 000家,但整体数量上有下降趋势。随着我国经济和社会发展,豪华五星、高端四星级酒店呈现增长趋势,主要是国际品牌(集团)酒店,如:万豪、希尔顿、锦江国际、洲际等;经济型一二星级酒店下降速度较快;三星级酒店数量也出现了负增长。星级酒店整体上发展可以归纳为:高端呈现继续扩张和发展;中低端不断下降。图1-1是近13年来我国星级酒店基于数量统计的发展轨迹。但在发展过程中,其他住宿业态对星级酒店的竞争形成了多元、市场细分的竞争态势。

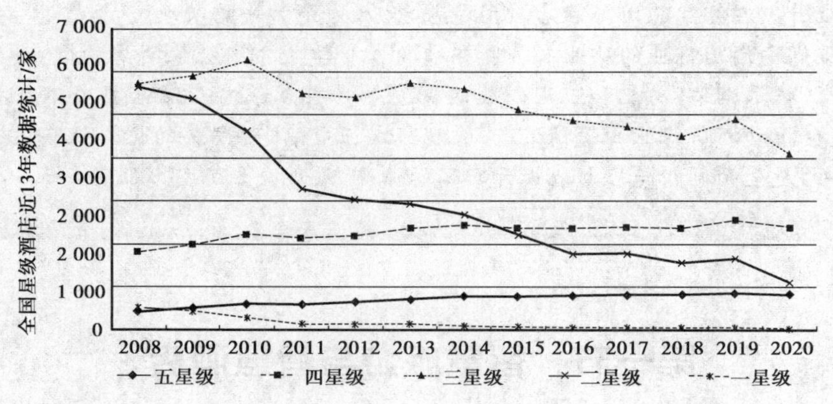

图1-1　我国近些年星级酒店发展统计轨迹

2. 非星级连锁酒店

非星级连锁酒店过去一直被称为经济型连锁酒店,它们在不断的市场竞争中发展壮大。经济型连锁酒店经过圈地式规模发展后,进入了理性市场发展阶段,应用高新技术不断提升自身的竞争内涵,产品也不断转型升级,与中高端酒店(三四星级酒店档次)市场竞争愈加激烈,经济型连锁酒店的发展状态,使业界不得不重新认知与界定。经过不断的市场调研与业态发展轨迹的研究,将经济型连锁酒店定义为非星级连锁酒店,这是中国酒店住宿业发展中的一个重要领域,具有一定市场地位的住宿业态,如:首旅如家酒店集团、华住酒店集团等,图1-2为桔

子水晶酒店。

图 1-2 桔子水晶酒店

3. 高端精品酒店

全民消费需求的升级,为中高端奢华精品酒店带来了更大的市场。自 1998 年以来,在我国出现的精品酒店,这几年发展速度较快。如:北京长城脚下的公社、北京怡亨酒店、安缦酒店、安麓酒店(图 1-3)、璞丽酒店等为代表的精品精致型酒店。这些酒店迎合了客人精神文化、鉴赏性、体验式住宿的需求。高端精品酒店迎合的不仅是住宿,更是需要换环境体验不同文化的新需求。在世界酒店市场上,也不断出现高端奢华酒店,如:科斯莫斯别墅(Kosmos)、向日葵屋(地中海)等。这些时尚奢华酒店规模不大,但个性张扬,是设计家的精心之作,受到宾客的青睐,成为引领时尚的标杆酒店。

图 1-3 高端典雅的安麓酒店

4. 民宿

近些年,民宿在互联网等高新技术环境下,迅速发展起来,民宿更以奇特、便捷等特点,抢占了年轻人的市场。截至 2019 年 5 月,小猪民宿全球房源已覆盖国内 400 多座城市,以及海外 252 个目的地,拥有超过 5 000 万活跃用户,在全国超过 20 座城市设有运营中心。根据途家网上公布的数据,截至 2020 年 6 月途家已经覆盖国内 400 座城市和海外 1 037 个目的地,在线房源超过 230 万套,包含民宿、公寓、别墅等住宿产品及延展服务,可满足以“多人、多天、个性化、高覆盖”为特征的出行住宿需求。还有国际的平台网站,如 airbnb. com, tripadvisor. com, homeaway. com. cn 等,更是数量巨大,需求分析到位,经营模式变化多端,发展迅速。民宿不仅为求新、求异、求人气的客人提供了不重复的住宿产品,更为地产经济开辟了新的市场领域。

图 1-4　各类平台营销的民宿

但旅游与酒店行业的发展面临着新技术与跨界竞争的严峻挑战,我国的旅游行业发展将从规模效应转型到高质量发展。科学技术、文化创意、经营管理和高端人才对推动旅游业发展的作用日益增大。云计算、物联网、大数据等现代信息技术在旅游业的应用更加广泛。产业体系的现代化成为旅游业发展的必然趋势。旅游行业面临着数字化转型前所未有的变革发展期。

智慧旅游、智慧酒店高新技术的出现是新技术赐予行业转型发展的极佳机遇。互联网、物联网、人工智能、云计算、5G、区块链等技术应用推广已影响和改变旅游与酒店行业的业态,尤其是智慧旅游、智慧酒店的创新与应用的迅速推广。旅游和酒店住宿业作为传统的行业,面临着前所未有的挑战和转型。旅游业发展也应该大力推动旅游科技创新,打造旅游发展科技引擎。推进旅游互联网基础设施建设,加快机场、车站、码头、酒店、景区、目的地、乡村旅游区域等重点涉旅区域无线网络建设。在这些区域应用好物联网技术,尤其是游客集中区、环境敏感区、高风险地区的物联网设施建设。国家、省市级层面需要建设旅游产业大数据平台。构建全国旅游产业运行监测平台,建立旅游与公安、交通、统计等部门数据共享机制,形成旅游产业大数据平台。实施“互联网 + 旅游”创新创业行动计划。建设一批国家智慧旅游城市、智慧旅游景区、智慧旅游企业、智慧旅游乡村。支持“互联网 + 旅游目的地联盟”建设。规范旅游业与互联网金融合作,探索“互联网 + 旅游”新型消费信用体系。我国正在建设在线旅游消费市场,AAAA 级以上景区实现免费 Wi-Fi,酒店提供全空间的无线网络服务,智能机器人已经进入酒店服务领域,第三方提供的网络服务平台将更智能化、智慧化。

二、智慧旅游与智慧酒店概念

互联网、移动互联网技术的普及发展,物联网、大数据、云计算、区块链、人工智能(AI)等技术的兴起,不断碾压、推进到各个行业的应用。在旅游产业链上,相关企业在不断应用计算机

的新技术、新的方法、新的渠道和新的运行模式。由此智慧旅游概念也随之产生,并得到迅速提升和应用。与此同时智慧酒店也呼之欲出,谈及智慧酒店要先介绍智慧旅游。

1. 智慧旅游的概念

"智慧旅游"是正在探索和不断深化的一个应用性课题或领域,智慧旅游是以互联网、通信网、物联网三网为技术应用基础,加强高新技术在旅游体验、产业发展、行政管理等方面的应用,使旅游物理资源和信息资源得到高度系统化整合和深度开发激活,并服务于旅游公众、旅游企业、政府等,是一个面向未来的全新的旅游业态。

智慧旅游是以应用数字化等高新技术为基础,以极大提升客人的体验、改变旅游服务模式、创新旅游产品、实现低碳旅游为目标,使整个行业融入时代发展、融入智慧城市与智能应用场景、融入社会和大众不断新异的各类应用体验,为旅游产业提供基础性、前瞻性、引领性的创新场景。

从应用层面,"智慧旅游"的发展是以游客互动体验为中心,借助各种终端上网设备(包括移动终端),主动或被动感知旅游相关信息,让游客与网络实时互动,使旅游过程进入触摸时代。同时实现旅游业一体化的行业信息管理,激励产业创新、促进产业结构升级,使旅游业进入信息化的大发展时代。这些新技术包括云计算、大数据、高性能信息处理技术、智能数据挖掘、物联网技术等,这些技术的应用将会不断发展并会随时加入新的技术应用。其中移动端已成旅游重要的销售渠道,旅游管理、运营和消费等都发生了巨大变化。如何利用人本数据实现旅游行业洞察,了解用户喜好、行为特征及个性化需求,成为加速旅游业由传统服务业向现代服务业转变的助推力。

2. 智慧旅游的推广

我国于2010年开始了"智慧旅游"应用性试点,选择了一个城市开展"智慧旅游"项目建设,开辟智慧旅游新时空。2012年初,我国一些旅游城市进行"智慧旅游"项目建设,并取得初步成果。游客在移动端可下载App,在移动平台上得到旅游资讯、线路、景区、导航、休闲、餐饮、购物、交通、酒店等板块的服务,集合创新的旅游信息、景区介绍和活动信息、自驾游线路、商家促销活动、实时路况、火车票等信息。旅游者可以根据个人需要实现:在线查询、预订、安全报警、投诉等服务。国内很多著名景区推出了旅游景点的手机端的智慧旅游,游客在移动端下载相关的应用端软件(App),就可以得到相关的信息和服务(图1-5),推广这个移动平台的智慧服务,可以在线和游客互动,提供实时的信息。同时旅游景区的后台监管服务平台,可以提前、更主动地去不断改进经营服务方式,通过智慧旅游为游客带来全方位的良好体验。

上述各个旅游领域的初探、创新和践行,使大家非常清晰地看见了智慧旅游的发展空间,同时也表明整个社会、行业、企业、市场的共同需求和旅游行业数字化转型的迫切需要。

3. 智慧旅游的应用领域

经实践和研究表明,智慧旅游在应用层面上主要体现在三大领域:智慧营销、智慧服务和智慧管理。

(1)智慧营销

智慧旅游通过旅游市场数据分析和舆情监控,挖掘旅游热点和游客兴趣点,引导旅游企业策划对应的旅游产品,制定对应的营销主题,从而推动旅游行业的产品创新和营销创新。旅游企业可以通过智慧营销的应用,量化分析和判断营销渠道,筛选效果明显、可以长期合作的营

图 1-5 景区智慧旅游在移动手机端的应用

销渠道。智慧营销还充分利用新媒体传播特性,吸引游客主动参与旅游的传播和营销,并通过积累游客数据和旅游产品消费数据,逐步形成自媒体营销平台。智慧营销更注重受众黏性,在线上进行了无时间限制、地域差异的全域性的交流、互动。使营销进入每家、每人(移动端),任何时候、任何环境都能成为下单旅游产品的理由。"说走就走的旅行"是要有强大的"智慧旅游"为技术支撑的网络平台提供保障的。

数字化统筹酒店销售渠道的公共流量、私域流量,使得酒店的营销智慧化、数据分析智能化、应用便捷化、决策科学化成为了智慧营销的目标。

(2)智慧服务

智慧旅游从游客出发,通过信息技术提升旅游体验和旅游品质。游客在旅游信息获取、旅游计划决策、旅游产品预订支付、享受旅游和回顾评价旅游的整个过程中都能感受到智慧旅游带来的全新服务体验。智慧旅游通过科学的信息组织和呈现形式让游客方便快捷地获取旅游信息,帮助游客更好地安排旅游计划并形成旅游决策。智慧旅游通过物联网、无线技术、定位和监控技术,实现信息的传递和实时交换,让游客的旅游过程更顺畅,提升旅游的舒适度和满意度,为游客带来更好的旅游安全保障和旅游品质保障。智慧旅游还将推动传统的旅游消费方式向现代的旅游消费方式转变,并引导游客产生新的旅游习惯,创造新的旅游文化。

(3)智慧管理

智慧旅游将实现传统旅游管理方式向现代管理方式的转变。通过互联网等信息技术,可以及时准确地掌握游客的旅游活动信息和旅游企业的经营信息,实现旅游行业监管从传统的

被动处理、事后管理向过程管理和实时管理转变。智慧旅游将通过与公安、交通、工商、卫生、质检等部门形成信息共享和协作联动，结合旅游信息数据形成旅游预测预警机制，提高应急管理能力，保障旅游安全，实现对旅游投诉以及旅游质量问题的有效处理，维护旅游市场秩序。智慧旅游依托信息技术，主动获取游客信息，形成游客数据积累和分析体系，全面了解游客的需求变化、意见建议以及旅游企业的相关信息，实现科学决策和科学管理。智慧旅游还鼓励和支持旅游企业广泛运用信息技术，改善经营流程，提高管理水平，提升产品和服务竞争力，增强游客、旅游资源、旅游企业和旅游主管部门之间的互动，高效整合旅游资源，推动旅游产业整体发展。

4. 智慧旅游发展空间

在旅游产业链上，智慧旅游涉及智慧城市、智慧景区、智慧酒店、智慧购物、智慧旅途等，更可以拓展到与旅游相关的所有空间和产品的跟踪等。在网络时代，传统的旅游需求六要素，将向 N 要素演变（图 1-6），传统的线下旅游，将向线上和线下融合的旅游模式转变，智慧旅游也向这些领域推进各项应用。

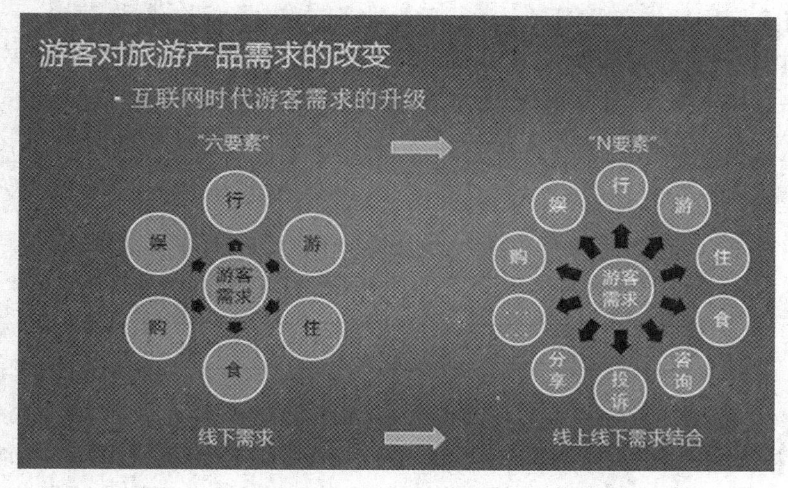

图 1-6　旅游产业市场要素的变革

5. 智慧酒店

“智慧酒店”在应用范畴上属于“智慧旅游”，智慧酒店是一种以互联网、通信网、物联网三网为基础，在酒店（Hotel）体验、产业发展、经营管理等方面，应用不断创新的数字化技术，使酒店企业的各种资源（包括信息资源）得到高度信息化，在酒店各种服务应用平台上进行整合，并服务于宾客的新型的酒店（Hospitality）业态。这些新技术包括云计算、大数据、无线通信、智能数据挖掘、物联网技术等。这些技术的应用将会不断被发展并会随时加入新的酒店领域的应用。

智慧酒店是以互联网与信息管理为基础，应用各种高新技术为客人提供各种潜在、预先、超前或者激发需求的技术应用总和。智慧酒店的应用将渗透与融合在各个经营管理、服务产品等环节中，以提升客人的良好体验并实现低碳运营。“智慧酒店”的建设与发展最终将体现在酒店智慧经营、酒店智慧控制、酒店智慧服务的三个层面，从而推进酒店业全面转型发展，使宾客有新的体验、感知，舒适度提高，酒店的综合能耗和成本科学地减少，为大旅游发展做出重要的贡献。

第二节　智慧酒店工程技术架构

一、智慧酒店技术应用基础

智慧旅游和智慧酒店的兴起和初步发展,离不开信息技术(IT)及其应用的大发展,离不开通信网络(有线、无线)不断发展,离不开电子商务迅速普及。智慧旅游与智慧酒店技术架构如图1-7所示。"智慧旅游""智慧酒店"基础性、技术性的架构是以互联网、通信网、物联网三网为基础的,而这三个网络的建设要靠国家和大型运营商的科学构建,旅游行业在此基础上运行应用性业务。较早构建的通信网是以国家级的大型通信企业为基础,形成的综合通信网络,这个网络是信息交换的基础,智慧旅游与智慧酒店离不开该网络。互联网的发展和普及已经使得各个行业、各个应用领域在此网络上运行各类业务,如电子商务、网络营销、采用云端技术的管理运营等。物联网正在发展中,各个层面的应用在探究中,还有许多技术需要解决。这三个网络将相互融合、相互支撑、相互应用,为智慧地球、智慧城市构建技术性框架。

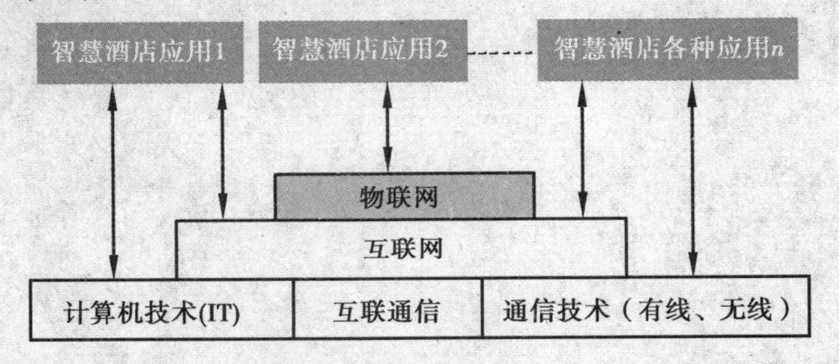

图1-7　智慧旅游与智慧酒店技术架构

上述三个基础性网络的构成,使得智慧旅游成为现实,并具有可行性。目前许多旅游企业提出了新应用和设想,这些需求是智慧旅游与酒店的动力,技术厂商也不断推出新的技术应用,各地的政府大力支持智慧旅游的拓展,游客也正逐步享用这些高科技的应用成果。图1-8是智慧旅游所展现的三个层面,其中网络层是关键,在不断发展的同时也日趋成熟,这个技术层面主要是大家熟悉的互联网和现代通信技术层,其中包括新发展的5G技术。感知层正在逐步形成,这就是目前越来越广泛应用的物联网(IoT)。物联网通过三大技术:传感器技术、标签技术(RFID)和自动控制技术(M2M),在现代自动控制技术、物与物数据传感技术等领域得到渗透式应用。在网络层、感知层的基础上,智慧旅游得到逐步推广应用。人们创造性地提出智慧旅游和智慧酒店的各种新的应用。

二、智慧酒店的技术框架

智慧酒店技术架构的建设是智慧酒店的基础,企业内部的技术框架构建是多个网络建设的结果。智慧酒店的技术框架,需要各种系统的配合、联网和功能性的对接。就技术层面而言,将涉及网络技术、计算机技术、通信技术、控制技术、传感技术、视音频技术、能源控制技术、交通控制技术及建筑技术等。在此技术框架上,可以推出智慧酒店的各类应用。由于酒店相关其他技术应用比较广泛,也比较成熟,下面重点介绍酒店网络技术框架。

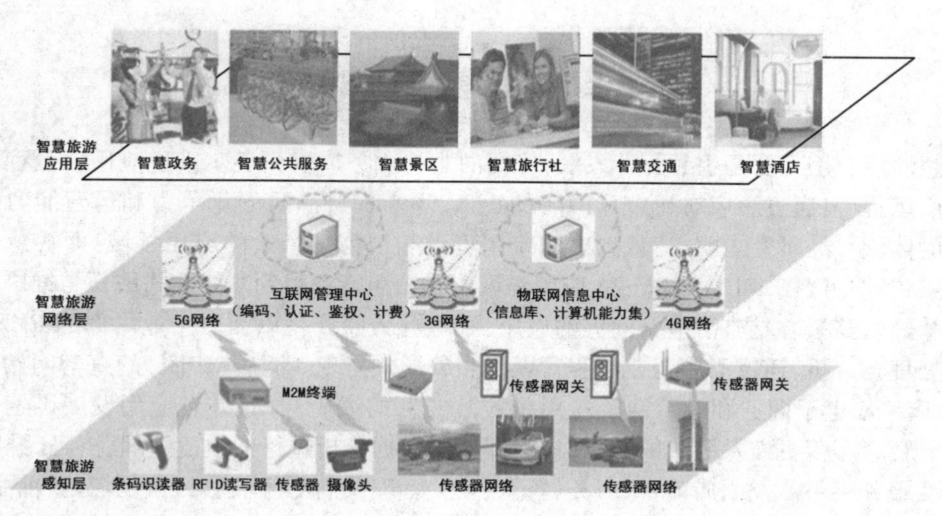

图 1-8 智慧旅游三个层面

智慧酒店首先必须构建内部局域网，该网络的建设是基础，通过酒店内部网络的建设完成酒店局域网（有线、无线）、内部通信网（有线、无线）的构建。在这些基础网络结构上，酒店可以运行与自身业务相关的各种业务和应用（图 1-9）。具体包括：酒店管理信息系统（HMIS）、酒店网络营销、酒店客房智慧控制、酒店能源系统（电力、给排水、燃气等）控制、酒店设备控制、酒店宾客服务信息系统、酒店磁卡门禁系统、酒店安防系统（消防报警、安防监控等）、酒店视频（电视）系统、酒店音响（视频）系统、酒店经营数据分析等。当然酒店的每个系统有各自的技术方案，但智慧酒店最大的特点就是资源整合，实现信息交换、实时控制、传感信号等技术要素的有效配置，最大限度为酒店提供先进的服务平台，最终为宾客提供良好得体的体验。

在这个技术框架构成的基础上，需要对酒店应用的各种工程系统进行整合，形成信息交换（接口）、控制系统的构建、业务应用的设计等，来完成智慧酒店的框架建设。

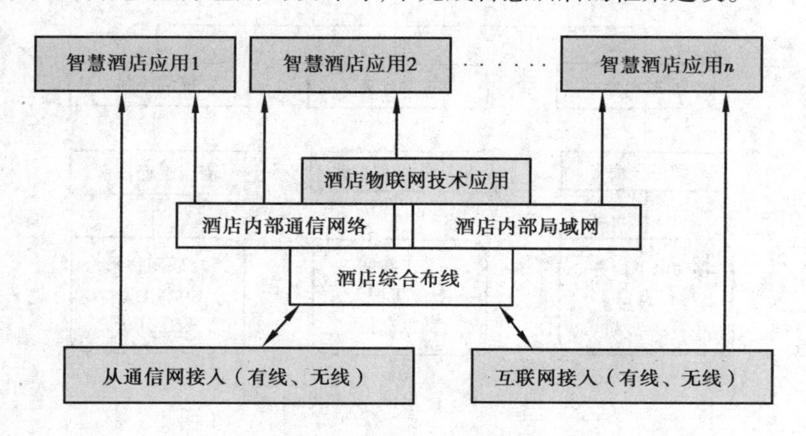

图 1-9 智慧酒店技术（网络）架构

第三节 智慧酒店的应用

智慧酒店应用主要是引领行业发展,依据酒店的业务需求而逐步推进应用,智慧酒店是在实践推广过程中,通过酒店对智慧型酒店的投入,不断提升酒店的竞争力和运营能力,使宾客有更好的体验。经研究表明,智慧酒店的应用可以归纳为三个大的应用领域:即智慧经营、智慧控制、智慧服务(图1-10)。这三大应用领域正在酒店行业得到非线性式增长与推广。

智慧经营其核心是旅游电子商务的应用,旅游电子商务是以酒店企业内部的PMS为核心的数据处理与分析,通过酒店企业流程管理为表象形式呈现。酒店(集团)的直营网站、第三方OTA、酒店移动电子商务和微营销等应用是智慧经营的线上应用,并且应用发展迅速,专业人才匮乏。智慧经营更涉及酒店的数据分析:即应用数据分析进行的收益管理、控房(排房)等。

智慧服务应用涉及酒店前台、房务、餐饮、宴会管理及酒吧等酒店经营领域,目前主要体现在酒店移动端和智能机器人的应用,如将客房管理服务应用到PDA移动端,使面向客人的服务更加便捷。智能机器人的研发与应用,正在替代许多重复、低端人工服务,使得酒店人力成本降低,服务更加快速。

智慧控制是酒店现代工程系统技术的新应用,酒店工程技术的应用面比较广,具有综合性、先进性。智慧控制是酒店应用发展空间最大的领域,其技术基础是物联网应用,核心是与原先酒店各个工程系统的结合,通过数据采集、分析与反馈控制,使酒店能够实时控制运行的工程系统,环境更加符合客人的需求,尤其是个性要求;使供给侧(酒店)能在应用数据分析、物联网技术的基础上,对酒店工程系统进行控制,达到控制的最优或次最优;使需求侧(客人)体验更佳,更符合个性特质。酒店工程系统也因此可实时调整控制,可执行区域性微调控制等新型驱动。智慧控制更能使酒店创造科学的体验环境,也能为低碳运营提供科学的保障。

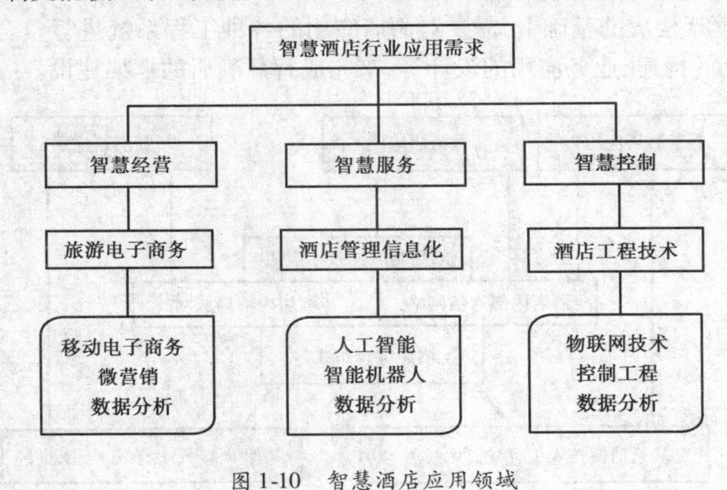

图1-10 智慧酒店应用领域

一、智慧酒店营销

智慧酒店营销是以经营数据分析、计算模型构建为基础的经营决策支持综合网络平台,智慧经营给酒店决策者、营销经营者一个新的经营环境,即:智慧营销的核心就是以数据分析为

基础，应用大数据和智能技术，为酒店的市场分析、布局提供高效能的决策支持。智慧营销将构建全覆盖、多渠道的营销模式。从较早的网络营销，到网上订房；从酒店直销网站，到第三方订房平台；从有线网络订房入口，到移动手机终端销售。酒店的智慧营销将是立体的、全天候的、多渠道的。以下为智慧经营的几个应用场景：

1. 酒店(集团)自主网站营销模式

在网络营销方面可以是酒店(集团)的直销模式，许多大型酒店集团具备了网络销售的能力，为酒店的客源市场构建起了营销平台，例如洲际酒店集团的自主网站，是酒店很好的销售渠道。自主网站配以电话预订达到了很好的效果。酒店发展私域流量，建设好自营网站是很好的途径与方法。

2. 酒店第三方营销平台

目前的酒店第三方营销平台占市场份额很大，这是市场细分的结果。酒店企业从第三方平台得到市场份额，是渠道销售途径之一。酒店与第三方的信息交换，在网络技术架构上比较简单，只要酒店具备能够上网的浏览器就可以进行操作。比较典型的国内第三方酒店平台有携程(图 1-11)、飞猪等。这种营销平台在桌面端和移动端切换自如，应用普及而广泛。

图 1-11 携程旅行网

上述几个渠道的整合形成了酒店(集团)营销渠道的领先优势，许多酒店集团会在数据和技术分析基础上，采用渠道销售分析，结合收益管理，来调配渠道销售(图 1-12)，达到智慧营销的目标。

3. 新媒体智慧酒店营销

这里的新媒体主要是指移动终端的普及带来的变化，人们使用移动终端已经到了无孔不入的阶段，只要有创新想法，就能实现移动终端的应用(App)。例如：App 移动服务、微信、抖音、美团的传播等渠道(图 1-13)。这些新媒体的传播渠道最大的特点就是在各种移动终端上的应用，如：移动手机、平板电脑等。只有 Wi-Fi 信号，这些移动终端就能与酒店的营销平台交流信息，进行各种互动。移动终端最大的优势就是人们可以利用“碎片时间”进行阅读，进行信息交流，随意性强(图 1-14)。对宾客而言可以随意下单订房，酒店业可以将“剩余的客房”进行碎片销售。

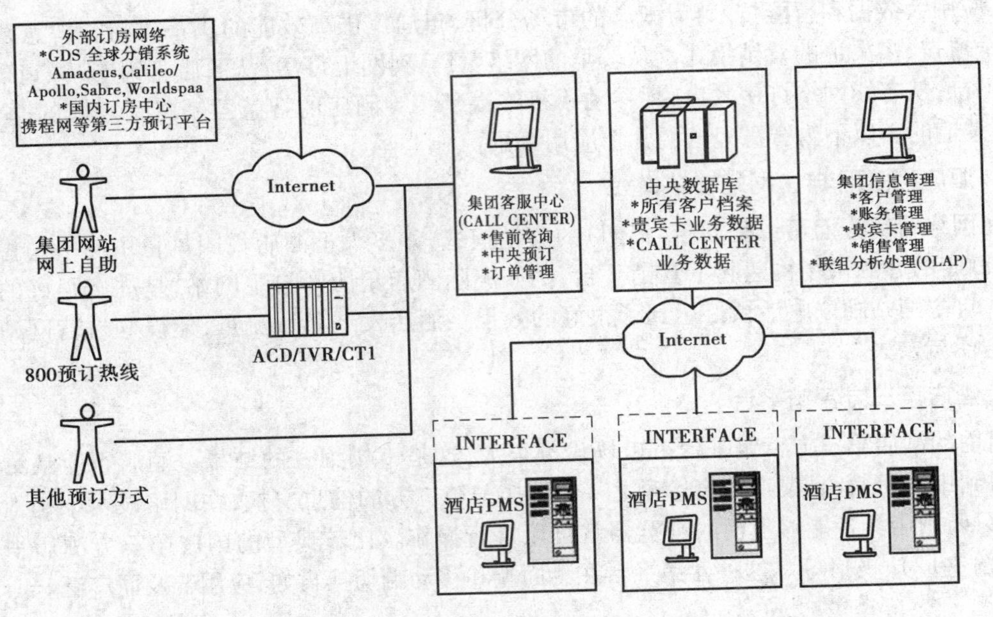

图 1-12　酒店集团销售渠道分析与配置

图 1-13　酒店营销新媒体渠道

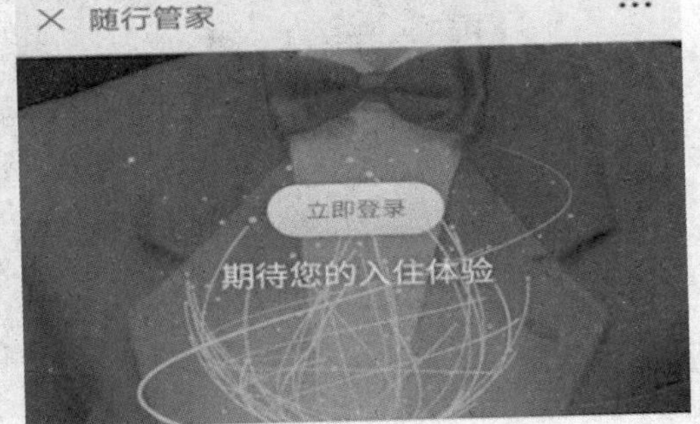

图 1-14　酒店移动端应用 App

二、智慧酒店服务

在智慧服务领域,酒店已经初步推进到贴身服务、个性服务。如:移动客房、移动点菜、移动客人入住、结账、客房送餐等。酒店应用移动互联网技术是先易后难的过程。虽然许多酒店(集团)都具备了移动入住、自主登记入住的设备和设施(图 1-15),但这些智慧管理模式还不能全面展开。移动结账会迅速发展,特别是阿里信用住的推广应用。高星级酒店(集团)大部分已经完成技术改造,在酒店总台开辟区域使用支付宝应用。

三、智慧酒店控制

智慧控制主要是酒店应用各种控制技术来控制酒店的各类工程技术,达到为宾客提供智慧服务和优质的体验。酒店智慧控制发展比较迅速,可以展现多个应用场景。

1. 客房智能控制

酒店客房控制可以使客房服务与管理智能化。宾客入住酒店过程中能享受到更便捷的服

图 1-15　酒店自助入住机器人

务，例如从客人上网或电话订房时开始，酒店就通过远程订房系统完成对该房间的定时预留，并及时为客人的特殊喜好做好准备，等候客人的到来。当客人到来后，在酒店大堂，只需要出示身份证，就可以立刻入住酒店预订好的客房；来到客房门前，用身份证或预先的会员卡就可以打开电子门锁；打开客房的门，房间走廊的照明灯自动亮了，客人把卡插入取电开关，房间根据客人入住的时间，因为是晚间，适时地选择了相对柔和的夜景模式，床头灯亮了，小台灯亮了，电视自动打开了，背景音乐放着柔和的音乐，客人愉快地享受着沐浴，然后轻触床头的触摸开关，选择睡眠模式，走廊的小夜灯亮，其他灯随着客人的入睡也熄灭了；愉快的入住时光结束了，客人来到大堂，刷了一下会员卡，自动在卡中扣除了费用。有的酒店采用客房机器人服务，可以通过语音来控制客房的窗帘、灯光、背景音乐和电视播放等，也可以进行客房送餐、送六小件服务等。

客房的智能控制应用在不断创新发展中。宾客在酒店停留时间最久的区域是客房，由此客房的体验是酒店产品的核心之一。目前酒店可以通过无线终端进行客房设备设施的控制，这些设备设施的控制包括：客房区域的温度湿度控制、照明控制、客房视频音频的控制、服务的响应（叫醒、洗衣）等。

2. 酒店智能控制

酒店智能化系统包括酒店安防系统（监控、消防、门禁和公安入住登记）、楼宇自动控制系统、客房智能化控制系统、智能通信系统、酒店视频音频系统、智能商务系统、酒店交通系统（电梯）、设备能源管理系统、智能会议系统和娱乐控制系统等。这些酒店工程系统在后面章节做介绍,这里重点介绍其智能控制应用和发展趋势。

酒店安防系统:这些系统的智能控制,主要体现在安防数据挖掘、智能识别、智能跟踪、云计算的数据比对等领域,这些新技术的应用大大提升了酒店安防的智能化程度,为酒店的安防起到积极作用。

酒店楼宇自控系统:该系统用于酒店客房及公共场所的环境参数自动控制,如:温度、湿度、新风、气味、除菌等自动控制,目的是为宾客创造一个舒适、温馨的住宿环境,给宾客优质体验环境。

客房智能化控制系统:酒店客房管理系统行业内通常也称为酒店客房控制系统、酒店客房智能控制系统、酒店客房控制器等,系统主要用于房间的照明、音响、电视控制,服务请求,免打扰设置等。例如当宾客进入客房,室内灯悄然开启,音乐如流水般缓缓播出,智能房卡上显示室内的二氧化碳含量,判断屋里的空气清新程度。

智能通信系统:该系统用于客人对外通信、酒店内部通信交换。良好的通信网络使客人可以进行语言、图像、数据等多媒体信息传递,可开网络会议、视频电话、上网等。使宾客处在一个开放的、便捷的信息社会,即使旅行在外,也和在家一样,有宾至如归的感觉。

酒店视频音频系统:和传统的酒店视频音频系统不同的是,该系统具有综合信息系统的特点,可以处理各种需求,如录像、回放、编辑和数字处理等。该系统除了有传统的卫星、有线节目外,更为宾客提供及时新闻和娱乐互动节目。该系统还可以向宾客提供智能商务服务,可以和酒店管理信息系统对接,宾客可以对酒店进行各种信息处理,如预订(订房、订餐)、消费查询、公众信息查询、邮件管理等。

酒店电梯设备:该系统综合电梯控制技术和其他系统技术,对酒店交通进行控制,使宾客在酒店移动更加安全和便捷,宾客进入客房区域更加私密和通畅。酒店交通系统会和酒店的门禁系统、管理信息系统交换信息,处理好宾客的服务。

设备能源管理系统:该系统既要保障宾客的舒适度,又要做到节能减排,使酒店的综合能耗得到很好地控制。让酒店既满足宾客的需求和体验,又能做到低碳高效。

智能会议系统:这个系统的特点就是提供会议声光像智能服务,系统运用现代化的声光像技术,将会议资讯资料及时传递、存储等现代一流的服务。

智慧控制在创新实践中,酒店企业会有许多新的思路和想法,技术厂商会不断推出新的智慧产品、系统和各种运用模式,政府部门会对新技术的应用加以扶持和推广,其目标就是推进旅游行业的发展。

3.智慧酒店应用目标与发展趋势

从2009年智慧地球概念的提出,到各个行业对智慧的创新与应用,正是社会发展的外部环境与行业应用自身发展不断结合的过程。旅游业需要可持续发展,要进行符合或引领市场需求的改革,如:新生代的需要、新的业态、模式创新、流程变革、新技术应用等。作为旅游产业链上重要的行业,智慧酒店的应用将影响或者改变行业的发展。通过研究,智慧酒店高新技术的应用可以得出以下几个结论:

(1)智慧酒店的应用内涵

智慧旅游实质是推进我国旅游业转型升级,服务于旅游的战略发展需求,不断满足客人的体验,满足行业自身发展的需求。就智慧酒店而言,智慧的应用就是基于新一代信息技术,尤

其包括:互联网+、物联网、大数据、智能控制等。应用与整合好这些技术来不断满足客人个性化、更好的体验要求,使酒店提供高品质、高满意度的服务,从而实现酒店资源应用和社会资源利用最大化。

(2)智慧酒店的应用方向

智慧酒店应用的三个领域是:智慧经营、智慧服务、智慧控制。三个领域相互支撑、相互补充。智慧经营集中体现在网络化、规模化、数据化的经营营销,智慧经营的技术手段是应用互联网技术、数据分析与不断更新的商业模式;智慧服务体现在与客人面对面贴身服务的各个环节,使客人体验快捷、舒适的服务,其技术应用主要是移动互联网、智能技术(机器人)等;智慧控制主要应用于酒店对内部环境的科学把控,通过物联网技术对酒店运行的各类工程系统,在数据分析与控制模式的基础上,对工程系统实时地可测与可控,达到对客人环境个性、舒适的服务,提升客人的良好体验。智慧控制的另一个目标是酒店企业的低碳运行,使企业进入可持续发展的良好模式。

(3)智慧酒店应用的机遇与挑战

经研究表明,酒店对新技术应用存在着认识与实际应用的差异,如:酒店管理信息系统100%的应用与高层管理者的满意度存在着差异,效果认可逻辑上的反差,显现出酒店管理层对系统工具缺乏足够的信任,更在应用上有着边际效用的差距。年轻人对智慧酒店的服务认可度高,明确告诉了酒店企业的市场方向。

智慧酒店的应用需要企业内部的动力,但今天的新技术应用,往往是来自跨界的打压,OTA的迅速崛起就证明了这一点。智慧酒店的应用是未来酒店的发展标志,社会受众的需求,第三方的技术应用与推广,会大大加速智慧酒店应用的普及与创新。

第四节　酒店高新技术应用

近些年以数字化为代表的高新技术发展迅猛,互联网、物联网、人工智能(AI)、区块链(Block Chain)、大数据、5G、云计算等为代表的一大批创新技术应用,不断把应用推进到各个领域,推动了各个行业的发展。旅游行业作为我国国民经济的支柱产业之一,其发展正处于转型时期。由此,应用好这些高新技术对行业的数字化转型发展非常必要而且有益。而智慧酒店的应用与推广也是应用了各类高新技术,极大赋能旅游酒店行业的发展。以下为在酒店行业正在推广的高新技术:

一、酒店物联网技术应用

酒店行业的发展,始终和新技术在行业的应用相关联。物联网技术正在迅速推广应用中,尤其在智慧酒店的控制领域。酒店行业将物联网的新技术融入运营中,更好地提升了客人良好的体验。

1. 物联网的概念

物联网(The Internet of things)的概念是在1999年提出的,定义是:把所有物品通过射频识别等信息传感设备与互联网连接起来,实现智能化识别和管理。就是把感应器嵌入到要控制的物品中,然后将“物联网”与现有的互联网整合起来。某种意义上认为:物联网(The Internet of things) 就是“物物相连的互联网”,它是通过一定的技术手段把任何物品与互联网连接起来,进行信息交换和通信,实现智能化识别、定位、跟踪、监控和管理。再从技术角度简单地说:物联网就是“传感器”加“互联网”,也就是说通过传感器把要控制的物品与互联网联系起来,其本质就是让物体传感联网,“表达”被控制物品的状态和参数,只有这样才能实现网络化控制、管理。许多领域希望应用该技术,利用物联网这个技术特性,为企业应用互联网提供更大的空间,这样的网络技术运用到设施、设备控制和服务产业上将产生一系列变革。这个需求也引发技术公司去研发推广该技术。酒店行业作为一个应用广泛和管理领先的行业之一,正在面向这个新的技术应用,以期待给本行业(企业自身)带来新的管理模式、方法和效益。酒店经营管理和信息化、物联网的融合,能带来新的管理形式和流程,该技术在酒店行业应用的目标就是为行业发展服务。

2. 物联网的三个技术层面

物联网是在互联网基础上发展起来的,对物联网的应用,首先必须搞清楚物联网的三个技术层面,图 1-16 基本上能够表明物联网的基本技术框架。应用层是平时经常应用的一个层面,应用是最早发展起来的,其中表现为强大的计算机技术的桌面功能,如:文档、图像、音频、视频的处理,数据库的发展和各种应用软件等。当然这个层面包括了各种工业控制技术的应用。应用层的迅速普及与第二层面的互联网密切相关,互联网的发展使应用层有了强大的生命力,我们可以应用网络交换数据,这样使我们的生活、管理、娱乐、控制等方面离不开互联网。

物联网的网络层,就是发展最快的信息网络。无论有线网,还是无线网,都为物联网的发展打下了基础。如:中国移动网已经进入了 5G 时代,5G 基本解决了移动通信的带宽问题,好比在城市与城市之间建造了高速公路,这不仅解决了通信(移动通信)的应用问题,解决了网络的无线信息交换的速度问题,更是为数字和信息技术的发展解决了战略发展问题,其中就有为物联网的应用打下基础的底层架构。如:汽车的智能驾驶,需要足够的移动带宽,来解决控制的数据传输、运算和反馈的速度难题,必须在极短的时间(规定的时效)内,完成所有的数据处理,传输完成控制的指令与执行。

物联网就是在上面两个层面的基础上,加了感知层。感知层目前的应用技术有:标签技术(无线射频识别,RFID)、传感器、M2M 技术模块和控制(器)技术。

(1) 无线射频识别技术

无线射频识别(RFID,标签技术)就是给普通物品带上无线网络化的标签。通过无线射频识别,来完成物品的管理。RFID 是 Radio Frequency Identification 的缩写,Radio Frequency 是无线射频的意思。ID 代表英文 Identity 或 Identification,即身份,ID 是身份标识号码的意思,就是一个序列号,也可以称之为账号,是一个唯一编码。在生活中 ID 其实是很常见的,比如你想找个纸条分别贴在同类的事物上用以区分它们,这个就可以叫作 ID,比如产品的型号、生产序列、设备的注册号等。

标签技术的应用面非常广,比如,每当人们在商场或超市购完物时,往往被收银台前排队结账的人群拦住,大家必须非常耐心等待结账。如果采用了 RFID 技术,推着满满的购物车,只要从收银台前一过,即可完成所有的结算。再如:给每瓶红酒附上无线射频标签(RFID),这样红酒从装瓶就开始进行跟踪,给物流应用提供了最可靠的工具。我们就可以用互联网技术,知

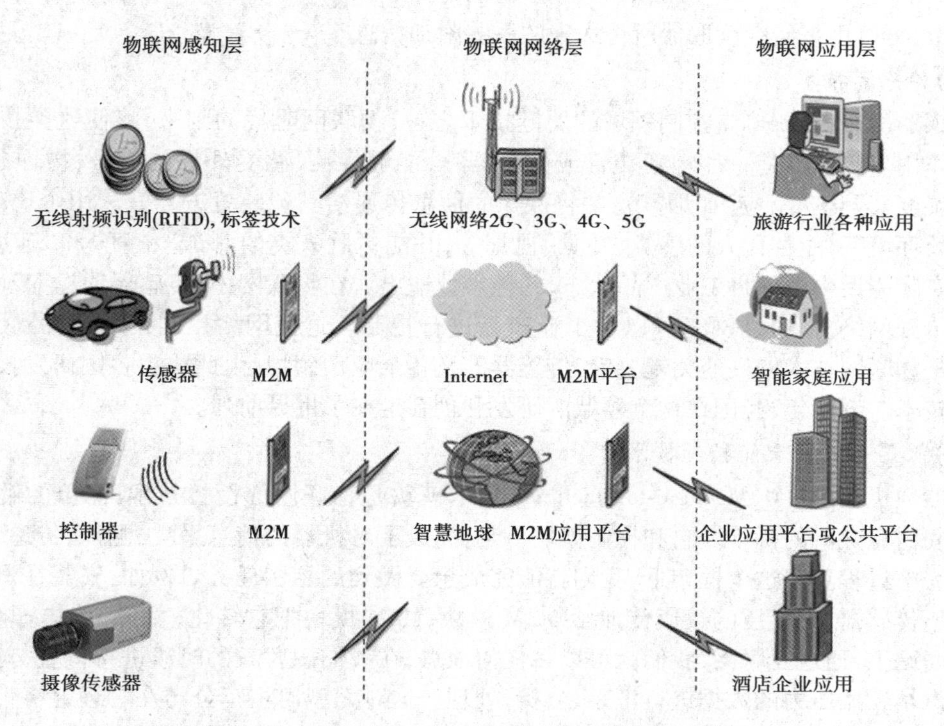

图 1-16 物联网(The Internet of Things)三个技术层面

道红酒最原始的资料(何时出厂、什么品牌、原料配方等),更可以知道它们在运输途中的状况(何时、何地),到了商场(超市)更知道库存情况、销售状况,超市结账的时候,可以进入扫描区,便马上记入结账(不像现在用条形码这样每件商品要扫描)。买下红酒的主人,通过网络可以随时知道这瓶红酒的“历史”。目前的标签技术(无线射频识别)有以下三种形式:

①被动式。被动式标签没有内部供电电源。其内部集成电路通过接收到的电磁波进行驱动,这些电磁波是由 RFID 读取器发出的。当标签接收到足够强度的信号时,可以向读取器发出数据。这些数据不仅包括 ID 号(全球唯一代码),还包括预先存在标签内可擦拭、可编程只读内存(EEPROM)中的数据。简单地说,被动式是等待外界来读取它的存储信息。被动式标签具有价格低廉,体积小巧,有的像小纸片,无电源等优点,目前市场应用的主要的 RFID 标签为被动式。

②半被动式。半被动式,是相对被动式而言的,它需要发出信息,由此它带有天线来接收和发送信号。半被动式标签的天线有两个任务:第一,接收读取器所发出的电磁波,借以驱动标签 IC 回传信号时,需要靠天线的阻抗作切换,才能产生 0 与 1 的变化。想要有最好的回传效率的话,天线阻抗必须设计在“开路与短路”,这样又会使信号完全反射,无法被标签 IC 接收,半被动式标签就是为了解决这样的问题。半被动式类似于被动式,不过它多了一个小型电池,电力恰好可以驱动标签 IC,使得 IC 处于工作的状态。第二,天线可以接收信息号后,回送信号。有的 RFID 的天线可以不用管接收电磁波的任务,充分作为回传信号之用。比起被动式,半被动式有更快的反应速度和更高的效率。

③主动式。与被动式和半被动式不同的是,主动式标签本身具有内部电源供应器,用以供应内部 IC 所需电源以产生对外的信号。一般来说,主动式标签拥有较长的读取距离和较大的

内存容量,可以用来储存读取器所传送来的一些附加信息。

(2)传感器技术

传感器(Transducer)是控制领域的关键技术之一,物联网时代的到来,将使这类技术发挥关键的作用。传感器是一种物理装置或生物器官,能够探测、感受外界的信号、物理条件(如光、热、湿度)或化学反应(如烟雾),并将探知的信息传递给其他装置或器官。用个比喻,就是在一定的环境下,能替代人的感觉、知觉、视觉等,并能更胜人类的测试"精度"和"速度"。传感器在实际应用中更是将工业产品状态、各种参数输出。在物联网中,传感器通过 M2M 模块,将信号传到网络上,通过网络可以对工业产品进行控制。这使网络控制技术发挥到了极点。传感器是物联网技术发展的关键要素,传感器涉及各个应用领域,由此成为各国研发投入的重点关键技术。近些年,我国在这个领域的研发和创新走在了世界前列。

(3)机器与机器智能控制技术

机器与机器(M2M,Machine-to-Machine)技术模块是物联网的衔接技术,简单的解释就是机器之间信息交流的桥梁。它和控制模块一起,完成了对机器的信息采集、翻译、传递、处理和控制的完整过程。在这个框架下,我们就能完成想要做到的控制任务。例如:安装在汽车上的轮胎气压传感器,把气压的数值传递给 M2M 模块,M2M 模块把它转化(翻译)为电子信号,传送到互联网上,通过互联网,我们就可以在任何地点,在我们想要看的时候进行检查,对一定数量组的汽车轮胎压力的数据进行汇总、分析、处理。这对大型出租车公司在管理上将带来不可估量的效益(因为汽车轮胎的压力和油耗有关联)。

中国互联网信息中心(CNNIC)第 47 次报告中指出:2018 年全球物联网连接设备达到 90 亿台。物联网发展主要有 RFID、M2M、传感网三种技术形态。在 RFID 方面,2009 年伊始,中国 RFID 产业市场规模达 110 亿元,相比 2008 年增长 36.8%,已用于物流、城市交通、工业生产、食品追溯、移动支付等方面,特别是随着 5G 网络开始运营,各运营商推出了移动支付方式,如中国移动推出的采用 RFID 技术的 SIM 卡,在某些旅游景区内将可以通过手机近端刷卡消费。在 M2M 方面,许多国内的技术运营商积极开展了 M2M 应用。在智能楼宇、智能监控等方面得到广泛应用。国内在传感器网络方面则处于发展初级阶段,基本上还是依托于科研项目、科研成果的示范,使用的协议也还是专用协议,技术标准还没有形成,但这些将会有突破,会形成产业规模。

3. 物联网技术在酒店行业引领性的应用

(1)物联网在酒店业中的创新应用

在上述的物联网框架下,旅游业的应用将大有可为。利用无线射频识别(RFID,标签技术),可以开发、研制旅游景点的标签技术应用,一旦景点应用标签技术,这将大大改善景点的管理,提高检票管理的便利;游客手持带标签技术门票通过率将大大加快,旅客的安全也将在网络的控制范围内,景点的游宾客流分布可以实现网络监控,景点的数据统计不但正确率提高,而且游客的数据分析将实现信息化、网络化。标签技术在酒店的应用是多方面的,目前已经投入使用或将普及的有:VIP 宾客自动提醒系统、RFID 智能会议系统、楼层导航服务系统、RFID 资产管理系统、员工制服(定位)管理系统等。

酒店业可以应用网络化的传感技术,对我们需要管理的设备、设施进行控制,例如;用智能化的"物联网空调",进行该空调的网络化控制,现在许多经济型连锁酒店往往采用分布式独立

空调，宾客在总台登记(Check - in)，到房间后，室温要过会儿才能满足需求，如果应用物联网，那么在宾客登记同时，就可以控制空调开始启动工作，等宾客进房，室温已经调控一段时间了，具有一定的舒适感。再有，通过物联网的 M2M(Machine-to-Machine)模块，实现了酒店通过互联网、固定电话等工具与客房中灯光、窗帘、报警器、电视、空调、热水器等电器设备的沟通、控制，这样给酒店管理带来了许多变化，使服务更加在可控范围内，提高了服务质量，节约了能源。

在酒店其他方面的应用，更是前景广阔，使用物联网技术更能体现优势，如:RFID 停车管理系统、具有物联网技术的监控系统、带电子标签(RFID)的库存管理系统、具有无线射频识别的磁卡门锁系统等。无论是高星级酒店还是经济型连锁酒店，应用将是全面的、全方位的。物联网的应用将和酒店原来的计算机网络联网，形成新的经营管理系统。这里再举例，酒店中的客房保险箱，安装上传感器与酒店目前的前台计算机管理系统联网，这样宾客使用保险箱的状态完全在可控范围内，如果宾客在离店时，忘记了把保险箱中的物品拿走，收银员可以马上提醒宾客，这种服务状态的提高是新技术带来的。由此在这方面酒店业应该认识和迎接物联网时代的到来。

(2)物联网在酒店行业应用的案例

数字化转型应用在生活和企业经营管理上才刚开始，给我们的生活带来了变革。这个变革对各个行业的发展也产生了很大的影响，带来了各种效用。例如:互联网的应用就是信息的处理(包括传递、储存、加工等)，这些是面向人对人的信息交换，下一步就是延伸或者说扩张到人对物的信息交换。这里的物是指人们想通过互联网去控制的对象。物联网的基础是互联网。在互联网技术层面开发和发展起来的物联网，开始得到引领性的应用。例如:杭州的黄龙饭店，该酒店被称为中国第一家智慧型的酒店，在酒店信息化应用和物联网技术引入方面，确实花了功夫。黄龙饭店在 2009 年 6 月开始改造时，与 IBM 公司合作，提出并努力实现智慧型酒店的建设。其他酒店也在逐步推广和实现物联网的应用。

【案例一】 酒店管理信息系统(Opera)与射频无线识别技术(RFID)系统结合

酒店管理信息系统与射频无线识别技术(RFID)系统结合，完成了入住时“智慧酒店”新的解决方案，这个解决方案最大的应用特点就实现了入住登记的流程再造。通过入住系统细分了客流，缩短了入住登记时间。VIP 宾客可凭酒店提供的智能卡，一进入酒店即可被系统自动识别，无须办理任何手续即可完成入住过程。在杭州的黄龙饭店，还在大堂内设置自助入住机，宾客可自行完成登记手续，这样更加便捷地完成了宾客的入住登记，受到了年轻宾客的欢迎。

【案例二】 无线射频识别技术(RFID)系统和其他酒店工程系统结合

在杭州的黄龙饭店，应用无线射频识别技术 (RFID)系统和其他系统结合，完成了智慧指路服务功能。该技术的应用是三个系统的结合，即无线射频识别技术系统、电梯控制系统和酒店的指示系统结合，相互传递信息，便完成宾客“引路的智慧识别功能”，当宾客进入电梯，宾客手中的房卡通过无线网络传递信息。当宾客到电梯轿厢里，可以使用手中的房卡(带有无线射频芯片)去控制电梯运行，当电梯到达指定楼层，打开电梯门的瞬间，楼层门牌指示系统会自动闪烁，指引宾客至其房间(图 1-17)，当宾客在走动过程中，引路系统会不断引领宾客，直到宾客的客房。同样的原理，当宾客在酒店中活动时，陌生的服务人员，也会热情地向宾客提供他最熟悉又得体的服务，因为这些信息早已随着 VIP 宾客的智能信息系统通过手持机(PDA)传输到邻近的服务生手中。

图 1-17　智慧酒店采用无线射频技术的引路系统

【案例三】　首旅如家集团的酒店集团工程管理智能控制系统

“和颐至尊”是如家集团和美酒店管理有限公司旗下的商旅型连锁酒店品牌。和颐至尊酒店追求中西文化艺术相融合，倡导视觉、听觉、味觉、嗅觉、触觉五感全方位体验，满足高品位商旅人士的社交情感需求，将人文关怀融入产品和服务之中。

从 2018 年开始，如家集团不断投入科研力量，加强高科技在酒店集团管理中的应用。他们将物联网技术应用于酒店工程部的集团化管理。应用物联网技术可以对酒店环境数据（如温度、湿度、光照度等）进行传感检测，各酒店的环境及设备监测点的数据将自动传输到酒店集团工程部智能控制系统。集团智能控制系统与原先酒店各个工程系统相结合，通过数据采集、分析与反馈控制，使酒店集团工程部能对下属酒店工程设施的远程数据传输与控制进行集中管理和实时控制。

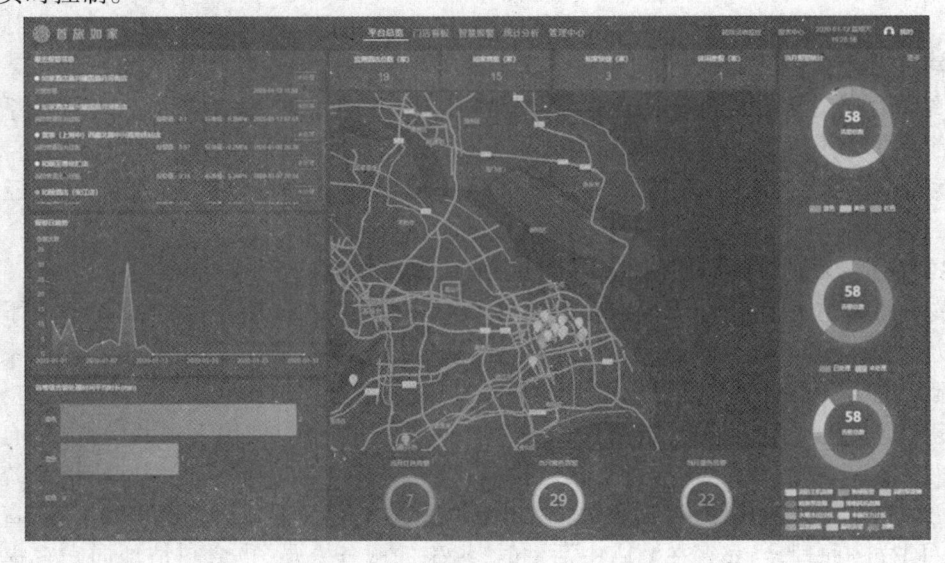

图 1-18　首旅如家集团智慧控制远程数字监控系统

集团先后对酒店的消防系统、暖通和中央空调系统、酒店给水系统等进行数据采集、传输、数据分析、智能模型构建、远程反馈控制、数据下限报警设置等,使酒店集团能在远程数据平台上,实时监控下属各酒店的工程系统。集团通过工程系统的智能控制系统实现了(图1-18):①酒店重要设备的技术监控,如:消防系统中水箱水位控制,达到了消防技术控制的要求,从人防转变成技防,再从技防提升至智能控制,提升了对各个区域酒店管理质量的控制。②提升了客人体验,降低了酒店的综合能耗。例如:通过远程控制酒店的中央空调系统,应用传感器无线传输数据(图1-19)和智能模型,远程控制(开启与关闭)中央空调,使酒店空调更适合客人的体验,同时也降低了空调系统的电力负荷,节能效果明显。③体现了酒店集约化管理的优势,酒店集团在上海的总部通过数字技术,就能实时和远程控制分布在不同地区的酒店的工程系统。目前集团已经实现对上海、北京、青岛、杭州、苏州等地40多家"和颐至尊品"和"和颐"品牌酒店的工程设施的远程监控管理,并仍然在推广过程中。总部通过对各地和颐酒店工程电力的数据采集,应用数据相关度的分析,就可知晓酒店的运营状况和设备的运行状态。④依据技术数据的分析,可以调度酒店集团的工程维修技术队伍,对各个酒店按照酒店出租率权重进行设备维护和维修,极大地提升了生产的集约化程度。就中央空调系统运维一项每一家酒店可以节省2~3个技术工人。

图1-19 酒店电力系统应用的无线传感器

二、区块链技术应用

区块链(Block chain)新技术架构(Satoshi Nakamoto,2008)的提出,并在金融领域加密基础技术中得到初步应用,很快得到各国政府、科技部门及金融机构的高度关注与重视。2015年被认为是区块链技术发展的元年。国务院印发的《"十三五"国家信息化规划》将区块链列入我国国家信息化战略规划,并将其与量子通信、未来网络、类脑计算、人工智能、大数据认知分析等高新技术一起,作为超前布局的前沿技术、颠覆性技术。目前,各国都把区块链提升为国家战略性的项目,对该技术进行研发与推进应用。

1. 区块链的概念

区块链概念的首次提出，是 2008 年 11 月出现在《*Bitcoin*：*A Peer-to-Peer Electronic Cash System*》的论文中：区块链是一种基于点对点（Peer-to-Peer）互联网组网技术架构、数学算法、加密技术以及加盖不可篡改时间戳技术框架下的电子交易新系统。

区块链新的组网概念与技术是：以建立去中心化、透明性、公平性的点对点交易信息交换的新技术体制，其创新的特征就是无需第三方信用背书的金融认证体系。该体制建立在数学算法与加密技术等综合应用上，应用哈希（Hash）不可逆函数、加密技术、时间戳、分布式共识机制与经济激励手段，构建基于互联网框架下新的科研技术应用。也可以简洁地认为，在节点无需互相信任的分布式系统中实现基于去中心化信用的点对点交易、协调与协作。区块链点对点的数据交换结构如图 1-20 所示，区块链是由块头、块主体和时间戳组成。块头是信息链的基

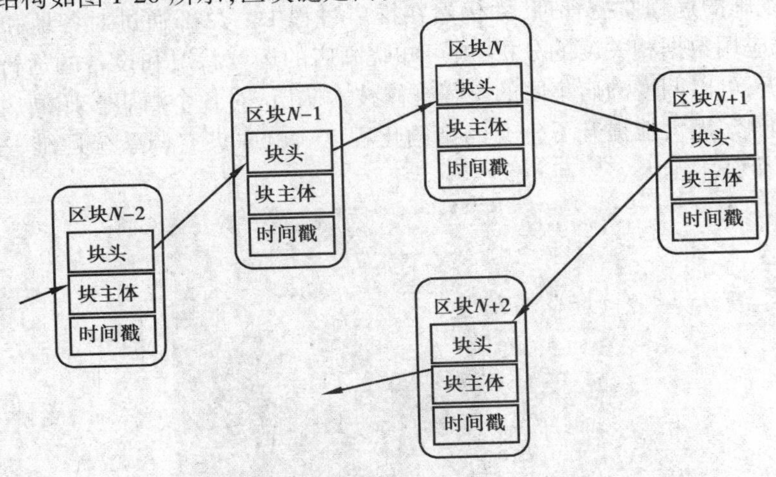

图 1-20　区块链信息交易结构示意图

本单元，每个区块都会通过块头信息链接前置的区块，其主要任务就是通过主链链接到下一个区块。区块主体是数据的集合，有关信息和交易记录被认为存储在里面。当区块和链路形成时，系统即刻自动生成时间戳，即按照加密技术为交换数据打上时间标签，为每个区块链烙上不可以篡改的时间戳。从这个架构出发，可以看出和传统线上交易截然不同，没有中心机构或者第三方的认证（CA，Certification Authority）与背书信用，也没有中心机构的统一管理与技术支撑。新的技术架构运作机理将是没有中心机构的管制，将原来线上系统中的交易信息和记录，全部分散到各个节点共同记录与维护，交易账本中的信息由所有用户（区块）共同核对担保。在网络硬件层面，逻辑上可以理解为没有处于中心地位的服务器、中心路由器、中心交换机等。网络上的交易点（区块）地位对等，与所有交易方的计算机系统进行对等交换信息。

2. 旅游酒店业区块链技术应用探究

区块链技术的特征与旅游行业的需求结合，是行业性应用的基础，也是旅游行业具有前瞻性、引领性应用的探究。区块链具有的分布式数据存储、点对点交易（传输）、共识机制、加密算法等计算机技术在互联网的创新应用模式，也将为旅游行业所用。区块链技术在旅游行业的应用，可以从旅游行业应用的三个维度拓展：对象维度、功能维度、属性维度。

对象维度是整个大旅游生态的参与者或者从业者，旅游产业链上的旅游企业、旅行者、旅

行交通、第三方旅游平台、政府管理机构、旅游产业的各类供应商等。在此研究的主要对象是旅游狭义的最直接的参与方,如:酒店、旅行者、景区、交通、会展和互联网平台等。

功能维度是大旅游生态期待互联网能给予的功能性的技术基本面,如:网络预订、网络支付、网络营销、组织协同、信用认证等。主要是完成旅游市场功能性的运营与操作,也是日常运行最多的要素。

许多学者把旅游属性从大视角划分为社会属性与经济属性。旅游的社会属性具有:休闲属性、审美属性、文化属性等。

利用区块链技术,能将旅游价值链的各个环节进行有效整合、加速流通,缩短价值创造周期。在上述三个维度中利用区块链技术,可实现旅游创新市场营销,对营销的数字内容进行价值转移和传播,并保证转移过程的可信、可审计和透明。最后,基于区块链的政策监管、行业自律和民间个人等多层次的信任共识与激励机制,同时通过安全验证节点、平行传播节点、交易市场节点、旅行者等基础设施建设,区块链技术利用 P2P 组网技术和混合通信协议,处理异构设备间的通信,将显著降低各个中心化数据中心的建设和维护成本,同时可以将计算和存储需求分散到组成物联网网络的各个设备中,有效阻止网络中任何单一节点的攻击或篡改,能有效防止旅游互联网中任何单节点恶意操控的风险。政府和旅行受众者利用区块链技术能及时、动态地掌握旅游网络中各种酒店、景区、交通和会展的状况数据,提高各个旅游节点的利用率,各个节点将提供精准、高效的旅游产品。

三、旅游酒店业高新技术应用

我国旅游业的快速发展和国家整体国力不断增加相关,就旅游业自身前景而言,要成为世界旅游强国,有许多领域需要提高与改善,其中对高科技不断地创新应用,是传统旅游业发展的必由之路。旅游业要可持续发展,则要进行符合或引领市场需求的改革,如:新的业态、模式创新、流程变革、新技术应用等。而信息技术是全球研发投入最集中、创新最活跃、应用最广泛、辐射带动作用最大的领域,是全球技术创新的竞争高地,是引领新一轮变革的主导力量。旅游业发展不缺乏成功应用高新技术与网络信息应用案例,如旅游 OTA、酒店信息管理系统(PMS)、景区与会展的微信公众平台等。但许多这样的应用是来自外界的打压,跨界的竞争,而不是内化的产物。旅游业比较重视自身产品的建设,对于市场全局性的布局相对较弱。旅游业产品的核心要素,是最适宜应用互联网技术的。旅游产品(景区、交通、酒店等)具有在线上展示、线上下单、线下消费、线上评价(反馈)的特征,在售前和售后环节中,只有消费这一个环节在线下实现。旅游行业为现场、当场制作服务消费类的产品,其中往往没有物流这一环节。产品具有操作显现的特性,而市场营销的三大环节都可以搬到线上完成。这个特性对旅游互联网的应用产生了极大的空间,而高新技术的应用,更是抢占旅游行业市场最好的工具与手段。

旅游酒店业已经在应用高速移动数据传输通信基础网络技术来为旅游各类产品提供服务(图 1-21),如酒店、景区定位。酒店更可以用定位技术随时为客人提供不同楼层、区域送咖啡等服务。在该技术平台上,更多地适合了旅游移动的特征。云计算、云存储技术给酒店行业带来了更多的计算机应用平台。在该技术支持下,酒店可以应用各类创新专用软件。在 SaaS 模式下,酒店可应用便捷、快速、高性价比和免维护的新型软件,如:酒店预订转入住登记、酒店市场数据统计等。人工智能更有广阔的天地,除了目前酒店使用的送房机器人,有科技公司正在研发酒店巡逻机器人,酒店安防巡逻机器人将替代原来酒店安保队员,比人工的巡逻更加科学、迅速。例如:可以移动人脸识别,对巡逻区域的人员进行督查。智能机器人更可以对酒店巡逻区域的安全环境进行监控,如:煤气、天然气或者有毒气体的泄漏等,也增加了酒店消防移动的监控区域。大数据技术的应用更能为酒店企业提供全新的决策模型、方法和途径。目前许多酒店应用收益管理软件来为酒店的市场定位、酒店房价体系的制定提供科学依据,但目前的收益管理软件远没有应用大数据科学处理的方法,大数据科学处理方法将会给酒店房价体系的决策带来变革,决策数据的采集、处理将更大、更科学。

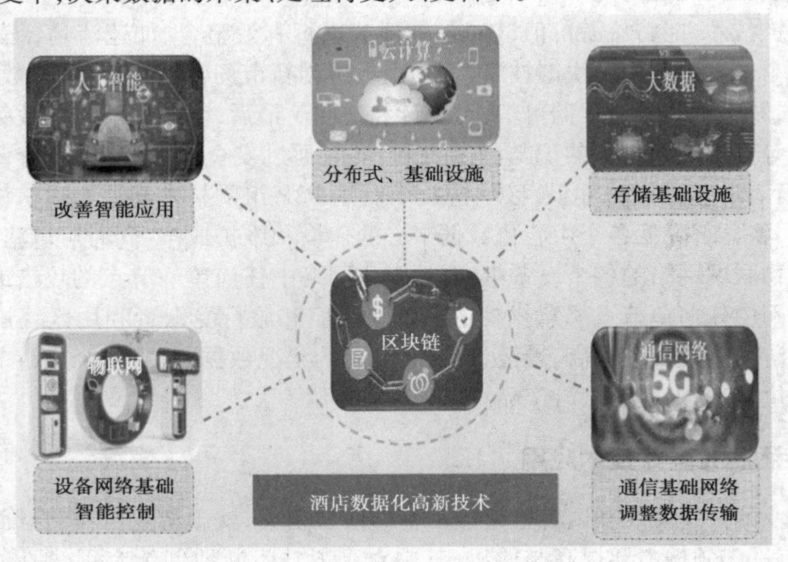

图 1-21　酒店高新技术的应用发展

总之,酒店应用基于数字化的高新技术,将会为酒店的运营带来新的理念、方法和途径,会实现从点到线、从固定到移动、从区域到无限的空间、从单一的人工服务到智能机器和人工混合应用等转变。酒店应用高新技术将会有非常灿烂的前景。

章节练习

一、讨论思考题

1. 智慧旅游发展的目标是什么?

2. 我国何时开始了“智慧旅游”应用性试点?试点的项目是什么?

3. 智慧旅游的三个应用层面是什么?在原有的互联网应用的基础上增加了什么?区别是什么?在应用层面你能提出创新应用吗?

4. 智慧酒店技术应用基础是什么?对酒店的规划与设计有什么启示?

5. 智慧酒店的三个应用领域是什么?试讨论智慧酒店的创新应用。

6. 物联网技术应用的三个技术层面是什么?感知层的三大技术是什么?M2M 代表了什么含义?

二、名词解释与研讨

1. 何为无线射频识别技术(RFID)？讨论其在酒店行业应用的场景。
2. 区块链技术的概念是什么？探究旅游酒店业区块链技术应用的前景。

第二章 酒店经营管理与工程系统

【本章导读】酒店的运营离不开各类工程系统，酒店的工程系统是经营的基础。随着酒店市场的竞争和行业国际化程度不断提高，酒店的投资者或管理层越来越重视对酒店的规划和设计，合理和卓越的规划设计对酒店今后的运营显得越来越重要。酒店的规划、工程系统设计和设备的选择，会直接引领和影响酒店今后的经营。由此本章重点讨论酒店的工程系统与酒店运营的关系，使酒店的经营管理者在规划阶段设计就规划好工程系统、选择好设备。在酒店运营中科学地运维工程系统和设备，为酒店高效的运营打下决定性的基础。在数字化转型的时代背景下，酒店工程技术部门将发挥更大的技术效应，提供良好的数字应用技术环境，为企业数字化转型做出前瞻性和架构性的工作。

第一节 酒店工程系统在酒店中的作用

一、工程系统在酒店各个生命阶段的使命

酒店是一个传统的行业，具有鲜明的行业特征，酒店向宾客提供的主体产品是经营环境与服务。但从酒店自身的建立、运行的视角去审视和思考，酒店企业自身也具有产品的特性，即酒店是有产品生命周期的。酒店产品生命周期可以分为三个大阶段：营业前、营业中和营业后（图 2-1）。营业前主要是酒店筹建与规划；营业中主要是经营过程，是酒店产品生命周期中经历最久的阶段，我们过去讨论酒店最多的就是这个时期；营业后主要是酒店企业自身产权变更、大改造或重建等重大的变化，这个变化有可能使得酒店产品的性质发生变化，如：酒店的主体改造成办公楼等，也意味着酒店产品生命周期的结束。

而酒店工程系统和管理该系统的酒店工程技术部，在每个阶段的任务和使命是不一样的（图 2-1）。过去多以酒店营业期间为背景进行研究，其原因是该阶段时期最长，效果显现度高，这个阶段的主要使命就是对酒店所有的工程系统和设备进行运维，在此过程中有可能进行小范围的改造。而酒店工程系统更重要的阶段是在营业前，即酒店建造设想、规划和设计阶段，这个时期酒店的工程系统的设计和选型是关系到今后酒店运行和方向性的选择，由此这个阶段的使命就是为酒店今后发展科学地规划设计酒店，其中包括酒店的各个工程系统、设备和设

施。营业后的阶段，工程技术部的使命就是按投资者的要求交接、提交和转移酒店的工程系统等资产，包括各类图纸和运行状况等。

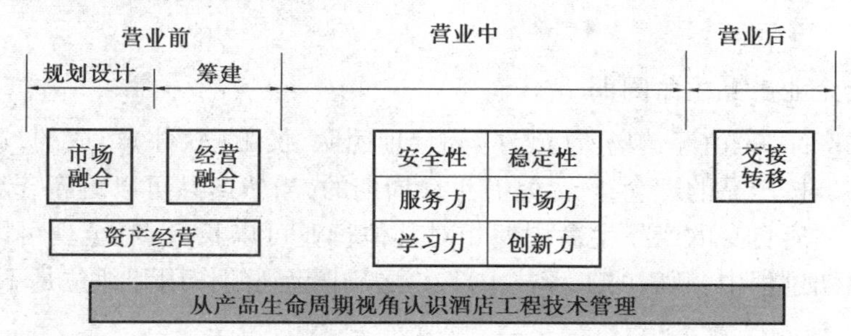

图 2-1　工程系统在酒店产品生命周期各个阶段的作用

我们在此就是要突破过去传统认知酒店工程系统的思维方式，即讨论在酒店营业中酒店工程系统的使命和作用，先从时间上拓展，酒店工程系统要前移，在酒店的规划阶段要介入，为酒店今后更好地参与市场竞争、市场融合进行规划，使酒店工程系统更好地与经营融合。而酒店企业的决策者或管理者要站在更高的层面上去思考和探究酒店工程技术系统的应用（图 2-2），为酒店今后的运营打下坚实的基础。

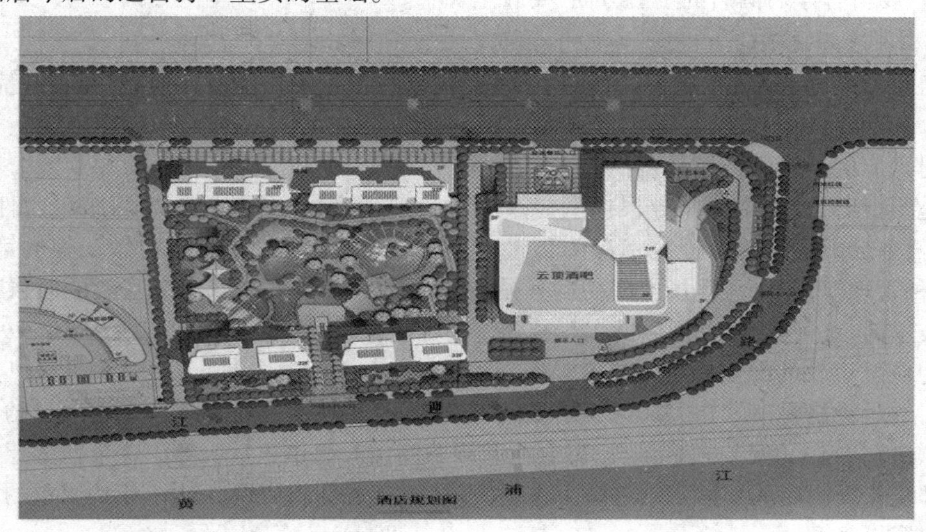

图 2-2　酒店规划平面图

二、工程系统在酒店各个阶段的作用和地位

酒店为了确保高效运营，从行业的经营特征和管理的顶层设计，构建起了酒店的组织架构。酒店设立的各个部门会起到各种作用，在运行中各个部门要各司其职、相互配合、协同工作。工程系统或工程技术部的作用和地位，应该从酒店经营的全局和酒店产品生命周期的视角加以分析。从酒店经营管理的角度，工程技术部管理的系统是酒店运营的基础，酒店工程系统必须保持其在技术标准状况下运行，这就是酒店工程技术部的作用和地位的总要求。

然而酒店工程系统或工程技术部在酒店的地位和作用不是一成不变的，从产品生命周期的观念来看，一个酒店的更新改造期为 5 ~ 6 年，主要是装潢和一些相关的设备、设施等。如：

酒店的客房、餐厅、酒吧等。全面的大规模改造为10～15年(这个周期要根据酒店企业自身规划)。但不管周期的长短,酒店的工程技术部在此期间的作用和地位是动态的,下面我们进行分析。

1.依据酒店企业产品生命周期

酒店企业的产品,是由经营场所(硬件)和管理团队、员工(软件)组成的,这两部分的总和就是酒店的产品。按产品的理念,产品是有生命周期的,当然产品可以更新、改造,使产品更有生命力和价值。酒店自身的产品生命周期相对其他行业可以长一点,至少可以按年计算。在这个产品生命周期过程中,酒店的工程技术部在酒店中起到的作用和地位是不同的,一般分成以下几个阶段:

(1)酒店规划期间

酒店行业的发展越来越重视酒店的规划。一个好的酒店规划是酒店成功的一半。按照国际酒店集团的标准,规划为投资方和管理方共同的决策。做好酒店的科学决策,并非易事。这里要表明的是:酒店工程技术部在规划期间,应发挥科学决策的支持作用,向决策者提供科学、可行的酒店规划方案,为决策者提供支持。这些规划、设计和工程系统的选型,要符合酒店的市场环境、要符合今后酒店的发展方向、要有全局感。

(2)在酒店筹建期间

该期间工程技术部是最有话语权的,工程技术部应依据酒店的总体规划,执行和完成以下任务:

1)对酒店的建设进行质量监控和进度验收

这里要指出的是,这项任务根据酒店企业的性质而有所不同。例如:酒店集团性质的酒店,这项任务会由集团的工程技术部门负责;有的酒店业主会请专业公司做工程的第三方监理,在这种管理模式下,工程技术部初期只是配合而已。有些单体酒店在基建的时候,靠自己的工程技术部,这种状况下,酒店的工程技术部任务更重。

2)协调好市政的配套供应的技术服务

酒店的运行是要市政相关部门长期提供服务的,由此酒店筹建要进行工程项目的申报、审批、立项、协调、施工(安装)、调试等,配合市政服务商按时提供正常服务。这个任务比较重,工程技术部应依据酒店的总体规划进行工作,和市政的有关部门协调。此任务是繁重的,技术协调工作内容更多。

3)对酒店的工程系统和设备等进行选型

酒店的设备、设施的选择关系酒店开业后的经营管理。工程技术部的管理者应根据决策层的总体思路和酒店整体建设框架,对设备和设施进行选择,制订系统的方案。此项任务是艰巨和富有挑战的,这项工作涉及技术、管理、市政、价格等要素,选择产品既要满足酒店经营管理的需求(内部需求),又要符合各种专业技术的发展方向(外部环境);既要选择优质品牌,又要选择性价比高的产品;既要符合决策层的思路,又要满足各个职能部门的需求。由此,一个高效、有经验的工程技术部管理团队是在第一线“跌打滚爬”锻炼出来的,既要有技术含量,又要有工作经验;既要对企业忠诚,又要协调好各种关系和利益。在合同谈判期间工程技术部的有关人员主要负责合同技术部分的谈判。在酒店企业采购的设备到现场后,工程技术部要对产品进行验收,以及产品技术档案、资料的保管和归档等系列工作。

4)参与酒店设施和设备的安装和调试

在选型工作完成后,接下来工程技术部主要工作是参与酒店设施、设备的安装、调试工作。这项工作的操作者是供应商的技术人员,但工程技术部各个技术小组在此期间应积极参与,配合工作。这样对酒店整个工程系统今后运行有益,使工程技术部的技术人员成为酒店工程系统最“活”的技术管理者。

5)按时间节点对工程项目进行监控和验收

在筹建期间,工程技术部要对酒店工程单项或整体工程项目进行监工和验收,如果酒店业主请监理单位,则工程技术部应该积极参与,站在酒店利益的角度,为酒店决策层管理好酒店的所有工程项目(Project)。对工程项目管理应该有自身的科学体系,这里不再重复,请参阅相关的工程项目管理资料。

(3)在酒店筹划开业和试营业时期

酒店准备开业和试营业期间,是工程技术部最繁忙的时期。因为酒店在试营业期间,每个系统(设备和设施)都需要调试和试运行。无论是进口的,还是国产的;是大系统,还是相对较小系统;是前台直接为宾客服务的相关系统,还是后台的保障系统,都至关重要。工程技术部应依据酒店设计的总体要求和各个系统设备的技术指标和标准,进行验收、试运行,提出整改意见,每个系统都要进行调整,以期达到设计要求。这期间酒店工程技术部要完成以下三大任务:

①对酒店的所有基建、设备、设施、装潢等进行验收,工程系统进行试运转,对每一个系统提出整改、修改意见。

②和有关营业部门(尤其是前台)进行竣工验收。这里要特别指出的是,许多系统的验收时间是运行一年后,或者按合同上的时间节点进行验收。

③联系、落实市政配套供应服务商,做好试运行的配套工作,使酒店早日正式运行。

工程技术部在此期间责任重大,应在酒店统一协调下,各个技术部门协同工作,为酒店尽早正常运行而科学合理地工作。

(4)在酒店正常营业时期

一般情况下,酒店在试运行一年后进入了正常营业时期,这个期间不但时间长,而且酒店的系统(设备、设施)进入了正常的工作状态,这个期间工程技术部最会被“遗忘”。工程技术部的工程进入了日常化的管理阶段,酒店决策层的工作重点移到前台经营上,由此工程技术部容易被“忽略”,只要工程系统正常运行,谁都不会打电话给工程技术部报告设备运行状况。酒店工程技术部的“失落感”油然而生,其实作为工程技术部,没有必要产生如此“情绪”,工程技术部的存在是客观的,工程技术部应该做好以下工作:

①按规范做好酒店所有设施、设备的日常操作、维护、保养工作,确保酒店正常运行;

②确保市政配套系统正常工作;

③做好关键设施、设备的故障紧急预案,为酒店营业提供一流的服务;

④在酒店的营业指标框架内,做好年度维护计划,并加以落实;

⑤把握数字化转型发展方向,为酒店应用数字化、信息化技术提出技术方案,为提升酒店市场竞争力而创新工作;

⑥在总经理室领导下,按照“产品生命周期”规律,做好周期性改造项目计划,并加以实施。

图2-3表示了酒店工程技术部在酒店各个阶段的作用曲线。

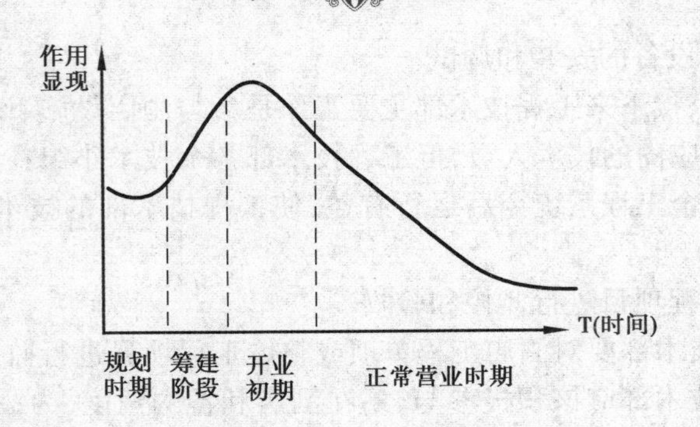

图 2-3　工程技术部在酒店各个阶段作用显现曲线

2. 依据酒店整体营业思路和发展要求

按照酒店的整体营业思路和发展要求,工程技术部在酒店运营期间的地位和作用是:

第一,在工程技术部管理的范围内,保障酒店工程系统设施和设备高效、安全运行。协调市政服务商的工程技术关系,协调产品商的服务关系,目标就是给酒店的宾客带来达标的技术等级服务,安全有序、良好的体验和舒适感。

第二,对前台员工进行相关设施、设备使用的培训。监督使用人员正确操作酒店的各种工程设备设施。这个方面体现了工程技术部的全局观和责任心。

第三,实时处置酒店的突发事件,工程技术部要做相关的紧急预案,如:电梯突发故障处置预案、消防预案等。酒店工程技术部要做好相关的技术预案,按计划进行年度的预案演练,一旦发生故障,确保酒店的突发事件以最快的速度进行处置,为酒店经营提供保障。

第四,不断关注和提出高新技术的应用,为企业发展服务。此处最要关注的是数字化、信息化的发展趋势和应用,为酒店的发展提出超前的技术方案。

3. 依据酒店年度经营目标

根据酒店的整体经营目标,酒店的各个部门在酒店总经理室的领导下,各司其职、相互支持、相互补充,完成酒店的既定任务。工程技术部作为酒店的重要部门,必须融合到酒店企业的整体经营中去,为酒店的经营目标完成自己的工作目标。从这个理念上认识,酒店工程技术部要完成:

第一,在酒店的经营目标上,工程技术部是完成酒店整体经营目标的一个重要部门,工程技术部在酒店经营中要创利。因此,工程技术部要和其他部门一起做好全年规划、预算并参与整个酒店的经营决策支持,为经营目标的实现,做好科学的计划并加以实施。

第二,执行酒店的年度计划,科学有序地完成每个阶段的经营目标。工程技术部要执行全年计划,执行期按月检查和报告。工程技术部要和其他部门一起,为完成酒店全年计划而有效工作。

第三,依据酒店服务标准(规范),提出酒店的节能减排技术方案,为绿色酒店的建设不断地创造性工作。低碳经济的经营模式是行业发展的必由之路,工程技术部要不断提出新的节能方案,在酒店统一规划下进行工程系统的技术改造、实施、监控和监督,其目标是为企业节能减排做出贡献。

第二节 酒店经营管理的行业特征

酒店业是一个传统而古老的行业,无论是从古希腊的客栈到近代欧洲豪华酒店,还是从中国古代殷商时期的驿站到目前发展迅速的中国酒店业市场,无不体现出这个行业的源远流长。这个行业在每个历史发展阶段都富有生气。中国改革开放后,酒店是较早和国际管理经营模式接轨的行业之一,在我国 40 多年的旅游业快速发展进程中,酒店业的崛起有着浓重一笔。改革开放初期,酒店业起步是靠管理和技术引进的模式来发展的。目前我国酒店行业的发展态势,已经形成了具有自主创新和在国际市场竞争的格局。回顾本行业发展的每一个阶段,无不留给我们回味的空间。酒店行业的发展离不开高新技术的应用、管理模式的创新、市场的细分、管理流程的再造等。但所有这些都有同样的目标:为宾客更好地服务,提升客人的体验,为企业自身和员工创造更高的价值。由此我们先从酒店业经营特征入手,了解酒店经营模式的特殊性,进而对酒店企业拥有的工程设备设施和各种系统的技术应用有全面和清楚的把握。

一、酒店产品的特征

如果把酒店提供的各种服务作为一种产品,那么和其他产品(如:家用冰箱、空调、电视机等)相比有以下特点:

1. 酒店产品价值的瞬时时效性

酒店产品的价值时效性是指酒店产品的不可储存性。一般商品买卖会出现商品产权或者所有权的变更,而酒店是出租"商品",更主要是提供各种服务,并且该产品的特点是有效时间很短,如:酒店的客房是以 24 小时为单位计值的,餐饮是以餐次为时效单位的。

2. 酒店产品的空间不可转移性

酒店经营的基础是依托其地理位置和酒店自身的建筑,酒店的建筑和各种设备设施系统、环境、装潢等,是酒店服务产品的属性。这些是不可以提供空间进行转移的,宾客享用和为宾客提供服务往往在酒店空间中进行。

3. 酒店产品的生产与消费同步性

一般商品的生产过程是和购买者分离的,消费者购买的商品是生产厂家最终的物品,消费者没有看见其生产过程,而酒店的生产过程与宾客消费往往是同步的,如:在酒吧为客人提供的调酒服务、在餐厅为客人提供就餐服务、SAP 或健身房服务等。

4. 酒店产品经营的易波动性

酒店产品的易波动性表现为:酒店经营上随季节波动,受自然环境影响,受宾客和酒店员工情绪,以及外部经营环境等波动因素影响。

5. 人对人服务的体验性

由于酒店产品的生产与消费的同步性,经常会出现优雅的服务员当场面对客人的服务,在服务的同时传递着肢体语言、情感交流等,由此是体验性的产品。体验的最高境界是传递与交流文化等。

二、酒店营业时间上的特征

酒店经营在时间上最显著的特征，就是全年无休，即酒店行业的服务响应时间是365(天)×24(小时)。许多行业是有时间段限制的，如：银行的服务、证券交易等。再如信息技术行业(IT)，许多世界顶级的计算机公司对用户的服务时间(根据与客户的约定)往往承诺为：5(天)×8(小时)，7(天)×8(小时)，5(天)×24(小时)，7(天)×24(小时)，这是IT行业国际服务规范，体现了服务的价值趋向和标准。而酒店行业执行的是：酒店营业时间全年无休(时间上)365(天)×24(小时)，这就给酒店企业的管理带来了高标准和经营上的高成本，给酒店的工程设施、设备管理、运行带来了高难度。酒店行业全年无休，他们用智慧、勤劳和忘我的工作，为宾客提供服务，为行业的发展默默地工作。在这个背后我们不得不提及将重点讲述的领域和部门——酒店工程技术部。正因为工程技术部的技术员工在后台默默地付出，才使得酒店前台能有序地工作，为宾客提供良好的服务。工程技术部是酒店整体经营不可缺少的部分，他们的工作融合到酒店的各个经营管理环节中。酒店工程技术部的运行状况是企业竞争力的一部分，酒店企业的竞争力，可以比喻成"冰山效应"(图2-4)。常规条件下冰与水的密度比是9∶10，即冰浮在水上只有1/10，有9/10是水下部分。如此引申到一个人的行为上，就是任何一个人的一些外在行为就如同这冰山在海平面上的1/10，我们看到的只是表象，只是一丁点儿而已。任何一种行为的背后都有它内在的原因。当然这并不是去追寻所谓的因果，因为主体所做的一个举动、一个决定，都是潜意识的，但却要牵扯到很多庞杂的内部因素，比如一个人的原则、信仰、价值观、经历等，这些的外在表现就是——行为。对企业而言，企业之间的竞争，看似表象，好比冰山的水上部分，但真正的竞争是在海平面下。这包含了企业的所有资源(人才、技术、资金、市场、硬件设施、企业文化、人脉、信息资源等)。而对酒店企业而言，工程系统恰巧在海平面的下方，尤其是酒店工程技术部的管理，值得我们去探究。

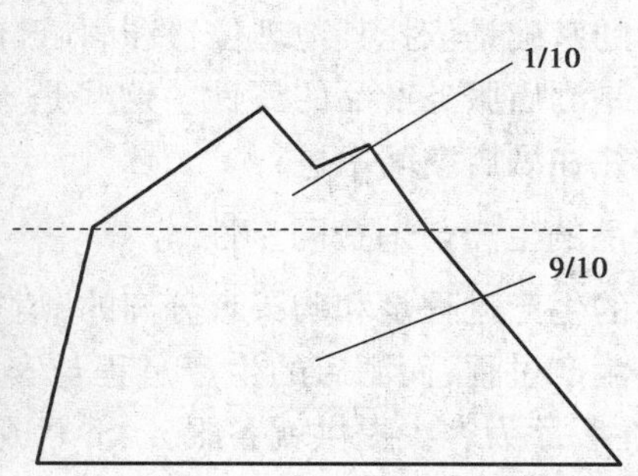

图2-4　冰山效应

三、酒店行业的技术标准与规范

我们再从酒店的服务规范上展现酒店的运营情境。酒店给我们的印象是周到、细微、温馨……上面提及酒店业是我国较早和国际接轨的行业之一，和国际接轨最要紧的是经营管理模式上的接轨。经营管理水准的体现之一，就是标准的制定。因为有了标准，提高了生产效率，达到规模效应，推动了行业的发展，由此许多业界和专业人士把酒店业称为"Hotel Industry"。

在工业革命时代，酒店行业在美国商业酒店鼻祖 Ellsworth Milton Statler 先生提出的酒店管理模式简单化（Simplification）、标准化（Standardization）、专业化（Specialization）的理论引领下，使酒店业开创了现代酒店业的管理和经营模式的先河。我国在近 40 年旅游发展上，制定标准一直没有停止过，国家制定的《旅游饭店星级的划分与评定》（GB/T 14308—2011）也几经修订。这些充分说明，我国的酒店业发展是健康和规范的。我们有了标准，才能体现我们的服务价值、水准；才能在酒店服务的同时传承我们的理念、文化；才能使宾客更好地享受、体验和回味；才能使酒店工程系统、设备和设施在技术标准的状况下运行和为宾客服务。

在酒店日常运营中，具体事务性的工作，都离不开技术标准的执行，我们要树立标准的理念，运营进程中查阅、使用和执行相应的标准，酒店的工程技术部更应如此。

四、高端星级酒店运营模式特征

我们探究高星级酒店运营的特征：一个成功的酒店，在宾客面前，体现的是有序和得体的服务，环境的舒适和高雅。这些一定具有：一支高效的管理团队、状态良好的工程设备设施、管理上乘的环境、成功的营销网络和团队……在这个背景下，才有宾客的美好回忆；嗯，这家酒店服务细腻、环境一流、文化气息浓厚，某些酒店给宾客是奢华、时尚、艺术的印象；有些给宾客是舒适、便捷、规范的印象……

其他行业，也经常向酒店行业学习，例如，星级的服务标准、用酒店的星级标准来规范企业的经营管理等。那么在这个成功的运营模式背后，有很多是值得我们去探究的。本书要和大家重点探究的是：酒店的硬件实施（系统），如：酒店企业管理的辅助工具——计算机管理系统等。正因为有了这些硬件、系统，才使得上面的理念、方法、途径得以实现。为此一个酒店合适的硬件系统是相当重要的，那么怎样投入资金购买与自身酒店相适应的硬件系统成为一个课题，许多国际大牌酒店集团对工程设备设施的应用和采购有严格的标准。由此值得将要从事或者已经从事这个行业的专业人士去学习和积累经验，来科学地管理我们的酒店，由此我们有了下面的学习内容。

第三节　酒店前台经营流程分析

从管理的视角，一个企业的流程制订是维系日常正常运行的基本要素，尤其是酒店行业特征所致。在这里不管你是前台人员还是后台技术人员，都必须了解和掌握酒店前台的经营流程，因为流程是至关重要的，一个清晰、明了的业务流程，是一个酒店企业经营的主脉。各个部门、岗位在这个业务流程上，进行规范的操作和管理。作为一个管理者，你更应该站在整个业务流程的高度，去把握管理的层次，掌控管理的节点，处理与酒店各个部门的关系，做好各种紧急预案，应对各种突发事件，合理如实地向上级汇报各种情况，合理科学地做好下年度的预算等。酒店业务流程的梳理、整合和细分是管理和业务发展的必然轨迹，有的行业通过流程再造，创出了很好的业绩，为此下面要梳理一下酒店前台的业务流程。

一、酒店的前台主干经营流程

酒店行业习惯将给宾客直接提供服务的部门称是前台，支持、支撑前台运行的是后台。酒店的前台流程是酒店前台经营管理的主干，是一个无形的手，通过实体和信息的流动，操控酒店的日常经营。许多酒店管理软件设计者，往往是酒店业务流程分析的高手，通过对流程的分析、总结得出规律性的结论。图2-5是作者长期从事酒店行业，对酒店业务流程总结和提炼的基础上，得出的酒店前台业务流程。流程分析是管理向标准化、信息化和规范化经营的基础。宾客通过各种途径对欲入住的酒店进行预订，目前可以预订的途径有：电话、传真、网络预订、手机终端预订，网络预订又可以分为：酒店自主网站预订（直接登录某酒店的网站）、第三方预订平台（包括专业的预订平台，如携程、飞猪等）、各类新媒体（小红书、抖音等）。随着网络的发展，预订客房越来越会成为宾客下榻酒店前的主流行为，尤其是向非居住区域目的地的旅行。这些预订信息会通过各种途径（今后主要是通过计算机网络）流入到该酒店，酒店预订部会及时对预订信息做出响应。当宾客抵达酒店时（可以包括机场接待任务），前台服务生会使用酒店计算机管理系统的终端，或者无线终端，为宾客完成登记（Check - in），系统会自动形成宾客的相关资料（宾客信息和宾客账户）。在宾客住店期间，宾客在酒店的餐饮消费（可以在酒店的各种餐厅，包括早餐），娱乐活动（如：游泳、桑拿、健身、网球、SAP、舞厅等），部分的商场购物消费（消费者必须和酒店预先有约定），各种通信（网络通信、IDD、DDD等）和会议活动等，都可以通过计算机网络平台记入到宾客的账户中，完成宾客的一次性结账。当宾客离店时，酒店收银员能通过酒店的网络平台（包括程控交换机、计算机管理系统、与外网的各种接口等）迅速、正确地为宾客提供结账服务（Check-out）。宾客的离店并不意味着服务的结束，酒店计算机管理系统会自动生成宾客的历史信息，为宾客的下次预订提供不可替代的服务。从管理者的需要，酒店计算机管理系统会进行夜审自动操作，为酒店和酒店集团提供全面的经营报表，为酒店的高层决策提供详尽、正确、快速的报表群。这里要特别说明的是，现在越来越多的酒店信息管理系统在为宾客做预订之前，必须先建立宾客的资料（Profile），这样便在理念和方法上打下了宾客服务的数据基础。

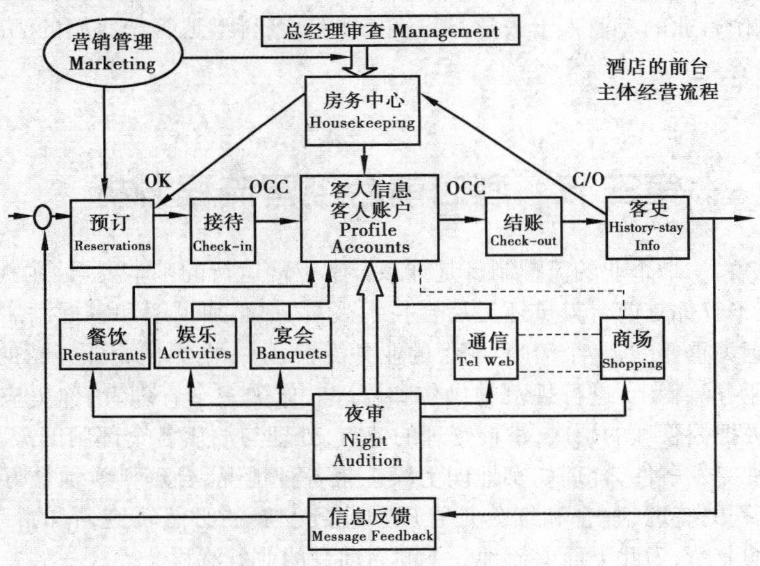

图2-5 酒店前台业务流程

在宾客住店期间，会直接或间接使用酒店的各种工程设备、设施和系统，如电梯、空调暖通系统、程控交换机（PABX）、给排水系统、计算机网络、电视视频系统、音响系统、消防报警系统、

各种厨房设备、装潢设施等。这些是为宾客提供服务的必要条件。这些工程系统涉及很多工程技术领域，有传统的工程系统，更有新型的数字化设备、网络技术（IT）。有酒店工程技术人员的付出，更有专业厂商的优质产品和服务。

二、相关行业技术公司和设备制造商对行业的支持

酒店应用各个工程系统是非常广泛的，就学科而言涉及很多领域，许多品牌企业通过多年，有的甚至上百年，打造出自己的品牌和技术商品，这些著名的品牌企业不仅提供了优质的产品，也提供了良好的服务，更有的专业公司在向酒店提供成熟产品的同时给酒店企业带来了许多新的理念、方法、技术等。由此酒店企业要积极"拥抱"这些新技术，在引进和选择产品的时候，要注意以下几点：

第一，要选择适合自己企业的产品，要符合自己的定位；

第二，要尊重供应厂商，特别要倾听他们新技术方案的介绍和推荐；

第三，要注重高新技术的应用，特别是信息化和节能减排领域新技术的应用；

第四，要注重供应厂商带来的管理理念的变革，对新的方法、新的流程要关注，但要分析是否适合自己的企业；

第五，要注重现场的考察，如果有可能，可以到已经使用的酒店企业现场考察，听取使用的状况和经验，这对产品的选择是有益的。

从产品供应的角度，在酒店企业（甲方）购买工程设备的同时，应该得到应有的回报。这些回报包括新的理念和方法。在这里还必须提及，一个酒店的营业，离不开许多相关技术服务商的支持和帮助，特别是配套的市政实施：如电信（网络）、市政给排水、供电、消防等。随着时代的发展，这些部门在不断地变化，推进高新技术的应用。例如：电力部门应用物联网技术，对酒店使用的电力网络进行实时的监控和管理。许多市政配套部门提供了优质的服务，为此要依托他们，一起创造酒店良好的工作环境，不断提升客人的体验。

章节练习

一、讨论思考题

1. 酒店产品生命周期可以分为几个阶段？

2. 酒店工程技术部在酒店各个阶段的作用和地位是什么？你在酒店运营中，会如何设计和安排酒店工程技术部门的工作职责？

二、讨论设计题

1. 在讨论与规划酒店前台经营流程的基础上，讨论酒店工程技术（或者设备）在经营各个环节中的应用，请举例说明。

2. 讨论规划高新技术在酒店业中的应用。

第三章　智慧酒店信息化工程系统

【本章导读】本章主要介绍酒店日益广泛和深入应用的计算机技术。我国的酒店业是最早和国际接轨的行业之一，为了使酒店的管理模式达到国际先进的水准，行业较早引入了计算机管理信息系统。在数字化转型的过程中，整个酒店行业应用计算机的领域越来越广泛，行业各方面的经营管理和计算机技术融为一体。数字化的人工智能、物联网、云计算、大数据等高新技术在不断突破应用的边界。但应用数字化技术，其硬件网络环境是首要，为此本章将介绍酒店信息技术应用的硬件基础：综合布线、系统硬件架构、计算机网络硬件配置等。其次，研究酒店计算机管理信息系统、网络营销、酒店各类管理系统，一起探究酒店应用计算机技术的现状和发展趋势。酒店的信息技术应用，也为智慧型酒店构建打下了基础。酒店信息化工程建设与应用创新，最终目标是为酒店企业经营管理提供先进的平台和服务模式，不断提升客人的体验，达到智慧运营的目标。

第一节　智慧酒店计算机网络工程

一、智慧酒店综合布线

我国的酒店业正处于高速发展阶段，怎么把酒店发展大国，变成行业强国，是业界和学者共同需要思考和探索的课题。酒店业数字化转型发展，离不开信息技术，酒店日常经营需要应用酒店管理信息系统（HMIS）、办公自动化系统、财务管理系统、网络营销、有线和无线通信等的运行。入住酒店的宾客需要和外界保持联络，需要收发邮件，需要访问互联网，还需要通过各类媒体渠道，如微信、微博等途径与外界保持联系。由此无论是何种类型、何种等级的酒店，都离不开信息技术（IT）的底层应用。客人更需要全方位、全天候使用计算机网络。

上述计算机网络的构建，需要酒店先进行网络硬件框架的建设，其中综合布线系统是基础。综合布线是一种模块化的、灵活度极高的建筑物信息传输通道。酒店综合布线既能使语音、数据、图像设备和交换设备与其他信息管理系统彼此相连，也能使这些设备与外部相连接。综合布线还包括建筑物外部网络或电信线路的连接点与应用系统设备之间的所有线缆及相关的连接部件。综合布线系统由不同系列和规格的部件组成，其中包括传输介质、相关连接硬件

(如配线架、连接器、插座、插头、适配器)以及供电和保护设备等。这些部件可用来构建各种子系统,它们都有各自的具体用途,不仅易于实施,而且能随需求的变化而平稳升级。

综合布线系统最早由美国电话电报公司的贝尔实验室,于20世纪80年代末期率先提出,后由国际计算机工业协会、美国电子工业协会和美国电信工业协会一起制定了ANSI/EIA/TIA568即《商业大楼电信布线标准》,国际标准化组织(ISO)也发布了相应标准ISO/IEC/IS11801。制定这些标准的目的是:首先建立一种支持多供应商环境的通用电信布线系统;其次可以进行商业大楼的结构化布线系统的设计和安装;再次建立各种布线系统配置的性能和技术标准。2000年我国国家标准化委员会颁发了国家标准GB/T 50311—2000,2007年又以GB 50311—2007的标准替换了原标准;2016年又经过修正,制定了GB 50311—2016综合布线系统工程设计规范的技术标准。标准的修订以适应日新月异的计算机技术、互联网技术的发展与应用。

综合布线系统应用范围广泛,酒店、医院、写字楼、运输枢纽、政府办公大楼,所有的大楼在设计建造时都会考虑综合布线系统。酒店在建造时,综合布线系统的规划和设计是必需的,是基础性的建设项目。

1. 酒店综合布线系统的需求分析

酒店综合布线属建筑综合布线的范畴,也就是说酒店的综合布线是建筑综合布线在行业中的具体应用。综合布线同传统的布线相比较,有着许多优点,是传统布线所无法相比的。它的特点主要表现在兼容性、开放性、灵活性、可靠性、先进性和经济性等六方面。而且综合布线在设计、建造和维护方面也给人们带来了许多便利,维护成本也远比传统布线低。

1)兼容性

综合布线的首要特点是它的兼容性。这是指综合布线系统本身是完全独立的一套系统,各类计算机应用系统均可以在该网络上运行,也就是综合布线可以适用于多种计算机系统在这个平台上并行运行。

过去,为一幢大楼的语音或数据线路布线时,往往是采用不同厂家生产的电缆线、配线插座以及接头等。例如语音交换机(电话程控交换机)通常采用双绞线,计算机系统通常采用粗同轴电缆或细同轴电缆。这些不同的设备使用不同的配线材料,而连接这些不同配线的插头、插座及端子板也各不相同,彼此互不相容。一旦需要改变终端机或电话机位置,就必须敷设新的线缆,以及安装新的插座和接头。

综合布线系统将语音、数据设备的信号线经过统一的规划和设计,采用相同的传输媒体、信息插座、连接设备、适配器等,把这些不同信号综合到一套标准的布线中。在使用时,用户不需要事先定义某个工作区信息插座的具体应用,而只要把某种终端设备(如个人计算机、电话、视频设备等)插入这个信息插座,然后在管理间和设备间的交接设备上做相应的跳线操作,这个终端设备就被接入到各自的系统中了。在综合布线过程中也无需考虑以后用户采用哪个厂家的交换设备,使用哪种品牌或型号的终端设备,因为各厂家提供的设备,接口都是统一标准的,都可以直接与布线系统相连接。综合布线也完成了有线和无线的自由转化,可以使无线信号连接到酒店建筑的各个区域。

2)开放性

对于传统的布线方式,只要用户选定了某种设备,也就选定了与之相适应的布线方式和传输介质。如果更换另外的设备,那么原来的布线就要全部更换。对于一个已经完工的酒店建

筑来说,这种更换是十分困难的,不但增加了投资,也影响了酒店的正常运行。例如:如果酒店采用小型计算机作为计算机管理系统的主机,那么一旦更换成服务器就得重新布线。

综合布线由于采用开放式体系结构,符合多种国际上现行的标准,因此它几乎对所有著名厂商的产品都是开放的,如计算机、交换机、打印机设备等;并支持所有通信协议,如 ISO/IEC 8802-3,ISO/IEC 8802-5 等。

3)灵活性

传统的布线方式是封闭的,其体系结构是固定的,若要迁移设备或增加设备是相当困难而麻烦的,甚至要变动整个架构。

综合布线采用标准的传输线缆和连接硬件,采用模块化设计。因此所有的通道都是通用的。每条通道不但支持语音终端,也支持数据终端以及视频终端。所有设备的开通及更改均不需要改变布线,只需增减相应的应用设备以及在配线架上进行必要的跳线管理即可。另外,组网方式也灵活多样,甚至在同一房间可有多用户终端,为酒店、客人的信息交换提供了必要的基础条件。

4)可靠性

传统的布线方式由于各个应用系统互不兼容,因而在一个建筑物中往往要有多种布线方案。因此建筑系统的可靠性要由所选用的布线可靠性来保证,当各个应用系统布线不符合技术标准时,还会造成交叉干扰。

综合布线采用高品质的材料和组合压接的方式构成一套高标准的信息传输通道。所有线槽和相关连接件均需要通过 ISO 认证,每条通道都要采用专用仪器测试链路阻抗及衰减率,以保证其性能。应用系统布线全部采用点到点端接,任何一条链路故障均不影响其他链路的运行,这就为链路的运行维护及故障检修提供了方便,从而保障了应用系统的可靠运行。各应用系统往往采用相同的传输媒体,因而可互为备用,提高了备用冗余。

5)先进性

综合布线一般都采用电缆、光缆混合布线方式,极为合理地构成一套完整的布线。综合布线会采用当前最新的通信标准,主干部分采用光纤进行传输,以保证速度。而水平链路均按 8 芯双绞线配置。5 类双绞线带宽标准可达到 100 MHz,6 类双绞线带宽可达 200 MHz,可以实现百兆到桌面或者千兆到桌面,对于特殊用户的需求甚至可以实现光纤到桌面。语音干线部分用铜缆,数据部分用光缆,为同时传输多路实时多媒体信息提供了足够的带宽容量。

6)经济性

综合布线比传统布线具有经济性优点,综合布线可适应相当长时间的需求,一般都要求超过 10 年的寿命。传统布线的改造不但浪费时间,还会影响到酒店的正常运行,由此造成许多酒店不愿更换新的计算机系统。

通过以上六个综合布线的特点可以看出,综合布线较好地解决了传统布线方法存在的诸多问题。随着现代科学技术的迅猛发展,人们对信息资源共享的要求越来越迫切,以电话业务为主的通信网正逐渐向综合业务数字网过渡,人们越来越重视能够同时提供语音、数据和视频传输的集成通信网。综合布线系统可以把整个酒店(大楼)的所有线路集成在一个布线系统中,统一设计、统一安装,这样不但减少了安装空间、改动费用、维修和管理费用,而且能够轻易地以较低的成本及可靠的技术接驳最新型的系统。因此,综合布线取代单一、昂贵、复杂的传统布线,是“信息时代”的要求,是历史发展的必然趋势。

2. 酒店综合布线系统的六个子系统

按照综合布线标准，技术专业人士把酒店建筑综合布线系统划分为六个子系统。

(1)酒店综合布线工作区子系统

工作区是一个独立的需要设置终端的区域(图3-1)，如酒店的一个客房、商务中心、办公室等就是一个工作区。工作区子系统由水平子系统的信息插座、信息插座到终端设备处的连接电缆及适配器组成。工作区子系统中所使用的信息插座必须具备有国际ISDN标准的8位接口，这种接口能接受大楼智能化系统所有低压信号以及高速数据网络信息和数码音频信号。工作区是综合布线使用面和应用点最多的区域，如：酒店客房至少配置一个使用点，或者说工作区。在这个工作区酒店会通过路由器将信号转化为无线信号，供客人移动端设备使用。

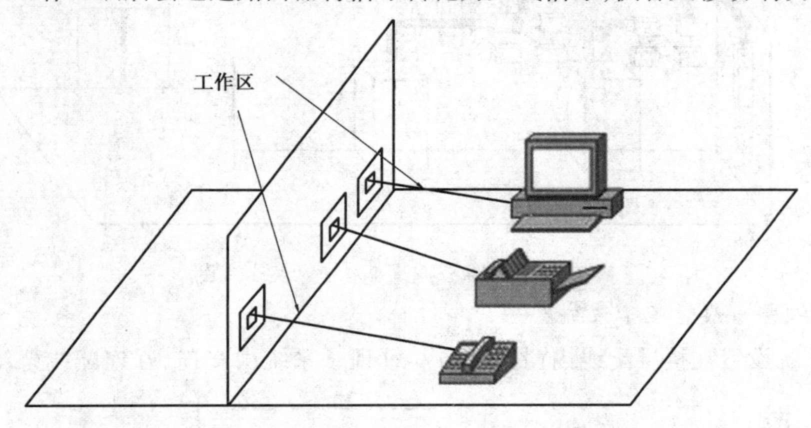

图3-1 酒店综合布线工作区子系统示意图

(2)酒店综合布线水平子系统

水平子系统由使用点的信息插座(如酒店的客房或销售部等)、楼层配线设备到信息插座的配线电缆、楼层配线设备以及跳线等组成(图3-2)，也称为配线子系统。水平子系统由8芯网线组成。某些特殊需要高带宽的场合，如：酒店会议中心，也可以由光缆来组成，即实现光纤到桌面的布置，用光缆还需配置相应的光端机。

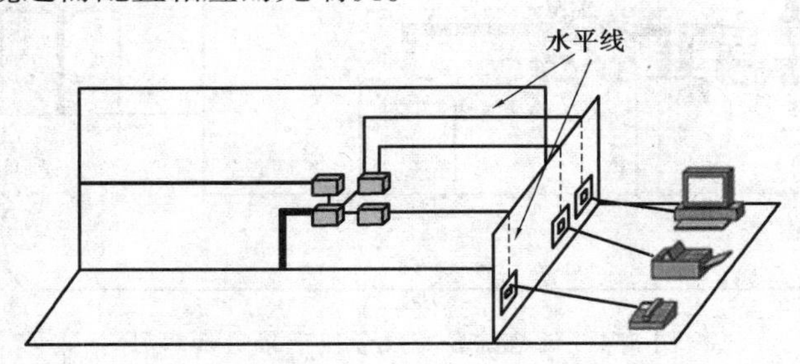

图3-2 酒店综合布线水平子系统示意图

(3)酒店综合布线垂直子系统

垂直子系统由酒店设备间的配线设备和跳线以及设备间至各楼层配线间的连接电缆组成(图3-3)，也称为干线子系统。它用于实现计算机设备、程控交换机(PABX)、监控或者消防控制中心等与各管理子系统间的连接，常用介质是大对数双绞线电缆、光缆等。大型酒店会使用垂直走光缆的方案，经济型酒店可以根据自己的需求，特别是规模较小的酒店，垂直使用六类线的技术方案。这种方案经济上投资少,但对于一个层面有较多客房的酒店而言,宾客在客房使用网络的速度会比较慢,尤其是在高峰时段。

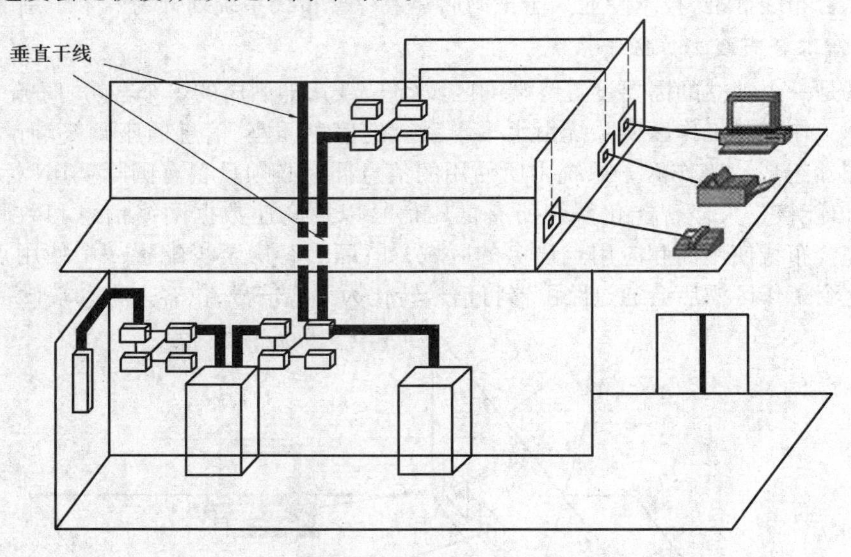

图 3-3 酒店综合布线垂直子系统示意图

(4)酒店综合布线管理子系统

管理子系统设置在楼层配线内(图 3-4)。管理子系统由交连、互连配线架组成。交连和

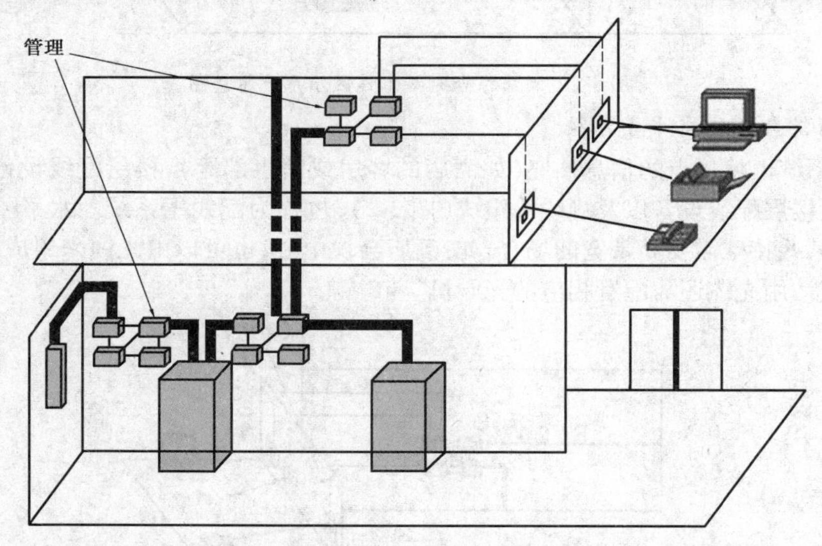

图 3-4 酒店综合布线管理子系统示意图

互连允许将通信线路定位或重定位到建筑物的不同部分,以便能更容易地管理通信线路。它是垂直子系统和水平子系统的桥梁,同时又可为同层组网提供条件。一般包括双绞线、配线架和跳线等。在有光纤需要的布线系统中,酒店还应有光纤配线架和光纤跳线。当终端设备位置或局域网的结构变化时,只要通过管理子系统改变跳线方式即可解决,而不需重新布线。如果是一栋性的酒店建筑,该系统主要分布在酒店的各个楼层,然后汇总到酒店计算机网络机房,即设备间。如果是庭院式,或者分布式酒店建筑群,管理子系统分布在每一个建筑单元内

和酒店的每一个楼层中，最后汇总到酒店的计算机网络机房（设备间）。

（5）酒店综合布线设备间子系统

设备间主要配置酒店综合布线的进入电缆、设备的工作区，一般设置在建筑物适当的进线和通信入口端设备、酒店技术人员值班的工作区域（图3-5）。设备间子系统由综合布线系统的建筑物进线设备、程控电话交换机、网络交换机、计算机设备、防雷击保护装置等各种主机设备及其保安设备等组成。酒店典型的设备间就是设置在酒店计算机和程控交换机房。

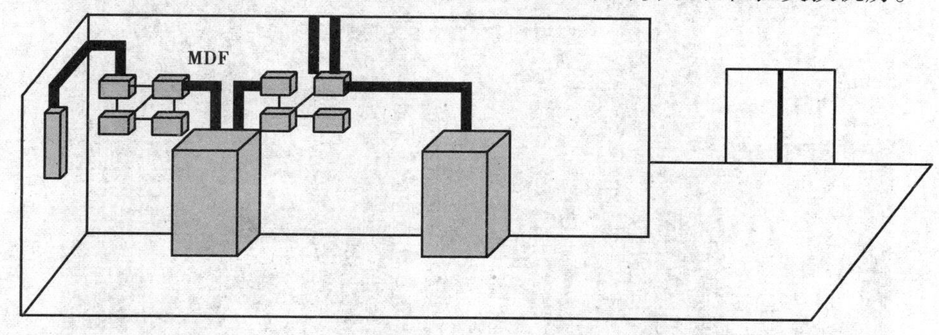

图3-5　酒店综合布线设备间子系统示意图

以上酒店综合布线水平子系统、垂直子系统、管理子系统和设备间子系统的日常技术管理、维护、更新等工作，一般由酒店的计算机技术人员运维。一旦这些子系统遇到故障等，酒店工作人员将及时报工程技术部进行处置。

（6）酒店综合布线建筑群子系统

如果酒店建筑的综合布线系统覆盖两个或两个以上的建造物时，就形成了建筑群子系统。建筑群子系统由连接各建筑物之间的缆线和配线设备组成（图3-6）。通过它来实现建筑物之间的相互连接，常用的通信介质是光缆。如果是单建筑构成的酒店，该建筑群子系统会和当地的通信公司连接，日常的运维也由当地的电信部门负责，酒店的技术人员配合。这个子系统一般状况下，维护率并不高。

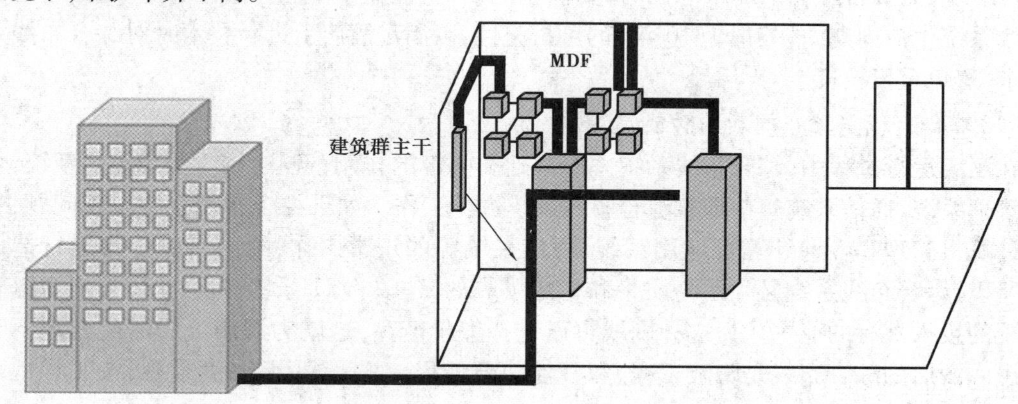

图3-6　酒店综合布线建筑群子系统示意图

综上所述，酒店综合布线系统的各个子系统既相互独立，完成独立的功能，又相互有机链接，成为一体。其目标就是将酒店数据、语音、视频等信息在各个子系统内依次传递，最终完成宾客和酒店使用者对业务的处理要求。综合布线是酒店信息化的基础，酒店综合布线将融入酒店每时每刻、无处不在的信息处理之中。图3-7为某五星级酒店计算机机房内的综合布线配线机架,该机架安置在该酒店的计算中心内。酒店的综合布线和其他酒店工程设备一样,需要运维。运维的主体是酒店的计算机(IT)技术人员,当出现故障时,故障仅存在于本子系统内,不会将故障扩大到其他子系统,因而技术人员能够容易地将故障定位并加以排除。综合布线接入口之外是由当地电信部门负责运维的。

图3-7　某五星级酒店综合布线配线机架

3. 酒店综合布线系统的规划

酒店业对综合布线系统应用具有该行业的特殊性,在为酒店设计综合布线规划时,应该充分考虑到酒店综合布线系统的特殊需求。在系统设计、布点密度、布点方式上做一些特殊处理,以满足酒店日常经营的需求。同时,要满足酒店对高新技术应用的需求,应充分考虑在综合布线系统生命周期内(一般为10年)的可扩充性,以满足酒店引进新技术时对综合布线系统的要求,避免重复投资。

(1)综合布线系统在酒店的功能性定位

在酒店运行过程中,综合布线系统占据基础和关键的作用(见图3-8)。其他的系统,如计算机管理系统、通信系统等都依靠综合布线系统进行工作。如果综合布线系统出现问题,势必影响计算机管理和各种计算机应用系统、通信系统等的正常工作,给酒店的正常运行造成障碍。所以,综合布线系统必须是高质量和稳定可靠的,建议将IT系统预算的10%作为综合布线系统的投入。有的业主认为这种网线可以选择廉价产品,这就为酒店今后的经营埋下了工程隐患。酒店的综合布线是隐蔽工程,和其他隐蔽工程一样,需引起高度重视,按工程规范进行设计、施工和验收。

(2)酒店综合布线应用特征

酒店区别于普通居民大楼。普通民宅大楼用户对象较统一,功能要求比较单一,对综合布线系统的要求相对比较简单,而酒店则要复杂得多,在酒店的日常运行中,既有酒店员工对网络和通信系统的需求,也有住店宾客、参会人员对网络和通信系统的需求,并且随着科技的进

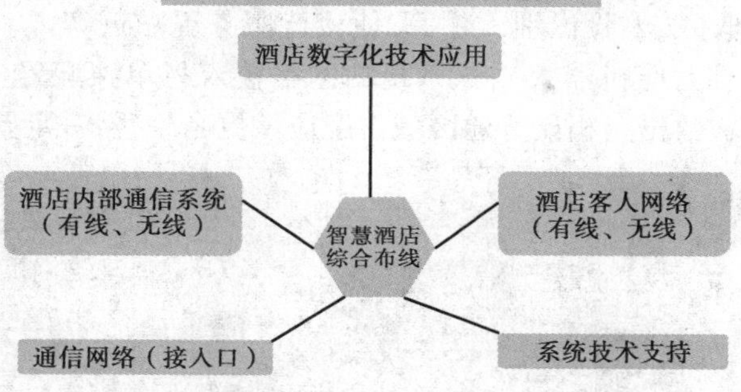

图 3-8 智慧酒店综合布线功能定位

步，宾客对网络的依赖度越来越高，而酒店面临的网络安全风险也越来越高。所以，在为酒店进行综合布线系统设计的时候，应考虑到酒店日常办公和住店宾客对网络的不同需求，既要确保各使用者正常使用，又要保证酒店内部各系统的运行安全。为确保酒店办公网络的安全，酒店办公网络和客房网络必须进行物理隔离，以避免酒店办公网络受到来自客房网络的攻击和病毒威胁。这就要求对某些既有客房，又有办公室区域综合布线的酒店，垂直子系统采用设置两套线路，管理子系统也需要设置两套，这样才能确保这些区域对办公网络和客房网络的物理隔离。另外，在某些区域，还需要考虑实际运行中会碰到的各种问题，酒店规划设计时，适当进行冗余设计，以满足日后运行需求。

(3)酒店各个关键区域的综合布线规划

酒店各个重要区域的数据点规划和设计，是根据酒店的经营管理而设定的。

1)大堂总台区域的综合布线

总台一般设在酒店大堂，是住店宾客入住登记、结账离店、宾客服务信息交汇的地方，是酒店与客人线下交流的第一门户。目前酒店总台的变革趋势是更适合提供温馨的服务，例如：设立更多休息区或者休闲区域。总台的营运面会变小，总台的数据点配置是根据酒店规模设定的，表 3-1 是根据酒店客房规模对总台数据点和语音点配置的建议，酒店配置时，可以根据自

表 3-1 酒店总台数据和语音点的设定(数)

酒店规模(客房数/套)	前台数据点配置(点)	语音点配置(点)	备注
< 100	2 ~ 3	2 ~ 3	包括磁卡门锁、公安登入
200 ~ 300	3 ~ 5	3 ~ 5	包括磁卡门锁、公安登入
400 ~ 500	5 ~ 8	5 ~ 6	不含磁卡门锁、公安登入
600 ~ 800	5 ~ 10	5 ~ 8	不含磁卡门锁、公安登入

身类型(客源)进行调整。总台除了每个服务点位配置一个数据点(计算机终端)、一门语音(电话)的基本配置外，还要安装磁卡门锁系统制卡机、网络打印机、国内银行 POS 刷卡机、公安登入系统等设备。同时，为保证总台区域的网络和电话工作正常，设置一些备份点位也是必需的，备份数一般为前台数据点配置数，即备份翻倍，这是考虑到今后应用和业务发展的需求和维护的保障。随着移动互联的普及，前台可以采用无线网络的配置和固定数据点的配置混

合的配置模式。无线接入点的配置使酒店接待可以使用各类的新媒体系统，如微信、支付宝、银联等入住登记、经费收入、人脸识别入住等，使接待服务更贴近客人。现在许多酒店采用的自助入住登记系统（入住智能机器人），该系统的网络接入将单独配置（图3-9）。酒店的总台是综合布线的重点区域，数据点相比普通区域密度应该更高一些，一定要按技术标准规划好。

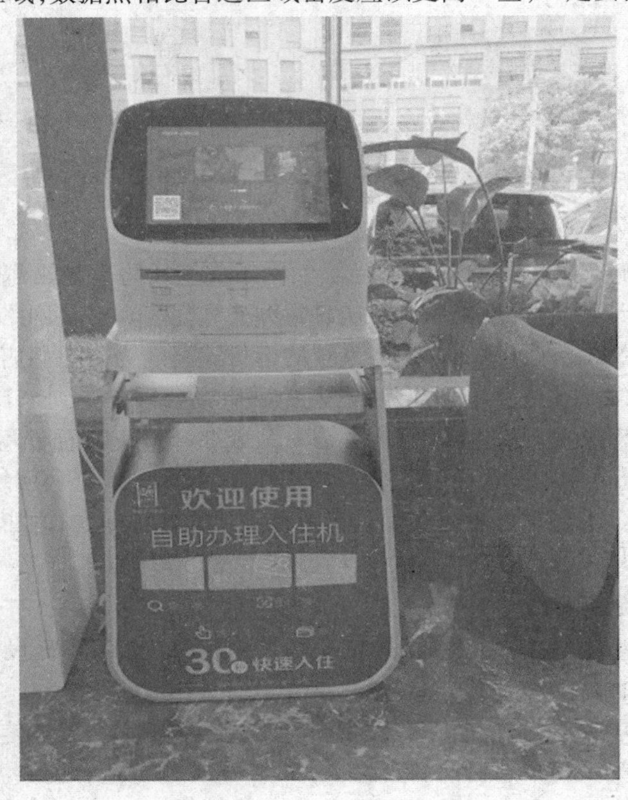

图3-9　酒店应用智能入住登记(Check-in)机器人

2）酒店宴会区域的综合布线

酒店承接的宴会、会议形式多种多样，既有一般的工作会议、公司年会、婚宴等，也有新闻发布会、视频会议、电话会议等。有的酒店在会议室还接待讲座、培训班、科研研讨会等各种活动。由此不同形式的会议对会议室网络和语音的要求是不一样的，为了能确保大多数会议对网络和语音的需求，宴会厅应该安装与面积对应的点位，尤其是无线网络的带宽要符合宴会厅区域内的客人对无线信号的需求，即无线访问接入点 AP（Wireless Access Point）的规划与设计。此类设计标准要符合 IEEE 802.11 的技术规范，一般依据宴会、会议厅的建筑结构，由网络技术公司设计规划，来布局 AP 的数量、规格、型号、安装位置等。AP 安装设计最后是现场测试，不是 AP 点越多越好。

对于会议厅不但周围墙面要安装，还应该在适当的地面也安装一定数量的地插，以备不时之需，来满足不同形式会议的需求。有的酒店为了满足视频会议或其他对于带宽要求较高的应用，在高标准的会议室，还应该一个卡座配置一数据点。在通信电缆的规划上，为宾客提供光纤到桌面的应用。总之，宴会、会议厅举行活动，是人群密集场所的应用，需要科学地规划好 AP 等的设计，和宴会厅、会议厅的布局融为一体。

3)酒店餐厅区域的综合布线

图 3-10 酒店餐厅使用的无线点菜机(PDA)

为酒店餐厅进行综合布线规划时，必须考虑到酒店餐厅的运行模式。根据不同的模式会有不一样的布点规划：第一,传统的点菜模式。该模式是餐厅服务生到餐桌旁为宾客进行点菜单服务,服务生将完成的宾客点菜单提交餐厅收银台操作员,由收银台的服务员(收银员)将点菜单信息输入到餐厅计算机管理系统,该系统根据菜品进行分单并完成各个厨房(出品点)的出单打印,各个厨房工作人员根据打印出的菜单进行加工,出品。这里要求每个出品区域必须设置一台厨房打印机,一般包括:热菜厨房、冷菜间、点心间、酒水吧(台)等。这种模式数据点的敷设一般到各个餐厅的收银台。此模式应用普及,适用于高端西餐、中餐。第二,无线点单模式。随着无线网络的发展,许多餐厅采用了无线点单机(PDA, Personal Digital Assistant),采用无线点单机(图 3-10)进行点菜服务会更加便捷,一般餐厅中每 20 ~40 个餐位就需配置一个无线点菜器(PDA),在餐饮收银台附近架设无线路由器,这样一旦点菜完成,服务生按点单最后确认键,点单信息就会通过无线路由器传入到餐厅计算机管理系统并进行后续的服务。第三,是采用餐厅区域,配置触摸屏电脑(图 3-11),餐厅服务员到固定的触摸屏电脑上完成为客人点单、催菜、收银等工作。该触摸屏是餐饮管理系统的一个点,和餐饮管理系统连接在一起的。

上述三种模式,要求厨房预设统一的打印机电缆井道,将信息电缆接入到一个电缆管道中,也可以采用无线接入方式。

以上餐厅运行模式的综合布线要求应该根据酒店的实际需要而规划和设计,餐位多少是配置的重要依据,具体的配置建议见表 3-2。

表 3-2 餐厅不同点单模式数据语音点的配置要求

餐厅的运行模式	餐厅数据点配置(点)	计算机配置建议	技术说明
餐桌点菜模式	2 ~3	PC 终端 或触摸屏终端	各个出品点需配置厨房打印机并敷设从餐厅收银点到各个厨房的电缆
无线点菜模式	2 ~8	PDA	需在餐厅收银点附近或合适的区域架设 AP
触摸屏点菜模式	2 ~3	触摸屏终端	餐厅区域需要配置足够的 AP,来满足客人的无线接入需求

4)酒店客房空间综合布线

酒店的客房是宾客逗留较长的区域,现代酒店客房至少配置 1 个数据点和 1 个语音点。目前酒店数据点的配置有两种模式:一是有线接入,数据点一般设置在写字台上即可。二是采

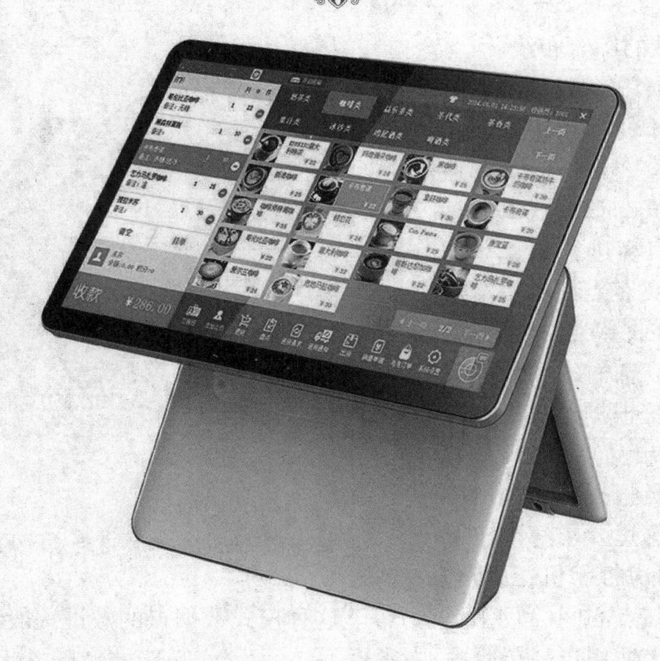

图 3-11　酒店餐厅配置的触摸屏电脑

用无线网络。更多的酒店同时采用两种方案配置。有的酒店根据自己需求而定。有的高星级酒店在电视机上增加一个宽带数据点,应用于交互式网络电视(IPTV)。这样的技术配置必须与写字台的数据点走不同的垂直主干线路,因为网络电视对带宽有一定的速度要求,如果和写字台的数据点共享同一条垂直主干线,将会影响客房内的网络质量,也会对网络电视的信号质量产生影响。

酒店语音点设置可以根据客房的等级进行规划,一般客房没有必要把 3 个语音点全部放电缆到楼层配线间,因为每个房间设置在写字台、床头柜、卫生间的号码都是同号的,即把这 3 个点在房间里选择合适的位置进行并接,然后通过一根总线连接到楼层配线间。这样既节约了水平线缆的投资,也节约了楼层配线架的数量。如果是高级别的套房,则需要配置多于 1 个语音点,可以是客厅设一个语音点,卧室设一个语音点,卫生间设一个语音点。

5)酒店其他区域数据点的布点

酒店咖啡吧、酒吧、娱乐和康乐等场所,现在一般会使用无线网络覆盖并在收银点配置有线网络点,这样配置将满足宾客移动信息交换的需求。这些区域的无线网络配置(AP)和宴会厅空间配置的原理是一样的。

(4)酒店无线网络

随着信息技术的持续高速发展,各种手持终端、平板电脑层出不穷,如 iPad、iPhone、PDA 等设备已经成为宾客的随身之物。这些终端设备需要使用无线网络接入。因此,对客房区域、会场区域和公共区域进行无线覆盖,为住店宾客营造良好的体验环境,已经成为现代酒店的标准配置。

在酒店架设无线网络环境,一般将其并入到客房网络拓扑中,这样可以利用原有的网关设备,对宾客上网账号等信息进行统一管理,既方便管理,又可以减少投资成本。无线网络的设备必须支持 IEEE802.11a/b/g/n 等标准,无线频段为 2.4G 或 5.8G,无线网络的速度可以从 11 M 到

150 M 不等，传输距离从几米到 100 米不等。速度和传输距离受无线设备的发射功率、阻挡物（墙体）的材料、客房的布局等因素影响，所以，架设无线网络不能简单地凭经验，随意放置无线访问点（AP），而是要对现场进行无线信号测试，确保 AP 能够覆盖到所需要的区域，信号强度能够达到正常工作的范围。

无线信号还存在干扰的问题，相邻的 AP 之间会产生电波串扰，导致接收设备无法正常连接 AP，影响网络访问。所以，有必要在系统中设置无线控制器，通过无线控制器，可以对所有的 AP 设备进行统一管理、统一配置，在 AP 参数需要改动的时候，只需要在控制器上进行修改，由控制器通过网络将配置下发到所有的 AP，无需对 AP 进行逐个修改，大大地减少了网络管理员的工作量。同时，无线控制器还能对 AP 的无线信号进行优化，适当调整 AP 的发射功率和频道，使得相邻的 AP 不会产生干扰现象，确保无线网络工作正常。为了方便宾客使用无线网络，酒店内的无线网络一般为开放式访问模式，而不设置访问密码。如果设置密码，要通过一定的安全渠道告诉宾客。酒店还需培训会进行密码设置的服务生，提供这类的技术支持。

4. 酒店各区域网络拓扑图

这里主要介绍两个主要区域的网络拓扑图，一般在规划酒店网络系统时，设计单位会提交酒店各个区域的网络拓扑图，给酒店筹建方（甲方）审阅，管理方根据拓扑图，提出自己的意见。

（1）客房区域网络拓扑图

酒店客房区域网络的规划，既要配置传统的有线接入方式，又要有无线网的入口端。这样可以满足宾客各种智能手机、平板电脑、笔记本电脑、台式电脑等设备的网络接入，并通过网络处理各种事务。目前在客房区域网络配置中，一般会同时配置有线与无线两套系统，这样才能满足不同层次的宾客的不同需求，为宾客提供网络服务。另外，为了满足一些宾客的特殊网络访问需求，如访问虚拟专用网络（VPN，Virtual Private Network），要慎重设置防火墙设备（Firewall），避免防火墙拦截这些特殊的网络访问，给宾客带来不便。根据相关部门和酒店自身对网络管理的需要，酒店会配置专用网关设备。网关设备将完成动态主机配置（DHCP，Dynamic Host Configuration Protocol）的管理功能，同时为宾客提供即插即用功能，宾客计算机设备无须更改网络设置，即可通过网关设备访问外网。网关的设计既可以对客房网络端口进行管理，也可以对宾客的上网账号进行管理。目前的网关设备主要是计算机网络的安全策略管理，网关设备能够对所有端口的网络活动进行日志存档，以便在必要时调用日志，审核网络行为，确保其网络行为的安全性与合法性。图 3-12 是典型的客房网络拓扑图，该系统完成了客房有线和无线的接入、动态主机配置（DHCP）和客房日志记录等功能性管理。

（2）办公区域网络拓扑图

办公区域网络与客房区域网络的配置技术要求不同，为了保障办公设备及各酒店管理系统的安全运行，必须在 Internet 访问前端设置防火墙，以避免来自网络（Internet）的各种攻击。而内部办公无需计费，计算机设备大多也采取配置静态地址的做法，专用网关设备也可以省略。图 3-13 是一个较为典型的办公网络拓扑图，酒店会把面向宾客直接服务的网络分为前台区域，如总台、餐饮、娱乐、客房等。酒店财务、采购、人事等部门是酒店管理的核心区域，在网络配置时需要进行域控技术处理，目的就是安全可靠地运行各个计算机系统。

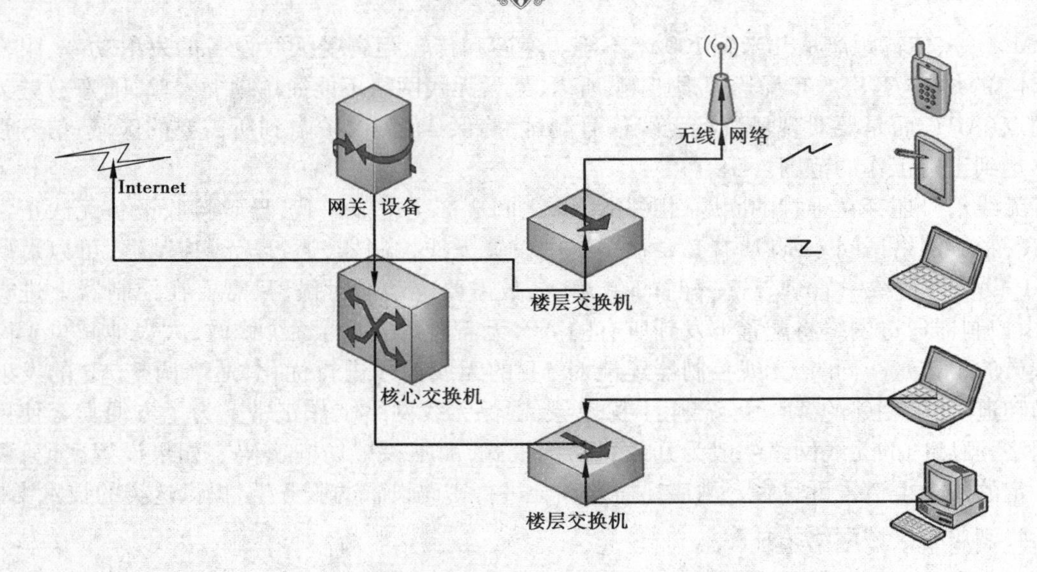

图 3-12　酒店客房区域网络拓扑图

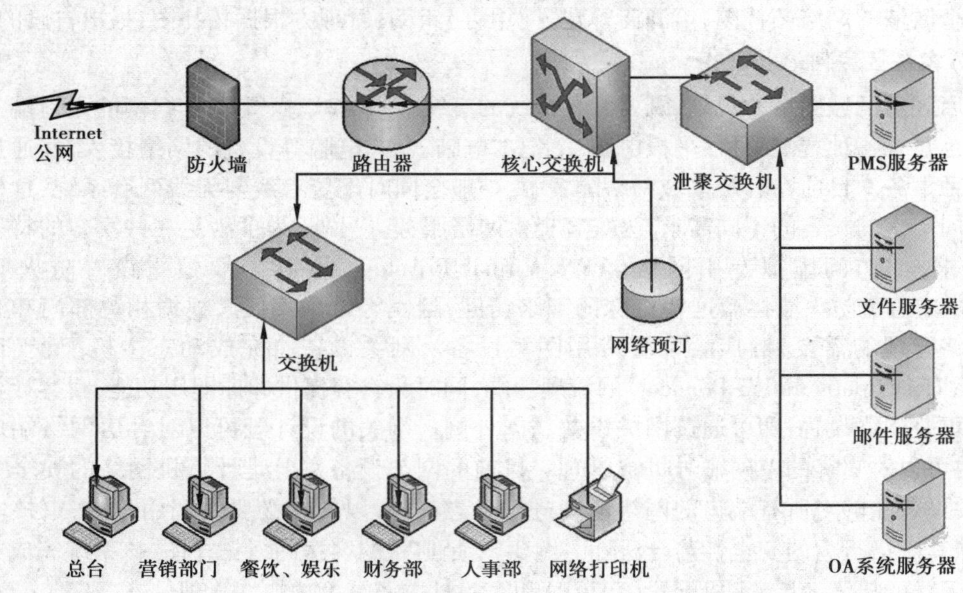

图 3-13　酒店管理办公网络拓扑图

二、酒店计算机系统的硬件配置

酒店需完成各种经营管理业务数据处理的需求，在构建上述综合布线基础上，还必须配置各种计算机系统的硬件。

1. 酒店计算机系统的服务器配置

酒店计算机系统的应用经历了小型计算机、诺威尔网络（Novell）和服务器/客户端结构（Client/Server）三个主要阶段。第一阶段是改革开放初期，我国引进了国外的酒店管理模式，在当时的计算机背景下，应用最多的是小型计算机。这种架构简便、技术管理模式方便，但价

格高、业务变动困难。第二阶段是过渡阶段,为诺威尔网络(Novell)的应用。这个阶段很短,运维也比较复杂。随着计算机技术发展和各类操作系统成熟,目前应用最多的是服务器/客户端结构(Client/Server)。酒店企业的很多业务都在这个架构上运行,因此酒店服务器的配置需要有一定的规划。表3-3是对不同规模酒店服务器配置的建议,供参考。

表3-3 酒店计算机系统服务器配置(数)

酒店规模	服务器配置	建议	特点
小规模	1~2	备用1台	投入少,但系统风险较大
中等规模	≥2台	采用域控	要求稳定,服务器可采用冷备份或热备份技术方案
大规模	≥4台	不同业务服务器分开运行	服务器应该采用热备份技术方案

在服务器选型上,建议采购机架式服务器(图3-14),将服务器统一安装在计算机机架内,这样既符合技术规范,又便于管理。当然小型酒店也可采用台式服务器,作为主服务器。具体应该从酒店的规模和管理要求而定。

图3-14 酒店配置的机架式服务器

随着计算机技术和运行模式的发展,酒店的管理软件也有了"软件即服务"(SaaS, Software-as-a-Service)的运作模式,这种模式酒店业主不用购买计算机服务器,只要有网络就可以运行。许多酒店软件厂商推出了适合酒店管理的云平台软件,这对酒店的硬件配置发生了变化,具体在以后的章节中介绍。

2. 酒店应用点计算机终端的配置

酒店应用计算机的部门和业务点越来越多,根据酒店的业务特点,每个使用点的计算机终端配置会不一样,如总台使用台式PC,可以适应较多、频繁的数据录入,具体配置建议见表3-4。

表3-4 酒店计算机终端采用形式

使用点	计算机终端的建议配置	特点
前台	台式PC、移动端PC	适应较多数据录入
餐饮	触摸屏终端、PDA	适应操作简便、快速
娱乐	触摸屏终端	适应操作简便、快速
房务中心	台式PC	适应较长时间使用
销售	笔记本	携带便捷
财务	台式PC	适应较长时间使用
人事	台式PC	适应较长时间使用

第二节　酒店计算机管理信息系统

一、管理信息系统的概念

管理信息系统(MIS,Management Information System)是计算机技术较早应用于企业管理的系统(工具)之一,是各类企业管理信息处理的基本方法和途径。管理信息系统定义如下:

从管理系统自身的角度定义为:是一个由人、计算机及其他外围设备等组成的能进行信息收集、传递、存储、加工、维护和使用的系统。管理信息系统的运行基础目标就是实测(映射)企业的各种运行情况(数据)。系统的主要任务是利用现代计算机和网络通信技术,对企业经营的各类信息进行处理,以求得相对应要求处理事务的正确、高效、存储、再使用等。企业通过对管理信息系统的投入,期望达到信息(事务)处理的科学性,提高企业的效率和效益。

从企业管理的需求角度可以定义为:管理信息系统(MIS)是企业或组织对要管理的事务、流程、产品等生产要素进行信息化处理,并通过程式化、架构化的程序从各种相关的资源(公司外部和内部)收集相应的信息,为企业的运作提供各层次的需要功能和信息。这表明管理信息系统(MIS)的本质是一个关于内部和外部信息的数据库,这个数据库可以完成企业对信息处理的功能性需求,因此管理信息系统是信息收集、传递、运算、处理、保存、再使用、挖掘等一系列的行为过程,其中收集、传递是管理信息系统的基础。目标是处理复杂、烦琐的信息,期待提高企业的整体运行效率。

站在更全面的视角可以定义为:管理信息系统是以人为主导,利用计算机硬件、软件、网络通信等资源,进行信息的收集、传输、加工、存储、更新和维护,以提高企业效率和效益、竞争优势,为企业决策打下坚实的基础。这里的认识的提高,就是将最关键的人纳入到系统中,成为系统的主角。由此管理信息系统不仅是一个技术工程系统,更是包括人在内的人机系统,它是一个管理系统,也是一个社会系统。从这个定义认识,可以把信息管理系统(MIS)最直接表示为图3-15。

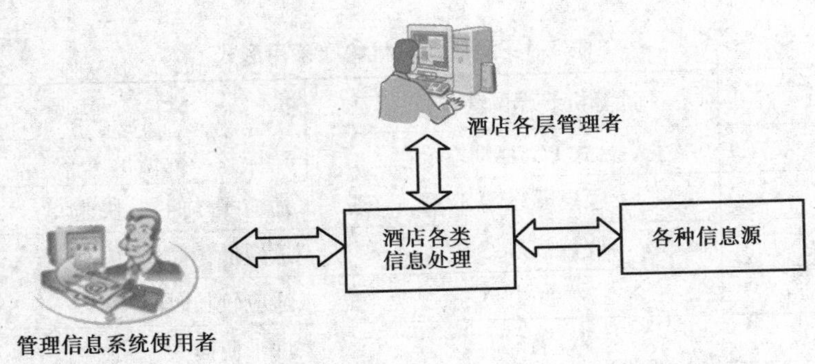

图3-15　计算机管理信息系统(MIS)示意图

可以把复杂的定义,变为简单的描述,管理信息系统(MIS)就是各种用户(人或组织)用设计好的计算机网络系统,为他们提供信息服务的系统。

例如,在其他课程学习的酒店管理信息系统(Opera)就是管理信息系统应用得最好的案例

之一，酒店在预订时，就要建立宾客基本信息（Profile），这个过程就是信息的收集，当预订完成后信息会自动传输（传递）到系统的服务器中，供前台等有关部门查询之用，经过预先设定好的程序，计算机系统会对刚收集的信息进行加工（运算），酒店管理信息系统的信息加工主要是指对该宾客个人信息存储的基础上，提供按各种方法的检索，即应用 Opera 系统进行宾客信息的查询，在宾客住店的过程中，系统会对宾客的信息进行实时的更新，最典型的就是对宾客消费记账，如：客房区域的客人消费（小酒吧）；拨打长途国际电话（IDD）的自动计费；在晚上 24 点，Opera 系统进行过房费（对宾客房费进行自动累加）等。这些操作从管理信息系统的定义层面上认识，就是对信息的加工、更新和维护。从对一个宾客的信息维护，到酒店层面对整体宾客信息进行维护、储存。有了这些基础信息，酒店销售部门可以对储存宾客的信息（尤其是客史）再使用，进行查询、统计，有的会对宾客历史数据进行挖掘等操作。这一系列的行为是符合企业的经营管理目标的，更是建立酒店管理信息系统（Opera）的目标。

二、 酒店管理信息系统的工作原理

上面从各种视角表述了管理信息系统的基本定义，但从用户（使用者）的角度，还必须具体认识管理信息系统的工作原理，从而为酒店企业的管理信息系统的建构和有效使用提供思路和方法。管理信息系统的工作原理可以从以下几个角度来认识：

1. 酒店管理信息系统的体系架构

酒店管理信息系统的体系架构是指建立这个信息系统的组成成分以及组成成分之间的关系，有时可以称为信息系统的工作原理模型。这是从酒店管理信息系统工作运行的目标高度来分析系统的工作原理的。酒店管理信息系统和其他企业管理信息系统一致，体系架构由五个部分组成：人员、管理、数据库、计算机软件、计算机硬件，可以从图 3-16 加以理解。在这里要认识，一个管理信息系统一定是由人员、管理、技术系统（硬件、软件）组成，有的专家提出信息系统是一种全面反映社会—技术系统特征的系统架构体系。这样更全面地分析问题，强调人员和管理对系统运行最终的影响和效果。任何的管理信息系统都和人员密切相关，离开人员系统将一事无成或者效果极差。由此在管理上，尤其在高层管理上必须充分认识到这个原理。

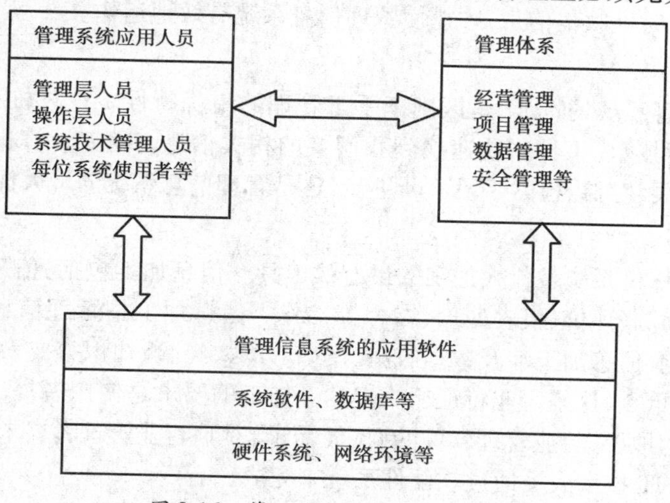

图 3-16　管理信息系统的体系架构

从这个原理可以引申出，一个酒店要应用好管理信息系统并创造出效益，酒店企业的高层领导对管理信息系统的行为是成功与否的关键所在。应该认识到，管理信息系统是企业管理者进行经营管理最基本、最重要的工具和手段。

2. 酒店管理信息系统的功能架构

酒店管理信息系统最直接的层面，就是描述系统的功能架构。这个也是使用者或企业最关心的问题。按照管理信息系统的一般规律我们可以把系统分为信息收集、信息存储、信息加工、信息交流、信息管理的功能架构，功能架构是从系统的功能上来描述其工作原理的。图 3-17 表达了这个功能模块。

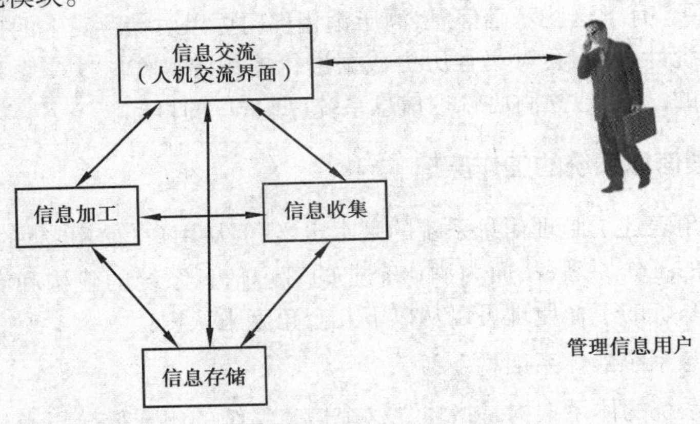

图 3-17　管理信息系统的功能架构

通过图 3-17 的功能架构图，对管理信息系统的功能模块做以下简述：

(1)信息收集

信息收集是整个系统运行的基础，使用者不但向内部收集信息，还要向外部系统收集信息。信息的收集包括原始数据的收集、信息的分类、信息的结构等环节。信息的收集工作占信息处理全部工作量的很大一部分时间和成本。在信息收集的工作中，要充分重视人的作用，必须按照统一的规范、操作要求来收集和输入信息。收集信息的人员要参加相关的培训和操作达标。只有正确、及时地收集信息，才能使管理信息系统有效地运作。

(2)信息存储

信息存储是信息系统的特征，是区别于手工管理的最优特性。计算机工具能大容量地存储信息，并通过搜索技术（工具），快速找到我们要的相关信息。随着计算机技术的发展，存储技术得到空前的发展，存储、检索手段不断进步，这是管理信息系统的最大优势。

(3)信息加工

信息加工是计算机系统替代人加工的最有效工具。信息加工包括：信息查询、检索、分析、计算、提炼、优化、预测、评价、报表处理、综合等工作。信息加工是管理信息系统的核心，是业务运行的关键所在。信息加工涉及数据收集、模型、方法、经验、知识等要素。信息加工对各个行业有着不同的侧重点，这是行业特征所决定的。加工的要求是使用者提出的，如企业各个层面的管理者，更确切地说，行业管理软件的要求（需求）是该行业管理者要求的集合。加工的方法可以由使用者和 IT 技术人员通过软硬件系统来完成。

(4)信息交流

信息交流对任何管理信息系统而言都是基本的需求,没有交流功能,就没有使用者。信息的输入、输出面向广大的使用者(特别是一线的操作者),由此信息交流的界面要清晰、简练、具体、易懂、方便。管理信息系统的最终用户就是各类管理人员、操作人员,对于计算机技术,他们是非专业人员。由此一个良好的管理信息系统,一定要具备功能强、易操作的特点。随着计算机技术的发展,信息交流能方便正确地输入、输出文字、图像、声音、影像。网络技术的发展,在信息交流上突破了时空的限制,可以通过各种手段、渠道、空间向信息系统交流信息。信息交流最大的表现力是经营管理过程中的信息实时查询和报表输出,一个好的管理信息系统会输出有价值的各种报表,该系列的报表是信息系统有效性的显现。

(5)管理信息用户

管理信息用户是管理信息系统的使用者和组织结构,负责制定和实施管理信息系统的各项操作规程、标准和制度,并对该系统的运作进行监督、操控、协调等工作。信息管理者(用户)和对应用系统的完善也是管理信息系统发展的原动力,他们的需求可以驱动信息系统的发展和完善。在企业中,为了实现企业的整体目标,信息管理已经成为企业管理者的重要工作之一。在目前网络经济大发展的状况下,信息管理成为许多企业营销的手段和销售工具,信息资源的管理成为一个战略资源的管理。在此可以表明:管理信息系统诸多要素中用户是最重要的应用要素。

3. 酒店管理信息系统的技术架构

酒店管理信息系统(HMIS)的构成是从计算机的技术应用角度来分析的,即酒店的计算机管理信息系统是计算机技术的具体应用,可以和其他领域应用计算机类似,把酒店管理信息系统(HMIS)的构成分为:网络架构和软件两大部分,网络结构包括计算机服务器、终端和一系列基础设施,如网线(图 3-18)、网络配线架、桥架(图 3-19)、电源、管道、网络交换机(图 3-20)等,有时把这些称为计算机系统的硬件。软件包括操作系统、桌面软件、数据库、各种应用的专业软件等。

图 3-18 酒店计算机机房中的网络电缆配置

计算机网络的组网模式目前一般采用客户机/服务器(Client/Server,C/S)模式和浏览器/服务器(Browser/Web Server ,B/S)模式,结合酒店应用具体介绍如下:

图 3-19　酒店计算机网络机架、桥架

图 3-20　网络通信器件(网络接口、网络交换机、无线路由器)

(1)客户机/服务器(Client/Server,C/S)模式

客户机/服务器(C/S)模式是目前酒店应用比较多的管理信息系统的架构模式。酒店网络架构上,计算机系统分成客户机和服务器两类,其中服务器是运行的关键部件。图 3-21 是典型的 C/S 模式的酒店计算机网络结构图。

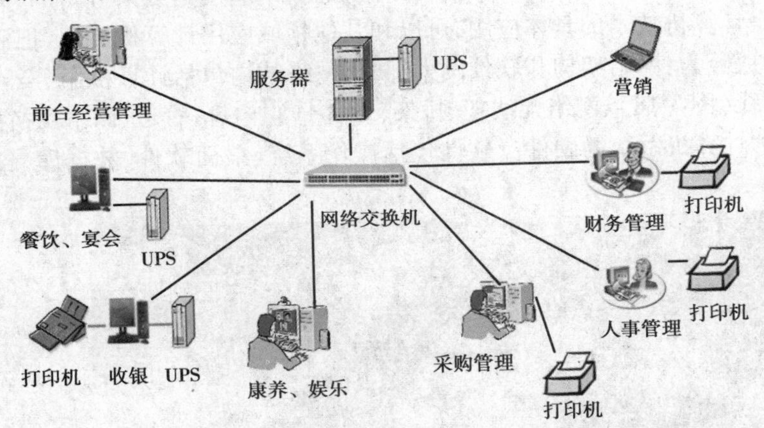

图 3-21　酒店计算机管理系统 C/S 模式结构图

酒店常用的 C/S 模式有两层结构和三层结构。两层结构相对比较简单(图 3-22),适用于一些小型酒店,一台服务器既承担应用软件的运行,又承担数据库的运行。对于容量大,有一定规模的酒店,需要把应用软件和数据库运行分开,这样就形成了三层结构(图 3-23)。所有这些结构的形成,一定是为系统高效地运行而产生的。当然具体的技术方案,要根据酒店的实际情况而定。

(2)浏览器/服务器(Browser/Web Server ,B/S)模式

随着互联网技术的发展,技术上和使用上有了新的需求并产生了新的模式。浏览器/服务

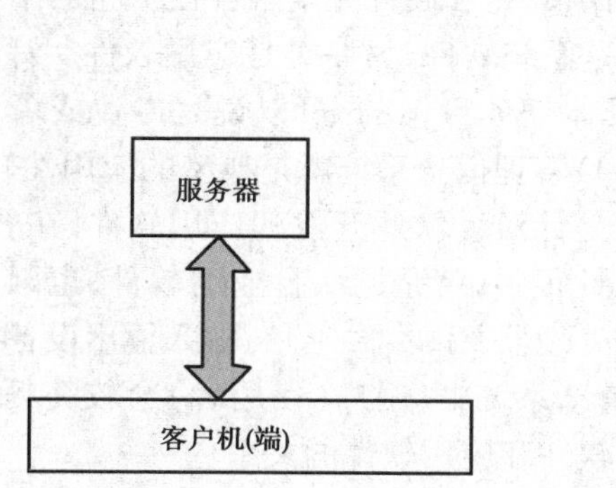

图 3-22　C/S 两层结构

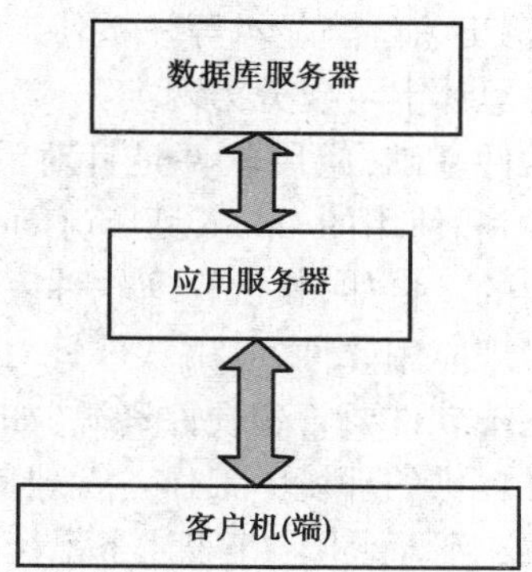

图 3-23　C/S 三层结构

器(B/S)架构由此产生(图 3-24),这里客户端是采用浏览(器)方式登入到服务器端进行一系列工作的。浏览服务器是以“页面”形式给浏览器(客户端)提供信息,在 B/S 三层和四层的架构中,浏览服务器与数据库服务器进行协议接口并实现数据交换。酒店应用 B/S 架构有以下优点:

第一,由于采用基于超文本协议的 Web 服务器和可以对 Web 服务器上超文本文件进行操作和信息交换,使得酒店管理信息系统的信息交换实现了文本、图像、声音、视频信息为一体的交换功能;

第二,由于采用 Web 服务器,使得酒店客户端可以跨越更大的时空,进行登入,处理信息;

第三,对酒店应用端而言,整个系统的维护和更新,尤其是软件的更新或升级,变得方便,维护可以不到酒店现场进行,效率更高和便捷。

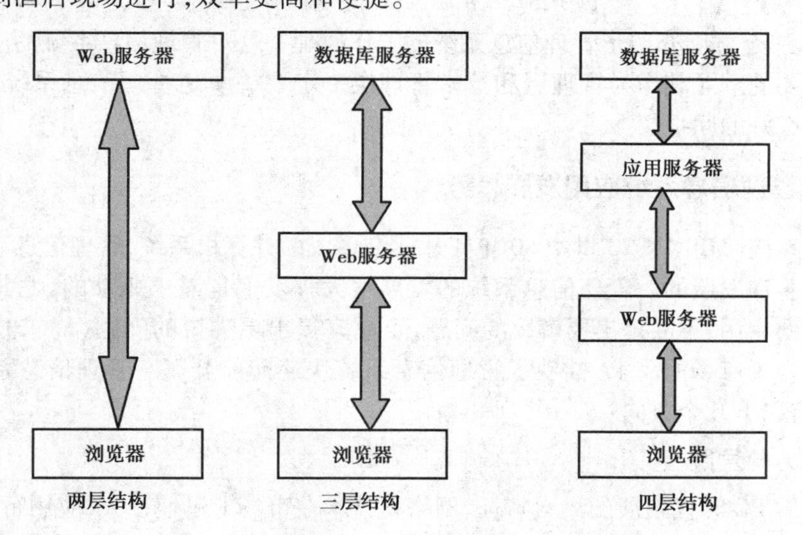

图 3-24　B/S 架构模式

上述的网络架构模式,或是网络架构模式下的两层、三层架构,在实际使用时,要根据企业的应用情况,采用相应的方案。提倡的选择原则是:只要合适就是最好的。

4. 酒店管理信息系统的软件应用

管理信息系统是依靠多种软件系统进行工作的,软件应用是全方位的,存在于数据的输入、处理、加工、输出、存储、显示等一系列工作中，是和硬件完全融合在一起工作的。

计算机软件总体上可以分为两类：一类是系统软件，另一类是应用软件。计算机系统软件是系统运行的软件基础，应用软件是针对具体任务目标的，可以说是专业或者说专用的。例如，我们前面学习和使用的 Opera 酒店（Hotel）管理信息系统就是典型的应用性软件，这款软件是针对酒店行业的。再如，餐饮管理软件就是针对餐饮业开发的应用软件，在餐饮软件中，还分中餐和西餐管理应用软件，应用软件针对性很强，就是同一行业的软件，也因经营模式不同而有所不同。系统软件要管理硬件资源（如处理器、存储器、通信、输入输出设备等）；而应用软件则在系统软件提供的环境中工作。管理信息系统中，用户（使用者）会较高频率直接与应用软件进行“人机交互”。图 3-25 表述了系统软件和应用软件的关系。

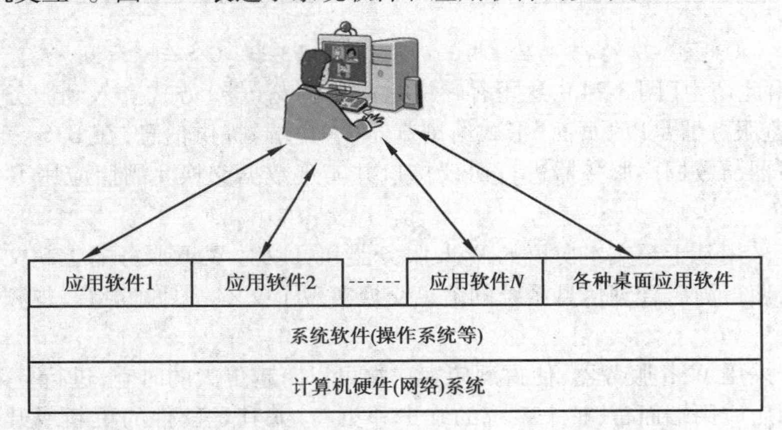

图 3-25　系统软件和应用软件的关系

上面通过三个方面介绍了管理信息系统的工作原理。这对管理信息系统的应用和系统的高效使用是必要的。尤其作为管理层和技术管理层一定要搞清楚管理信息系统的工作原理，使系统的投入有好的回报。

三、酒店管理信息系统应用发展趋势

管理信息系统（MIS）是 20 世纪 80 年代才逐渐形成的计算机系统，管理信息系统是在实际应用中得到完善和发展的。管理信息系统的发展很大程度上是需求驱动的，尤其在广大的企业经营管理中的应用，不断提出要解决的问题，企业家提出更尖锐的问题（需求），计算机技术自身的发展结合了市场的需求，推动了管理信息系统快速向前开拓。管理信息系统从目前的应用层面看，有以下几个方向：

1. 网络化方向发展

网络化是后 PC 时代发展的最大特征，网络化技术在市场上迅速扩大，应用行业快速膨胀，目前已渗透到各个领域。管理信息系统作为计算机应用领域之一，也不能远离这个浪潮。在过去，管理信息系统应用有过与外网分离的技术管理模式，其中原因之一，就是为了避免计算机病毒和网络攻击。但到了今天，我们不仅用微软的产品，还要使用谷歌、百度。以前网络还没有普及，但今天不仅宽带普及到家庭，无线网络覆盖也在迅速扩张，智慧小区、智慧城市在不断冒出。我们有微信、小红书、微博、抖音等新型网络传递交流方式、平板电脑等系列新产品，更有第三方平台（销售、支付等）产业的兴起。由此不能阻挡网络（有线和无线）的迅猛扩张和

渗透。因此管理信息系统必须和网络连接,这个连接不仅在软件上,更在功能上。管理信息系统要迎合、拥抱网络技术的发展。在这个方面管理信息系统要完成以下几项工作:

第一,计算机硬件和网络的链接,但这个链接是有目标的、是有选择的。至少在管理层面会做出一定的取舍。例如:酒店企业会和公安入住系统、银行的POS等系统链接。

第二,计算机软件接口,这个接口主要是针对功能性的。例如,企业要和外部交换信息,有的信息会直接录入到企业管理信息系统中,进行后续的工作。同样企业的管理信息系统会把加工后的信息向外输送。例如:有的酒店管理信息系统(如"西软"等)会和当地公安住店入住系统做接口,将宾客入住信息传递给当地的公安部门。再如,酒店管理信息系统(Opera 等)会和各类系统对接,如:PMS和公安系统的信息对接;酒店的程控交换机(PABX)和智能机器人的信息控制对接,完成酒店智能机器人与住房客人对话的应用等。

第三,计算机系统的安全问题,这个是永久的问题和工作。由于管理信息系统与外界交流信息,因此比过去的安全问题更加突出和重要。管理信息系统的安全包括:计算机病毒的防范和清除、防攻击、数据备份(灾备)和恢复、硬件维护和恢复等。

酒店管理信息系统在目前的状况下,与外部网络链接(接口)的状况如图3-26所示。系统链接从数据交换上是完成上传和下载,从功能上是酒店需要业务的数据交换,其目标就是更高效地为企业提供信息服务。

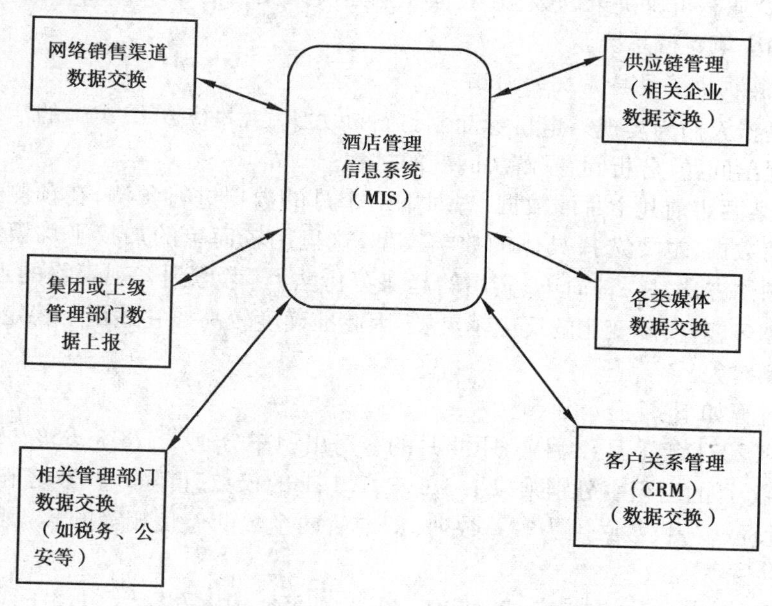

图3-26 酒店管理信息系统数据交换示意图

上面简单描述了管理信息系统在当今网络化的时代下,再也不是一个封闭系统,该系统会和外部链接,和许多系统做接口,和更多的第三方平台进行数据交换。在此要明确的是:这种状况会不断地扩大,系统任务变得更加繁重,维护和安全任务更加重要。

2. 向智能化和非结构化数据处理方向发展

上面从网络化的发展趋势来讨论管理信息系统的发展,这是横向的扩张应用,随着计算机技术和经营管理的结合,许多新的计算机应用领域被开拓,如:计算机智能技术(BI)、决策支持系统(DSS)等。下面就管理信息系统纵深发展的决策支持领域作介绍:

计算机问世不久就被应用于管理领域，开始人们主要用它来进行数据处理和编制报表，其目的是实现办公自动化，通常把这一系统所涉及的数据由计算机进行运算，人们把该系统称为数据处理系统(Electronic Data Processing，EDP)。EDP系统虽然大大提高了工作效率，但是任何一项数据处理都不是孤立的，它必须与其他工作层面进行信息交换或资源共享，因此有必要对企业的信息进行整体分析和系统设计，从而使整个管理工作协调一致。在这种情况下，管理信息系统应运而生，使信息处理技术进入了一个新的阶段，并迅速得到发展。管理信息系统应用到各行各业，产生了较好的社会效益和经济效益。管理信息系统在发展过程中，出现了封闭式、数据利用率不高的状况，要突破，必须有新的应用和需求，在这种状况下，酒店决策支持系统应运而生，其为酒店经营提供了科学支持。

(1)决策支持系统(DSS)产生的背景

20世纪70年代，美国麻省理工学院的学者 Michael S. Scott Morton 和 Peter G. W. Keen 首次提出"Decision Support System"这一概念。经过40多年的发展，决策支持系统(DSS)已经取得了巨大的成绩。国内外许多专家、学者的不断探索和研究，使DSS的概念内涵和理论基础以及与其相关技术的关系已经明朗并走向成熟。正是因为如此，DSS越来越被广泛地应用到各行各业中，并为各行各业的决策者提供了一个崭新的决策辅助工具。但应用DSS有一个前提条件，就是一个企业有可供决策的数据，数据积累是决策支持的基础，特别是经营数据。酒店业也在逐步应用决策支持系统。

(2)酒店计算机决策支持系统的内涵

所谓决策是指人们为实现一定目标而制订行动方案，并准备组织实施的活动过程。这个过程也是一个提出问题、分析问题、解决问题的过程。

例如，已知某酒店前几个月的数据，想对下一个月的数据进行预测，在预测过程中要用到前面真实的经营数据，也要选择具体的数学模型，这里用较简单的加权平均模型来运算和说明。加权平均预测方法是一种简单、实用的趋势分析法，它考虑到客观事物的近期变化趋势，而且所取的数越多，对实际变化的反应越灵敏，因此准确度较高。它适用于稳定而略有变化的市场类型的预测对象。

具体预测过程如下：

已知某酒店2021年1月、2月、3月、4月的客房出租率分别是：78%，85%，80%，87%。将4月、3月、2月、1月的出租率分别乘以1.3，1.2，1.1，1的权数，再除以权数之和。利用不同的权数强调"重近轻远"，权数必须为等差数列(即前后两个数的差是相等的)。则预测5月份的客房出租率为：

$$
\begin{aligned}
Y(5\text{月出租率}) &= (1.3\times 87\% + 1.2\times 80\% + 1.1\times 85\% + 1\times 78\%)/(1.3+1.2+1.1+1) \\
&= 82.74\%
\end{aligned}
$$

可以根据预测者的需要自行任意选择制定权数，只要体现"重近轻远"即可。把上面的决策过程进行提炼和抽象，可以用图3-27来形象地描述。

在上述三个过程中，一旦目标确定，分析问题就成了关键，把问题分析清楚了，解决问题就容易了。企业经营中决策的主要任务就是经营目标的确定以及为达到这一目标所确立的管理模式，因此我们把复杂的经营问题用支持系统帮助分析，以达到较理想的决策结果，最终目标是帮助企业追求最大利润。鉴于此，决策支持系统就是帮助或支持决策者用系统提供的各种工具和企业自身的数据来预测经营走势、确立管理模态，从而提高决策者的决策质量。

决策问题的分类一般用“结构”这个概念来区分。目前学术界普遍能接受的提法是：把问题分成结构化、半结构化和非结构化。这是对决策问题结构化程度的三种不同描述。所谓结构化程度是指对某一决策问题的决策过程、决策环境和规律能否用明确的语言（数学的或逻辑学的、形式的或非形式的、定量的或定性的）给予说明或描述清晰程度或准确程度。

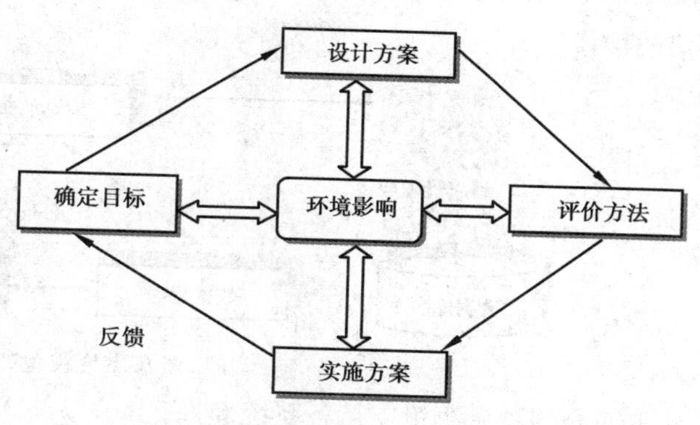

图 3-27　酒店经营决策过程

结构化问题是指相对比较简单、直接，其决策过程和决策方法有固定的规律可以遵循，能用明确的语言和模型加以描述，并可依据一定的通用模型和决策规则实现其决策过程的基本自动化。例如：酒店工程年度维修计划、酒店客房服务员用工计划等。

非结构化问题是指那些决策过程复杂，其决策过程和决策方法没有固定的规律可以遵循，没有固定的决策规则和通用模型可依，决策者的主观行为（学识、经验、直觉、判断力、洞察力、个人偏好和决策风格等）对各阶段的决策效果有相当影响。非结构化问题往往是决策者根据其掌握的情况和数据临时做出决定。例如：聘用高级管理人员，为酒店企业制作广告等。

半结构化问题介于上述两者之间，其决策过程和决策方法有一定规律可以遵循，但又不能完全确定，即有所了解但不全面，有所分析但不确切，有所估计但不确定。这样的决策问题一般可适当建立模型，但无法确定最优方案。如酒店市场预测、酒店开发市场经费预算等。

上述结构化的描述，正是企业应用计算机管理发展过程的写照。企业应用计算机进行管理，经历了 EDP、MIS 的发展阶段。这两个阶段给企业带来了很好的社会效益和经济效益。这些系统的应用模式往往是结构化的，操作规程也是程式化的。这一操作模式是必需的，它把大量客观的管理数据记录到计算机系统里，为酒店经营运转起了关键的作用。但随着管理需求的发展，酒店必须对未来的经营进行预测。也就是说，企业欲知在当前的市场环境和目前的管理模态下，预测下个月或明年的各种经营数据，通过这些数据来进行人事、资金、设施、设备等的控制、调配和组合，以实现企业经营的最大经济效益。这一过程往往是半结构化或非结构化的。

操作者在一般情况下应该是企业的高层管理人员，他（她）们必须学会用系统提供的各种数学模型并用酒店积累数据和自身经验来预测，根据不同的数学模型和被预测对象，预测的结果往往是不同的。根据不同的结果来指导我们实际工作流的调配，以完成确立的目标。

（3）酒店决策支持系统（HDSS）的系统结构

决策支持系统（DSS）可采用如图 3-28 所示的三角式结构，这种结构是把 DSS 的三大构件组成一个三角式的网络结构。这里用户通过对话管理部分，以各种对话形式直接与数据管理和模型管理部分对话，查询或操作数据库，或运行模型来获得结果。在查询数据库时，根据对话管理部分送来的命令信息，由数据管理部分进行查询，然后再把结果经由对话管理部分送回用户。在运行模型时，或者直接从外界（用户）获得输入参数，或者从数据库中查出数据作为输入，模型运行后产生的结果通过对话管理部分直接送给用户，或先放入数据库中以便继续处理，或作为其他模型的输入。所以，三个管理部分都有直接联系，而且两两之间应有互相进行通信的接口。

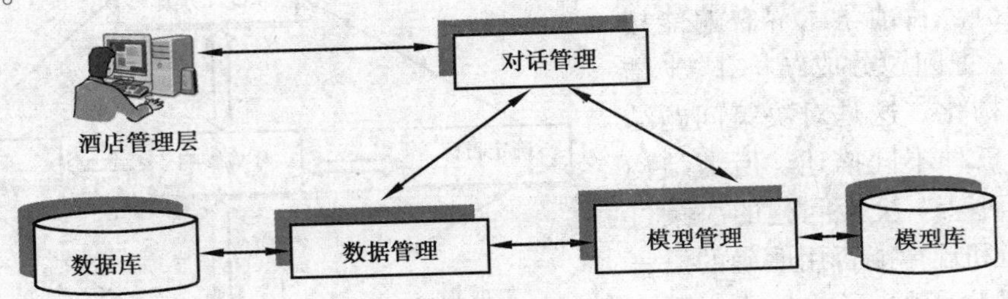

图 3-28　酒店决策模型的三角式结构

下面介绍酒店决策支持各系统部件：

酒店对话管理：DSS 的环境最常见，最基本的单元是人，对话管理部件体现了系统与用户交互所必需的特殊功能。酒店管理者与系统间的对话确立了既有输出又有输入的交互框架结构。这样可以设定三个不可缺少的对话管理能力：用户接口，对话控制功能和设定请求交换器。数据管理部件保持了 DSS 的事实基础，它反映了 DSS 作用的基本特点，所用决策层次都基于数据集的存取。

酒店数据管理：所需要的特殊功能包括以下几方面。DBMS 与数据库，它提供存取库中数据的机制；查询设施，它解释数据请求，确定如何满足这些请求。

酒店模型管理：功能需从 DSS 执行的任务性质来得出，这些任务只是部分可结构化的，因此需要处理，可以不断提出新的模型。调用、运行组合和检查模型的能力是 DSS 中的关键能力，也是它的核心技术应用。

以上三大部件可以用图 3-29 表示。

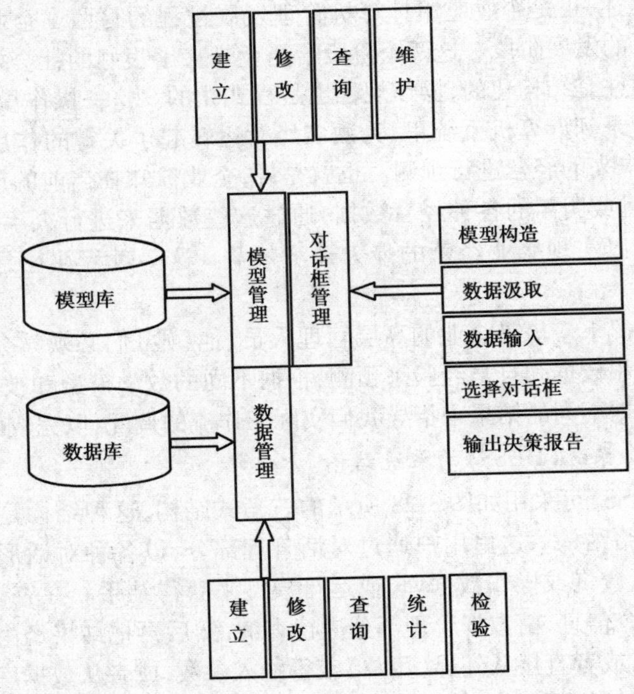

图 3-29　酒店决策支持系统部件结构

(4)酒店决策支持系统应用的几点说明

酒店决策支持系统(HDSS)的应用还刚起步,一个应用较成功的DSS系统应该具备几个基本条件,首先已较成功地应用企业管理信息系统(MIS),其次酒店自身应积累了一定被决策对象的数据,再次酒店高层管理要有这方面的知识与需求。

酒店决策过程是一个对今后管理模式思考、设计的过程,是对今后酒店管理的启发过程。最后要说明的是酒店决策支持系统的主要作用是:

第一,帮助管理者在半结构化或非结构化的任务中作决策;

第二,支持管理者的决策,显然无法代替管理者的判断力和决策的意图;

第三,改进决策效能(Effectiveness),而不是提高它的效率(Efficiency)。

例如,酒店集团要对下一年度的经营指标进行决策(年营收、年平均房价、出租率等),要计算机系统进行决策支持,首先是已经应用了管理信息系统,并且该酒店集团已经运行了一段时间(新建酒店只能用市场数据进行分析),有一定量的数据积累,酒店集团管理层也要有这方面的需求。在这个前提下,计算机决策支持系统通过对数据挖掘和数学模型运算进行决策支持,由于决策的数学模型不止一个,决策输出是半结构化的,最后要酒店集团管理层做判断和选择,这个过程提高了酒店集团最高领导层决策的效能,而非效率。

酒店决策支持系统(HDSS)的推广和应用还有较长的一段路,这个领域的应用对酒店经营管理会有较强的科学支持。

四、酒店管理信息系统(HMIS)在行业发展上起到的作用

随着社会向高度信息化方向发展,酒店的"信息"价值成为继人员、物品、资金之后的第四个经营资源,其重要性迅速提升。众所周知,今天在管理能力及信息处理能力方面的差别是影响产品及服务品质的重要因素。酒店必须掌握经营管理、统计分析以及信息处理等要素,酒店要具有应用信息技术对包括信息在内的经营资源进行应用管理的能力。酒店行业是最早应用信息技术的行业之一,早在20世纪80年代,酒店行业就引进了酒店管理信息系统为本行业服务。正因如此,酒店行业无论在应用信息技术上,还是在信息技术建设的标准上,都是起步比较早的行业之一。下面就介绍一下,酒店管理信息系统在整个行业发展上起到的作用。

1.酒店管理信息系统运行目标

酒店管理信息系统(HMIS)要解决的问题,是酒店企业要解决的问题。酒店企业要解决以下几个方面的问题:

(1)提高酒店的服务质量,提高酒店业务运作的效率和准确性

由于计算机管理信息系统在管理上处理速度快,对酒店行业每天重复的预订、登记、结账、信息查询等工作,尤显突出优势。信息交换和加工是计算机系统的强项,用计算机管理系统处理酒店信息,是目前最好的工具和方案。例如:用Opera系统处理酒店的宾客预订、接待、结账、查询等,是典型应用计算机管理信息系统提高效率的成功案例。

(2)扩展酒店服务项目

酒店企业是以营利为目标的。不断扩大和增加新的服务项目是追求利润的手段之一。在这个过程中,无论在管理上,还是在新的项目应用上,往往会涉及IT技术,特别是酒店管理信息系统,因为酒店管理信息系统会管理(项目的录入、营运的数据等)项目的运行,由此一定会

和管理信息系统关联。例如:酒店会经常增加新的服务项目(增加娱乐项目等),减少不符合酒店发展的项目(减去 VOD 点播系统等)。这些项目的增减在酒店管理信息系统中要做相应的操作(初始化等)。

(3)拓展客源市场

酒店业竞争是激烈的,怎么样才能在市场中增加自己的客源,提高市场的占有率,是每个经营者要思考的问题,而旅游电子商务的发展,为每个酒店提供了新的途径和方法。有些酒店在这方面很有作为,取得了骄人的成绩,有的酒店还没有在这方面下功夫,需要进一步跟上这个应用领域的发展。例如:计算机网络的兴起使得销售手段发生了变化,相对应地,酒店管理信息系统要适应销售渠道、销售员、市场分析上的变化,为酒店企业的统计提供新的统计方法和报表。有的网络预订系统可能会和酒店管理信息系统做相应的预订接口。这些都是酒店管理信息系统应用新的任务和课题。

(4)提高酒店的经济效益

应用计算机管理信息系统,会提高管理的效率和准确性,也可以控制资金和物资等资源要素,因此管理信息流已经成为各级管理层的最主要手段(图 3-30)。经营管理酒店需要对各种信息进行处理,如:酒店资金信息、客源信息、人才信息等。在没有计算机技术的时代,也要管理和控制上述信息,但手段是落后的,速度是慢的,信息查询是不方便的,数据统计正确性不高并且慢,服务往往跟不上宾客和市场需求。信息处理上只有到了信息时代,用计算机网络处理,才充分解决了这个问题。

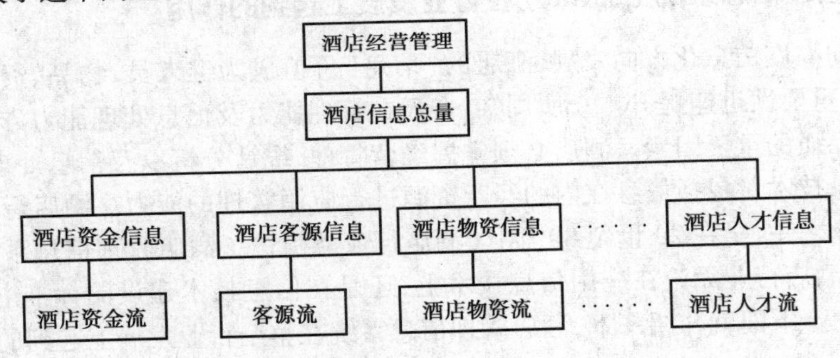

图 3-30 酒店信息管理示意

由此,酒店的管理层特别是高层管理人员,一定要掌握并运用信息技术来为自己服务,在这个层面上,才能管理与掌控资金流、物流、人流等企业经营要素。这样才能提高管理水平,提升经济效益。

(5)完善酒店经营决策水平和对市场的综合分析能力

当今的酒店经营管理,各种信息很多。有外部和内部的,有市场经营数据,也有很多管理的数据。在众多数据中,怎么样给经营管理层提供有力和有用的决策数据,一直是学术界和技术人员思考和探索的课题。计算机技术发展到今天,有很多这方面的解决方案,如:商业智能(BI)系统、决策支持系统(DSS)、收益管理(Revenue Management)等。在这里要强调,信息技术的发展一方面为运用层提供了引领性的理念、思路、方法,另一方面应用者也应该积极提需求。需求驱动是科研的原动力之一,酒店行业要完善经营决策水平和对市场综合分析能力要靠多方努力,使整个行业的综合分析和决策能力有较大的提高。例如:集团(连锁)酒店,应用计算

机管理信息系统后有大量的数据(特别是客源的数据),这些数据可以用商业智能(BI)系统进行数据挖掘,为酒店集团提供高层次的决策数据。这方面的工作需要科研人员努力,更需要酒店集团的高层领导提出需求。

上述的酒店需要解决的问题,往往就是经营管理者一直要解决并为此努力的方向,酒店管理信息系统就是为解决这些问题而产生和发展的,酒店管理信息系统就是经营管理者最好的工具,是最好的支持系统之一。要会使用和应用这个系统来为酒店经营管理服务。

2. 酒店管理信息系统的应用

酒店管理信息系统的应用,一般是从应用的功能模块上进行描述的。在整个酒店行业的发展过程中,酒店的管理信息系统应用范围和应用模块也是不断发展和扩大的,下面从软硬件两个方面来描述酒店行业管理信息系统的应用。

(1)酒店计算机管理信息系统的应用模块

按照酒店行业管理划分的惯例,把酒店管理分为前台和后台,根据目前酒店应用管理信息系统的情况,一般会有下面的功能模块(图3-31)。这些功能模块会在其他文献或课程中表述、学习,在此不再重复。这里要说明的是,随着信息化的提升,酒店管理信息系统会和很多的信息系统有接口,这个发展趋势使得酒店管理信息系统越来越和外部网络结合,应用的范围在扩大,数据交换变得频繁,酒店管理信息系统也会因此而不断地发展。

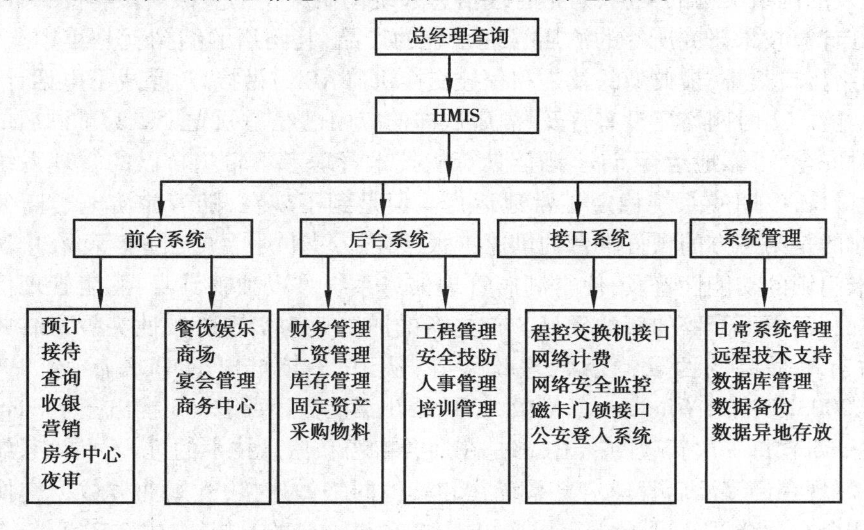

图3-31 酒店管理信息系统功能模块

(2)酒店计算机管理系统的网络架构具体案例

酒店管理信息系统的硬件架构是随着计算机的应用技术发展而发展的,较早的网络架构是采用集中式处理结构的。如典型的ECI(EECO)酒店系统、国内的浙江计算技术研究所推出的酒店管理系统等。后来HIS(Hotel Information Systems)采用Novell局域网络,后期推出C/S体系架构的网络方案。目前国内采用最多的是星形网络结构,主流酒店计算机管理系统产品一般是NT的C/S(图3-32)或B/S结构,B/S结构更能实现SAAS模式的运行。

3. 酒店管理信息系统的发展趋势

数字时代的到来,使得酒店管理信息系统向更加广泛的领域应用发展,数据采集的途径更

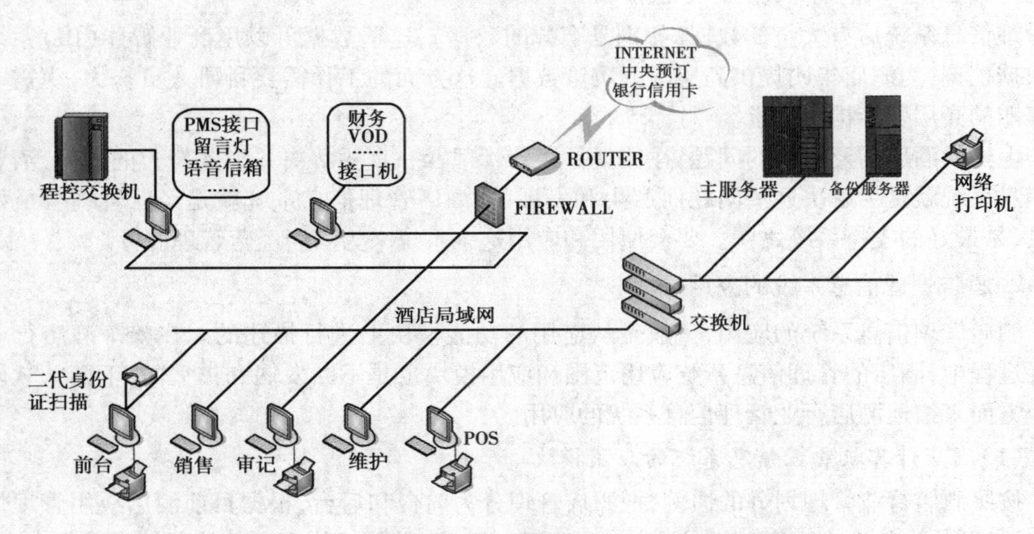

图 3-32　典型的酒店计算机管理系统的网络结构

广,智能控制开始得到应用,经过调研分析,酒店管理信息系统将向以下几个方向发展:

(1)网络架构的突破

这里提及的网络架构的突破,是指管理信息系统网络架构的突破。最早的 ECI(EECO)系统、HIS、浙江计算技术研究所等的酒店管理系统的产品,其网络的结构就是集中式管理的,要和其他的网络接口很难,最典型的就是和程控交换机(PABX)做接口,完成了电话计费、房态管理、叫醒等功能。当时网络还没有普及,酒店这样的应用已经是领先了。为了酒店的管理信息系统 24 小时安全、可靠地运行,许多酒店计算机技术管理者不希望自己的管理系统更多地和别的系统做接口,以期使系统稳定正常地运行。但是到了现在,随着旅游电子商务的迅速发展,酒店面对的是第三方的预订平台的迅速扩张,第三方支付平台(支付宝等)在中国又合法领照经营,磁卡门锁的功能性普及,使得酒店管理信息系统难以独善其身,酒店管理信息系统在产品研发方面,不得不开辟的新的领域。首先新的网络架构实现阶段性突破,如:典型的目前国内市场占有率最高的西软酒店管理软件等,从 1993 年推出的 DOS 版,到 1997 年推出 Windows 版,2003 年推出 Windows 五星版,2005 推出酒店集团版,2015 推出基于 SaaS 模式的酒店管理软件。西软每一次新版的推出,都是在迎合市场和信息技术的进步,和该系统做的接口也越来越多。现在许多酒店管理信息系统在和其他网络做连接,开展业务数据交换已经很多了,并且往往会在公众 Web 平台上完成连接。如:预订平台的对接、自主登记系统、第三方支付平台等。有些酒店计算机技术公司推出集团的预订平台,这个预订平台最大的突破就是希望与正在使用的酒店管理信息系统链接,与预订模块对接,以期得到预订平台的简便、快速和市场占有率的提高。随着网络进一步的普及、应用的广泛、网络产品的多元化,酒店以管理信息系统为核心的计算机网络将和各种系统做接口、链接,以期网络化和多维度的信息交换,这是发展趋势之一。

(2)业务层面多维度需求的应用发展

这里说的业务层面的变化,是指酒店管理信息系统的供应商们。过去酒店要搞酒店计算机管理系统只有一个模式,那就是购买计算机硬件的基础上购买相应的酒店管理软件,如:Opera 系列产品,西软、中软产品等。但今天计算机软件的服务模式发生了变化。云计算的兴

起，使得许多公众计算机平台进入了百姓家。所谓的云计算，是指分布式处理、并行计算和网格计算等概念的发展和商业实现，其技术实质是计算、存储、服务器、应用软件等 IT 软硬件资源的虚拟化，云计算在虚拟化、数据存储、数据管理、编程模式等方面具有独特的技术。

个人和企业将享受各种公众云的服务，酒店管理信息系统也不例外。酒店管理软件的供应商们在运行模式上发生了变革，他们推出了软件即服务(SaaS，Software-as-a-Service)的经营模式。所谓的 SaaS 模式：它是一种通过 Internet 提供软件的模式，用户不用再购买软件，而改向提供商租用基于 Web 的软件，来管理企业经营活动，且无须对软件进行维护，服务提供商会全权管理和维护软件。对于许多小酒店而言，SaaS 是采用先进技术的最好途径，它消除了酒店企业购买。例如：有公司推出的基于 SaaS 模式的酒店管理软件(图 3-33)，已经在成都地区的许多酒店应用。

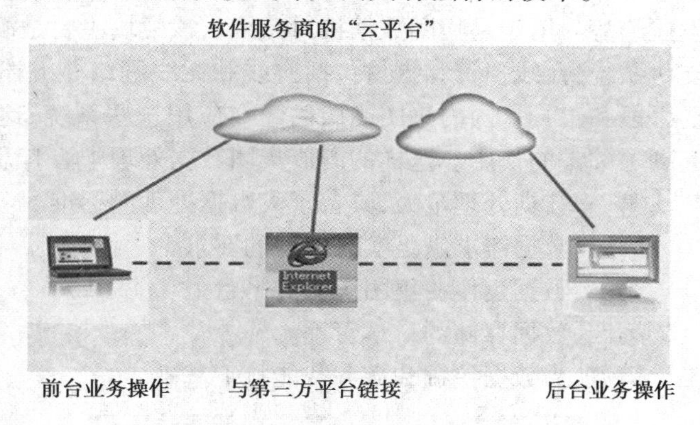

图 3-33　SAAS 模式下的酒店管理信息运行原理图

(3)向集团连锁化方向发展

酒店业的发展，在经营管理模式上，有着向集团化迈进的快速趋势。高端的国内外酒店集团(雅高、万豪、锦江、洲际、东湖等)和连锁型酒店(如家、华住等)无不向集团化的经营模式扩张。酒店管理信息系统是为这些企业服务的，由此必定向这个领域推进。酒店管理信息系统的集团运行模式(图 3-34)，有着重大的突破，主要表现为规模效应，如：集团预订平台、集团采购、集团的人才管理库、集团财务预决算中心、集团会员管理、集团收益管理等。

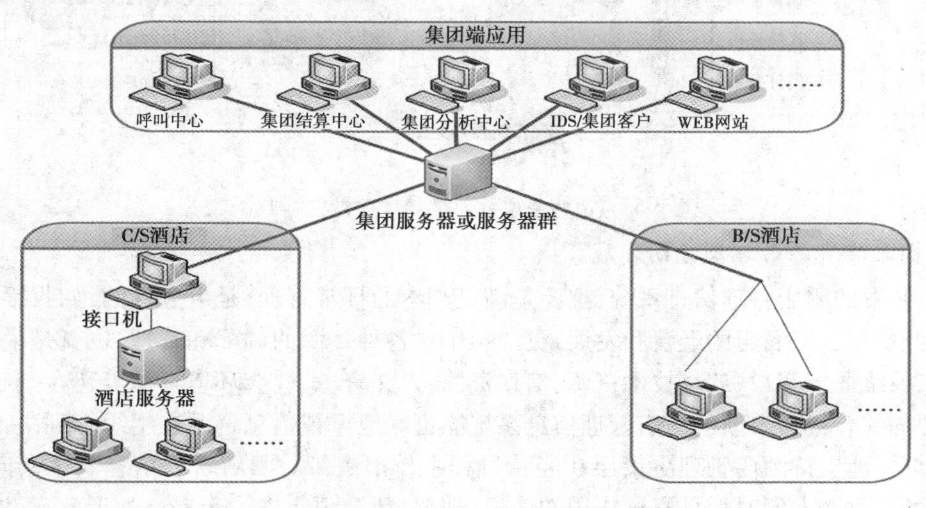

图 3-34　酒店集团管理信息系统的运行模式

针对酒店集团连锁管理上的新需求，酒店管理信息系统必将走上集团化管理的运行框架和运行模式。我们主要从酒店集团管理的功能模块进行讨论(图 3-35)。该功能模块分三个部分：第一是酒店集团的营销模块。包括中央预订管理系统、集团会员管理系统、集团决算管理系统、集团客户关系管理系统，主要构建了酒店集团直销的营销体系和客户关系管理系统（CRM）。第二是集团数据分析系统。该模块是通过对市场的数据分析，运用数学模型进行科学决策的模块，包括基本市场面的分析、收益管理、预订分析等。这个模块是集团酒店应用的发展趋势。第三是集团数据接口系统。该模块主要是酒店集团针对第三方的在线预订和在线支付系统，在线预订和支付包括有线和无线网络。上述系统是酒店集团运行和市场竞争的必要手段和工具。国内集团酒店已经在应用这些系统，这些系统的投入运行为酒店集团的发展起到了关键的作用。这样的酒店集团数据处理中心有几个特点：

第一，数据处理量大，具备了大数据处理的标准。

第二，数据需求满足实时处理的要求。

第三，数据运作在集团统一的平台上。

第四，数据存储的科学管理。

第五，为数据挖掘和商务智能打下基础。

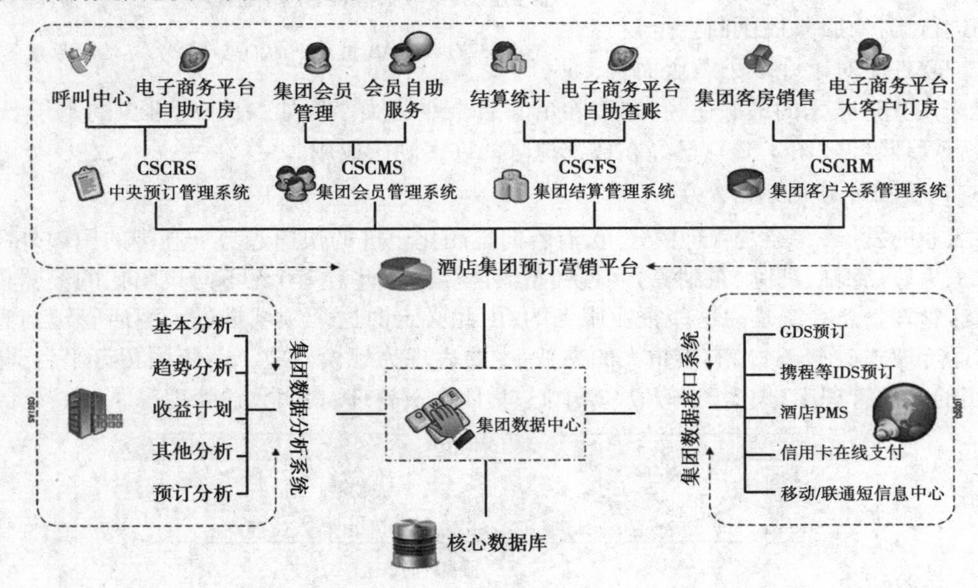

图 3-35　酒店集团计算机管理数据中心平台

（4）向数字资源管理型方向发展

过去开发的酒店管理信息系统，主要是满足基本的日常管理，是事务性的，如收银、房务处理、电话计费等。但酒店的经营和发展，更依赖于对各种资源的调配和管理，也就是说，酒店的管理信息系统要把客户资源、技术资源、信息资源、人文资源、社会环境资源等建在一起以发挥信息资源的综合效益。新的酒店管理信息系统能更好地重视信息资源在组织管理决策中的作用，可以更好地支持酒店管理决策层在经营过程中作出决策。酒店管理信息系统会向资源管理发展，可以改变人们对信息资源作用的认识、理解，帮助酒店进一步提高管理效率，增强对市场的反应能力，使信息资源得到有效和充分的使用。酒店行业近几年的发展，表明在集团的运行模式上越来越依靠对信息资源运作的依赖。例如：如家酒店每天通过集团预订平台预订的客房数为 1 万间次/晚，下属酒店对预订平台有一定的依靠，这样提高了整个集团的信息资源利用率，使酒店集团的竞争力得到了提高。

(5)物联网(The Internet of Things)应用

物联网就是把所有物品通过射频识别等信息传感设备与互联网连接起来,实现智能化识别和管理。在酒店方面的应用,更是前景广阔,使用物联网技术更能体现优势,如:RFID停车管理系统、具有物联网技术的酒店监控系统、带电子标签(RFID)的酒店库存管理系统、具有无线射频识别的磁卡门锁系统(如:杭州黄龙饭店应用的宾客磁卡模式引路系统)等。在酒店的应用,无论是高星级宾馆还是经济型连锁宾馆,将是全面的、全方位的。物联网的应用将和酒店原来的计算机网络联网,形成新的经营管理系统。这里再举例,酒店中的客房保险箱,安装上传感器与酒店管理信息系统链接,这样宾客使用保险箱的状态完全在可控范围内,如果宾客在离店时忘记了把保险箱中的物品拿走,收银员可以马上提醒宾客,这种服务状态的提高是新技术带来的。物联网可以应用到对宾客的服务,也可以应用到对酒店实施和设备的控制和管理。由此酒店管理信息系统将进入新一轮的发展,即与物联网结合,控制酒店的实施和设备,为服务质量提高和节能减排作出贡献。

第三节　酒店后台综合计算机管理系统

随着数字化时代的发展,酒店的前后台相互支撑,联动提供优质的服务,前后台区分越来越不明显,后台技术的前移,前后台的不断融合,使得酒店服务质量、客人体验不断提升。

前台的计算机技术应用,起始于为宾客服务的前厅、客房、餐饮等,构建在以宾客信息管理、财务收银等主干业务上。随着酒店行业管理的发展,酒店企业后台应用计算机进行管理已经成为基础性的管理需求,酒店的财务、采购、人力资源、技术工程等都在数字化运营的框架下进行管理和运营。由此我们把酒店后台单纯的计算机技术应用,称为后台综合管理信息系统。从表现形式看后台的管理系统,既要满足部门之间的文档流转,还要完成每个职能部门管理的信息化,积极支持前台为客人服务。其目标就是:极大地提升工作效率,提高企业整体的效益。这里主要介绍酒店后台综合应用的四大领域,即财务管理系统、人力资源管理系统、成本控制系统、酒店工程技术管理系统。

一、酒店财务计算机管理信息系统

我国酒店财务管理信息系统起步于20世纪80年代末,随着财政部推行新的会计制度,会计电算化得到迅速发展。先后经历了单机版、网络版,到目前多人多部门协作处理的系统。系统也经历了从DOS操作系统,到目前应用较多的C/S结构,再到集团层面应用的B/S结构的发展历程。经过30多年的发展,已经形成了一个标准化、通用化、专业化、数字化的酒店财务管理软件产业。酒店行业的财务管理信息化和其他行业一样,迅速普及并向数字智能化和数据挖掘方向发展。

最初的财务管理系统是为了解决财务工作人员工作量大、重复劳动、易出错等问题而出现的,功能单一而简单,只有记账和报表处理等功能。经过软件技术人员对系统的不断深化和新功能的开发,目前酒店财务管理信息系统具有:总账、报表、工资、固定资产、现金流量表、资金管理、应收账款、应付账款、成本核算、存货核算、预算控制、财务分析和相关的采购管理、库存管理、销售管理等近20个功能模块。现在的财务管理系统,是以财务控制为核心,进行销售、客源、成本控制等管理要素配置的系统。酒店财务系统可以帮助酒店完成从部门级应用向企业级应用的跳跃式发展,实现财务业务一体化管理的要求,在酒店管理中实现事前预测、事中预警控制,帮助酒店有效地降低财务风险,进行收益管理,以获取最大效益。

目前市场上的财务管理系统品种繁多,大部分都是以生产制造企业为模板,虽然能够满足酒店财务运行中记账、凭证、报表、固定资产、应收应付等方面的需求,但是真正能够满足酒店个性化应用的产品不多。究其原因,财务管理系统主要还是以账务管理为基础的,多数功能的设计开发都是围绕着账务来进行的,如工资模块,虽然可以很方便地进行工资计算、发放、统计等账务方面的操作,但是对酒店更关心的"人力资源"管理方面并没有涉及。又比如库存管理,通用的财务管理系统更关心存货的账面金额,而酒店运行中则更关心物品的采购比价、领料的审批流程、使用部门的最终成本核算。在日常使用中往往会出现捉襟见肘的现象。所以酒店在选择财务管理系统的时候一般仅选择一些常用易用的模块,通过另外的系统来进行补充操作,再通过数据接口将需要的数据导入到财务系统中,以满足最终账务集中管理的需求。例如,用于商品采购的二维码读取设备等。酒店财务管理系统主要模块配置与相关酒店管理各个系统的信息交换见图3-36。随着酒店后台综合管理的集约化、网络化、协同化、平台化的推进,酒店财务管理信息系统与其他管理信息系统的信息交流在不断增加,财务管理系统会实时性、预见性、全局性和精准性地为酒店管理高层管理和决策服务。

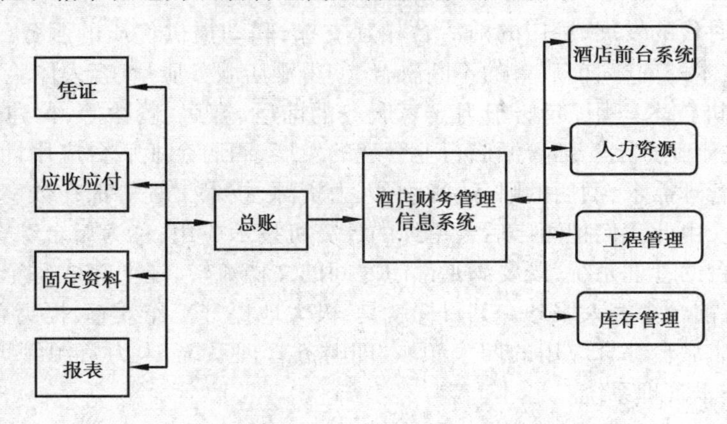

图3-36　酒店财务管理系统常用模块

二、酒店人力资源管理系统

酒店之间的竞争,往往是酒店人才的竞争。再好的酒店产品设计、服务标准,如果没有人去执行、管理,那么将不可能达到预期的目标。对于酒店来说,一直存在着专业人员缺少、人员流动率高的困境。那怎样才能在现在这种现状下找到好人才,留住好人才,并且根据不断变化的人力资本市场情况和投资收益率等信息,及时调整管理措施,从而获得长期的"人才投资"价值回报呢?这就要求酒店能够对各部门员工进行统一管理,各员工信息在部门之间进行共享。以实现对员工的优化管理,择优使用,充分发挥专业人员的特长。为此在酒店(集团)层面建立人才库,整合、调用专业人员的资源。酒店人力资源管理系统应该帮助和支持酒店的高层管理者对企业的用好人、培养好人提供科学的数字化决策支持。

酒店行业最初使用人力资源计算机管理系统是为了解决手工管理烦琐、劳动强度大、易出

错等问题而设计的。随着技术的进步、管理理念的更新，现在更多地加入了“人才经济”的管理概念，以实现对“人力资源”这类特殊资源的优化管理和综合利用。酒店人力资源管理系统应该包括以下这些功能：招聘管理、员工管理、薪资管理、考勤管理、培训管理、知识管理等。这样整个系统才能涵盖员工在酒店工作期间的各个环节，为酒店人力资源的调配发挥作用。

1. 招聘管理信息模块

使用部门在员工离职或者因为岗位调整，需要增加员工时，通过招聘管理功能，进行人员申请。使用部门发出人员申请时，应根据系统设定，对员工的岗位描述、岗位职责、学历要求、定编人数、拟招聘人数等逐一进行说明。

人事部门在收到使用部门的招聘申请后，对岗位、部门定编进行核定，如果是正常的招聘申请，则审核通过，发布招聘信息，进入市场操作。如果是特殊的招聘申请，则需要上级部门对招聘申请进行再次审核，并在系统中进行同意或拒绝的操作。

人事部门在收到应聘者发来的求职申请时，也需要将其录入到系统中，一方面可以通过系统进行初步筛选，另一方面也可以让应聘者公平竞争，避免暗箱操作。同时，对于未录取者还可以建立备用人才库，下次需要相关人员时可以直接从备用人才库中选取，而无须进入市场操作，降低了招聘成本。

2. 酒店员工日常管理模块

这是日常使用最多的功能之一。在员工进入酒店开始工作之时起，人事部门就应该将员工信息录入到系统中，建立员工档案，从而将其纳入到日常管理中。在这里可以对员工信息进行基本信息修改、员工入职、试用期转正、劳动合同签订、职位工资调整、离职等操作。同时，还可以录入奖惩记录、考评记录、年假、调休等信息，对这些信息进行跟踪管理。

员工管理是为了共享、完善和实现对人员信息的跟踪管理而建立的。人事部门应当授权各部门经理查看本部门所管辖人员的适当信息，以方便使用部门了解员工的动态。同时，各部门也可以根据需求生成各种系统自带的或者自定义的报表，必要时可以导出到 Excel 表进行二次加工利用。

在员工管理功能中，还可以根据酒店的需要，配合不同的打印设备，调用预先设计好的打印格式，实现员工铭牌、员工卡等的套打设计。这类设计不但可以调用固定的文字字段，还可以调用员工照片、酒店 Logo 等图片资源，既美观又方便快捷。

3. 酒店员工薪资管理模块

酒店员工的薪资管理是比较敏感和复杂的人事管理模块，酒店员工的薪资管理涉及酒店的发展，在酒店长远规划中，是很重要的管理目标。具体在应用薪资管理模块中，人事部薪资管理专员可以对酒店薪资项目进行增加、修改、减少等操作，可以自行定义计算公式进行工资的计算。计算公式要简易、明了、易懂，能够符合酒店的运行需求，满足日常操作要求。所有的修改都是立即生效的，也不影响过去已发放月份的薪资。系统对上月及以前的薪资数据是锁定的，一旦薪资生成报表，进行发放后，就禁止任何形式的修改，避免产生漏洞而被非法利用。并且系统还要能够涵盖酒店要求的工资单、工资统计表、银行划账电子报表、个人所得税报税表、社保缴纳明细表等，以减轻工作人员的工作量，保证计算准确。所有与员工薪资相关的修改，都要保留电子存档记录，记录操作时间、操作人、操作过程等信息，以便在需要时对这些记录进行检查、审计，确保数据的安全。

酒店员工薪资管理模块还涉及人保、社保等的管理，是政策性和操作性较强的各类模块。

4. 酒店员工考勤管理模块

作为对员工上下班时间的管理措施之一，打卡考勤制度是酒店通行的做法。利用非接触式 IC 员工证，配合考勤机，就可以实现电子打卡。考勤机必须是离线式的，打卡数据可以存储于考勤机内，记录数可以达上万条，不会因为掉电而丢失数据，也不会因为与系统的通信线路故障而不能正常工作。考勤机的时间由系统统一管理，现场不能修改，以确保员工打卡时间的准确性。人力资源管理系统通过接口程序定时采集员工打卡数据，并将之存入到考勤数据库中，形成考勤数据，从而实现系统数据采集、计算、存储的自动化运行，无须管理人员的人工干预，大大减小了工作人员的工作量。通过与预先设定的排班信息进行对比，系统还可以计算出员工的加班、缺勤、请假、迟到、早退等信息，并实现与薪资模块的挂接，自动计算出加班费、缺勤扣款等信息。

5. 酒店企业培训和知识管理

酒店的员工流动频繁，培训部门的工作量巨大。新员工进店不但要进行入店培训、酒店基础知识培训，使用部门还要对其进行岗位培训。进入到工作岗位后还要不断地进行各种技能培训、知识更新的培训等。据统计，酒店员工的培训量每年约为 50～100 小时。通过培训管理，建立起培训体系，可以清楚地了解到每一位员工参加培训的记录，以及未来的培训计划，以方便使用部门管理人员掌握员工的技能掌握情况。

另外一方面，员工的流动同时也意味着知识的流失。这里的知识指的是各种工作经验、操作技能、程序规范等。这些信息大部分来自操作人员的日积月累，来自日常工作，多以个人的形式保存在员工心目或者计算机中，不能很好地进行管理、分享、归档，也容易由于员工的流动而流失，从而导致酒店资源的损失。如果酒店建立起一个所有员工都能访问的知识库，将知识进行集中管理，不但可以避免由于员工流失而造成的知识流失，还可以让更多的员工分享好的经验，提高经验、技巧的利用率，提高服务质量，减少培训部门员工的工作量。同时，员工拥有了自主学习的平台，不但可以学习本岗位的知识，还可以跨岗位、跨部门进行学习，给员工提供了“择优而栖”的机会，提高了员工对酒店的忠诚度。

人力资源管理系统解决了人事管理过程中烦琐、易出差错、档案寻找困难等难题，大大地便捷了酒店管理者对于员工的管理。在选择系统时，应方便酒店管理层、用人部门及人事部门的使用。计算机系统以 B/S 结构较为合理，各种审批程序应设置合理、操作简单，必要时可以设置导航图，以向导形式带领操作者完成操作。

三、酒店集成化的成本控制系统

酒店成本控制系统的建立并不仅仅是用计算机替代手工操作，更是要借助信息技术对传统的成本管理模式进行科学的改革。通过成本控制系统，一方面可以构筑起合理的管理架构、优化的业务流程和完善的管理制度，另一方面也可以把管理科学的各种方法（如运筹学、控制论等）运用到管理决策和实际中去，以帮助酒店有效地控制采购成本，增加企业效益。

成本控制系统可以帮助酒店实现事前控制、事后分析的要求，自动比价体系可以帮助采购经理选择最有竞争力的供应商进行下单；各种预警功能可以帮助仓库管理人员对物品进行有效管理，保证常用物品的不缺货，易变质食品不过期，确保对客服务部门的服务质量；丰富的统

计报表可以帮助各营运部门及时掌握部门的运行成本,及时调整经营策略,保证效益。

酒店成本控制系统一般由这些模块构成。酒店采购管理、酒店库存管理、部门申购管理、酒店供应商管理、酒店成本核算管理等。

1. 酒店采购管理系统

酒店采购部是成本控制的源头部门,物品的采购价格直接影响到酒店的运行成本。通过采购管理,可以对多家供应商的价格进行对比定价,选择最优报价,还可以根据使用部门的采购申请单和供应商的报价生成订单,通过采购系统或者电子邮件直接将订单发给供应商。在设计采购流程时,既要考虑到常用物品的定价,也要考虑到非常用物品的比价、报价问题。

对于酒店日常采购的物品,如蔬菜、水果等物品,一般通过每月 2 次的定价来决定采购价格和供应商。酒店将物品清单和要求以电子文档形式发给供应商,供应商根据清单进行报价。采购部经理对收到的报价单进行审核,选定供应商及定价。整理成电子格式,直接导入到系统中,从而形成新的采购定价。电子文档导入功能可以大大减少采购部输入定价的工作量,同时也可以保证输入正确。而对于非常用物品的采购,一般采用单一定价的策略。采购部收到使用部门的“物品采购申请单”后,就向意向供应商发出询价函,进行报价,所有的报价都应该输入到系统。通过比价系统,决定供应商及价格。再由财务部和总经理对价格进行审核,形成最终定价。为保证公平性,应选择 2 家以上的供应商进行报价。采购部在确定供应商和价格后,可以通过系统直接生成订单,完成采购过程,减少工作量。

2. 酒店库存管理系统

酒店仓库是物品流通环节的中心,供应商送来的物品都是先要经过验货然后进仓,使用部门再从仓库领走所需要的物品。仓库日常管理中需要用到的功能是“入仓”和“发货”。通过入仓功能,将供应商送来的物品输入到系统中,其中包括供应商、价格、数量、批次号、生产日期、有效期等信息,最后打印出收货确认单,反馈给供应商,作为供应商向酒店进行结算的凭据。发货功能,则是指首先调出使用部门的“物品领用申请单”,在申请单上填写各领用物品实际的领用数量,再打印出发货单,由领用者签字确认实际领用的物品数量。通过程序化的操作流程和相关的单据,配合仓库盘存,可以严格控制物品的进出,确保实物和账目的一致性。

仓库管理的另一项重要工作就是确保常用物资的备货,这些工作可以通过系统的相关报表来协助完成,如超低库存物品统计表可以列出已经低于常规储备数量的物品清单,便于及时补货。而物品的保质期报表,则可以列出即将超过有效期的物品清单和相关信息,从而及时将物品进行使用或处理,避免物品浪费,也避免使用部门由于使用过期物品而引起服务质量事故。

3. 酒店部门申购管理

这是提供给各个使用部门的功能。在这里,使用部门可以提交“物品采购申请单”“常用物品日常采购申请单”“物品领用申请单”等申请单,而部门负责人则通过审批程序对本部门提交的申请单进行复核和批准,只有经过部门批准的申请单才会进入到下一个流程。

各使用部门特别是餐饮部,每天都需要采购数量不小的原材料,如果每天的原材料采购都从空白申请单开始填写,那势必会影响工作效率。这时候,使用部门可以建立日常采购模板,将日常采购的物品清单加入,这样每天填写采购申请单的时候,只需要填写一个数量就可以了,从而可以大大减少使用部门的工作量。

使用部门可以根据需要打印出相应的报表,以掌握本部门的物品采购和使用情况,了解运行成本。这样才能切实帮助使用部门控制成本。

4. 酒店供应商管理系统

凡是与酒店有物品往来的单位都需要建立供应商档案,以方便了解供应商的供货、付款等情况。为方便管理,对供应商应进行编码管理,并且还要具有历史物品供应跟踪功能,可以清楚地知道每一批次的供货物品清单,其中包括价格、数量、批次号、生产日期等信息,还可以查询出这些物品的领用情况和库存情况。

5. 酒店成本核算系统

这是系统最重要的功能之一,所有的采购单、领料单等单据最终将汇总到成本核算,以便财务部门最终核算出各使用部门所领用物品的成本,计入到使用部门的运行费用中。还可以计算出各供应商的应付账款。由于同一种物品是滚动采购和领用的,不可避免地存在价格变动,对于这些价格变动,系统提供了两种核算方式,即:先进先出法和移动平均法。

先进先出法:用此方法进行核算时,使用部门在申领物品时,系统根据先入库的物品先出库的原则,将最早入库的物品优先出库,同时将本批次物品的进货价作为出库单价。这样可以保证每次领出的物品肯定是存货中最先进货的物品。对于食品等有保质期的物品,宜采用此方法进行核算,防止过期后造成损失。

移动平均法:用此方法进行核算时,物品领出时,系统根据现有存货的总价和数量,计算出单件物品的价格,以此价格作为领出物品的价格。

两种核算方法各有优缺点,酒店选用哪种核算方法,应由酒店财务部来进行选择,只要选择的方法适合酒店自身的运营状况即可。

酒店成本控制模块,在酒店集团层面应用更具有经济和社会效益,对集团的成本控制、产品质量、供需时间节点的管控、采购商品的性价比等均有很好的效果,同时对规范供应市场也起到很好的作用。

四、酒店工程技术管理系统

酒店的工程技术管理是行业管理的“弱项”,虽然酒店使用的是较高端的工程设备和系统(高星级酒店更是如此),但在管理上并没有展现出“高明”之处,这和酒店的经营氛围有关,随着酒店集团化、集约化的发展,酒店的工程管理也应该走上信息化、数字化、规模化、集约化的发展之路。

1. 酒店工程的日常技术管理

酒店的日常管理主要是为完成对酒店硬件设备设施的维护保养,确保酒店正常运行,这个领域的技术管理是必需的、传统的和被动的。当各个使用部门报修时,工程部分配相对应的技术员工进行维修。这个工作量在传统的工程技术管理中占90%。但随着酒店行业的发展,这种被动的模式将被更好的管理模式取代。但现场维护和维修是必需的,怎么样使现场维修质量提高,速度更快,值得探究。

2. 酒店工程的运维管理系统

酒店的所有设备设施和工程系统,都有自身的运行规律,酒店工程部应该用产品生命周期、酒店营运规律、工程控制理论、项目管理等理论,来实践酒店工程技术管理的新模式。新的

模式应该充分应用信息化和物联网技术(图3-37),来管理酒店的设备设施,做好酒店年度维护保养计划,使得酒店工程技术管理具有预计性、计划性、科学性和前瞻性,在酒店经营管理上具有主动权。由此,酒店工程技术管理应用信息化是必由之路。酒店工程信息部,应该规划好工程管理信息系统的应用,完成对酒店工程系统的实时监控,实现运维预见报点、工程维护计划、设备设施更新规划、工程技术人员培训、技术更新等新型酒店工程管理模式。

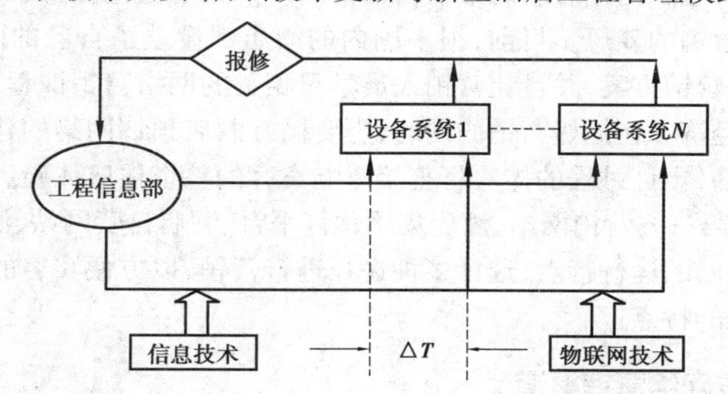

图3-37　酒店工程运维应用信息和物联网技术的新模式

3. 酒店综合能耗管理

酒店能耗的主要管理部门是工程技术部,酒店的运行每时每刻都消耗着大量的能源,酒店的运行是靠能源的耗费来维系的。酒店的节能减排任重道远。酒店可以通过各种渠道和方法来实现酒店的节能减排,但酒店能耗的重点是能源的消耗,为此工程部是担负此责任的关键部门。工程部应该应用信息技术来完成酒店的能耗监控,为酒店的节能减排服务。

4. 集团连锁酒店的工程技术管理

集团性连锁酒店要靠规模化、集约化的运行模式来管理。集团层面将监控每个酒店的运维状况。第一,可以对集团酒店的重要设备进行实时监控,掌控其运行状况,做到集约化管理。第二,实施酒店工程系统的预警机制,做好控制点的维修和维护。第三,与酒店工程技术支持厂商联动,做到维护的及时性、预见性和可靠性的同步化管理。

第四节　酒店计算机营销网络平台

网络是一个与人们工作生活密切相关的“网”。据中国互联网络信息中心(CNNIC)统计,截至2021年6月,我国网民规模达10.11亿,互联网普及率达71.6%;我国手机网民规模达10.07亿;使用手机上网的比例为99.6%;我国网络视频(含短视频)用户规模达9.44亿,占网民整体的87.8%;我国网络支付用户规模达8.72亿,占网民整体的86.3%;我国网络购物用户规模达8.12亿,占网民整体的80.3%。这些数据表明,我国已经进入到一个全面的网络应用时代。企业如果在互联网经济中抢得先机,就会取得较大的市场。

数字化时代,各种网络应用日益成熟并得到了广泛的应用。酒店行业是应用互联网较多和较早的行业之一,如何利用互联网这个特殊的平台,把酒店向全球进行推销,把全球的宾客吸引到自己酒店来,从而在当前的互联网经济中分得一大杯羹,这是摆在全体酒店管理者前面的一个重要课题。网络营销已经成为酒店正在推进的重要营销工作。互联网就像一个通往无极的路径，它使这个世界瞬间变小了，互联网打破了时间和空间的限制，覆盖了整个世界。酒店通过互联网可以将自己的各种图片、文字信息迅速传送到世界各地。世界各地的客户也可以通过网站浏览，获得酒店的所有信息，给酒店管理者反馈信息，与其他人分享其住店体验，也可以立即与酒店进行实时交流，甚至直接完成网上购买。它使酒店与客户的沟通更自由、更及时、更近距离、更直接，互联网把酒店的市场营销范围扩大到了全世界，大大提高了酒店的营销能力，真正实现全球营销的梦想。目前，很多国内的酒店都设立了自己的网络营销团队，精心设计自己的酒店网络营销方案，并且让营销人员学习相关的网络营销课程，从而打下良好的基础，全力进军互联网经济。在抓好营销的同时，更要搞好酒店预订网络的建设。宾客住店的体验，都是从预订开始的，预订过程的体验将直接影响宾客的整个住店体验。酒店常用的网络预订有以下几种途径：第三方营销网站、酒店集团预订平台、酒店自营网站、酒店移动营销。

酒店可以根据自己的运行特点，选择多种途径进行营销，以方便宾客的预订操作。下面简单介绍各种预订途径的特点：

一、酒店第三方网络营销渠道

第三方网络营销渠道，是非酒店企业通过建设网站，构建一个不受区域、类别和时间限制的销售酒店服务的网站(图 3-38)。宾客可以在其网站上，预订适合自己的酒店并下单。这类网站为宾客提供了便捷的服务，具有规模和集聚效应。每个酒店可以根据自己的营销状况，加入第三方酒店营销平台，如携程、同程、艺龙等。第三方营销平台通过佣金方式获得收入。酒店方则无须投入，进入门槛较低，只要和预订网站签订协议，网站就会给酒店管理账号，通过管理账号登录到管理平台，酒店就可以发布酒店介绍、房间数量、房价、促销等各种信息。宾客通过浏览网站，就可以找到合作酒店的信息，然后直接进行预订。网站收到宾客的预订信息后，通过电话、传真、电子邮件等方式与酒店进行联系，先由酒店方对本预订进行确认，再由网站预订人员与宾客进行确认，从而完成宾客的预订。随着预订量的增加，部分网站为了减少人工工作量，也推出了 E-booking 平台，该平台就是将宾客的预订信息通过 E-booking 平台发送给酒店，酒店通过 E-booking 进行确认，确认信息则同时发送给网站管理者和宾客。通过 E-booking 平台可以有效减少订房网站人工的工作量，减少人为差错，提高工作效率。但是酒店方还是需要人工进行预订信息的录入和确认处理，工作量并没有减少。

其实仔细分析各运行模式不难发现，酒店第三方营销平台是通过对酒店前置预订渠道进行流程再造，打破由酒店自身预订的瓶颈，通过网络优化手段，来占领市场的。这个运行平台将分解相当一部分酒店行业的利润，来得到建设网站企业的生存和发展。

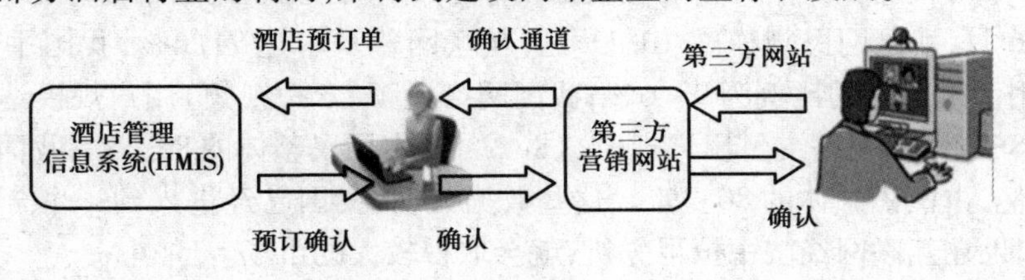

图 3-38　酒店应用第三方营销平台

二、酒店（集团）自主运营平台

酒店集团预订平台发展较早，集团预订中心的市场运行较多的为国际酒店集团，如万豪集

团、洲际酒店集团、凯悦酒店集团等。集团下属的酒店通过VPN或者专线与自己酒店集团的订房中心进行连接，所有的可用房数据、房价等信息都实时同步，宾客在网站上的预订，通过预订中心与酒店管理信息系统同步更新，直接生成前台可以看到的预订记录。所有的操作对酒店来说都是透明的，大大减少了酒店工作人员的工作量。但是，集团预订中心只限于本集团的酒店使用。一般这些预订中心服务器都在国外，通过VPN或者专线进行连接，每个预订都需要支付给集团一定的佣金，运行费用较高。该类运行平台目前在国际市场上运行了很多年，比较成熟，新的酒店或单体酒店很难与之抗衡。同时单体酒店一般无法加入该类营销平台，如果单体酒店自己进行该类网站建设，成本较高，最大的问题是如何提高网站的点击率，有了一定量的点击率，才有可能转化成下单率。

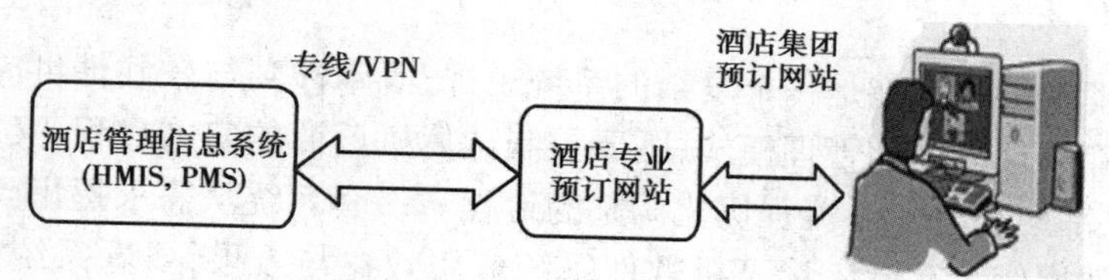

图3-39　酒店(集团)自主运营网络平台

三、酒店直连预订模式

酒店直连预订模式(图3-40)，也是正在发展的一种预订模式，它通过专业订房网站连接酒店管理信息系统中的预订模块，通过直连模式，宾客可以在网站上直接完成客房或其他服务的预订。如把携程、飞猪等公司的订房请求直接与酒店管理信息系统相连，实现专业订房网站订房处理的全自动操作。这种模式，既减少了酒店的工作量，保证了预订的响应速度和准确率，又不需要集团订房中心这样高昂的投入。其不但深受各单体酒店的欢迎，也受到酒店管理集团的欢迎。目前，有些公司在投入开发和初步试运行，如某平台已经与洲际集团、开元旅业等集团完成了对接，实现了网络预订的自动化处理，预计将有更多的酒店加入到直连模式的队列中去。

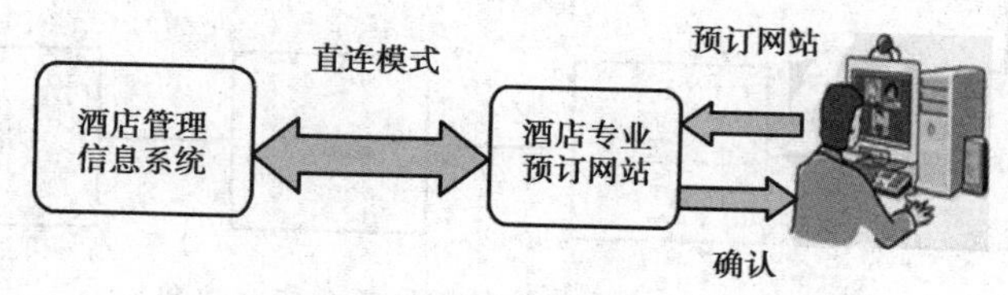

图3-40　酒店直连模式预订平台

四、酒店自营网站

这是酒店开始较早，也是最想做的网络营销方式(图3-41)。酒店自行建设网站，页面上有订房界面，宾客可以在界面上输入订房需求和联系人信息，内容提交后以邮件或表单的形式提交给酒店预订部门，酒店预订部门接到订房请求后，按照普通的订房请求流程处理。这种方式酒店投入少，但最大的瓶颈就是网站的推广，如何把网站的点击率提升，是成功的关键。这类网站可以减少对第三方预订平台的依赖，但需要时间的积累和酒店企业文化的积淀。酒店还需要培养一批自己的网络营销队伍。

图 3-41　酒店自营网站平台

第五节　酒店管理应用软件实施路径

酒店各种管理软件的实施是一个复杂的系统工程,既牵涉到与软硬件供应商的方案确定,又牵涉到酒店内部管理流程和管理模式;既要控制计算机厂商的实施过程,又要协调各部门的工作,其中各相关部门还有一个流程优化调整的过程。一套系统从需求提出到最终实施成功,系统投入运营时间比较长。酒店计算机软件系统应用效益与效果,要看系统是否符合酒店的实际需求,是否能够融入酒店的日常运行中,软件系统要具有引领性,只有这样才能真正提高酒店的运营效率和效益。

一、酒店软件实施主要阶段

酒店管理应用软件项目实施过程大致可以分为以下八个主要阶段(图 3-42):

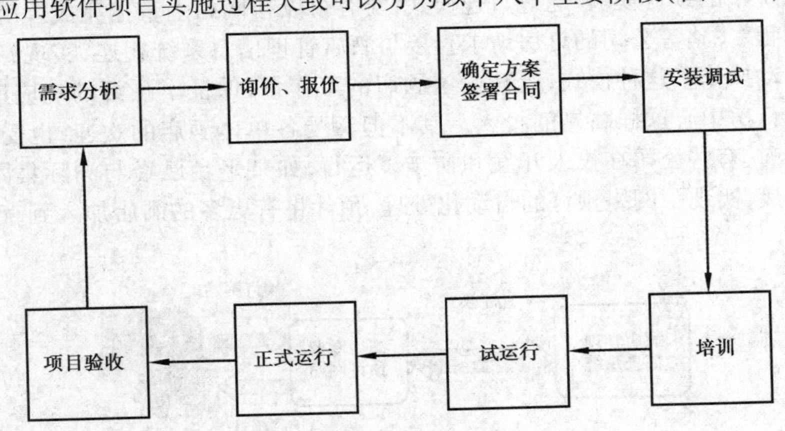

图 3-42　酒店管理软件系统项目实施流程

1. 需求分析阶段

这个阶段的工作主要由酒店信息部门(IT)和应用部门不断协调,分析需求来完成。信息部门对各相关使用部门进行意见征询,了解使用部门的需求,最终综合各部门的意见,形成"项目建议书",其中包括项目初步预算、项目收益、各部门需求、项目实施方案等,一并提交给总经理和决策层。

2. 询价和报价阶段

在决策层或者总经理批准"项目建议书"后,酒店计算机技术部门及采购部门开始向相关供应商询价,确认"项目建议书"中的功能能否得以实现。这期间,酒店可以邀请供应商到现场

进行勘查，做系统功能演示，与部门经理进行沟通，最终做出方案及报价。如果某些功能无法实现或者实现的成本过高，则需要对功能进行适当调整，某些时候甚至会中断项目。为了选择更好的软件，建议一般选择两家以上供应商进行对比，更可以到使用过该软件的酒店考察，来最终确立软件系统的选择。目前酒店企业会通过招投标来合理选择性价比较高的软件系统。

3. 酒店软件功能确认方案阶段

一旦供应商的方案和报价被接受，供需双方应签署合同，形成法律文件，对系统内容、具体功能、价格、进度、付款条件、验收条件等进行约定，以便双方共同遵守。

4. 酒店计算机(软件)安装调试阶段

供应商根据合同约定的进度，在现场进行设备、系统的安装调试工作，准备好培训环境。各种系统参数必须使用酒店的实际数据，如房数、房号、房型、房价、菜单信息、部门信息等。要注意协调好各供应商(软件、硬件、网络等供应商)之间的进度，避免由于某一方的问题而影响整体的进度。

5. 酒店计算机管理系统培训阶段

系统安装调试完成后，由供应商安排工程师对相关人员进行系统培训。这是项目实施过程中的重要工作。操作人员对软件的操作功能是否熟练，操作过程是否规范将直接影响到系统的应用效果，所以酒店和供应商双方要对此阶段的工作给予足够的重视。要充分认识到培训工作的重要性和艰巨性。

培训内容的安排对于不同层次的操作人员是不一样的。对具体使用部门的员工，重点在于具体的操作培训；对 IT 部门员工的培训，除了操作培训外，还要包括系统维护培训、硬件维护培训和故障排除培训等，确保对系统的技术支持；而对总经理等决策层的培训较简单，有主要的功能、数据查询、报表内容等方面的培训就够了。培训结束后应安排对所有的操作人员进行测试，以检查操作是否熟练，过程是否规范。

6. 酒店计算机管理系统试运行阶段

培训工作结束后，酒店应尽快开始系统试运行，其目的在于通过真实的运行环境让有关操作人员进一步提高操作水平，掌握操作规范。试运行期间所有的工作都是手工和计算机并行进行的，基层操作人员的工作量相对比较大。这个阶段，需要由供应商对硬件设备和网络环境进行测试，确保运行稳定可靠，还要对系统的性能和功能进行测试，确保系统各项功能均能正常使用，并且符合合同中的规定。对于发现的问题要及时进行改正。

系统试运行阶段一般为 1 ~3 个月，建议尽可能缩短试运行时间，试运行时间为 1 个月为宜，具体由酒店自己确定。

7. 酒店计算机管理系统正式运行

试运行一段时间后，由酒店和供应商对试运行情况进行评估，如果双方认为功能符合要求，人员操作熟练规范，那就尽快将系统正式上线运行，转入常态化运行，以减少基层操作人员的工作量。

8. 酒店计算机管理系统项目验收

系统正式上线后，供需双方对项目进行验收。双方需共同签字认可“项目验收报告”，对项目的总体情况进行总结。验收报告里面应该包括项目实施过程、整改过程、最终系统功能、硬

件环境、网络拓扑图、应急方案等参考信息。

二、软件系统实施中需要注意的技术环节

酒店管理软件系统的实施过程，其实也是酒店管理变化的过程，各种程序、流程都将随着系统而进行调整。软件系统的实施从来不是一帆风顺的，系统最终能否取得成功与酒店各层面的工作和重视程度都密切相关。实施过程中，应注意以下几点：

1. 周密计划与统一协调

在项目启动和项目实施过程中，全方位、多角度地与供应商保持通畅的沟通渠道，达成更多共识，提高协作效率。软件系统在酒店的应用是一个复杂的系统工程，因为其不仅涉及软件产品，而且还牵涉到规范酒店各部门的业务流程，需要酒店管理人员进行组织协调。其应用效果不仅取决于软件产品本身的质量，更重要的是对实施过程进行控制，事先充分的准备和周密的计划是使用效果的保障。

2. 积极推进与创新应用

软件功能的应用，新技术的引进，不可避免地会带来操作程序、流程的变化，也会引起某些人员或者部门的抵制。项目组织者如果怕"出乱子"，不加分辨地放弃，那么实际上就是放弃了管理。应该动用一切手段，保证软件功能的应用，保证所有流程的正常运转，这样才能保证项目实施成功。项目的推进应该是由上而下进行的，酒店中高层领导首先要对项目持积极态度。

3. 选择恰当的项目组织者

项目组织者不但要具有一定的业务能力、沟通能力，还需要得到高层管理人员的支持。组织者必须是对项目大力支持，同时能够承受一定工作压力的员工。组织者内部协调能力的高低、与供应商沟通的技巧都会影响软件项目最终的成功率。信息系统经理（IT Manager，CIO）是合适的人选。

4. 重视培训和考核

培训的内容不但应包含软件的功能，还需要将软件与实际操作结合，与酒店操作程序、规章制度结合。既可以采用通俗的文字说明、生动的 PPT、直观的屏幕视频等培训教材，也可以通过上机模拟操作等方式进行。同时，还应该做培训记录和效果反馈文档以保证培训的质量。在培训结束时，还应该采用笔试、上机操作等形式进行考核，以落实培训成果。

5. 进行质量检查并及时纠正

系统运行后，还应该由供应商定期或不定期地对系统使用情况进行检查，并且提供跟踪反馈，对不规范的使用情况进行纠正，以保证系统运行的质量。这里要提醒酒店，在采购软件时，合同上必须注明软件的修改和完善的义务，不断提高酒店管理软件质量，为酒店企业服务。

章节练习

一、团队协同规划题

以学习创新团队为单位，为新建高端酒店设计与规划酒店管理信息系统，规划设计需要达

到以下具体的目标：

1. 为酒店前台经营构建运营信息平台。
2. 构建酒店后台运营管理信息系统的平台。
3. 网络架构设计(有线与无线)。
4. 酒店软件应用的选择(品牌和功能)。
5. 酒店应用计算机经营管理创新应用场景设计。

二、讨论探讨题

1. 酒店应用各类计算机工程技术案例分析。
2. 智慧酒店应用与高新技术推广的研讨。

第四章　酒店多媒体系统应用与管理

【本章导读】酒店的通信系统、音响音频和电视视频系统，构成了酒店为宾客提供资讯信息服务的基础。酒店通信系统是经营管理信息传递、宾客与外界通信、酒店与宾客交流的渠道。音响和电视系统是各类酒店经营的必要配置。通过本章的学习，读者可以知晓这三大系统在酒店日常经营管理中所起到的作用、功能以及这三大系统的管理方法。掌握通信系统、音响系统和酒店电视视频系统中主要的技术指标、参数以及发展方向。通过学习能阅读酒店的通信系统、音响系统和酒店视频系统的技术解决方案并能做出初步的符合酒店需求的技术规划和对产品的选型。

第一节　酒店的通信系统

酒店的通信系统的主体是酒店的程控交换机(PABX,Private Automatic Branch Exchange)系统，有的称为电话交换机系统。程控交换机就是电子计算机控制的电话交换机，该系统构成了酒店运行的通信基础，目前还是酒店经营管理必不可少的工具。

电话交换机的发展经历了人工交换、步进制交换机、纵横制交换机、空分程控交换机和数字程控交换机的发展历程。我国的电话通信大发展，也就发生在近 40 年的时间里，这里有几个时间节点值得大家关注。1960 年 1 月，中国首套 1000 门纵横制自动电话交换机在上海吴淞电话局开通使用，标志着我国电话交换机自动化的开端。1965 年，第一部由计算机控制的程控电话交换机在美国问世，标志着一个电话新时代的开始。1970 年，世界上第一部程控数字交换机在法国巴黎开通。我国引进程控交换机产品和技术开始于 20 世纪 80 年代中后期，酒店行业是较早引进程控交换机并投入运行的行业之一。我国的酒店业发展始于改革开放，在 20 世纪 80 年代末，我国各地新建了一大批星级酒店，为了接待外宾的需要，酒店企业引进了国外的程控交换机产品，开始应用到酒店的日常业务中，当初酒店购置程控交换机主要是满足宾客在客房的通信需求，但随着无线通信和计算机网络的发展，宾客通过客房固定电话通信的使用率在下降，而由于程控交换机和酒店经营业务与为宾客服务密切相关，因此目前的酒店离不开程控交换机为主干的通信系统。许多世界顶级的厂商根据酒店业务的特点和需求，开发了较多功能，酒店行业使用程控交换机并应用于日常的经营管理是必需的，下面重点介绍程控交换机

系统的工作原理和其功能应用。

一、酒店通信系统运营

这里介绍的通信系统，主要是指以程控交换机构成的酒店通信主体。其功能是针对酒店行业的，一方面它是酒店运营的必要工具，另一方面其功能应用也极大地提高了酒店企业的运营效率。目前由于移动通信的发展，移动手机的使用普及，使得客人在客房里通话的频率下降，尤其是国内长途电话。但酒店仍然依赖于程控交换机进行经营管理，其大部分功能目前还在广泛地使用。下面就分析酒店应用较多的程控交换机功能。

1. 为酒店宾客服务的通信功能

(1)叫醒功能(Morning Call，Wake Up)

目前无论是高星级酒店，还是经济型酒店，程控交换机应用最多的服务功能就是叫醒服务，叫醒服务对于酒店来说是至关重要的。许多程控交换机系统可以让宾客使用客房的话机，自行在客房的固定电话机上设置叫醒服务，该功能的操作一般是在语音提示和引导下进行的，程控交换机系统会给出叫醒时间的语音提示让宾客确认。但更多宾客是直接通过打电话给酒店的话务员来完成该项功能的设置的，话务员可以在接听宾客电话的同时，在话务台上为宾客设置所需的叫醒服务。当叫醒时间到点时，客房的电话机就自动振铃，宾客摘机将听到音乐或叫醒的提示，按照酒店行业的服务标准，宾客挂机就默认为叫醒服务成功和完成，程控交换机系统通过专用打印机打印输出相应信息。如果第一次叫醒无效，该话机或忙或无人接听，两分钟后系统将再次向该话机做出叫醒请求，如果依旧没人应答，系统会把此叫醒失败信息显示在话务台屏幕上，同时在打印机上会有报警信息输出。话务员根据叫醒失败的提示，通知客房楼层服务员进行人工叫醒。叫醒服务一般会有：自动多重叫醒、个人叫醒、团体叫醒（一般有同时叫醒最大数或组限制）、多种语言叫醒（至少2种语言，母语、英语）。当客房电话设定免打扰后系统仍然可以进行叫醒电话服务。

在这里需要介绍的是：一旦程控交换机自动叫醒服务失败，就会进入人工服务程序，具体可以见图4-1。这里指的叫醒失败，在酒店行业规定是指：叫醒2次以上的，有的酒店把该标准制定在3次，具体可以由酒店企业自行确定。但我们要求程控交换机系统有输出打印的功能，

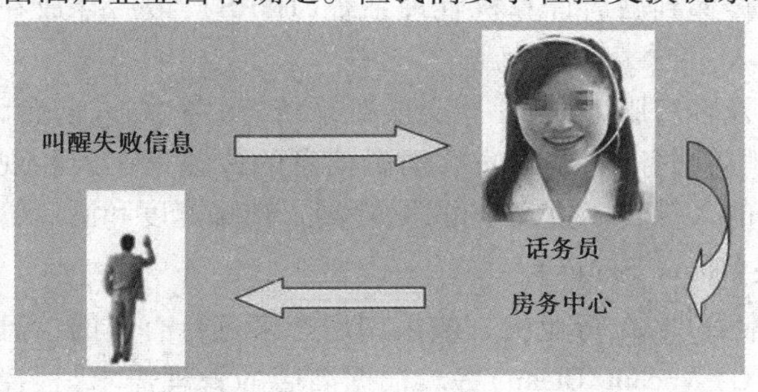

图4-1 酒店程控交换机自动叫醒失败处置流程

打印所有叫醒服务的电话列表和叫醒状态。打印和输出叫醒失败的列表是非常关键的，这些数据必须保留和打印（硬拷贝），主要提供给酒店企业在必要时作为成功服务的佐证材料，如宾客对叫醒服务有投诉和异议时，可以作为提供服务的凭证。

(2)宾客免打扰功能(Do Not Disturb,DND)

由于酒店是公众经营场所,不免有宾客或他人拨错电话,进而影响在客房休息的客人,当宾客通过话机向话务员提出免打扰时,话务员即刻在话务台上进行该客房电话的免打扰功能操作。当分机处于免打扰状态时,其他酒店电话或外线不能呼入该客房,如果遇有紧急情况,话务员仍可以呼叫该分机,叫醒功能不受此功能设置影响,叫醒将按时自动运行。此功能是通过话务员操作话务台实现的,有些程控交换产品也可以通过操作程控交换计算机运行维护终端进行操作。

(3)电话留言模块(Voice Mail)

该功能在过去的酒店里是非常有效的服务功能,值得高星级酒店"炫耀"一番。当宾客不在客房时,拨入方可以通过功能提示语音进行操作,对住店宾客进行留言。该功能需要将电话交换机和前台计算机管理系统连接,这样可以在宾客入住或退房时自动建立或取消语音留言信箱。该功能模块还要完成宾客转换房间时信息自动转移、宾客可录取个人问候语、自动发送留言灯讯息(包括宾客的文字留言),宾客在酒店外也可以通过拨打酒店的电话来收听语音信箱里给自己的留言。随着时代的发展,移动通信、即时通信(微信、QQ 等)的普及,此项功能使用率显著下降,但许多高星级的酒店集团在工程设备采购目录中,还是将此项功能保留并提供该宾客使用。

2. 客房通信的管理功能

上面叙述了酒店客房宾客常用的程控交换机功能,这些是直接提供给宾客使用的功能模块,但酒店在管理上有许多需求,这些需求促使程控交换机厂商进行相应的开发,典型的有中国华为公司、德国西门子公司、法国阿尔卡特公司、荷兰飞利浦公司等研发的程控交换机,它们或多或少开发了适合酒店管理需求的功能。

(1)小酒吧入账模块(Minbar Billing System)

小酒吧入账功能模块是指:酒店客房中的迷你酒吧的收费模块。客房服务员在进入客房为宾客服务时,查寻宾客的酒水消费,如宾客当日有消费行为,服务员通过操作客房电话机,用电话机上的功能键,输入宾客的消费品目和数量,把宾客的消费存储到程控交换机系统中,再通过交换机输出信息,传递到酒店计算机管理系统(HMIS),最后存放在宾客前台的账户数据库中,等结账时一并计入。

这个入账过程,涉及客房服务员、程控交换机系统、房务中心、前台计算机管理系统、总台收银员和最终审计的酒店财务部,整个宾客消费信息的传递是在人和现代通信系统管理结合状况下进行的,比传统的人工转账更安全可靠,提高了转账速度和酒店管理的效率。

(2)房态修改模块(Room Status)

酒店对客房的日常管理,在行业中一般采用房态来进行有效的信息控制,如占用房(Occ, Occupied)、可用房(V/C, Vacant/Clean)等。根据酒店的管理需求,程控交换机厂商开发了房态实时传送信息接口,该技术的应用受到酒店管理者的欢迎。当客房服务员在完成客房服务后,可以使用客房话机,操作其功能键,将房态的信息传递出去,和上述小酒吧入账功能模块一样,这个信息传递需要程控交换机和酒店前台计算机管理系统进行两个系统之间的技术握手,客房服务员和操作小酒吧入账功能类似。如宾客结账后,该客房的状态为"已结账(Check-out)",服务员整理好客房,通过操作客房电话机上的功能键,通知前台部门,该客房变为可用

房(V/C, Vacant/Clean),用于再次销售。这个系统的应用,减少了原来人工电话沟通的信息传递的失误率,缩短了信息传递的时间,同样提高了管理的效率。

(3)电话呼叫计费模块(Call Billing System,IDD)

宾客在酒店的客房或商务中心使用电话,拨打国际电话,酒店对其通信计费,是酒店通信服务必要条件之一。过去通过人工对宾客按标准进行收费是一件比较烦琐的事,通过程控交换机和酒店管理系统做实时的技术接口,才较好地解决了此项技术任务。这个计费系统要有三大系统完成技术接口并解决一个计费关键技术。

首先,酒店内部要完成程控交换机与酒店信息管理系统的计费接口,由程控交换机向酒店前台信息管理系统输出宾客拨打电话的信息,信息包括:主叫号(一般为房号),被叫号(接听方电话号码),开始时间(精确到秒),时长(秒为单位),目前电信以6秒(s)为计时标准单元。

例如:000016　1008　02164700000　08:10:12　120

交换机将这个信息提交给计算机(见图4-2),酒店计算机管理系统对上面信息进行运算,得知流水号为000016的账单是1008房宾客,拨打了上海长途,被叫号为64700000,时长120秒(2分钟),按国内标准计费,最后加上酒店应该收取的10%服务费,记录到1008客房账户中,待宾客离店时收取。

其次,计费完成必须和当地的电信公司合作,由电信公司程控机和酒店程控交换机对接,电信公司提供技术接口完成整个实时的计费任务。由此,这三大系统是酒店程控交换机、酒店管理信息系统、电信局用交换机(图4-2)。

最后介绍电话计费关键技术和标准:

1)极性反转计费

这项计费技术是符合国际通信标准的。当主叫呼叫被叫(图4-2),被叫拿起话筒(摘机)时,电信的局用交换机会将中继线的极性(+,-)反转,以此作为通话的开始时间;当通话结束,被叫挂机时,电信的主机再次将中继线的极性(+,-)反转,作为通话的结束时间,电信的交换机将该信号送到酒店的交换机进行计费。这个系统是一个实时控制系统。

2)延迟计费

当电信部门不能提供极性反转信号的情况下,酒店计费系统只能采用延迟计费办法,延迟计费是不合理的计费方法。一般会设置20~40秒的延迟时间,这不是很好的解决方案。因为宾客在主叫电话时,当被叫方没有人应答,在超过延时的状况下,系统将记录电话费用。这样会引起宾客的投诉。相反,宾客在很短的时间内完成通话(20~40 s),通话费用将由酒店方承担。只有采用极性反转技术,才能避免这种状况的出现。

酒店的电信服务是允许收取服务费的,该费用成为酒店电信服务中的收益。收益部分主要是按常规可以收取10%~20%的电话服务费。这笔收入的利润率相对比较高。许多酒店比较重视这项技术的完成。目前由于移动通信的普及,这部分利润在下降,但不完成这项技术,酒店要面临着此项科目的亏损,所以只要向宾客提供电信服务,就应该完成此技术工程。

由于电话计费模块涉及三个系统的接口和信号握手,有一定的技术含量,需要多方厂商的技术合作。正因如此,第三方的技术公司看到了商机,这类公司从事专门的酒店电话计费系统的研发,并且收到了较好的效果。他们把程控交换机、酒店管理信息系统、市网电信三大系统的接口信息进行交换与控制,并做出符合酒店业的电话计费模块,适应了酒店业这方面的需求。酒店电话计费系统是特别为酒店而设计的多模块式专业应用系统,系统连接程控交换机和酒店的前台管理系统,处理酒店电话的计费,并控制客房电话的自动开关,还可以承担房态和小酒吧账单的数据传输。有的电话计费系统采用微软的操作系统,整套系统在微软视窗操作系统上运行,适应多重任务的操作环境。模块化的开发设计,使用户操作简单、直观,维护便捷、安全。系统的加强数据排列以及可靠一致的接口协议,确保了数据传输的准确和实时,并在系统启动时执行自动恢复以保证无数据丢失。灵活的系统设置足以满足用户对于多家电信营运商、多种费率、不同服务费以及多重分机级别的计费要求。有的系统提供了足够的内置报表,可视化界面和声音组成的预警系统更为系统的安全运行提供了保障,从而真正达到多任务多模块的平行运作功能。

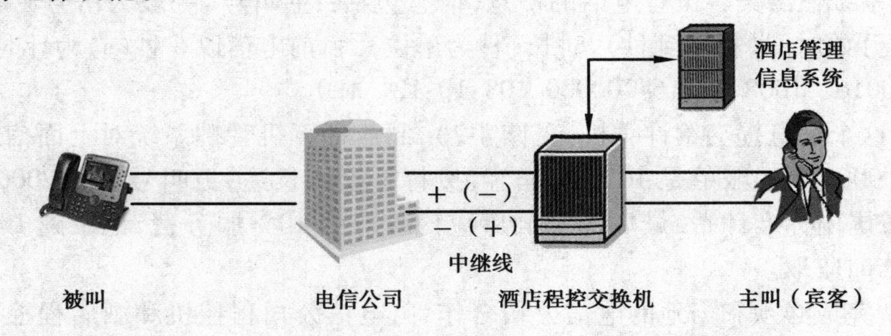

图 4-2　电话计费模块中的极性反转技术示意图

一般的程控交换机的计费系统将能完成下面的任务:

◇　标准电话收费计算;
◇　多种弹性费率,有的可支持多达 9 999 种费率;
◇　满足多种不同的电话供货商的电话费率;
◇　区域性费率表;
◇　不同目的地的不同附加电话收费功能;
◇　按金额的百分比选择附加电话收费;
◇　可在线上查阅打电话的明细(宾客和酒店内部行政使用的记录);
◇　可预先设定目的地指定的费率;
◇　可无限制设定分机内线。

3. 与酒店管理信息系统接口模块

由于酒店的管理需求,许多程控交换机和相关的系统配合,做了接口,特别是酒店管理信息系统,由此有了许多的功能。

(1)散客入住

当宾客到达酒店时,酒店管理信息系统需要将以下数据传递给程控交换机系统:

◇　宾客客房号码、入住房间类型;
◇　分配语音信箱;
◇　宾客数量;
◇　姓名;

◇　语言；

◇　VIP 属性；

◇　叫醒电话时间（如果需要）；

◇　入住后房间状态的更新；

◇　在管理电话机中把“按照姓名呼叫”的电话簿改为宾客姓名。

(2)团体入住

当团队入住时，需要提供以下两类数据：

◇　入住团体的基本信息：团体名称和人数、宾客客房电话号码、语言代码、预付费、叫醒电话时间；

◇　入住团体每一个成员的信息：房间号、宾客数量、房间类型。

在为每个宾客分配好数据后，自动增加的房间号码会自动记录在分发列表中。

(3)散客退房

在宾客退房时，如果房间的电话还在使用中，那么宾客不能马上办理退房手续，如果没有使用，则可以办理退房手续。退房手续包括：

◇　打印标准账单；

◇　取消直接呼叫；

◇　语音信箱失效；

◇　通知未读信息的数目；

◇　取消等待的信息；

◇　取消免打扰功能并锁定；

◇　将房间状态从占用改为空闲。

(4)团体退房

团体退房操作可以通过一个单一的命令完成，当所有必要的检验完成以后（和上述散客退房情况一样），退房需要：

◇　为团体打印标准账单，同时打印每一位成员的账单；

◇　取消团体的数量；

◇　取消等待的信息；

◇　语音信箱失效；

◇　通知未读信息的数目；

◇　取消免打扰功能；

◇　取消接入访问；

◇　将房间状态从占用改为空闲。

上面对酒店的程控交换机系统功能做了介绍，这里的功能主要是针对酒店的。当然程控交换机还有一些可用的功能，如电话会议等。下面将应用较多的功能列出来，供选购时参考之用。

表 4-1　程控交换机其他功能列表

功能名称	功能介绍
按姓名呼叫	在数字话机上输入被叫的名字或起首字母就可以呼叫内线或外线分机。姓名号簿集中在交换机内
复线呼入	数字终端可支持多路电话同时进入
铃声调整	数字话机的铃声旋律和铃声大小可调整
N 方会议	可以召开多方电话会议,最大数依据厂商提供的技术参数
呼叫保持	用户能够将内线或外线呼叫保持
自动回叫忙分机	用户 A 在呼叫忙分机 B 时,能要求自动回叫
无条件转移	任何分机 A 都可以将他所有的来电转移到分机 B,用户 A 仍可向外呼叫
遇忙立即转移	当分机 A 忙时,所有的来话立即转移到指定的分机 B
老板/秘书	老板可以使用过滤线路,例如:过滤所有电话、过滤内线电话、过滤外线电话。老板可以有几个秘书,可以通过相应的键将一种方案指定到一个秘书

二、酒店程控交换机工作原理和结构

对程控交换机(PABX)工作原理的简单表述就是一部由计算机软硬件控制的数字通信交换机。可以认为:程控交换机是由可编程序控制的、采用时分复用和 PCM 编码方式的、用于提供语音电话业务的电路交换方式的电话交换机。前期的程控空分交换机的接线网络(或交换网络)采用空分接线器(或交叉点开关阵列),且在话路部分中一般传送和交换的是模拟话音信号,因而习惯称为程控模拟交换机,这种交换机不需进行话音的模数转换(编解码),用户电路简单,因而成本低,目前主要用作小容量模拟用户交换机。随着数字通信与脉冲编码调制(PCM)技术的迅速发展和广泛应用,世界各先进国家自 20 世纪 60 年代开始以极大的热情竞相研制数字程控交换机,经过多年的努力,法国首先于 1970 年在拉尼翁(Lanion)成功开通了世界上第一个程控数字交换系统 E10,它标志着交换技术从传统的模拟交换进入数字交换时代。程控数字交换技术的先进性和设备的经济性使电话交换跨上了一个新的台阶,而且为开通非话业务,实现综合业务数字交换奠定了基础,因而成为交换技术的主要发展方向,随着微处理器技术和专用集成电路的飞跃发展,程控数字交换的优越性愈加明显,目前所生产的中大容量的程控机全部为数字式的。

酒店通信系统的结构,主要是指由酒店程控交换机与电信网、酒店管理信息系统等组成的网络系统。我们以典型的酒店为案例,介绍酒店通信系统的结构。图 4-3 是某酒店的通信结构原理图,程控交换机与酒店管理信息系统有接口,完成包括叫醒服务、房态管理、小酒吧入账等功能。与电信提供的出中继线的极性反转做技术握手,准确对宾客呼叫进行计费。向入住的宾客提供尽善尽美、令人满意的服务。有的先进的程控交换机可根据用户的发展需要,在其通信平台上灵活增加各种服务器,向各类客户提供多样化的服务,例如:满足用户在基于 IP 的电话通信、网络管理、语音传真信箱、自动路由选择、计算机通信集成 CTI、DECT 移动通信系统、呼叫中心等方面的需求。有的系统采用基于 Windows 平台的管理软件实现图形化网络管理。同时,该软件可以采用多种登录方式(WEB、客户机、终端、Telnet 等),极大地方便了用户的管

理和维护。更有产品家族对所有产品(包含语音、数据设备,针对企业网的整体解决方案)进行集中管理。厂方负责操作和维护系统的工程师,可简单地通过公众网络来对程控交换机系统进行维护,这样既降低了成本,又提高了运维的管理水准。

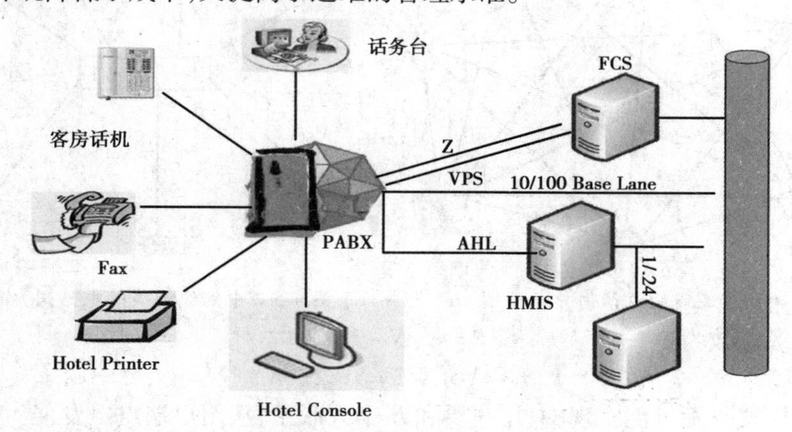

图 4-3　酒店程控交换机结构图

三、酒店通信系统规划与设计

酒店的从业人员,不仅需要管理经营酒店,更要对建造或改建酒店进行规划。在这里介绍酒店通信系统的主要技术参数,这些技术参数是酒店管理方或者技术人员要掌握或酒店规划时要提出的。

1. 酒店电话总机容量规划

(1)酒店程控交换机主机装机容量

酒店交换机容量(电话门数):

$$T = \text{int}(R + T_g + T_x + Y) \qquad (\text{式 4-1})$$

式中 T 为酒店电话总装机容量(门数),R 为客房数,T_g 为公共区域电话数,T_x 为酒店行政区域电话门数,Y 是余留数,为今后酒店电话不可估计使用数。

客房数(R):一般 1 门/间客房,如是 4 或者 5 星的豪华套房要安装 1 ~3 门电话,具体按照设计要求。

公共区域电话数(T_g):前台、房务中心、楼层、餐饮、娱乐区域、酒吧、公共电话亭等(按设计图纸实际计算)。

行政区(T_x):各个部门办公室、各个机房、酒店后台区域、仓库等(按设计图纸实际计算)。

预留数(Y):上述数总和的 10% ~20%,即:$Y = (R + T_g + T_x) \times (10\% \sim 20\%)$。

规划后,一般电话门数(容量)取整数(int),见公式 4-1,最后的装机容量为:400 门、500 门、600 门、800 门、1000 门、1200 门、1500 门等。

(2)酒店程控交换机主机中继线容量

中继线的由来是为了解决用户电话出入线的最小化问题。看下面图示(图 4-4,图 4-5),图 4-4 是在没有中继线情况下,一个电话用户要和所有人通话的连接示意图,那么要敷设多少条电话线才能实现,不妨计算一下。

设定,若终端点(用户)为 N, 连线总数为 S,

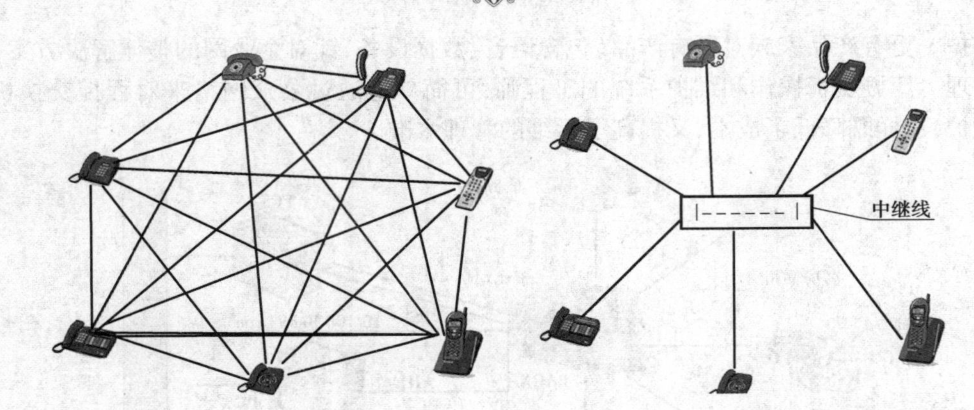

图 4-4　直接连线的电话用户示意图　　　　图 4-5　中继线连线的电话用户示意图

则联线电缆总数为：　$S = N(N-1)/2$　（式 4-2）

当 N 足够大：　$S \approx N \times N/2 = 1/2 \times N^2$　（式 4-3）

这种链接模式是不可能实现的，用户要和 N 个人联系，从用户端点出发，要 N 对电话线，显然不现实。于是电信工程师们发明了中继线，所谓中继线就是连接用户交换机、集团电话等与市话交换机的电话线路，见图 4-5。简单地可以认为，中继线是指进入酒店交换机的外线，而酒店的中继线的容量为：

$$Z = \text{Int}(T \times 10\%) \quad (式 4\text{-}4)$$

式中，Z 为中继线容量，T 为酒店程控交换机装机容量。

例如：若某酒店程控交换机装机容量为 800 门，则：

$$Z = \text{Int}(800 \times 10\%) = 80(条中继线)$$

也就是说，该酒店向电信部门申请装机中继线为 80 条，这 80 条中继线将进行再分配，就像高速公路，要进行相向而行车道的划分一样，一般而言，入中继线为 50% 左右、出中继线为 50% 左右，双向中继线一般酒店会配置 1～2 条。具体分配可以和当地电信部门或设计院商议并视酒店具体情况设计。

从中继线还可以引出所谓中继线联号和引示号的概念。中继线联号是指将若干入中继线捆绑成一个号码，这个号码称为“引示号”，酒店对外只公布这个引示号，这个功能就可以达到同时多个人拨打酒店电话的目的。以某 A 酒店为例：

A 酒店现有 20 条中继线进交换机，号码依次为：021-64700000～021-64700019 在申请了中继线联号以后电话局将这 20 条中继线分配如下：

引示号：　64700000　（通常为最好或者便于记忆的号码）

入中继线号码：　64700000～64700009　（只可呼入）

出中继线号码：　64700010～64700018　（只可呼出）

双向中继线号码：64700019　（既可呼入，也可呼出）

这样配置以后，A 酒店名片或广告上印的是 64700000，这样同时可以有 10 个人呼入，也同时可以有 9 个人呼出。如果不做中继线联号，那么不仅 A 酒店的名片上要印上很多电话号码，当有人打电话给 A 酒店的时候，如果听到忙音，还要打下一个电话号码，很不方便，中继线的联号要到电信公司申请，但必须由酒店提出需求，将号码分配好，提交电信公司。

2. 酒店通信技术参数执行和规划

酒店通信系统的运行，要符合和执行国家和工信部的相关技术标准，一般可以分为程控交

换机主机安装要求和运行要求，图4-6为某酒店程控交换机机房。

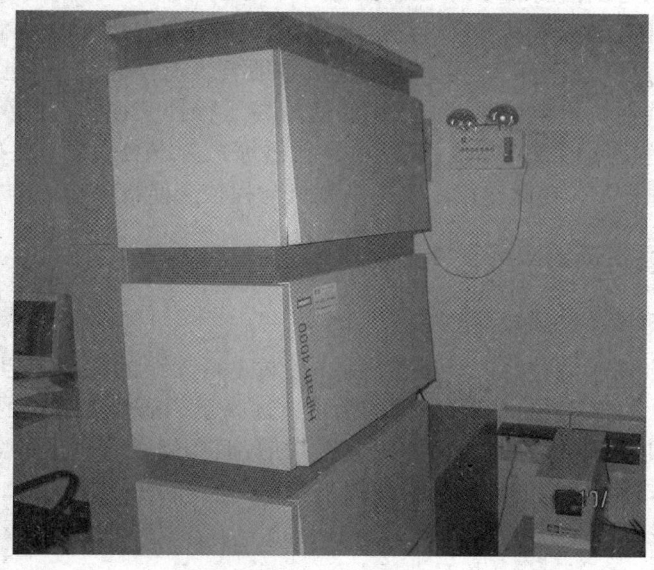

图4-6　酒店程控交换机机房和主机

(1)程控交换机安装标准

大型的程控交换机(PABX)一般为直流供电：

$$DC = -48\ \text{V} \quad (-56 \sim -44\ \text{V})$$

主机接地电阻 $R \leqslant 4\ \Omega$，有的主机要求：$R \leqslant 3\ \Omega$。

为保障酒店通信在紧急状况下按标准运行，程控交换机需配置蓄电池组，根据酒店供电情况而定，一般延迟 $T \geqslant 4$ 小时，具体还要根据酒店所在地区的供电状况而定。年均停电次数很少的地区，配置4~8小时，经常停电的地区，配置8~16小时。

(2)程控交换机机房的环境标准

根据工信部技术标准，程控机机房执行以下标准：

1)机房环境技术标准

在正常环境下运行的温度为10~30 ℃，在这种环境下不需要通风设备。

在极端环境下运行的温度允许为5~45 ℃，在高温环境下需要通风设备。

在使用空调的情况下，建议的温度范围为23~28 ℃。

为了防止形成凝聚，每小时温度的变化范围不超过5 ℃。

安放交换机的房间内在正常环境下的湿度为45%~85%。

安放交换机的房间内在极端环境下的湿度为20%~85%

每小时湿度的变化范围不超过10%。

金属机架必须接地，$R \leqslant 4\ \Omega$。

2)机房安全技术标准

防火监控配置，烟火探测，在离子分析的原则上，使用烟火传感器。

灭火器，最好向系统注入惰性气体，避免像其他系统那样注入水或者泡沫。

3)供电技术标准

供电部分包括供电接线柱、保险丝盒及电源指示灯。

电缆通过机架的走线槽向后或向低部走线。

可以通过顶部开口或两个风扇进行热风疏散,风扇可根据情况增加或减少。

所有的电子系统都是采用综合电路,交换机必须要具有防止静电、电流下降和电涌的措施。交换机应该安装在抗静电的地板上,并且远离高压程控交换机,还必须做好防静电的防护。如果安装机器的房间内有高频机(无线电发射机等),频率必须在10~200 MHz范围内,电场强度每米不能超过1 V。在此建议不要把高频机与程控交换机放在一个机房。

四、酒店通信系统新的应用领域

1.酒店内部的无线通信局域网

目前有的酒店会构建自身的无线覆盖局域网,并进行无线的通信。但随着无线公众网的发展,它将会被取代。原因很简单,公众网的性价比远高于酒店投入建设的无线网。酒店的程控交换机还将继续使用,但主要的通话使用率在降低,而在经营管理上的需要并没有减弱,程控交换机(PABX)作为酒店的通信系统将发挥重要和必不可少的作用。

2.虚拟电信网络

所谓的虚拟电信网是指有些地域的电信公司为酒店直接配置客房和办公用的电话,这样酒店方不用购买电话交换机设备,电信公司为客房等电话构建虚拟的内部(内线)电话。这样的优点是:可以省去第一笔投资,维护也由电信公司负责。缺点是相对酒店的功能很少(上述的功能),服务受到电信公司的牵制,每月的电话费会相对较高。这个方案的选择,取决于酒店的性质和规模,取决于酒店投资的业主方。

3.酒店应用的无线对讲机系统

酒店对讲机是现代酒店智能化管理中的重要组成部分(图4-7),其不仅方便酒店工作人员之间的沟通,而且也非常方便上层管理者与员工之间的及时沟通,方便了酒店经营管理。对于酒店行业来说,由于酒店的工作人员长期配戴对讲机,因此其体积不宜过大、重量不宜过重,小巧轻便、外观精美、设计符合人体工程力学的对讲机才是酒店行业的首选。较其他通信系统,对讲机系统有几个特点:首先,对讲机互相通话不产生费用,降低了通信成本,呼叫过程中随叫随听,实现即时通信,免去呼叫等待时间。其次,即发即通,满足了酒店的高安全需求,对突发事件能快速反应,方便与潜在危险环境中的人保持联系,提高个人安全。再次,方便协调酒店管理资源,加强团队控制能力,为酒店管理提供最便利的工具。

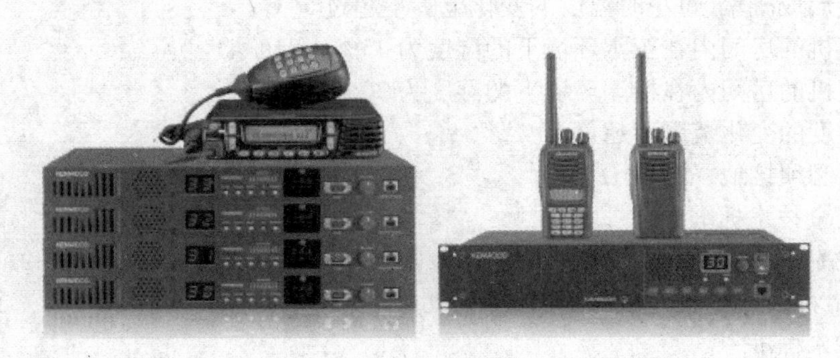

图4-7　酒店应用的无线对讲机系统

4. 新型电话机应用

酒店固定电话机通话的使用率在降低，许多电话机生产厂商设计了许多新型电话机，给酒店和宾客以新的体验（图 4-8）。这些电话机具有播放手机音响、带 USB 接口充电、Wi-Fi 信号转接等功能。

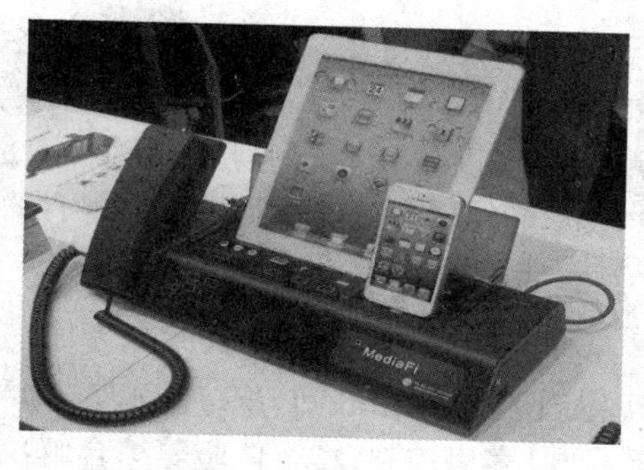

图 4-8　酒店应用的新型电话机

五、基于云端的数字化酒店通信系统

随着数字化技术的推进，酒店数字化通信系统能为酒店提供基于文字、图片、语音、视频等的通信和交互工具；信息枢纽则通过其开放性接口与酒店第三方系统进行无缝对接，实现信息采集、存储及转发；标准化运营服务基于前者实现的数字化基础平台，为酒店提供运营、管理所需的软件应用及数据呈现，帮助酒店提升运营管理效率和改善客人服务体验。

1. 云平台的酒店通信系统

数字化技术的推进，许多技术公司研发和推广了基于云端的酒店通信系统，新型的通信系统，具有以下两个技术特征：

（1）与传统通信系统的对接

云端的数字化酒店通信平台，能提供完整的酒店电话程控交换系统，是一套功能强大的 IP－PABX，其支持多种通信技术标准。可以方便地与其他开源的 PABX 系统进行对接。该系统具有很强的伸缩性。旨在为音频、视频、文字或任何其他形式的媒体，提供路由和互连通信协议。

（2）云端的数字化酒店通信系统特点

第一，先进性：数字化程控交换机具有语音与数据功能。数字时代需要语音、数据网络融合主流技术的交替应用，该系统具有很强的扩展能力。该系统采用国际最新的通信和信息技术，在技术上处于市场领先地位。系统能够将传统 PABX 系统和 IP 网络有效融合，为用户提供完美的语音解决方案，同时通过先进的模块化结构设计，为系统扩容和功能升级做好准备。选用的系统设备通用性强，能与最新技术接轨，对市场的变化具有极强的适应性。

第二，实用性：该系统的设计和建设遵循实用性原则，即切实满足用户的语言通信工作的需要，保证信息顺利传输，并实际解决目前存在的各地语音交换设备品牌不统一、费用高、扩展不易、管理维护不便等问题。系统应采用高可靠性的产品和技术，充分考虑整个系统运行的安全策略和机制，保证系统稳定运行。同时，该语音系统应能够支持无线（Wi-Fi）语音终端，让用户在任意办公区域都可以拨打并接听重要电话。

第三，开放性：该系统中所选用的技术和设备的协同运行能力，能够保护现有的资源和系统投资的长期效应以及系统不断扩展的需要。所采用的软硬件平台必须具有开放性，能够和原有的业务系统协同运行。

第四，可靠性：本系统的设计在投资可接受的条件下，从系统结构、技术措施、设备选型以及厂商的技术服务和维修响应能力等方面综合考虑，能较好地确保系统运行的稳定。系统支持负载均衡、冗余热备。本系统的稳定运行依赖于网络环境，因此需酌情按照客户需求，对其内部网络进行 VPN 隔离。

第五，高性价比：该系统综合考虑各方面的投资比例和投资保护，以利于资金的合理流动和充分利用。作为新一代的通信网络集成系统平台，IP-PABX 系统采用了当前流行的 IP 包交换网络，提供纯 IP 的通信应用环境，满足企业通信环境多样化的要求。开放的接口和成熟的 IP 技术能使用户更加便捷地接入现有的业务，有效降低成本。

2. 云平台的酒店通信系统功能

随着数字化时代高新技术的发展，云平台的酒店通信系统可以应用移动互联网技术、云计算、人工智能和物联网（IoT）技术等，为酒店提供标准化服务、高效运营、数字化通信、数据整合及呈现、客房控制、宾客体验等综合解决方案。具体可以实现客服服务、工程管理、房务管理、电话通信、客房控制、留言信箱、迷你吧传送、房态管理和自动叫醒等功能（图 4-9），使酒店经营的业务更加符合行业日益增多的业务需求。

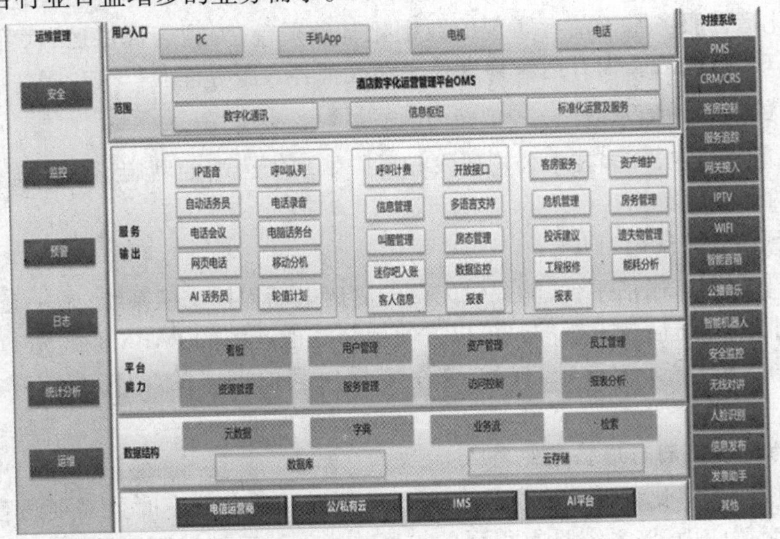

图 4-9　云平台的酒店通信系统功能

第二节　酒店音响音频系统

酒店的音响系统是运营必配的系统，该系统是属于建筑（大厦）音响系统配置中的具体应用。根据《民用建筑电气设计规范》（JGJ 16—2008）标准，建筑的音响系统业务一般可分为以下三种：一是业务性广播；二是服务性广播；三是火灾事故紧急广播。根据酒店（Hotel）行业的特征和相关标准，酒店应设置服务性广播和火灾事故紧急广播。服务性广播系统应以满足欣赏性音乐类广播为主，且节目设置不宜过多。酒店的服务性广播一般播放的区域为公共场所，如咖啡吧、中西餐厅和娱乐场所等。酒店的客房音响设置是为了服务宾客。在这个前提下，结合酒店行业的实际需求，下面介绍酒店的音响系统。

一、酒店音响系统运营

根据上述建筑技术标准和规范，酒店的音响系统配置将完成服务性广播和火灾事故广播

的任务。为完成此两项任务（功能），酒店的音响系统的布局要符合规范，既要满足宾客在客房和活动场所（餐厅、宴会和娱乐空间等）享受背景音乐的需求，又要在酒店发生紧急状况下能进行相应的紧急广播，紧急广播必须在可控的范围内。为满足这些要求，对该系统规划如下：

1. 酒店音响系统的规划

酒店音响系统播放点（扬声器）的设置，一般分为客房区域和公共区域。客房区域背景音乐（扬声器）设置点又分两个部分：一个是设在客房区走道，设计标准为一个客房门厅间隔为一个基准点；另一个是在客房内配置，标准是每间客房至少配置一个播放点，一般安装在床头柜里。有些酒店在设计时，根据自身的需要在客房的卫生间里也配置了播放点，但这个播放点（扬声器）在今后使用中维修率较高，主要是由于卫生间湿度较高引起扬声器的损坏。公共区域配置要根据设计要求，一般安装在区域的顶部，见图 4-10，我们一般称之为吸顶式扬声器。由于公共区域背景音乐与消防广播共用一套扬声器，该扬声器平时播放背景音乐，一旦发生紧急状况，可以切换到紧急广播状态。这里在规划时一定要注意，酒店背景音乐系统无论是在开或是在关的状态均能通过设在消控中心的控制，切换到火灾紧急广播。目前许多酒店（星级酒店、商务型经济酒店）还在办公室区域设置了紧急广播系统。

图 4-10　酒店音响系统中的吸顶式扬声器

2. 酒店音响系统相关的技术标准

营业区公共场所背景音乐扬声器一般选用功率为 3 ~6 W。背景音乐系统平时主要播送背景音乐，给宾客提供一个良好的休息和娱乐环境，声音要适宜。背景音乐不是立体声，而是单声道音乐，这是因为立体声要求能分辨出声源方位，并且有纵深感；而背景音乐并无此要求，不希望人为感觉出声源的位置，所以要求把声源隐蔽起来，主要目的是让宾客感觉轻松。在音量上要求较轻，以不影响两人对面讲话为原则。从理性上一般认为：宾客静听时会欣赏到音乐，相互说话又没有感觉到有背景音乐，这样的要求很难用技术参数描述，要求管理人员去体验和随时调整。下面是声学提供的人体对音量的感受值，以下数据可以参考执行：

声学研究表明：人耳声压范围：40 ~80 分贝，超过上述范围会给人带来烦恼。酒店噪声控制在 35 分贝左右，给宾客的感觉非常安静，噪声控制在 45 分贝左右，给宾客的感觉比较安静。

客房音响系统是在客房内设置供宾客休息时收听的音乐节目。扬声器一般选用功率为 3 W 左右。客房的节目选择器、音量开关均安装在控制面板上，控制面板安装在床头柜上。

其他办公场合(后台)扬声设备的选择,如办公室、生活间、更衣室等可按 0.05 瓦/平方米左右系数设计。具体配置时要考虑到建筑的层高,层高大于 3 米时要适当增加扬声器功率。

3. 酒店音乐系统客房节目源配置

节目的设置一般情况下不超过 5 套,目前许多酒店设置 4 套节目,这是因为客房配有电视机使得宾客在客房听音乐的需要并不多。客房广播的播音源为:AM/FM 调谐器等播放公众节目 2 套,计算机或 CD 播放机(VCD)播放的节目 2 套。

二、酒店音响系统的结构原理

目前酒店的音响系统,会越来越多采用数字控制播音技术。在节目源上往往会采用计算机服务器,或者工控机。典型的网络结构如图 4-11 所示,采用此技术方案,酒店在管理和技术上简便可行,可控性强,在酒店营业状态下,维护简便。

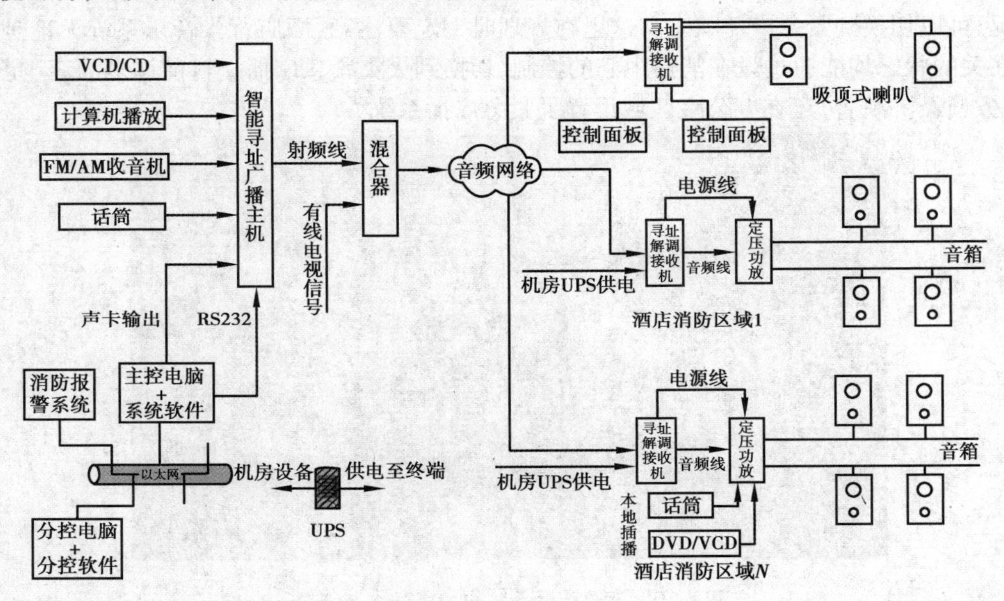

图 4-11　酒店寻址广播音频系统结构图

在酒店整个音响系统中,客房是个重要的区域,因为该区域既要满足宾客背景音乐享用的需求,又要在紧急情况下强插广播。因此在设计和施工上要符合技术规范。客房的音频广播一般安装在床头柜中,具体结构如图 4-12 所示。这种结构设计简单,便于安装和维护,宾客操作也方便。有的酒店安装在客房区域的顶部,即安装吸顶式扬声器。

三、酒店音响系统中的新技术应用

由于近几年数字技术不断发展,在音频处理上也不断进步,过去的模拟信号处理系统被渐渐取代,数字信号新技术在该领域得到不断推广和应用。新数字技术在两个方面得到具体应用:一是音频技术处理,使得技术网络变成一个数字环境下的音频网络;二是在酒店的管理上也发生了变化,酒店管理变得简单,技术人员减少、技术人员的类型发生变化。下面结合酒店的实际进行介绍:

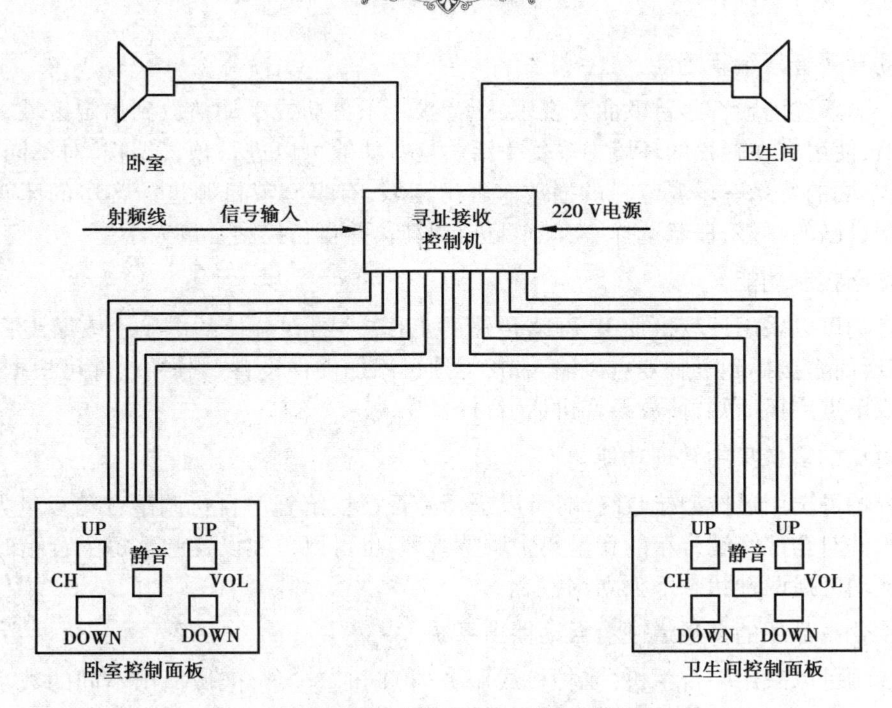

图 4-12　酒店客房音响操控示意图

1. 音频多路信息源控制

酒店音响系统可以实现多套节目(支持 100 路广播节目信号)同时传输,完全满足了酒店的需求,采用频分复用共缆传输方式,其表达式为公式 4-5。

$$TFM = \sum_{i=1}^{n} FM + CATV = FM_1 + FM_2 + \cdots + FM_n + CATV \quad (式 4\text{-}5)$$

n ——酒店的选择信号源套数。

这些信号源包括闭路自办广播电台、电视音频信号。可寻址控制信号采用一根同轴电缆进行共缆传输。除具有传统广播的全部功能外,每个区域还可拥有自己的频道,可同时播放各区域不同的内容且互不干扰。

2. 系统自动播放功能

酒店音响系统由一台专用服务器作为主控计算机,同时兼做数字节目源,即一台主机同时对多个区域播出多套不同的数字节目,通过系统播放和控制软件可实现手动、自动定时播放。可将流行歌曲、经典歌曲等常用曲目存储在硬盘上,实现全自动非线性播出。也可预先设置每周一至周日播放列表,自动定点定时播出背景音乐等,无须人工干预即可自动播放,实现了真正无人值守。还可按春、夏、秋、冬季节不同设置多套播放列表存放于系统内,根据季节不同随时调用。这个功能大大节省了酒店管理的人员配置,在过去传统模拟系统环境下,需配备 24 小时值守人员,而现在做到了无人值守。

3. 可寻址广播功能

许多酒店采用智能寻址调频广播主机及控制软件,这样操作简单、界面醒目、功能强大、性能稳定、可实现 2048 分区控制。通过操作主控计算机,可自动或手动按区域等分组广播、分区域广播,一般酒店会按楼层分区,并可以随时调用,进行广播。

4. 自动背景音乐编辑功能

酒店音响系统内置百多首歌曲及音乐，让背景音乐自动或手动播放到指定区域，使氛围更加轻松和谐，使房客在轻松的环境中享受生活。这些功能可以进行预置编程，对不同区域和时间点，进行不同的背景音乐或节目的播放。客房区域，有多套节目源进入客房的床头柜面板，住客可根据自己的喜好，任意选择一套节目进行收听，并自行控制音量大小。

5. 局域网控制功能

酒店音响可以采用计算机加 IP 网络传输的工作方式，在分控的电脑上安装专门分控、插播软件，将话筒直接插到电脑麦克风输入口，无须再添加硬件设备。分控软件可根据权限大小进行分区或单点广播通知，播放录音讲话、背景音乐。

6. 点对点的音量集中管理功能

酒店音响可选用遥控型接收终端，可以选择是否授权给客房自行调整音箱音量大小，可在机房通过软件对全部终端音箱的音量集中调整管理，也可以单独设置调整每个音箱的音量（强制广播及自动广播两种状态下独立调整）。

7. 数字化高品质的多通道硬盘自动播出系统

酒店音响可以采用一台主机（工控机或服务器）同时对多个区域播出不同的数字节目，兼容 mp3、mpg、wav、mid、avi 等不同格式同时输出，使广播节目音质发生了质的飞跃。这种模式使得音源有广泛的选择性，实现全自动非线性播出。

8. 与酒店消防报警系统联动功能

酒店消防报警计算机通过以太网和音频广播服务器连接，在消防计算机上运行消防报警处理程序。将消防报警设备的报警信号发给音频广播服务器，由广播服务器播放相应的报警话音，可根据需要设置启动警报点附近的音箱或全部音箱进行报警广播通知。消防报警广播一般设在消防监控中心，由酒店安保管理操作。

四、酒店音响系统的相关技术标准

酒店音响系统是音响技术在行业中的应用，在应用中要符合和执行相关技术标准，这样在设计和施工中，都有科学依据，在执行相关技术标准的前提下，才能使系统的质量有保障，这样也可为今后的日常运维打下良好的基础。

1. 酒店行业需求性的技术标准

酒店根据相关技术标准和自身实际需求，需达到下面的应用技术标准。

第一，酒店音响系统应配置三类信息源：背景音乐、（客房）广播收听、紧急广播。

第二，酒店背景音乐（广播）技术标准：

平均声压：50 ~60 分贝；

频率范围：100 ~6 000 赫兹；

音质：良好。

第三，客房内应设有至少四套可选节目。

第四，酒店音频广播系统应和消防紧急广播联动，按运维标准检查和维护。

第五，酒店音响机房内应保持适宜的温度、湿度，机房的温度控制在 10 ~30 ℃，相对湿度

≤85%。

2. 相关建筑音频技术标准

下面罗列一些技术标准,供查阅检索之用:

《有线电视广播系统技术规范》(GY/T 106—1999);

《有线电视广播系统工程技术规范》(GB 50200—94);

《民用建筑电气设计规范》(JGJ T16—92);

《30MHz-1GHz 声音和电视信号电缆分配系统》(GB 6510—1999);

《工业企业通信设计规范》(GBJ 42—81);

国际电联 ITU-T 相关技术标准。

第三节　酒店电视视频系统

酒店的视频系统,主要是为客人提供电视视频服务。客房区域的电视视频是为客人提供的服务内容之一,是酒店客房的标准配置。除了客房区域,酒店许多空间会配置视频系统,如健身房、酒吧、餐厅等。作为酒店必需的设施,在酒店规划和设计的过程中,须从酒店整体经营管理、服务功能、区域空间的需求等方面考虑,规划好电视视频系统,配置好电视。现在随着公众数字电视的普及和推广,数字和高清电视越来越普及,有的酒店会规划客房私人影院,提供更有个性的电视视频产品。

一、酒店电视视频系统需求分析

1. 酒店电视视频系统的信号源

酒店电视视频系统的信号源有三大类:公网信号、卫星信号、自办信号。

公网信号是指公办电视台或者有线电视台播出的有线电视信号,该信号的优点是初期投资较小,信号相对稳定。缺点是后期使用服务费较高,尤其是目前国内推行数字电视机顶盒的情况下,酒店后期的使用费用将成倍增加。

卫星信号指的是国家允许酒店宾馆接收的数字卫星信号。例如,中星 9 号(东经 92.2 度)、中星 6B(东经 115.5 度)和亚太 6 号(东经 134 度)三颗卫星的所有节目,均可在国内落地。电视节目清单要到管理部门领取。卫星信号的优点是信号相对稳定,图像质量较高,后期收视费用低,缺点是前期投资略大,部分地方电视节目无法收视。

自办信号是指酒店自办节目,其信号源可以是自有编播节目、DVD、多媒体播放机等播出的电视节目。自办节目一般以酒店自身的经营特色,而创办的小型"电视台"。目前可以用数字式播放器,方便、投资小。这些节目的播出也要符合国家的相关法律和法规。

2. 酒店电视视频系统规划

酒店电视视频系统的规划和配置主要考虑信号源的选择,在对信号源进行配置或选择时,要考虑以下几个因素:

(1)酒店视频技术应用的市场定位

酒店规模、星级与市场定位是规划和设计视频系统的主要依据。设计或者规划酒店电视

视频系统要依据酒店自身规模、星级高低和市场定位。酒店的市场定位,分析好受众群,是规划的第一要素。高星级和规模较大、市场定位较高的酒店应该按照《旅游涉外饭店星级的划分与评定》中规定的,配置公众电视节目、卫星节目或酒店自办节目。例如:以接待欧洲宾客为主的酒店,应该在卫星节目中设置欧洲地区的卫星节目,以接待日本宾客为主的酒店,要配置相应日语卫星节目。如果不申请酒店挂牌,宾客(客源)对卫星节目没有很特别的需求,酒店可以不配置卫星节目。这个设计和配置应根据酒店具体情况而定。

(2)酒店视频系统的相关规定

由于电视视频系统是国家重要媒体渠道,因此在电视节目设置上,酒店对系统的规划和今后的运营要遵循和执行相关法律、法规和规定。酒店在规划阶段要进行相应申报和审批程序,并得到当地相关部门的审批,取得相关资质或许可证。如果酒店市场定位只要公众电视视频系统,这样相对就比较简单。如果要申请卫星节目和自办节目,则申请手序比较多些。从技术角度上,系统也相对复杂,投资也会增加。

(3)酒店电视视频系统技术环境

由于我国的地区差异,有的地区已经普及数字电视,有的还没有。有的偏远地区公众电视网络还没有普及,特别是旅游山区。因此酒店也要根据当地的实际情况,来进行该系统的设计和配置。

3. 酒店电视视频系统结构原理

(1)酒店天线式电视视频系统

天线式电视视频系统配置比较简单,也比较传统。系统是在模拟信号环境下进行的。该系统的信号源有两种,第一种来自公众电视信号,酒店安装 UHF、VHF 天线,所取得的信号经过放大,输送到混合器中,经过同轴电缆,到用户端。酒店也可以配置自办节目信号源,进行调制(器)后,送到混合器中,供宾客在客房观看节目。结构如图 4-13 所示。这种结构比较简单,适用于有线电视信号没有普及的区域,如山区等。国外许多酒店还保留着这种电视播放方式,这种播放方式简单,维护方便。在此要提醒的是自办节目的版权问题。

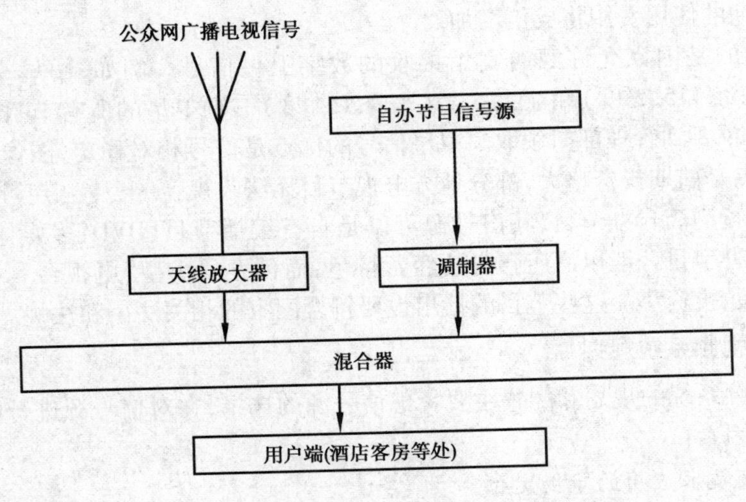

图 4-13　天线式酒店电视视频系统结构图

(2)酒店卫星电视天线式视频系统

如果上述单纯天线结构中要增加卫星节目,则需要在系统中增加卫星接收天线(卫星接收器),其系统结构见图4-14。取得信号后,通过调制器进行调制,再将信号送入到混合器中,最后送用户端。

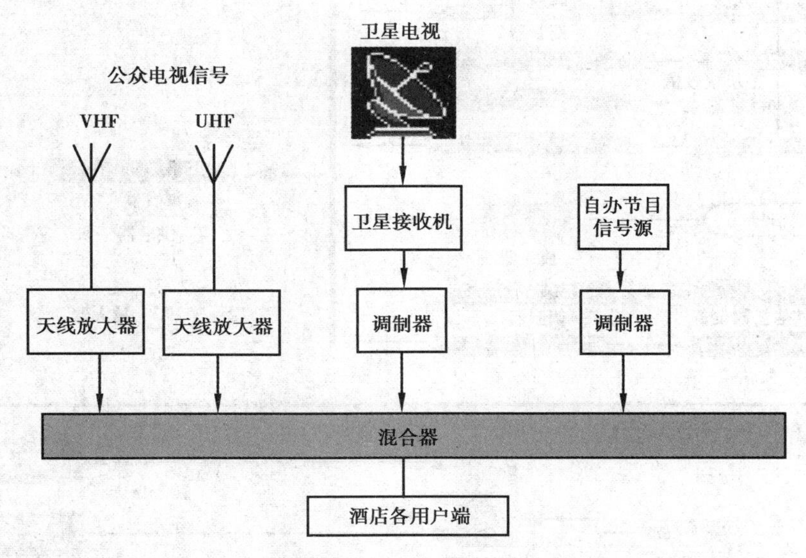

图4-14　酒店卫星电视视频系统

(3)酒店有线电视系统

目前由于大城市有线电视网络的普及和推广,酒店采用有线电视作为主要节目播放,该类电视视频播放模式越来越多,系统结构见图4-15。这样的系统配置,三个信号源齐全,包括了有线电视网节目、卫星信号和自办节目。有线电视能提供较多节目,酒店可根据需要接入电视视频系统中,并可部分或全部播放该系统节目。卫星信号要专门的接收器接收信号,除了技术上进行配置外,还需要到当地相关部门进行申报和审批。自办节目可以采用DVD或其他的播放器,目前酒店采用计算机进行播放的较多,这些信号经过调制和放大,送到混合器中,再传送到分配器中,最后输入到电视终端。如果酒店规模大,距离较远,中途还要进行信号放大,配置放大器。

在讨论电视视频系统时,经常会用到CATV这个术语,在此有必要进行解释。CATV定义为:通过同轴电缆,作传输电视讯号的网络,CATV的全称为Community Antenna Television。现在行业中较多将CATV称为广电有线电视系统,是指使用一条同轴电缆,可以做到双向多频道通信的有线电视(Cable Television)。

(4)酒店数字电视视频系统

随着数字化电视视频的发展,我国现在很多大中城市都在进行数字电视整体应用,也就是通常所说的数字机顶盒。作为用户之一的酒店,也是数字电视普及使用的对象。数字系统最大的缺点是费用很高,这是酒店一笔较大的费用支出,图4-16是酒店数字电视系统结构图。

数字电视的费用很高,有没有其他方法,使费用降下来?以下方案,供大家参考:

酒店的一台电视机必须配备一台机顶盒才能正常收看,而对于拥有上百台电视机的酒店用户而言,就不得不付出高昂的收视费。例如:某酒店有500套客房,那么该酒店至少要配置

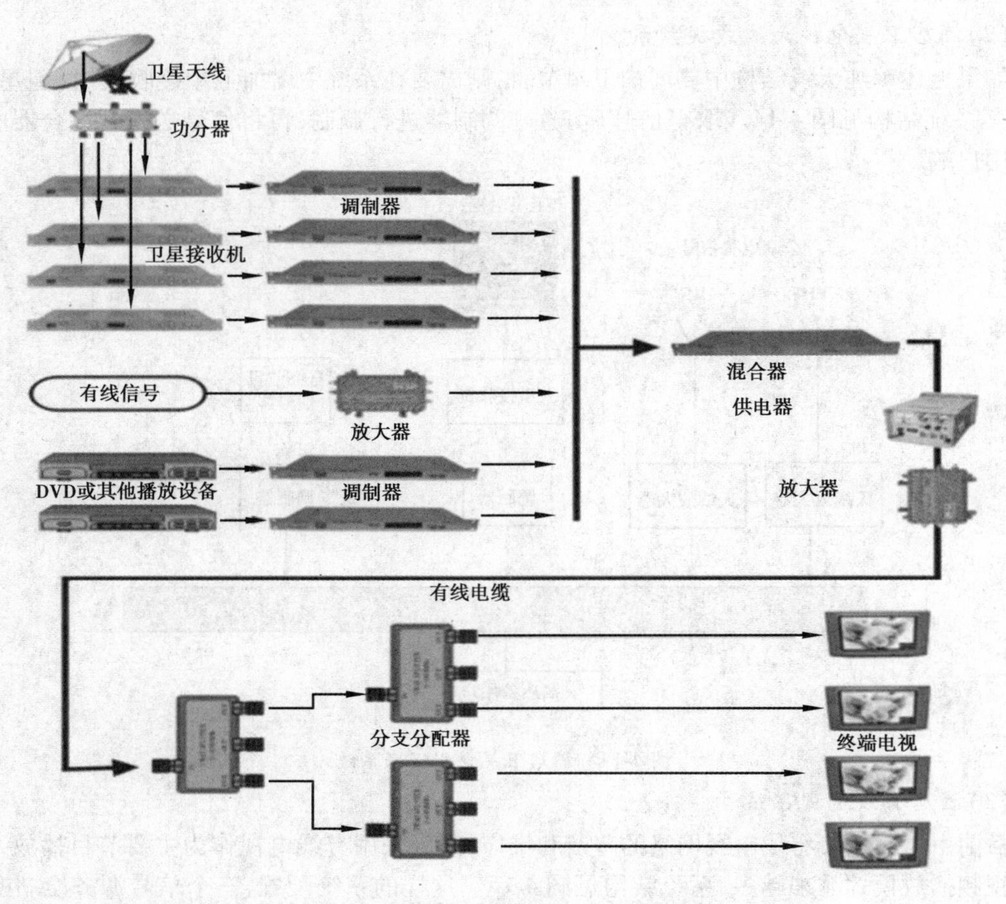

图 4-15　酒店有线电视视频系统结构图

500 台电视机，这样数字电视机顶盒要购买 500 台，如果每台机顶盒按每月 25 元收费，那么 500 台机顶盒一年的收视费就是：

$$T = 500 \times 25 \times 12 \times \eta \qquad (式 4\text{-}6)$$

式中 η 为酒店全年客房平均出租率，当 $\eta = 80\%$ 时，

$$T = 500 \times 25 \times 12 \times 80\% = 12(万元)$$

如果按 5 年计算，收视费累积就是 60 万元。60 万元对于任何一个单位来说都不是个小数目。另外，机顶盒有一个遥控器，电视机有一个遥控器，两个遥控器放在一起使用起来也不方便；有些地方的机顶盒每次断电开机后都有一个开机菜单画面，必须进入菜单才能正常收看电视，使用起来也很不方便。酒店每个房间都增加一台机顶盒和一张收视卡，对于固定资产保管及日常服务员管理工作也有诸多不便。

鉴于以上情况，我们提出一个用数字电视机顶盒作节目源的自建有线电视前端方案，可以使酒店的费用降下来，并且这套方案很容易增加自办节目及其他节目，对于原有卫星自办节目的酒店，可以做到设备再利用。对原有的布线网络不需要做任何改动。具体技术方案是：有线电视送来的数字有线电视信号首先经信号放大器放大，再传输到分配器，分配器把这一路电视信号分成若干路信号，再分别传输给若干台机顶盒，机顶盒把有线信号分别解调，输出音频和视频信号，再传输到邻频调制器，邻频调制器再把这些音视频信号调制成射频信号，传输到信

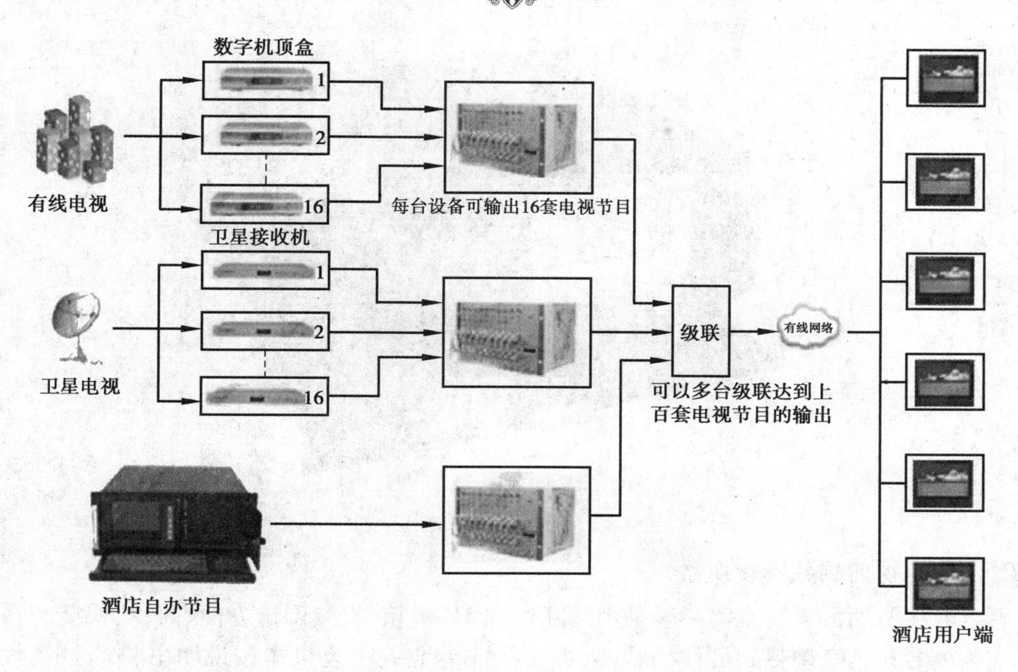

图 4-16　酒店数字电视视频结构图

号混合器,混合之后的射频信号再经过一次放大,最后输出到酒店原有的有线电视网络中去,供电视机直接收看,而不需要机顶盒,至于电视机的数量则可以无限扩充,不受限制。

在这套系统中,一台机顶盒和一台调制器对应一套电视节目,设备使用的多少由电视节目的数量决定,与电视机的数量无关,也就是在相同设备投资的情况下,电视机的数量越多越省钱。还是以上面那个酒店的例子来说:有 500 台电视机,原本需要 500 台机顶盒,现在假设按照传输 40 套电视节目计算,送到每个房间去收看,则只需要使用 40 台机顶盒,可以节省 460 台机顶盒租赁费用,如果选择 40 套节目,则每年费用为 40 × 25 × 12 = 12 000(元),每年节省108 000元,5 年下来就可以少支付收视费 54 万元。这样的播放模式受到酒店业主的欢迎,酒店的宾客也没有受到影响,宾客可以观看 40 套有线电视节目,也符合相关星级标准。

二、酒店电视视频系统部分重要设备介绍

1. 酒店自办电视节目播出系统

酒店自办电视节目播出系统是以电视节目自动播放器为主要设备单元,图 4-17 为电视节目播出器。该播放器可以支持 10 多套不同节目输出,目前播放器是数字式播放器,该类播放器有下面几项特点:

第一,无人值守数字化播出,节目播出方式方便灵活;

第二,系统可支持 10 路以上不同节目的输出;

第三,每路节目可方便地添加台标、时钟、角标、游动字幕等;

第四,节目素材库可分类管理,方便实现节目的定时播出、插播等功能;

第五,支持断点继播功能,当有意外或突然断电,系统启动后可以断电续播;

第六,是酒店和各种娱乐场所自办电视节目的前端设备。

图 4-17　酒店电视节目播放器

2. 酒店电视前端数模转换器

酒店电视前端数模转换器一般采用国际标准 4U 机箱，安装调试方便、简单、快捷。在出厂前系统各项参数已经调整到最佳的状态，即使是非专业人士也只需按说明书将信号接收接入系统即可。转换器内置 16 路混合器及一个高效的放大器，增强了信号输出强度。此系统可广泛应用于酒店、医院、学校等单位的内部闭路电视网络中。图 4-18 是酒店电视前端数模转换器。

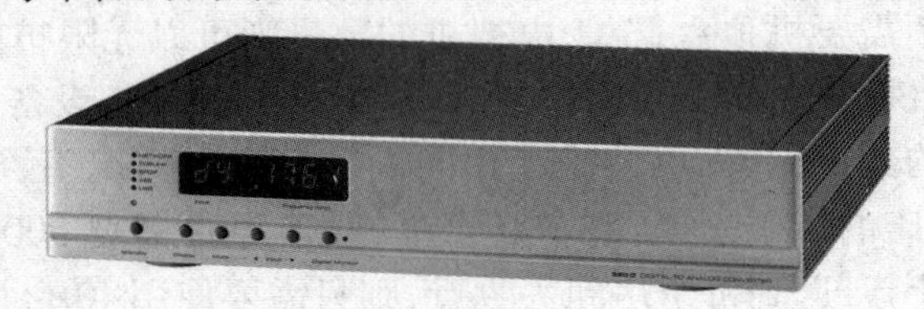

图 4-18　酒店电视前端数模转换器

三、酒店电视视频系统技术标准

酒店电视视频系统，既要满足宾客的需求，又要符合国家的相关规定、法律，同时也应在规划时，考虑系统易维护和技术人员的最低配置，由此执行相关的技术标准是基础。

1. 酒店行业需求性的技术标准

根据工信部和《旅游饭店星级的划分与评定》(GB/T 14308)标准，酒店应该执行下列客房电视播放标准：

一星级：不要求。

二星级：彩色电视机等设施，且效果良好。

三星级：彩色电视机等设施，且效果良好。

四星级：彩色电视机，画面和音质良好，播放频道≥16 台。

五星级：彩色电视机，画面和音质优质，播放频道≥24 台。

以上标准酒店在执行时，往往会超越上述标准，如：酒店提供高清晰电视，节目套数会超过上面的数量等。

2. 相关技术标准和法规

《有线电视系统工程技术规范》(GB 50200—94)；

《安全防范工程程序与要求》(GN/T 75—94)；

《安全防范系统通用图形符号》(GA/T 74—2000)；

《民用闭路监视电视系统工程技术规范》(GB 50198—2011)；

《民用建筑电气设计规范》(JGJ/T 16—92)；

《涉外建设项目安保电视系统设计规范》(DBJ 08-16—1999)。

酒店在规划或筹建时，要到当地的卫星视频管理部门申请，并有运营执照或播放许可证，尤其是在转播卫星节目的酒店，相关技术人员要参加专业培训。

章节练习

一、设计规划题

请为某5星级酒店规划和设计酒店的通信系统(程控交换机)。

基本情况：某5星级酒店建造在我国的一线城市，建筑面积55 000 m^2，客房300间，另有套房28间(2间套)，大堂、餐厅、酒吧、娱乐设施等区域按设计图纸要求电话(点)数为100门，办公区域电话数为80门。

设计基本要求：技术参数、功能需求、品牌选择、安装技术要求等。

提示：品牌推荐(2个)，程控交换机(PABX)门数，中继线数及中继线分配，酒店经营管理功能需求(功能表)，安装技术标准(电源和接地等要求)。

二、简答和研讨

1. 酒店建筑的背景音响系统一般可分为几类广播？如何规划播放和控制酒店的背景音乐，为宾客提供不同区域的服务(如：客房、酒吧、SAP、咖啡吧等)？

2. 酒店电视系统的信号源有几大类？如何设计规划客房中的视频节目？

第五章　酒店智能安全预警和监控系统

【本章导读】酒店是为客人提供旅途住宿服务的特殊空间区域，安全是第一要务，没有安全，就没有旅游。酒店的安全体系是酒店经营管理的基本保障，是宾客最基本的要求。酒店的安全体系是建立在人防、技防两大体系基础上的。在数字化转型的背景下，智能技术逐步得到应用，将极大地提升酒店的安全体系。酒店的科技预警体系一般包括：酒店消防报警系统、酒店安保监控系统、酒店门禁系统、公安住宿登记信息管理系统等。通过本章的学习，读者能知晓并掌握酒店消防报警系统、安保监控系统、酒店门禁系统和公安住宿登记信息管理系统的应用、主要技术参数、性能和技术执行标准，并对这些系统的技术管理有一定的了解和掌握。在此基础上，通过技防保障酒店的安全运行，使客人有着绝对保障的安全体验。

第一节　酒店智能消防报警系统

一、酒店消防报警系统运行目标

酒店是一个公开的营业场所，是为国内外宾客提供住宿、就餐、娱乐、会议、宴会等服务的空间，其特征是宾客停留时间长，宾客在酒店活动呈现多样性、随机性的特点。高星级酒店一般都具有多功能性和综合性的特点，即集餐饮、住宿、娱乐、购物为一体，在酒店有效经营区域内人员集中，人流、物流高，很容易发生突发事件。其中火灾是较高级别的灾害事件。火灾的预防要靠体系建设完成，体系架构包括人防和技防，酒店对火警的主要监控系统是火灾自动报警系统，该系统对于及早发现酒店的火警，对火灾的早期扑灭，将起到关键的作用。通过消防报警系统的构建，使酒店尽可能地减少火灾造成的人员伤亡，财物、经济损失及由火灾引起的不良社会影响。

酒店在规划、建设和运营过程中，必须按照国家的相关消防规定和建设条款，建设酒店的消防报警系统。在酒店消防自动报警系统中，往往配置以声、光音响方式向报警周围区域发出火灾警报信号的装置，以警示宾客和酒店工作人员安全疏散，提醒酒店工作人员组织灭火救灾等相关工作。有的大型酒店有专门的消防兼职队员培训。酒店通过人防和技防，为住店宾客

提供一个安全、有保障的环境,是酒店服务的前提和提供服务最基本要素之一。

总之,酒店的消防报警系统的规划和配置,是消防法的规定,是酒店维系正常运营的需求,是酒店必须承担起的社会责任。

二、酒店智能消防报警系统运行原理

酒店智能消防报警系统主要由触发系统、控制器系统、报警系统和联动控制系统四大子系统组成,其中触发系统一般由火警自动传感器、火警手动按钮、火警电话组成;控制系统由计算机控制系统组成;报警系统由报警显示器、报警声光器件等组成;联动控制系统将和酒店的其他相关的设备系统联动,如:电梯系统、通风系统等。酒店智能消防报警系统的工作原理如图5-1所示。

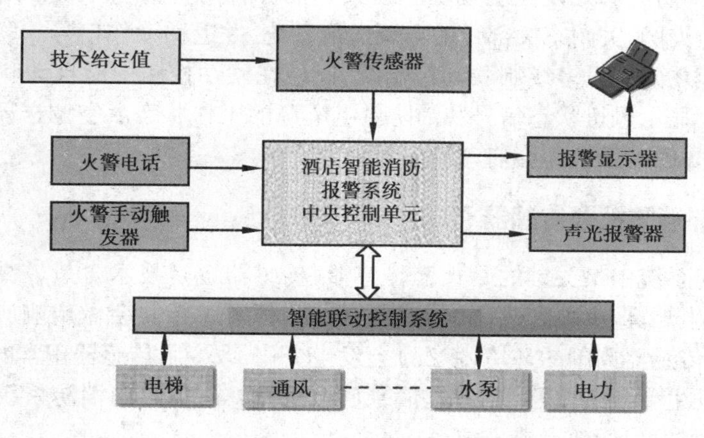

图5-1 酒店智能消防报警系统结构原理

酒店智能消防火警系统中的触发系统(器件):自动或手动产生火灾报警信号的器件。自动器件主要为感烟传感器、感温传感器、光辐射传感器等。手动报警按钮是遇警人员用手动方式发出火灾报警信号的器件,如手操报警器等,遇警也可以通过电话报警。火灾发生时,由于燃烧会产生物理和化学反应,如烟火、温度迅速提升、光、火焰辐射、气体浓度等,自动检测器会对这些物理和化学反应进行监控并自动发出火灾报警信号,通知消防人员进行处置。对于酒店建筑,为了最快速度处置火警,要求报警系统能精确预报失火位置,同时最大限度减小传感器的误报率,根据酒店的特点,应选用感烟传感器、感温传感器来组成区域火灾传感器网络。有的酒店客房、餐厅等区域会选用带蜂鸣器底座的传感器,上述任意区域传感器向控制室发出火灾报警信号同时触发蜂鸣器发出蜂鸣声,提醒处于熟睡或非熟睡状态的宾客快速撤离。

酒店消防报警系统中的报警系统(装置):在火警自动报警系统中,用以接收、显示和传递火灾报警信号,并能发出控制信号和具有其他辅助功能的控制指示设备,总称为火灾报警装置。该装置往往采用火灾声光报警器,这是一种安装在现场的声光报警设备,当现场发生火灾并确认后,安装在现场的火灾声光报警器可由酒店消防控制中心的火灾报警控制器启动,发出强烈的声光报警信号,以提醒现场人员撤离。考虑到传感器报警的可靠性,系统采用预警和火警两级报警方式。当区域内同种或两种传感器单回路报警时,系统发出一级报警,这需要工作人员进一步确认;当双回路报警或手动装置报警时,系统认为火灾发生,会发出火灾警报,并通过消防控制系统启动灭火系统进行灭火。

酒店消防报警控制系统:接收探测系统提供的信息并进行处理,在此过程中,监控人员将起到主导作用,当确认火灾后,酒店监控人员可以用控制器进行一系列的操作,这些操作是在预案步骤下进行的,操作包括向上级相关人员报告、设置报警区域、启动联动装置、组织员工灭火、疏导宾客撤离等。当然,监控人员的操作是有权限和级别预设的,这是消防管理上的定位。

酒店消防灭火联动系统是由室内外消火栓系统、自动喷水灭火系统、防排烟系统、消防电梯、灾报警装置和消防应急照明等部分组成。灭火联动控制设备应控制室内消火栓系统消防水泵的启、停,且应显示启泵按钮的位置和消防水泵的工作、故障状态。灭火联动控制设备应控制自动喷水和水喷雾灭火系统的启、停,且应显示消防水泵的工作、故障状态和水流指示器、报警阀、安全信号阀的工作状态。此外,对水池、水箱的水位也应进行监测显示。酒店防烟和排烟系统中,在电动防火阀处设控制模块。经火灾报警后开启相应防烟分区内的加压送风口或排烟口的电动防火阀,关闭有关部位的空调送风系统,并返回动作信号。联动控制台与防烟和排烟风机控制箱之间应设多线制联动控制线,以便在联动控制中能自动和手动控制防烟和排烟风机的启停。显示风机状态信号和消防供电电源的工作状态。空调送风系统亦如此。除此之外,酒店的消防联动系统还会启动消防卷帘门动作。

三、酒店智能消防报警传感器

酒店消防报警系统中最关键的是火警传感器,传感器也是技术含量较高的器件。当火灾发生时,必然会产生烟雾、火焰和高温,传感器对这些都很敏感并会做出响应。传感器的工作原理:由于火灾时传感器周围的环境(状况)会发生变化,改变了传感器正常的状态,引起电流、电压或机械部分发生变化或位移,再通过信号放大、传输等过程,向消防系统的总控室发出火灾信号,并显示火灾发生的地点或方位。

酒店消防报警系统传感器的分类:按照目前的消防报警系统技术标准,我们可以将传感器分为感烟传感器、感温传感器、光辐射传感器。

图 5-2　酒店智能消防系统中的感烟传感器

1. 酒店应用各种传感器的工作原理

(1)感烟传感器工作原理

一般酒店采用的是离子感烟传感器,其电离室内的放射源镅 241 电离产生的正、负离子,在电场的作用下,各向正负电极移动。一旦有烟雾窜进外电离室,干扰了带电粒子的正常运行,使电流、电压有所改变,破坏了内外电离室之间的平衡,传感器就会对此产生感应,使电流变化,经放大信号并传送出去,发出报警信号(图 5-2)。

感烟传感器是酒店消防报警系统中应用最多的触发器件,以某品牌的产品为例分析其工作原理:该类感烟传感器采用高质量的感烟迷宫结构,并采用专用集成电路(Application Specific Integrated Circuit,ASIC)芯片,该 ASIC 芯片采用了新型式的感应结构,对不同类型的火灾烟雾(黑、白烟)响应一致。酒店应用的感烟传感器,要求稳定性高、抗灰尘、抗电磁干扰、抗温度影响、抗潮湿、抗腐蚀等。从图 5-3 可以看见其内部结构。

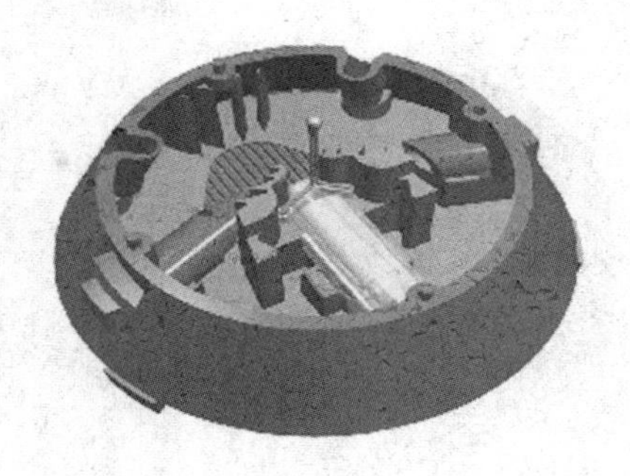

图 5-3 感烟传感器底座的内部结构

酒店应用的传感器的主要技术指标如下：

工作电压：16 ~ 42 V DC（直流电压）

标准工作电压：24 V DC（直流电压）

工作温度：-10 ~ + 50 ℃

贮存温度：-40 ~ + 75 ℃

工作湿度：≤ 95%　(40 ± 2 ℃)

监视电流：≤ 1.0 mA

报警电流：≤ 4.0 mA

抗电磁干扰：10 V/m

监测面积：20 ~ 40 m^2

(2)感温传感器工作原理

感温传感器是一种应用金属热胀冷缩的特性而设计的传感器，其工作原理是：在正常工况下，传感器的电路处于断开状态，当环境温度升到一定值时，金属的膨胀、延伸使电路接通，发出信号。另一种是利用易熔金属的特性，在传感器电路中固定一块低熔点合金，当温度上升到它的熔点（70 ~ 90 ℃）时，金属熔化，借助弹簧的作用力，使触头接触，电路接通，发出报警信号。这两种传感器都属定温型，即当外界温度超过某一限定值时就会报警。还有一类是温差型，当升温的速度超过特定值时，便会感应报警。如将两者结合，便成为差定温组合式传感器。由此目前的感温传感器分为：定温、差温、差定温三种类型。

这里要表述一下差温型感温传感器的报警原理，当周围环境的温度在一定时间内上升过快时，差温传感器就会报警，其数学表达式为：

$$\triangle T/\triangle t = (T_1 - T_0)/(t_1 - t_0) \geq 8 \sim 15\ ℃/\mathrm{Min} \qquad (式 5\text{-}1)$$

即：

$$\left|\frac{\mathrm{d}T}{\mathrm{d}t}\right| \geq 8\ ℃/\mathrm{Min} \qquad (式 5\text{-}2)$$

式中，T——环境温度，单位：℃；

T_0——变化前温度，单位：℃；

T_1——变化后温度，单位：℃；

t——时间，单位：Min（分钟）；

t_0—— 变化开始时间；

t_1—— 变化结束时间。

上述表达式的含义：当周围温度上升速度为 8 ~ 15 ℃/min 时，感温传感器就会发出信号（电流变化），向（区域）控制器报警，感温传感器外形见图 5-4。

现在酒店应用的温度报警器，一般采用电源无极性四线制接线方式，联网报警，具体产品技术参数如下：

输入电压：10 ~ 42 V DC　（直流电压）

静态电流：≤200 μA　(24 V 时)

报警电流：60 mA（24 V 时）

工作温度：0 ~ 80 ℃

安装方式：吸顶

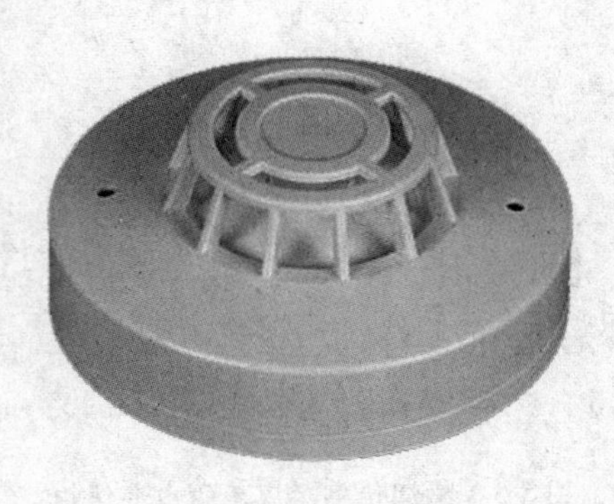

图 5-4　酒店安装的感温传感器

报警温度：定温 57 ℃/147F 或差温 8 ~ 15 ℃/min 升温

工作湿度：≤ 90% RH

报警输出：LED 指示灯，联网报警

执行标准：　GB 4716、EN54-5、UL521

酒店在具体应用中，会根据酒店工作区域温度的不同，选择各级动作温度，来适应具体空间的要求，如酒店的厨房，要采用较高温度的感温传感器。目前一般的感温传感器温度级别有三级：1 级 62 ℃、2 级 70 ℃、3 级 78 ℃ 。

各级感温传感器现场安装级别应根据实际现场工况进行选择，一般由设计院根据相关技术标准和消防局要求提出技术参数，业主（酒店）采用相应的技术方案，报当地消防局审批，待批复后，方可采购和施工。

（3）光辐射传感器工作原理

光辐射传感器是一种红外光辐射传感器。物质在燃烧时会产生闪烁的红外光辐射，传感器中的硫化铅红外光敏元件会对此产生感应，并产生电信号，经放大后传送到区域控制箱，进行报警。另外还有一种是紫外光辐射传感器，它是利用有机化合物燃烧时产生的紫外光，使紫外光敏感管的电极激发出离子，通过继电器等，接通电路报警。

2. 各种消防传感器适用环境

酒店应用的各种传感器适用空间是不一样的，要根据具体环境特征来配置。表 5-1 列出了适宜选择感烟传感器类型的区域，表 5-2 列出了适宜选择感温传感器的区域。

表 5-1　适宜选择感烟传感器的控制区域

区域	特征
饭店、旅馆、教学楼、办公室的厅堂、卧室、办公室等	室内、人群集聚区域
电影电视放映室、舞厅、包房等	室内、人群集聚区域
计算机房、通讯机房、监控机房、电梯机房、音响机房等	各种机房有电气火灾危险的场所
楼梯、走道、大厅等	人流区域
书库、档案库、文档室等	要求干燥的区域

四、酒店智能消防报警系统结构

酒店智能消防报警系统会根据不同的场所，采用不同的传感器。这是由传感器的特性和区域的工作状况决定的，但酒店智能消防报警系统的联网结构原理是一致的，消防报警网络可以链接各种类型的传感器，把它们进行组合，完成适合各种区域的消防报警，图 5-5 展示了各种消防传感器的链接结构。

表 5-2　适宜选择感温传感器的控制区域

区域	特征
一般浴室、桑拿浴室等	相对湿度经常大于95%
无烟火灾区等	化学品集聚区域
面粉加工区域等	有大量粉尘
厨房、锅炉房、洗衣房烘干区域	烟和蒸气滞留的区域
吸烟室、雪茄室等	专门提供的吸烟区域

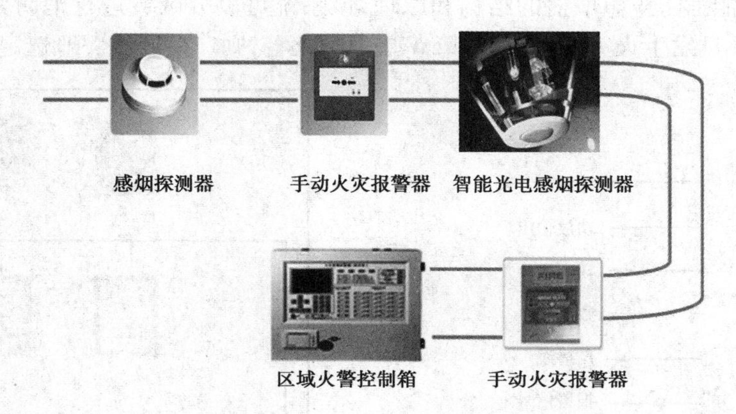

图 5-5　酒店消防传感器链接结构图

一般情况下,酒店经营面积最多的是客房,其次是餐厅、娱乐场所等。根据这些环境的特点,一般采用感烟传感器。厨房、洗衣房和烟雾较多的场所,一般采用感温传感器。较完整的酒店智能消防报警系统前端结构,见图 5-6。酒店智能消防报警系统的控制系统,还应该和消防灭火系统联动,酒店的灭火系统主要是由消防泵、消防水管、水喷淋头等组成。消防报警系统与该系统联动,当发生火警时,将会启动消防水泵等一系列动作,为酒店火灾区域灭火。

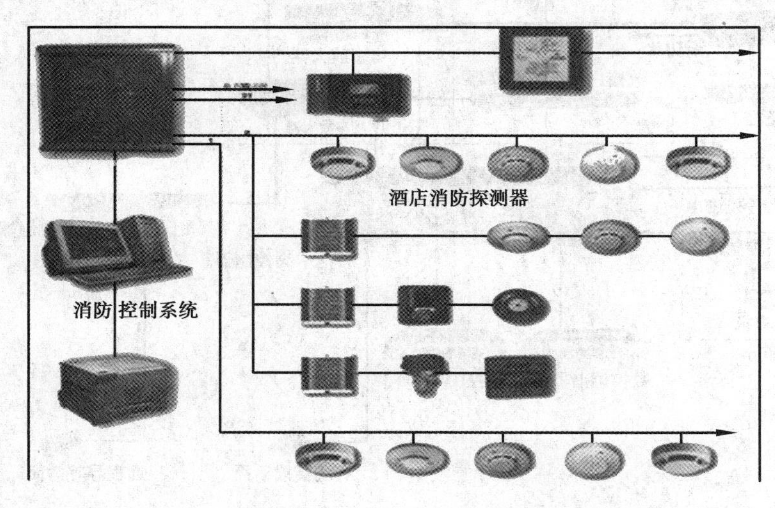

图 5-6　酒店智能消防报警系统前端结构示意图

五、酒店智能消防报警与其他工程系统联动

在酒店智能消防报警系统运行过程中，当接收到火灾报警，能自动或手动启动相关消防设备并显示其状态的设备，称为消防控制设备。主要包括火灾报警控制器、自动灭火系统的控制装置、室内消火栓系统的控制装置、防烟排烟系统及空调通风系统的控制装置、常开防火门、防火卷帘的控制联动、电梯迫降控制联动，以及火灾紧急广播。酒店是人员集中（休息、活动）的场所，由此人员的疏散是最关键环节，在疏散过程中，火灾紧急广播起到重要作用。消防紧急广播能起到疏散的指挥作用，该系统可以在火灾发生时，用多国语言、选择区域性地指挥人员疏散，由此该系统是所有酒店必备的系统。图 5-7 为酒店消防应急广播系统的结构图，该结构图展示了酒店智能消防应急广播的结构和原理，该系统可以分区域进行消防紧急广播。在酒店的客房区域，一旦发生火灾，我们设定第 N 层发生火警，则广播区域一般选定为：第 N 层和第

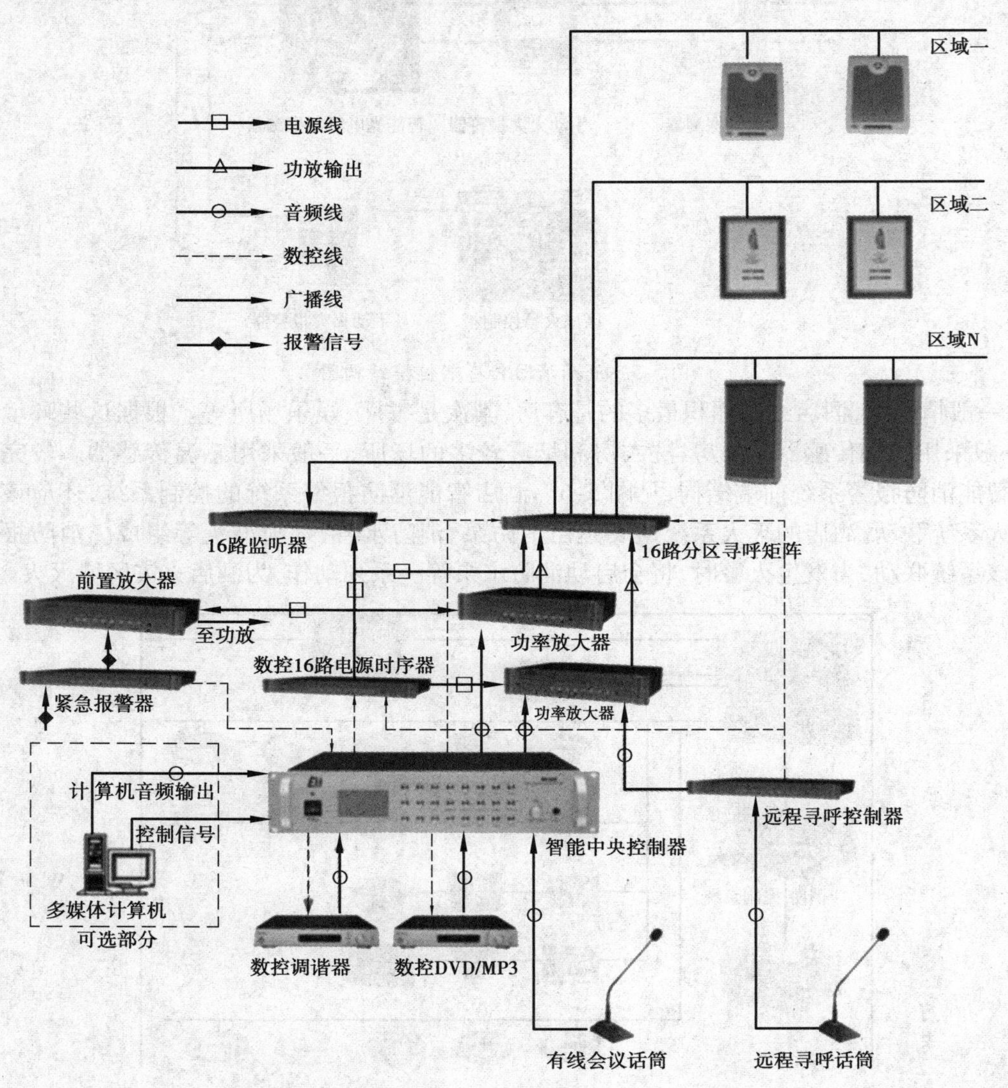

图 5-7　酒店消防应急广播系统结构图

$N+1$ 和 $N-1$ 层。

六、酒店智能消防系统中的喷淋系统

在酒店消防系统中,消防喷淋灭火系统是酒店建筑最常见的消防系统,也是酒店灭火关键设施,该系统能对酒店的大部分区域实施灭火,由此该系统涉及区域和人员最多。上述的酒店智能消防报警系统,将和该系统联动,在发生火警时,可以自动或人工启动酒店智能消防喷淋系统的消防泵,进行增压等操作。一般喷淋款式有两种:下垂式和侧喷式。酒店会根据客房面积安装喷淋头,一般酒店标准客房安装一个喷淋头(图5-8)。酒店选择喷淋头的动作温度是关键的技术参数,一般玻璃球喷淋头(下垂)的动作温度为68 ℃ 和94 ℃。酒店根据建筑环境的需求,在一般工况下安装68 ℃玻璃喷淋头,而在高温工作区安装94 ℃玻璃喷淋头。具体安装要求如下:

酒店的客房、餐厅的用膳区、酒吧、大堂、洗手间等,安装68 ℃玻璃喷淋头;

酒店的厨房间、洗衣房、特殊的娱乐区(桑拿房)等,安装94 ℃玻璃喷淋头。

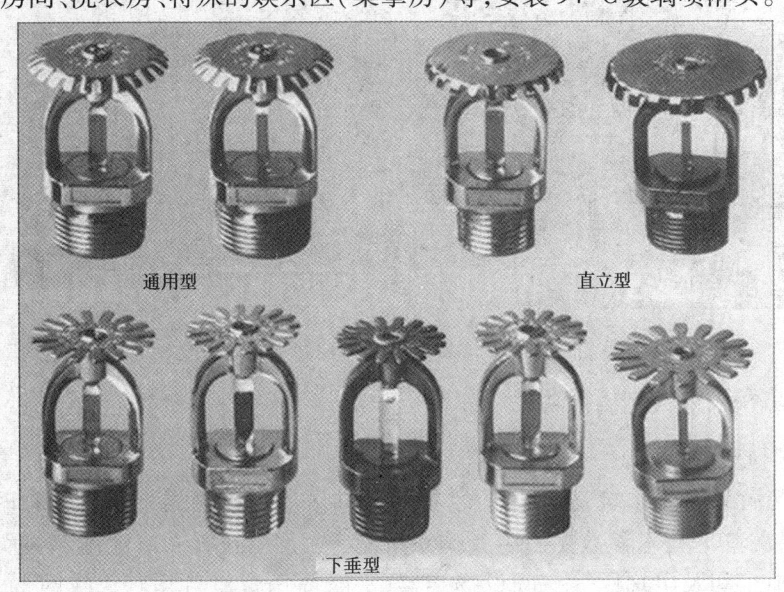

图5-8 酒店智能消防喷淋系统中的喷淋头

七、酒店消防系统控制中心

酒店的消防系统控制中心,是酒店安全消防的指挥中心。在酒店规划上,酒店消防系统控制中心会和酒店监控中心合在一起。这样不仅在管理上做到了集约化的运作模式,在技术层面上对酒店相关系统的联网和联动也起到了中心控制和指挥的作用,是很好的技术方案。酒店智能消防监控中心运转,关系到管理和技术两个方面。在管理上酒店的消防控制中心隶属于酒店的安保部门,安保部门会在当地的消防主管部门的指导下,在酒店工程部的配合下,做好日常的安全保卫工作,同时也会做好消防的紧急预案,为酒店的正常营业起到保障作用。在技术方面,酒店的消防系统的运维是工程部的职责,技术管理归属酒店工程部。在此主要从技术层面介绍酒店消防系统控制中心的作用和功能,图5-9为某酒店消防控制中心。

1. 酒店火警显示和警示功能

第一,显示火灾报警、故障报警部位。

第二,显示保护对象的重点部位、疏散信道及消防设备所在位置的平面图。

第三,显示消防报警系统供电电源的工作状态。

第四,显示消防设备的启、停,并显示其工作状态。

图 5-9　某酒店消防控制中心

2. 酒店消防和灭火控制指挥功能

(1)紧急广播功能

火灾广播与背景音乐系统是合用系统,酒店公共区域的扬声器一般在吊顶时嵌装,无吊顶区域为吸顶安装(其他技术参数见酒店音响系统章节)。在酒店入口大厅、餐厅、咖啡厅、商业区、办公走道、卫生间及电梯厅等空间设扬声器,平时播送背景音乐。火灾时通过每层切换装置,转入火灾广播,火灾广播可完成自动或手动选层广播操作。

(2)酒店消防水泵和排烟风机的联动控制

控制酒店消防水泵(图 5-10)、防烟和排烟风机在自动控制状态下的启、停,也可以手动直接控制。操控的主要内容有:

◇　控制消防水泵的启、停,屏幕上显示消防水泵的工作、故障状态;

◇　显示水流指示器、报警阀、安全信号阀的工作状态;

◇　停止有关部位的空调送风,关闭电动防火阀,并接受其反馈信号;

◇　启动有关部位的防烟和排烟风机、排烟阀等,并接受其反馈信号。

(3)消防联动的电力系统控制

在确认火灾后,系统通过联动,希望能切断有关部位的非消防电源,并接通警报装置及火灾应急照明灯和疏散标志灯。同时需要进行火灾备用照明系统启动等控制。

图 5-10　酒店消防水泵与管道系统

(4)酒店电梯系统的联动

在确认火灾后，将控制电梯全部停于安全层，消防电梯将为消防人员专用，消防电梯要紧急迫降到救火人员入口层。当酒店某区域发生火灾时，客用电梯将关闭，宾客不得使用电梯。

(5)其他相关装置的控制

酒店消防总控室应该设置三部以上消防专用电话，用于直接报警和相关事务的联系。消防控制中心必须配置专用打印机，当发生火警时，打印机将随时打印相关火警信息，为日后的事故分析留下证据。

八、相关消防法律法规和技术标准

酒店的消防工作是酒店最常规的工作之一，没有消防报警系统是不能开业的。消防工作遵循“预防为主、防消结合”的方针，消防工作责任重于泰山。要做好消防工作，有许多要素，要规范操控。国家许多部门制定了相关的法规、标准等。例如，在《民用建筑电气设计规范》中规定，火灾警报装置应符合下列标准：

◇　设置火灾自动报警系统的场所，应设置火灾警报装置。

◇　在设置火灾应急广播的建筑物内，应同时设置火灾警报装置，并应采用分时播放控制：先鸣警报 8 ~ 16 s；间隔 2 ~ 4 s 后播放应急广播 20 ~ 40 s；再间隔 2 ~ 4 s 依次循环进行直至疏散结束。根据需要，可在疏散期间手动停止。

◇　每个防火分区至少应设一个火灾警报装置，其位置宜设在各楼层走道靠近楼梯出口处，警报装置宜采用手动或自动控制方式。

酒店工程技术有许多相关技术标准，但消防系统有法律文本，因此酒店在规划、建设和日常运行中必须守法并执行相关技术标准，下面列举一些相关的技术标准供大家参考：

《中华人民共和国消防法》，2009 年 5 月 1 日起施行；

《火灾自动报警系统设计规范》(GB 50116—2013)；

《火灾自动报警系统施工及验收规范》(GB 50116—2007);

《建筑设计防火规范》(GB 50016—2014);

《气体灭火系统设计规范》(GB 50370—2005);

《气体灭火系统施工及验收规范》(GB 50263—2007);

《自动喷水灭火系统设计规范》(GB 50084——2001);

《民用建筑电气设计规范》(JGJ 16—2008)。

第二节　酒店安防监控系统

酒店除了为宾客提供优美的环境、舒适周到的服务外,安全是最基本的前提和必要条件,安全包括重大事件的避免。除了火警外,宾客的人身和财物安全也是非常重要的。酒店拥有良好的安全防范系统是安全工作的基础。酒店应用各种现代视频技术,将传统安保手段与智能监控相结合,可打造出更加安全有效的酒店安防系统,最大程度地保证酒店宾客的人身和财产安全。

一、酒店智能安防监控系统

酒店监控系统是酒店安全防范的技术手段和工具,是酒店安全防范的重要组成部分,酒店监控系统配置的范围主要有:大堂(总台接待、问询、总台收银等)、客房区域(楼层客房的走道)、电梯、酒店出入口、餐厅、娱乐区域等。酒店的机房也是重要的监控空间,如安保监控中心、音响机房、程控机房、配电房等。

监控系统是构建酒店安全体系的重要组成部分,酒店的安全防范是指以维护社会公共安全为目的,防入侵、防盗、防破坏、防火、防暴和安全检查等措施。而为了达到防入侵、防盗、防破坏等目标,采用以电子技术、传感器技术和计算机技术为基础的安全防范技术的器材设备,并将其构成一个系统,使其发挥最大的功能作用,用以完善酒店的安保工作。电视监控系统是一种先进的、防范能力极强的综合系统,系统可以通过遥控摄像机及其辅助设备(云台、镜头等)直接观看被监视场所的情况,一目了然。同时该系统可以把被监视场所的图像和声音全部或部分地记录下来,这样就为日后对某些事件的处理提供了方便条件及重要法律依据,同时视频监控系统还可以与防盗报警等其他安全技术防范体系联动运行,使防范能力更加强大。

酒店是流动人员集聚的场所,宾客要住宿、餐饮、娱乐、休闲等等,出入人员比较繁多,外地宾客又占绝大部分,而不良分子恰好利用这种环境,潜入酒店伺机作案,直接影响到宾客的人身安全和财产安全,直接影响到酒店的声誉。酒店的财务部门、前台、餐饮、娱乐等处的收银处是现金周转的主要场所,建立视频监控、报警、通信相结合的安全防范系统是行之有效的保卫手段。同时监控系统也能在火灾报警中起到特殊的作用。

二、酒店安保监控系统工作原理

1. 酒店视频监控系统网络结构

随着计算机技术的发展,数字技术应用的领域也越来越广泛,数字通信技术也被应用到酒店视频监控系统中,由于应用了计算机的数字技术,使得视频监控系统的传输、储存、处理等发

生了很大的变化,传输变成广域网范围的传输,将视频模拟信号变成数字后,储存、查阅、传送和加工等变得容易和快捷。由于这些特点,酒店的视频监控系统越来越多采用这种技术方案。图 5-11 是典型的酒店视频监控系统结构图。下面以计算机数字技术为基础介绍该系统:

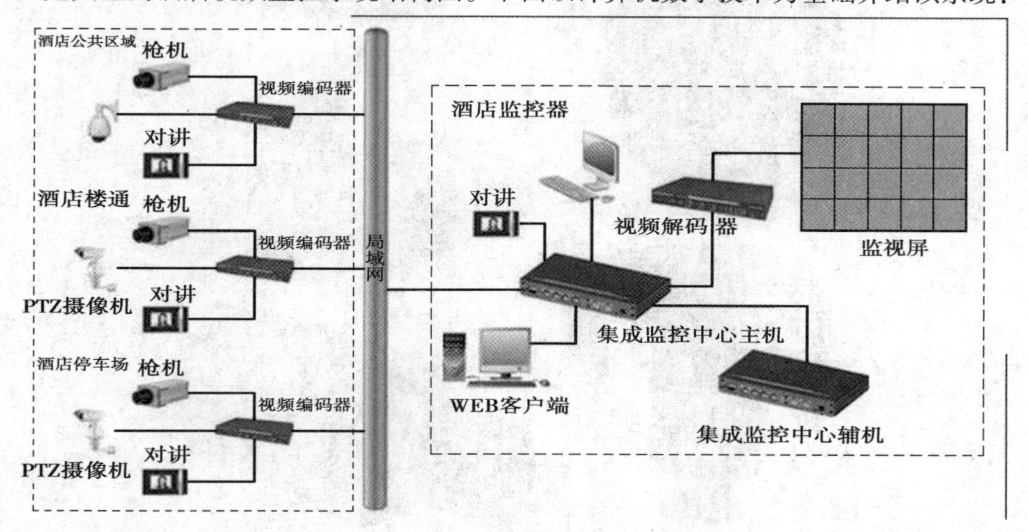

图 5-11 酒店视频监控系统结构图

对上面的结构图进行分析,可以得出酒店视频监控系统由四大模块组成,即监视模块、传输模块、控制模块以及显示和记录模块。图 5-12 表述了四大模块之间的关系和工作原理。

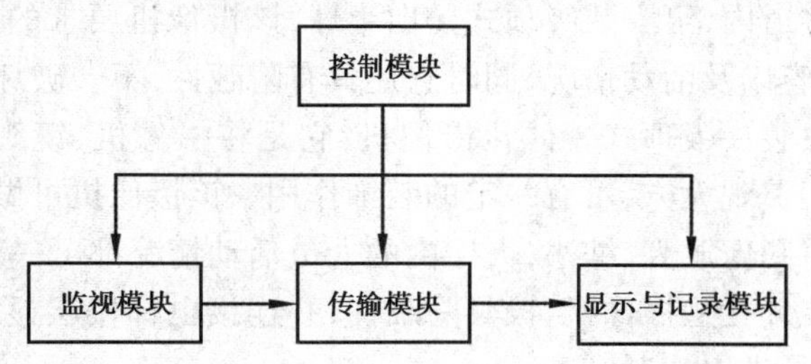

图 5-12 酒店视频监控系统原理

2. 酒店监控系统工作原理与技术标准

酒店监控系统的技术工作原理主要是四大模块的工作原理,它们之间有机地联系在一起,分工明确,构成了酒店监控系统。下面就四大模块进行分析和介绍:

(1)监控模块

该模块是酒店视频监控系统的前沿部分,是整个系统的主要部分,一般布置在被监视场所的某一位置上,使其视场角能覆盖整个被监视的各个部位。有时被监视场景面积较大,为了节省摄像机所用的数量、简化传输系统及控制与显示系统,在摄像机上加装电动的(可遥控的)可变焦距(变倍)镜头,使摄像机所能观察的距离更远、更清楚,同时还把摄像机安装在电动自动云台上,通过控制器的控制,可以使云台带动摄像机进行水平和垂直方向的旋转,从而使摄像机能覆盖到的角度、面积更大。总之,摄像机是整个系统的关键部件,监控模块把监视的内容变为图像信号,传送到控制中心的监视器上。监视模块是由摄像机、镜头、防护罩、支架和自动云台等组成(图 5-13)。其工作要求就是对被摄体进行摄像,并把获得的光信号转换成电信号,在计算机数字系统中，先将视频的模拟电信号转化成数字信号（A/D，Analog to Digital），然后进行后续的工作。

图 5-13　酒店视频监控系统中应用的各种摄像机

在酒店规划设计时，需要对摄像机（布防点）进行配置，具体要求如下：

第一，在每一层的楼道内，可安装吸顶式黑白半球，该摄像机要求的照度比较低，在一般灯光下都可看清人员的面容以及活动情况，同时它还具有隐蔽性，不会破坏整体布局的美观。

第二，在大厅的中央装一吸顶式一体化摄像机，它是将摄像机、镜头、云台、解码器都放在半球型的防护罩内，外表美观大方，可有一定的装饰作用。该摄像机可做水平 360°、垂直 90°旋转，六倍三可变镜头可将图像放大、缩小，大厅内的人员活动情况都可一目了然。

第三，在电梯内安装针孔型摄像机，极具隐蔽性，并连接电梯楼层显示器可方便、准确地观察和记录电梯运行及人员进出情况。

第四，在酒店的周围，可根据场地情况，安装几个室外动点（室外全方位云台、室外解码器、室外全天候防护罩、摄像机、三可变镜头），进出酒店的人员都可观察记录下来，尤其是停车场，更应是布防的重点。

总之，布点的原则是人员从外面到酒店内部各个角落（客房除外）的活动情况都可观察到。在满足这个需要的同时酒店的监控规划必须按照公安部门的要求，规划要得到相关部门的审批。

酒店视频监控模块会采用一些常见的技术处理方案和标准，视频监控系统的补光技术是酒店采用较多的技术。所谓的背光补偿技术就是：当摄像机处于逆光环境中拍摄时，画面会出现黑色的图像，然而在视频中逆光环境是难以避免的，这个时候就需要进行背光补偿，目的就是补充对象正面的光线不足。当引入背光补偿功能时，摄像机如果检测到拍摄图像一个区域中的视频电平比较低，就会通过电子照明进行补光，目前采用最多的是，用高亮发光二极管（LED）制作的，LED 运行稳定，具有发热量低，低能耗，使用寿命长的特点。这样可以提高输出视频信号的幅值，使图像整体清晰明亮。这个技术方案中，背光补偿的开关会自动进行控制。

酒店视频监控系统中摄像机的应用是根据酒店具体现场状况而定的，一般酒店视频监控系统中有以下几种分类：

广角镜头：视角在90°以上。

标准镜头：视角在40°左右。

长焦镜头：视角在20°以内。

变焦镜头：镜头的焦距范围可变，可从广角变到长焦，用于景深大、视角范围广的区域。

针孔镜头：用于隐蔽监控。

上述分类是针对监控摄像机光学镜头的技术参数区分的，随着新产品的不断开发，上述分类的方法会有变化，但原理是一样的。

随着计算机应用的发展，目前有网络摄像机（Camera，Internet Protocol），它是直接产生数字信号的视频摄像机，能产生数字视频流，并将视频流通过有线或无线网络进行传输，这个传输比传统的模拟信号传输要远得多，理论上可以做到在网络上任何点之间的传递，也就是说只要有网络就可以进行远程监控及录像。对酒店用户而言，若网络已经敷设，使用网络摄像机将节省大量安装布线的费用。同时网络摄像机还可让用户从远端观看现场的实时画面，真正做到远程监控无界限，这个是酒店视频监控系统的发展方向，但目前的网络摄像机价格高，整个系统配置数字化设备将投入很多。目前酒店应用较少，随着网络摄像机等性价比的提高，会慢慢普及应用。

（2）传输模块

传输模块就是系统图像信号、声音信号、控制信号等的通道。目前酒店视频监控系统多半采用视频同轴电缆传输方式。如果摄像机距离控制中心较远，也可采用射频传输方式或光纤传输方式。一般酒店要求传输的距离都比较近，可采用基带传输方式，也就是75欧姆的视频同轴电缆。对图像信号的传输重点要求在图像信号经过传输系统后，不产生明显的噪声、失真（色度信号与亮度信号均不产生明显的失真），保证原始图像信号（从摄像机输出的图像信号）的清晰度和灰度等级没有明显下降等。

在传输模块上，目前酒店越来越多采用数字的传输方式，这个将会是一种趋势。数字传输方式有几个特点：可以应用公众网传输信号，传输距离可以不受地域的限制，系统需要配置数模转换器（A/D，D/A），初期投资较高，但系统由于是公众网络传输，因此安全问题需要考虑，有的信号需要加密处理，如果采用无线传输方式，会出现信号不稳定的状况，但随着无线网络的发展，这种应用会普及。

（3）显示与记录模块

显示与记录模块就是把现场传来的电信号转换成图像在监视设备上显示，并可把图像用硬盘录像机保存下来的系统。该系统主要包括监视器、硬盘录像机等设备。

显示主要是通过显示器来完成，提供给执勤人员监控用，目前监控器可以做到单画面、四画面、六画面、七画面、八画面、九画面、十六画面、三十二画面等显示方式。视频监视图像可以缩放、还原和移动。所有视频通道可随便定义显示位置。可对各路的视频图像质量进行相应调节：如亮度、对比度、色度、饱和度等操作。视频图像质量设置值可保存到五个暂存器中，还能根据白天或黑夜选择相应的值（可设定时自动切换）。

记录模块是由录像、录音等设备组成的系统。一般酒店视频监控系统的记录模块会有支持多路音视频同步录像录音，支持多种录像方式，可编程定时录像、即时录像和报警录像等功

能。在录像速度上,可以有三种录像速度,如:在 1 ~ 25 帧/秒之间调节。在声音的处理上,可进行现场监听,监听音量可调等。录像最关键的技术处理就是计算机硬盘的储存量的管理。一般的估算方式如下:

由于视频信息的存储量大,对系统的硬盘配置提出了较高的需求,由此需要对视频监控的储存量进行估算,具体的估算可以根据下面的参考数据进行。

D1　格式 750M/路/小时 (704 × 576 像素)

CIF　格式 400M/路/小时 (425 × 288 像素)

按照公安部门规定:一般酒店要保存 30 ~ 40 天的视频监控录像。这样的储存量,技术上会采用计算机磁盘阵列的技术方案。

目前酒店在视频监控中会采用动态录像的方式,就是该摄像机监控的区域内没有视频变化时不再录像,一旦有变化就马上录像的记录方式。这样的技术大大减少了储存量,也使得视频的调阅变得更加方便。在记录过程中有特殊报警,这些报警是:视频信号丢失报警、视频图像遮挡报警、身份证失败报警等。

酒店视频监控系统的回放是该系统最重要的功能,某种意义上,前面的工作就是为这个环节服务的,当发生可疑事件后,相关部门会调阅录像开展工作。由此视频的回放至关重要,酒店的视频监控系统回放一般有下列功能。

第一,支持单路音视频回放。

第二,支持四路视频同步回放(同时播放四路视频在同一时间的录像数据)。

第三,支持四路视频非同步回放(可播放四路不同时间的录像数据)。

第四,具有智能检索功能,可按摄像机、日期、时间、文件、录像模式等检索。

(4)酒店视频监控系统控制模块

酒店视频监控系统中的控制模块是整个系统的控制中心,是实现整个系统功能的指挥中心。简单地说,就是负责系统所有设备的控制与图像信号的处理。控制部分主要由总控制台(有些系统还有副控制台)组成。总控制台的主要功能有:视频信号放大与分配、图像信号的校正与补偿、图像信号的切换、图像信号的记录等;对摄像头、电动变焦镜头、云台等进行遥控,以完成对被监视场所全面、详细的监视或跟踪监视;对系统防区进行布防、撤防等功能。当前端防区有非法入侵时,报警信号会传送到总控制台,可以显示报警防区、联动警号、闪灯、前端灯光、录像等设备的工作状况。

随着数字化的发展,数字化技术在酒店视频监控中的应用越来越多。功能也越来越强大,如:系统操作日志功能(记录系统操作信息及报警信息)、支持多路云台/镜头控制(支持多种解码器协议)、录像质量提高和压缩率可调节、支持多级用户管理(支持指纹权限验证技术)、Windows 桌面操作权限控制、备份功能;支持 CD-RW、DVD-RW、数字磁带机、活动硬盘、网络备份等,支持动态 IP 域名解析功能(ADSL、ISDN、拨号网络),具有死机自动恢复功能(硬件看门狗)回放等。

酒店监控系统采用的主控计算机一般建议选购工业用计算机,不要使用个人计算机(PC),由于工控机具有连续工作和稳定的特点,因此采用该种类计算机是较好的技术方案。当然采用服务器也可以,但服务器体积较大,具体可以由设计者选定。

三、酒店安保监控系统技术标准

在酒店视频监控技术应用中，有很多相关的技术标准和规范，也有相关公安部门的管理要求，酒店按照标准和管理要求执行，下面相关的技术标准供参考：

《安全防范工程程序与要求》(GA/T 75—94)；

《安全防范系统通用图形符号》(GA/T 74—2007)；

《民用闭路电视监视系统工程技术规范》(GB 50198—94)；

《建筑电气设计技术规程》(JBJ/T 16—2008)；

《智能建筑设计标准》(GB/T 50314—2015)；

《民用建筑电气设计标准》(GB 51348—2019)；

《国际综合布线标准》(EIA/TIA—568)。

第三节　酒店门禁系统

我国的酒店，都安装和配置了电子门禁系统。这个技术标准的执行远超过海外的酒店。随着互联网应用领域的广泛，酒店的电子门锁和网络应用连接在一起，客人可以使用微信开酒店客房的门锁。酒店电子门锁进一步向着智能应用方向发展。

一、酒店门禁系统应用功能

通常星级酒店的设施和设备的配置、服务质量等均应该达到国家《旅游涉外饭店星级的划分及评定》中对星级酒店的要求。酒店由于居住宾客，客流量大。如果是会议型酒店，更是人流集中。参加商业会晤谈判、交流的人士，钟情于此类酒店严谨、规范的风格及舒适、轻松的环境，亦要求酒店在会议厅、通道、客房每一个环节都能够顺畅、安全，让宾客享受到充分的舒适，同时带来极大的方便。在这类活动中，最基本的就是安全问题。安全问题包括防火和防盗。在处理两大安全问题中，技防和人防都是不可缺少的要素。在大型酒店的客房区，防盗工作要求高，并且安全工作的开展必须在保障宾客的安静的环境中进行，如果发生相关事件，还要求酒店配合公安部门尽快查明原因，而酒店磁卡门锁的应用，恰好是给相关部门提供查明事件真相的好的工具和帮手，该系统可以提供进出客房的人和时间的相关信息，为公安部门的工作提供了第一手佐证材料，尽快给住店宾客满意答复，这一点对酒店的声誉至关重要。因此酒店的防盗中，预防是第一位的，在预防环节里，技防更显得重要。由此目前酒店都采用电子磁卡门锁系统来保障酒店的宾客安全。

二、酒店门禁系统（磁卡门锁）的应用

酒店的门禁系统，主要是以酒店客房的磁卡门锁系统为主，配有相应的辅助公众场所门禁系统构成。有的酒店磁卡门锁功能比较全，称为“酒店一卡通”，所谓“一卡通”是指在一个或几个建筑群内或在酒店集团内实行一卡消费、身份认证及客房电子门锁的功能。目前酒店应用的门锁磁卡有以下功能。

第一，酒店安全的需求。如停车场管理、门禁管理、电梯控制、客房门锁、储物柜、保险

箱等。

第二,酒店经营记账的需求。如餐饮区、商务中心、各种娱乐场所、小商场(按照国际惯例,商场一般管理上不允许使用一卡通)等消费卡。

第三,酒店内部管理的需求。如员工内部的考勤、员工内部消费(就餐、洗衣、洗浴等)。

为满足酒店对磁卡门锁经营和管理的需求,酒店的磁卡门锁系统会和相关的工程系统连接或信息交换,同时将具有如图 5-14 所示的功能模块。酒店磁卡门锁系统可以和酒店的电梯进行信息交换,防止非住店宾客走错到宾客的住房区,为酒店的安全和宾客的安静休息提供了保障。磁卡门锁还和酒店客房的保险柜完成接口,使得宾客方便地使用酒店客房里的安全设施(保险柜等)。酒店磁卡门锁系统一定要和客房的节电开关联动,可以使酒店节约能源,降低成本。

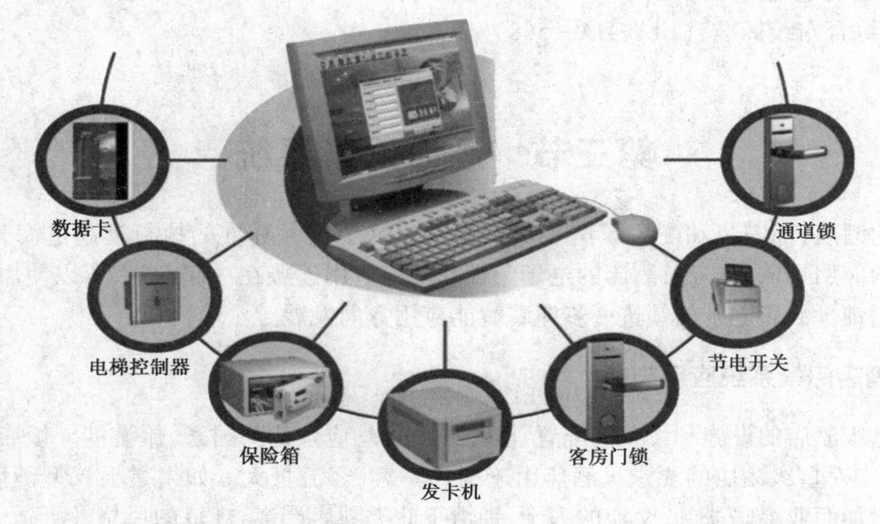

图 5-14　酒店磁卡门锁和相关的联动系统

酒店磁卡门锁的接口越多,投入越多。除了投入的要素,还要考虑酒店自身的客源情况和管理水准。系统的自动化程度越高,管理要求也相应提高,成本也随着提升。不管酒店的磁卡门锁系统采用的接口有多少,磁卡门锁系统本身就运用了现代电子技术、信息技术、智能识别、精密机械、自动控制等技术。这样的系统可以建立起一套科学、便捷、安全、稳定的酒店门禁管理体系。最终酒店可以根据自己的经营情况,来确定磁卡门锁和别的系统的接口情况。

三、酒店门禁系统(磁卡门锁)分类

1. 酒店磁卡门锁类型

目前酒店磁卡门锁种类很多,性能、功能、价格是不一样的,酒店应该根据自己的情况选择磁卡门锁,使选购的磁卡门锁产品符合酒店自己的经营管理需求,最大限度使用好该系统,为安全增加技防的屏障。

按磁卡开门是否接触分为接触式感应卡门锁(图 5-15)、非接触式感应卡门锁(图 5-16)。

按是否联网区分,有分散式感应卡门锁和联网式感应卡门锁两种类型。联网式感应卡门锁需要进行布线,这种比较适合办公室的门禁管理(图 5-17),酒店具有客房集中的特点,由于每间客房要布线和客房房门结构处理要求高,目前酒店基本采用分散式感应卡门锁,这种方案

投资少，适合酒店使用。

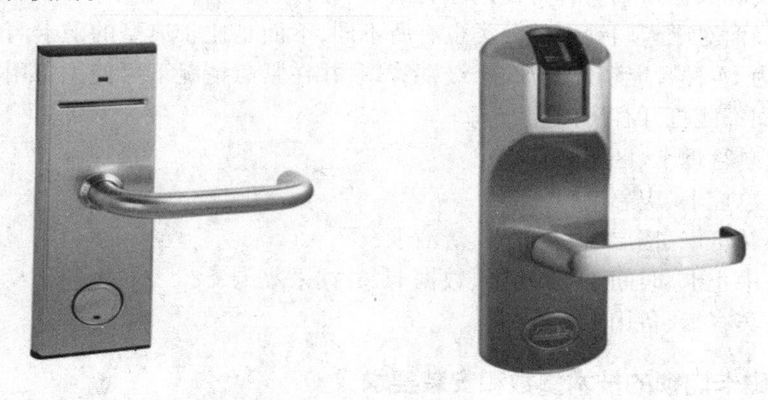

图 5-15　酒店使用接触式感应卡门锁　　　图 5-16　酒店使用非接触式感应卡门锁

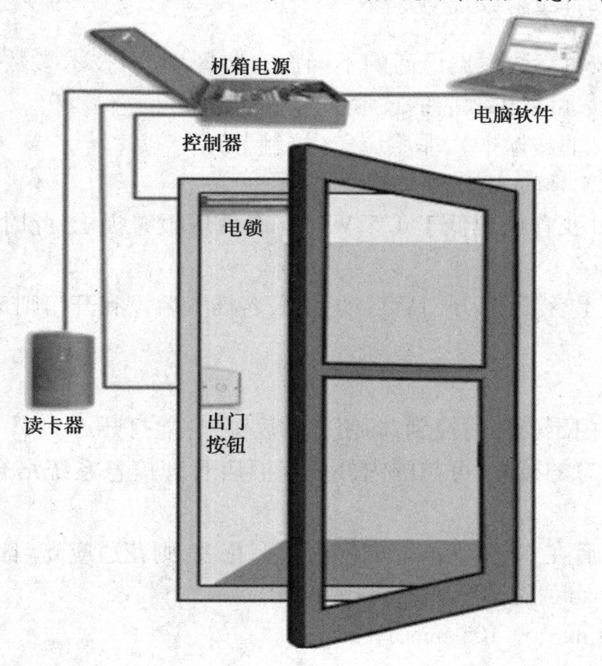

图 5-17　联网式感应卡门锁的结构图

2. 酒店磁卡门锁卡的类型

酒店磁卡门锁卡的分类涉及酒店对磁卡门锁的管理模式，而对门锁卡的管理直接影响到客房的安全。因此对酒店磁卡门锁卡的分类，管理者（前台、房务、安保、工程等部门）要有规划，和管理模式对接，并要建立相关的管理制度。由此酒店应该根据自身的性质和管理模式，选择磁卡门锁卡并进行分类，下面的磁卡门锁卡分类供使用者参考。

开门卡：开门卡作为门锁的匙卡，是磁卡门锁卡应用最多的卡，开门卡有宾客卡、楼层卡、楼号卡、总控卡、应急卡、区域卡。

非开门卡：非开门卡主要用于门锁信息的设置和维护，非开门卡最主要就是完成门锁管理上的功能性的技术卡，非开门卡有清除卡、挂失卡、通道设置卡、时钟卡、数据采集启动卡。数据采集启动卡要和数据采集器合并使用才有效。

各个供应厂商对磁卡门锁卡的分类也有所不同,下面是比较典型的磁卡门锁卡的种类,门锁智能卡钥匙为15种智能钥匙,分5个级别管理,并在紧急情况下可使用备用机械钥匙,确保酒店在任何时间都能打开客房门。

①管理卡:总管理卡、区域管理卡;

②总控卡:总控卡、应急卡;

③区域卡:领班卡、楼层卡、会议卡、清洁卡;

④控制卡:中止卡、时间卡、退房卡、数据卡、数据采集卡;

⑤宾客卡:宾客卡、备用卡。

四、酒店磁卡门锁的技术参数和安装要求

1. 酒店磁卡门锁的技术参数

酒店磁卡门锁的技术参数根据厂商的不同而有所区别,但技术参数的数据当量应该是差不多的,下面的技术参数可以供酒店的技术部门参考。

卡片类型:感应卡(非接触卡)、非感应卡(接触卡)。

电压:DC 6V,4节5号(AA)电池。

欠压指示:当CPU工作电压低于4.5 V时将有低压报警提示,此时门锁还能开门100次左右。

开门时间:按动把手后开门,开门后自动上锁;若插卡后没有开门则7秒钟后自动上锁。

静态功耗:12 μA

动态功耗:200 μA

应急开启:开房间门不受任何控制,即使方舌反锁,也能打开。

接口功能:提供动态链接库,可与国内外任何酒店管理信息系统结合,以实现酒店管理信息交换。

安装尺寸要求:门后在42~55 mm,如果表面有花边,则花边应离门边缘110 mm以上。

锁面尺寸:高240 mm,宽78 mm,厚18 mm

锁芯尺寸:高150 mm,宽105 mm,厚20 mm

重量:4~5 kg

2. 酒店磁卡门锁的安装要求

按酒店磁卡门锁安装的开门方向分为左推开门、右推开门、左拉开门、右拉开门。酒店磁卡门锁安装尺寸是根据酒店的客房建筑和磁卡门锁的具体设计尺寸而定的,图5-18所示磁卡门锁的安装示意图。酒店应该根据自己客房的特点进行选购并安装。

五、酒店磁卡门锁卡管理软件应用

酒店的磁卡门锁系统不仅包括硬件(门锁等),还需要配置管理该系统的软件。由此磁卡门锁管理系统由计算机、制卡机、管理软件等组成。总台设置的计算机(PC机)中要安装磁卡门锁的管理软件,负责发行各种功能卡,酒店客房管理、入住宾客信息管理,以及信息查询、统计等功能。酒店前台的磁卡门锁计算机(软件)将完成五大功能模块。

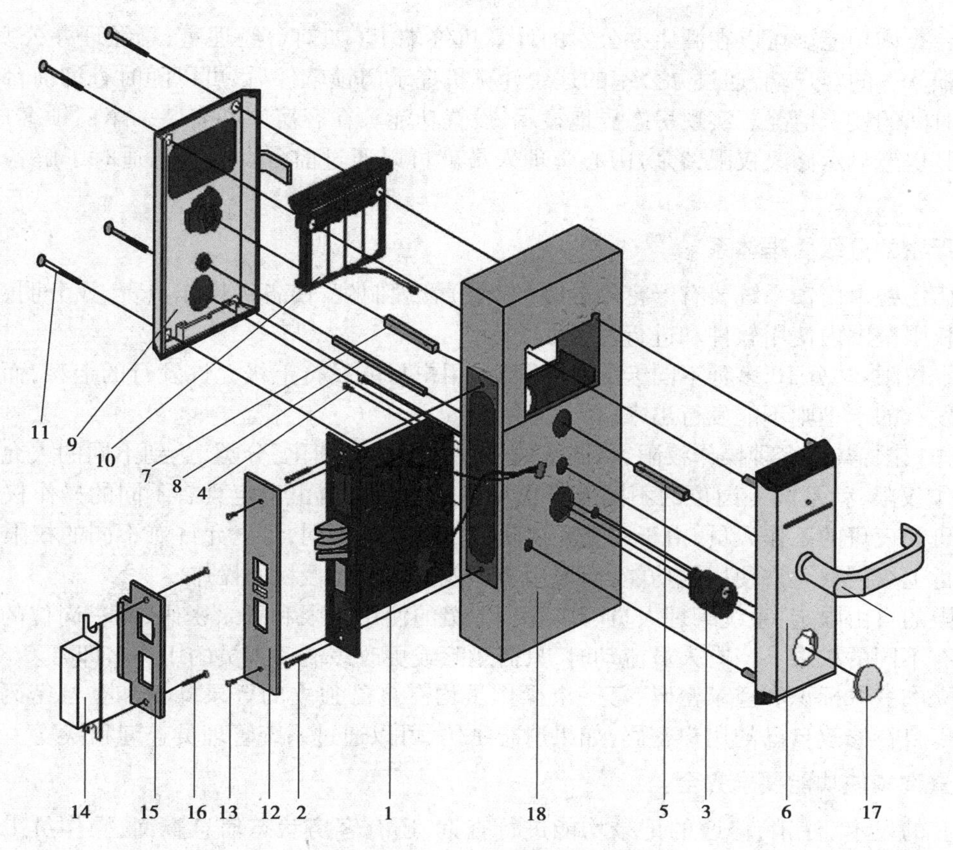

图 5-18 酒店磁卡门锁安装结构

初始化管理模块:房间设置、系统维护、前台管理、数据查询。

操作员管理模块:定义系统操作员的用户名及其对系统的使用权限。

系统维护模块:发行管理员钥匙卡,读取记录,数据库维护等。

前台管理模块:该功能是酒店管理软件的核心部分,操作人员也最多,该模块由酒店的前台操作员使用,负责宾客入住登记,发行住房卡,处理宾客开房、退房、续房、补卡等工作。

事件查询模块:当有事件发生时,工程部应和有关部门配合,用数据读卡器到门锁读取数据,再到管理系统中处理信息。

酒店磁卡门锁管理软件还将具有下面的特性。

1. 磁卡门锁的前台管理软件应采用数据库技术

采用数据库增加门锁软件的稳定性、安全性,使得软件与数据分开管理,当门锁软件或计算机系统出现问题时,不会破坏门锁数据,以实现数据的自动备份功能。通过在数据库里面建立“维护计划”,可以实现定时在后台自动备份门锁数据库信息,减少了管理维护的工作量。

2. 客户端多工作点设置

许多磁卡门锁系统在设计上,容许设置多客户端,可以不受限制。这样实现多台计算机终端同时联网发卡,支持多台电脑联网同步发卡。当酒店繁忙时,或某一时间点来登记的宾客量比较多的话,此功能就尤为重要,此时可以在前台的几台电脑上实现同时发卡,分流了工作量,使得前台的发卡工作井然有序,忙而不乱,满足了酒店不同的管理要求。许多磁卡门锁系统实现了后台查询功能。可以在酒店办公室的计算机终端上(如前台经理室、总经理办公室)安装一个门锁软件的客户端,通过办公室的这台计算机登录门锁软件后,可以随时查询前台当天或某一段时间的发卡情况。实现房态异地显示、设置功能。在客房中心安装一个门锁客户端,只需赋予其房态显示修改权限,客房中心管理人员就可以通过前台发卡信息适时了解各个客房房态。

3. 严密的分级管理体系

酒店的磁卡门锁系统要有严密的分级(权限)管理制度,使各级操作员责、权分明,只能在赋予的权限范围内使用软件和进行发卡。

发卡权限:共分 10 多种不同卡的发卡限定,用户只能发行上级允许发行的卡型,而该用户未授权发行的卡型则不能发行出来。

操作权限:共分多种操作权限,将系统的各项操作功能细化、分类,达到不同的人允许有不同的操作权限,就是同一岗位的不同人员也可以通过上级自由设定具有不同的操作权限(如:前台白班和夜班的工作人员,由于白天和夜晚的工作性质不同,可以允许有不同的权限);用户只能执行上级授权允许使用的功能,而该用户不能执行未经授权的操作。

权限的自由限定:系统管理人员可以管理下级的使用权限和登录密码;同一岗位的不同人员可以有不同的权限。当有人员流动时,只需删除或更改该流动人员的用户名即可。

独立的登录标识和登录密码:每一个操作员均有自己独立的登录标识和登录密码。每个用户可以自行修改自己的用户密码,如果遗忘密码,可以通过系统管理员查询和恢复。

4. 查询模块功能要求齐全

所有的发卡、注销、修改的记录均能进行查询,还有客房状态信息查询、操作员工作的查询、宾客信息的相关查询等。

宾客查询:可以根据宾客姓名、房间号、入住时间段进行查询。

发卡查询:可以查询当前处于各种状态的发卡信息。包括正常使用、正常注销、遗失注销、损毁注销、自动注销、退房注销等。也可以分各种类型卡进行查询。

客房查询:可以查询某一房型的房间,也可以查询某一楼层的房间信息,或查询某一具体房间客房的信息,包括房号、当前房间入住人数、房型和所属的区域信息等。

报表功能:查询结果的报表打印功能。所有的查询信息均可以直接导入 Microsoft Excel 中,形成报表打印出来,以便于酒店工作人员对门锁数据信息的直接引用。查询结果的任意排列功能让所有的查询信息均可以按照操作员的要求随意进行拖动排列。

房态查询:在磁卡门锁系统中,计算机软件模块将提供房态查询,将鼠标指向某一个客房房号后,可以对指定房间进行发卡操作,同时显示房态表,房态的显示一般会有空房、在住房、脏房、维修房等。

5. 备用卡功能

在酒店停电或计算机出现问题时,入住的宾客将不能用自己的磁卡开启房门,必须通过楼层服务员代开,用备用卡代替对应房间的宾客卡给宾客使用,这样宾客就会体会到方便。

6. 操作日志记录功能

对于所有使用门锁软件的操作员姓名、登入时间、操作的内容、从哪台工作端电脑登入、退出系统时间等均有详细的记录,是操作跟踪记录。

六、酒店磁卡门锁系统的联动功能

酒店磁卡门锁系统不是一个独立的运行系统，应该和酒店管理信息系统、客用电梯、客房取电系统等联动，使酒店的经营管理更加规范和周到。酒店磁卡门锁系统要和酒店其他工程系统联动，在技术上要构建相应的接口。下面就这些技术接口做介绍。

1. 与酒店前台计算机管理信息系统对接

这个对接是酒店管理的需要，完成磁卡门锁和前台宾客登记(Check-in)接口，可以使总台接待员省去输入两次宾客信息的要求(图5-19)，前台接待也变得流畅和省时。

2. 与酒店取电开关联动

当宾客进入客房，应该用磁卡门锁插进酒店客房取电开关(图5-19)，该开关又叫节电开关，安装于客房的进口处，是属于门锁的配套可选产品。当宾客入住时，开门后将卡插入节电开关后，客房内的照明用电通电；当宾客离开客房，将卡拔出，在5～10秒后自动断电，达到节约用电的效果。延时节能开关技术参数如下：

工作电压：交流220 V±10%；

负载工作电流：16 A/40 A；

负载总功率：4 kW/6.6 kW；

外壳材料：阻燃ABS；

静态工作功率：0.01 W；

延长时间：5～10 s。

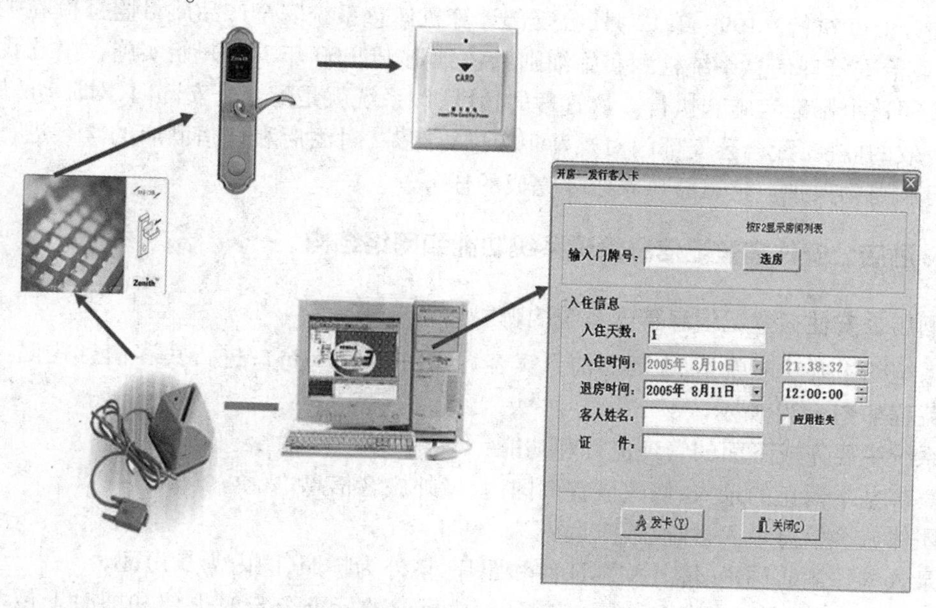

图5-19　酒店磁卡门锁联动示意图

3. 与电梯控制系统联动

电梯控制器内装有计算机处理器及读写器，可根据酒店管理要求，与电梯控制系统程序相结合，通过酒店门锁管理系统中的软件及发卡器对智能卡进行授权，满足酒店不同宾客乘坐电梯到达不同级别客房楼层的需要，如VIP宾客、行政楼层宾客的所属楼层，普通宾客不能乘电梯到达。

电梯控制器技术参数如下：

电梯控制器正常工作电压和频率：12～24 V DC，50 Hz；

静态电流：<15 μA；

动态电流：<40 mA；

插卡后至电梯能正常操作的时间：<0.1 s；

插卡后电梯控制器的延时时间：5 s。

第四节　公安住宿登记信息管理系统

国内的所有酒店，在开业前必须到当地的公安部门申请酒店公安住宿登记信息管理系统的安装，在该系统开通和运行后，酒店才能营业。该系统属于“旅馆业治安管理信息系统”。该系统是所有酒店（Hotel）开业的必备计算机管理信息系统之一。下面我们从技术的视角介绍该系统。

一、酒店公安住宿登记信息管理系统

该系统是为了将入住酒店的宾客信息进行录入、储存，最后将入住的所有宾客信息传输到当地的公安部门的信息管理系统。该系统的技术标准、信息管理内容、操作和执行由公安部门制订并加以监督执行。1999 年 12 月，公安部计算机信息系统安全产品质量监督检验中心发布了《旅馆业治安管理信息系统检测实施细则》，该细则于 2000 年 1 月开始实施。由此我们国内的酒店按照这个标准实施和执行。从管理的角度，该系统就是配合公安部门，对流动（住宿）人员进行有效的监控，配合公安部门对嫌疑犯等进行跟踪，对酒店和住宿酒店的宾客进行最大限度的人身和财物保护。这就是该系统要完成的任务。

二、酒店公安住宿登记信息管理系统功能和网络结构

1. 酒店公安住宿登记信息管理系统的功能

该系统的主要功能就是，在酒店前台宾客住宿时（Check-in），进行宾客信息登记。该系统登记的流程如图 5-20 所示。

该系统主要完成下面的管理流程和功能：

①宾客基本信息的录入、修改或查询国内、境外旅客信息。

②团体旅客信息录入、修改或查询。

③录入入住酒店国内、境外旅客证件和照片，境外为护照，国内为身份证。

④将录入的数据传输到当地的公安部门，按目前的标准分定时上传和即时上传两种。定时上传应该按当地公安部门要求设定上传时间；即时上传对网络要求高些，但基本能做到实时数据的传送。

2. 酒店公安住宿登记信息登记和传输

酒店公安住宿登记信息管理系统登记和传输的具体内容分国内宾客和境外宾客。国内宾

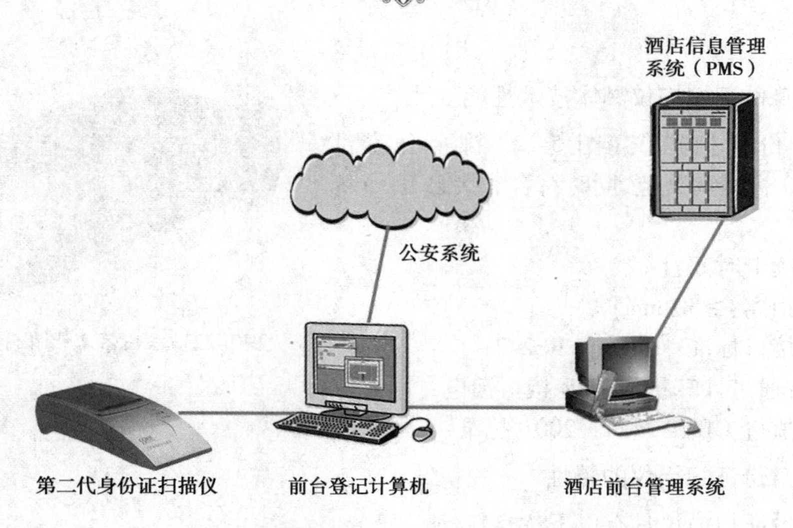

图 5-20　酒店公安住宿登记信息管理系统

客的传输内容：住宿宾客的姓名、性别、民族、出生日期、证件类型、证件号码、住址、入住时间、入住房号、退房时间、传送时间、信用卡类型、信用卡号码、照片文件长度和照片实体。境外宾客信息基本数据：姓名、性别、出生日期、国籍（地区）、证件类型、证件号码、签证（注）种类、签证（注）号码、在华停留期至、签发机关、入境日期、入境口岸、接待单位、入住时间、入住房号、退房时间、传送时间、何地来去、信用卡类型、信用卡号码、照片文件长度和照片实体等。

3. 酒店公安住宿登记信息管理系统网络架构

在互联网环境好的地区，一般采用宽带接入传输。过去有采用电话直线传输的方式。网络（公众网）传输方式的结构如图 5-21 所示。由于互联网的普及，网络的传输方式变得简便和快速，具备了及时传输的条件，使该系统基本实现了实时传送，使安全技防有了实时的保障。

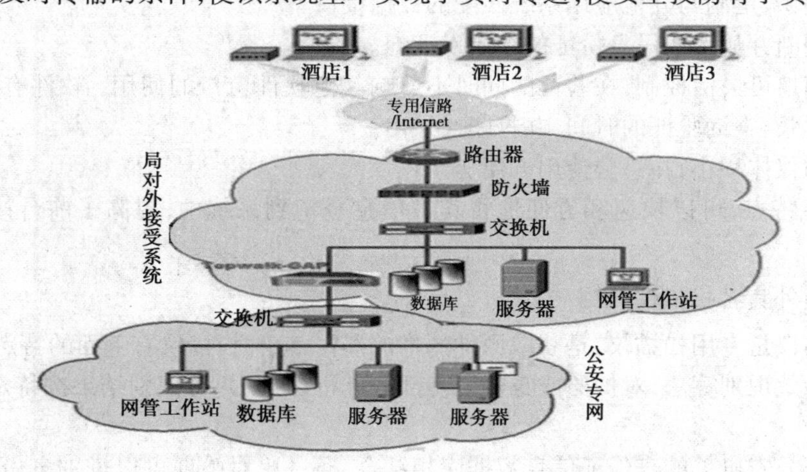

图 5-21　酒店公安住宿登记系统的网络架构

三、酒店公安住宿登记系统的身份证扫描技术性能和特性

酒店公安住宿登记系统中关键的部件是身份证或护照的扫描仪，对境外和持有第一代身份证的宾客要使用扫描仪，对持有第二代身份证的宾客，目前酒店使用较多的是第二代身份证

扫描仪。

1. 第二代身份证扫描仪具体技术性能

第二代身份证扫描仪(图 5-22)符合公安部GA450、1GA450 标准和规范,同时符合非接触 IC 卡等技术标准。

图 5-22　居民第二代身份证扫描仪

该读卡器读卡时间:1 s;

最大读卡距离:≥50 mm;

数据通信接口标准: USB 或 RS242;

供电方式:通过计算机的 USB 接口馈电;

该扫描仪执行 GB/T 2424—2001 标准。

2. 第二代身份证扫描仪的特性

第二代身份证扫描仪具有以下优良特性:

①连接简单:只需将机具的 USB 连线接头插在 PC 上即可,USB 接口取电,无须外加电源。

②操作方便:将客户的二代证靠近机具感应区,即可自动识别身份证真伪,可以校验核对居民身份号码,对不正确的给出提示。自带蜂鸣器,智能判别并提示读卡成功。

③任意角度读取卡内数据,身份证反正面一键打印完成,无须反正面读取,可靠性高。

④自动备份存档填充管理软件自带数据库,自动保存所有客户的身份验证信息(文字信息及彩色照片信息),便于后续查询。

⑤该扫描仪可选 PS/2 接口,在 PC 或终端下,通过键盘功能键自动录入各项身份证信息。可以通过点选方式,使身份证信息自动录入到其他软件录入窗口中,通过填充管理软件,在验证的同时可将身份信息自动录入到现有的信息管理系统,无须登记员手动录入,提高了工作效率。也可以提供、定制与其他应用系统匹配的数据接口。

⑥可以判断并显示居民身份证的初始发证地。

⑦软件窗口可灵活控制,在验证的同时不影响其他软件窗口的使用,软件有数据库功能,可保存验证记录、查询验证的时间,并打印或导出。

⑧该扫描仪体积小,在总台使用方便。

由于上述特点,可以快速和方便地将宾客信息登记到系统中,提高了前台接待员的工作效率。

3. 酒店境外宾客扫描仪介绍

该种扫描仪是专用扫描仪,是获取原件图像的器件,该种扫描仪有下面的特点:

①采用高效识别算法,对护照或身份证各部分进行识别,并将识别结果按特定应用系统进行数据管理。

②可以与公安机关的身份证信息数据库相结合,通过比对验证可以辨别身份证的真伪,也可以实现网上缉逃。

③该系统不仅有效解决了身份证的数据录入问题,而且保留了身份证的原始图像,可以方便地查询和检索,从而真正具有高效、快速地应用数据和处理数据的能力。

④该种扫描仪是对硬件部分经过特殊处理后,使扫描的身份证图像可以有效地除底纹及防伪,分别采用一般扫描仪与专用扫描仪形成的图像对比。

⑤接口采用开放式,可以与其他的业务应用系统相结合,如酒店管理信息系统、公安管理系统、海关出入境管理系统等。

四、酒店公安住宿登记系统数据共享要点

酒店公安住宿登记系统的使用涉及许多部门(或技术厂商)。酒店需注意下面的要点:酒店开业前要到公安部门申请,计算机和软件尽量选择由公安部门指定的公司供应、安装、培训、调试、维护;酒店要提高前台操作人员的工作效率和准确性,尽可能在技术上使该系统和酒店信息管理系统连接,实现数据共享。也可以通过酒店管理信息系统和磁卡门锁系统做接口,这样可以使三个系统成为一个整体。但具体实施要和上述三家供应商进行协商,并进行技术实施。如果完成这些接口,可以大大提高酒店的接待效率和服务质量。

章节练习

一、设计规划题

三亚海边将建一座高端酒店,建筑面积50 000 m^2,其中公共区域面积为20 000 m^2,标间客房数550间,套房50间(2间套),厨房面积为2 000 m^2,SPA的桑拿区域面积为500 m^2,请为该酒店规划设计酒店智能消防报警系统。

(提示:感烟探测器配置多少?感温探测器配置多少?注意品牌选择和相关技术标准的执行)

二、简答和研讨

1. 酒店的消防报警系统中,一般会采用哪些类型的传感器?酒店在厨房空间会安装什么类型的火警传感器?为什么?

2. 试论酒店消防报警系统中,差温探测器的工作原理。

3. 在酒店安防监控系统中,为什么要采用补光技术?

4. 试画出酒店客房门禁系统(磁卡门锁)的操作流程。

5. 以小组为学习单位,做一份酒店公安住宿登记信息管理系统的技术方案。

6. 综合阐述酒店的智能安防系统。

第六章　酒店大型工程设备

【本章导读】本章重点介绍酒店内部的交通系统——“电梯”、酒店建筑内部的气候环境调节系统——“制冷空调”、大型酒店的暖通与热水供应设备——“锅炉”。酒店的日常运营离不开这些大型设备的运行与支撑，如：酒店建筑需要为客人提供垂直交通服务的各类电梯；向客人提供优质恒温的热水系统等。通过本章的学习，使读者了解酒店重大设备的运行情况和工作原理，了解酒店电梯运行的规划要求、关键技术参数和智能控制等；掌握酒店冷冻系统的工作原理和工状；了解冷冻系统的运行模式；知晓酒店锅炉设备的工作原理、运维的模式等。在我国快速推进数字化技术应用背景下，知晓和掌握这些大型设备系统的智慧控制原理和方法，管理好这些大型设备，为不断提升客人舒适的体验，营造好良好的运营氛围而科学地工作。

第一节　酒店电梯设备

电梯是酒店建筑内部的交通工具，主要完成酒店建筑内部宾客和物品的运载任务，酒店行业应用最多的是建筑垂直方向的电梯，在酒店大堂或较大的公共区域会采用倾斜方向运行的自动扶梯，规模很大的酒店也有采用水平方向运行的自动人行通道(电梯)。城市有了电梯，现代城市才建得高，摩天大楼才得以崛起。酒店有了电梯才使得运营面积增大，才使宾客舒适地移动，电梯交通的服务融入了酒店的运营中。

酒店的电梯不但承载着宾客和为宾客服务的员工，更承载着酒店业的发展历史和文化。我国有些酒店保存着年代久远的“老电梯”，向宾客讲述它们曾经的辉煌和历史，向客人描述我国酒店业的发展历史。图6-1是上海某酒店还在使用的老电梯，该酒店地处上海外滩，至今还用着这台电梯，宾客乘坐电梯，仿佛回到了过去，给宾客时空上的想象和回忆。酒店也应用该电梯展现出酒店的文化传承和历史，讲述酒店业在我国的发展。电梯是工业和艺术的结合，是高新技术与文化艺术的结晶。

由此，不但要学习酒店的电梯技术，也要知晓酒店电梯文化和管理，通过电梯的运维，为宾客提供更好的服务，彰显酒店文化的魅力。

图 6-1　年代久远的酒店老电梯

一、酒店客用电梯

酒店客用电梯使用最多的是垂直电梯，垂直的客用电梯负责酒店的垂直交通，是应用最广泛的一类电梯。酒店的电梯是在建造期间规划、设计和安装的。从技术角度分析，垂直电梯往往是由曳引机、控制柜、轿厢、层门、导轨、限速器、缓冲器、对重装置、随行电缆和曳引机钢丝绳等部件组成，垂直简单剖面结构如图 6-2 所示。

垂直电梯工作原理：垂直电梯通常采用钢丝绳摩擦传动，钢丝绳两端分别连着轿厢和对重，缠绕在曳引轮和导向轮上，曳引电动机通过减速器变速后带动曳引轮转动，靠钢丝绳与曳引轮摩擦产生的牵引力实现轿厢和对重的升降运动，达到运输目的。固定在轿厢上的导靴沿着安装在建筑物井道墙体上的固定导轨往复升降运动，防止轿厢在运行中偏斜或摆动。制动器在电动机工作时松闸，使电梯运转，在失电情况下抱闸制动，使轿厢停止升降，并在指定层站上维持其静止状态，供人员和货物出入。轿厢是运载乘客或其他载荷的箱体部件，对重用来平衡轿厢载荷，以减少电动机的功率。补偿装置用来补偿曳引绳运动中的张力和重量变化，使曳引电动机负载稳定，轿厢得以准确停靠。电气控制系统实现对电梯运动的控制，同时完成选层、平层、测速、照明等任务。指示呼叫系统随时显示轿厢的运动方向和所在楼层位置。安全装置保证电梯运行安全。

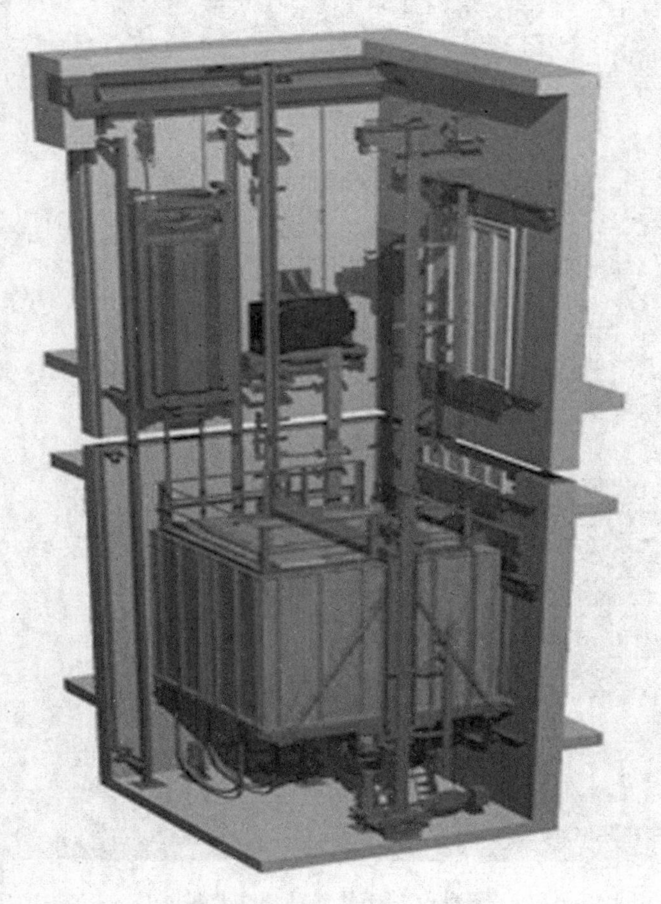

图 6-2　酒店垂直电梯结构剖面图

酒店对电梯系统的要求是安全可靠、输送效率高、平层准确和乘坐舒适。但要达到这些目标是要靠技术支撑的。电梯的基本参数主要有额定载重量、可乘人数、额定速度、轿厢尺寸和井道型式等，但电梯的结构是复杂的，电梯是机械制造、电气控制、材料、计算机、控制等技术的结合。

1. 电梯的八大子系统

酒店垂直电梯的结构复杂，从电梯的功能上区分，酒店垂直电梯可以剖析为八大子系统，这八大子系统也构成了垂直电梯的物理结构和技术应用要素。

(1) 电梯的曳引系统

垂直电梯的曳引系统的主要功能是输出与传递机械动力(图 6-3)，使电梯运行。曳引系统主要由曳引机、曳引钢丝绳、导向轮、反绳轮组成。

(2) 电梯的导向系统

垂直电梯的导向系统的主要功能是限制轿厢和对重的活动自由度，使轿厢和对重只能沿着导轨作升降运动(图 6-4)。导向系统主要由导轨、导靴和导轨架组成。

图 6-3　酒店垂直电梯的曳引系统

图 6-4　酒店垂直电梯的导向系统

(3)电梯的轿厢系统

轿厢是运送宾客和货物的空间,是电梯系统和宾客接触最多的区域,该区域除了运载任务外,还将展示酒店的风格、档次和酒店自身的文化气息,该空间充分彰显了技术与艺术的结合。电梯的轿厢由轿厢架和轿厢体等组成(图 6-5)。

(4)电梯的门系统

电梯的门系统的主要功能是封住层站入口和轿厢入口,当电梯安全停层后,开启层面门和电梯轿厢门,让宾客或物品出入。电梯的门系统由轿厢门、层门、开门机、门锁装置组成。

(5)电梯重量平衡系统

电梯的重量平衡系统的主要功能是相对平衡轿厢重量,在电梯工作中能使轿厢与对重间的重量差保持在限额之内,保证电梯的曳引传动正常。电梯重量平衡系统主要由对重和重量补偿装置组成。图 6-2 中可以清晰地看出电梯的平衡系统结构中的主要部件,即对重。

图 6-5　高星级酒店的电梯轿厢

(6)电梯的电力拖动系统

电梯的电力拖动系统的主要功能是提供机械动力,实现电梯运行和速度控制。电力拖动系统由曳引电动机、供电系统、速度反馈装置、电动机调速装置等组成。图6-3 中可以看见电力拖动的电气部分。

(7)电梯的电气控制系统

电气控制系统的主要功能是对电梯的运行实现操纵和控制,是对各种指令信号、位置信号、速度信号和安全信号进行管理,使电梯正常运行或处于保护状态,发出各种显示信号。电气控制系统主要由操纵装置、位置显示装置、控制屏(柜)、平层装置、选层器等组成。

(8)电梯的安全保护系统

安全保护系统是电梯的安全装置。为保证电梯运行安全、可靠,防止一切危及人身安全的事故发生,电梯上设置了多种机械、电气安全保护装置。只要这些安全装置都正常,有效地起到各自应有的作用,就可确保电梯安全、可靠地运行。安全保护系统由电梯限速器、安全钳、缓冲器、安全触板、层门门锁、安全窗、超载限制装置、限位开关装置组成。

以上介绍的电梯八大系统,可以从图 6-6 电梯结构示意中查到。

2. 酒店电梯的四大空间

电梯八大系统的部件分别安装在酒店建筑物的井道、电梯机房、前庭和各个楼层中。按照其所在的位置又将其分为四大空间,即电梯机房、电梯井道、电梯轿、电梯层站。下面分别加以介绍和说明。

(1)电梯机房

酒店大多数类型的电梯机房设置于井道顶部的上方,简称"上置式机房";有时因建筑物结构的限制,电梯机房也可设置在井道的下方,简称"下机房";或设在井道的侧面,称为"侧机房"。目前酒店应用最多的还是"上置式机房",一般在酒店建筑的顶部。在此空间中,一般安

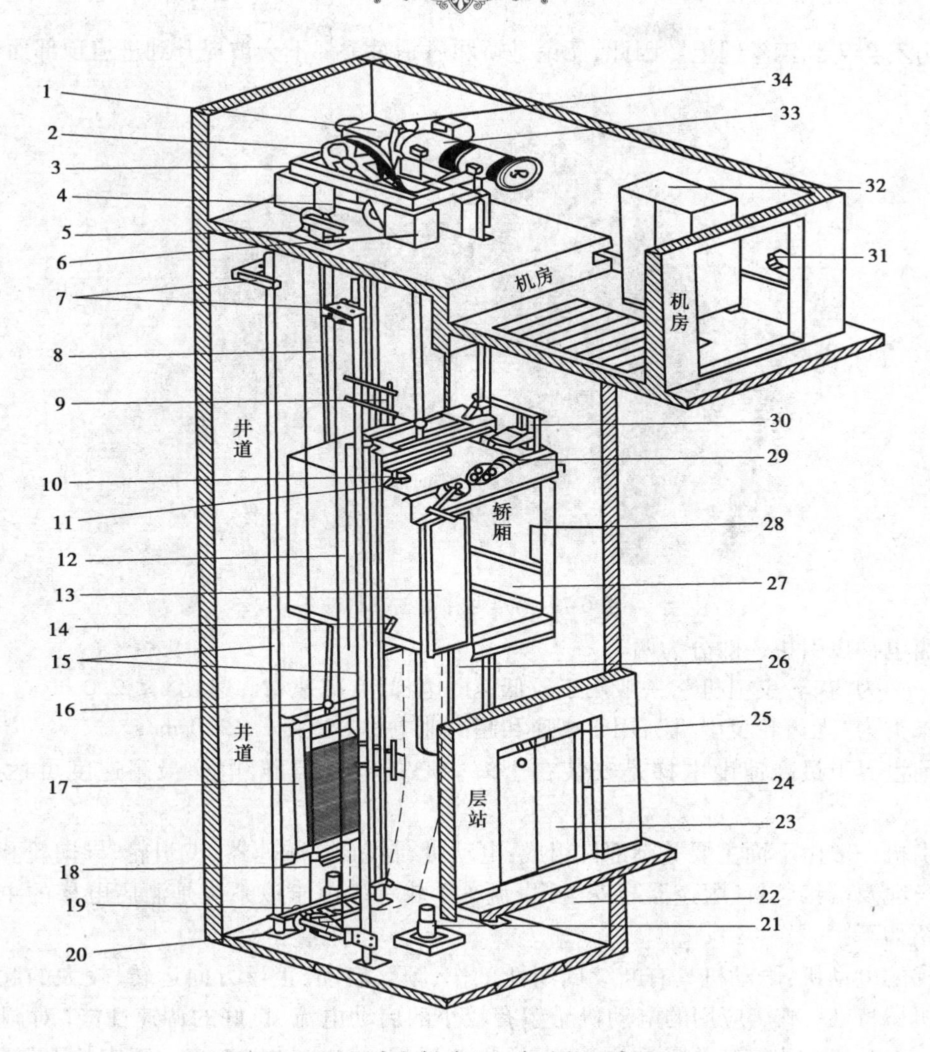

图 6-6 酒店电梯系统组成结构示意图

(图中的各个标识名称为:1. 减速箱 2. 曳引机 3. 曳引机底座 4. 导向轮 5. 限速器 6. 机座 7. 导轨支架 8. 曳引钢丝绳 9. 开关碰铁 10. 终端开关 11. 导靴 12. 轿架 13. 轿门 14. 安全钳 15. 导轨 16. 绳头组合 17. 对重 18. 补偿链 19. 补偿链导轮 20. 张紧装置 21. 缓冲器 22. 底座 23. 层门 24. 呼梯盒 25. 层楼指示 26. 随行电缆 27. 轿壁 28. 操纵箱 29. 开门机 30. 井道传感器 31. 电源开关 32. 控制柜 33. 曳引电机 34. 制动器)

装电梯的控制系统和动力系统。动力系统包括曳引机、限速器等主要设备,控制系统主要是电梯的控制箱。

1)曳引机

该设备是电梯轿厢升降的主拖动装置(图 6-7),为电梯运行提供动力。它由电动机、制动器、制动联轴器、减速箱(无齿轮曳引机没有减速箱)、曳引机和底座组成。曳引机通过曳引钢丝绳经导向轮将轿厢和对重装置联结,并且联结点在重力的中心,使得驱动时消除了轿厢和对重对导轨的水平负荷力,减少了摩擦和运行振动及噪声。曳引机的输出转矩通过曳引钢丝绳传送给电梯轿厢,驱动力是通过曳引绳与绳轮之间的摩擦力产生的,曳引拖动的一个内在的安全特点是当轿厢或对重任一边蹲底时,电梯就会失去曳引力,也就是说,曳引机可以继续运转,

但驱动力不会传到钢丝绳上。因此,无论是轿厢还是对重都不会被提升到进道顶部而冲顶。

图 6-7　酒店电梯的曳引机设备

酒店电梯曳引机一般分为两类。

第一类为“齿轮曳引机”,一般用于较低速的电梯,有减速箱。速度 $v \leq 2.0$ m/s。

第二类为“无齿轮曳引机”,用于高速和超高速电梯。速度 $v > 2.0$ m/s。

目前世界上最高速度电梯是安装在上海中心的电梯组群,电梯最高速度可达 $v_{max} = 20$ m/s。

曳引机一般由下面主要关键部件组成:电动机、制动器、减速器、曳引轮、导向轮和反绳轮、曳引钢丝绳及端接装置、限速器与安全钳、盘车手轮等。由于该系统是酒店电梯的主要部件,由此介绍如下:

电梯的电动机:电动机具有断续周期性工作、频繁启动、正反方向运转、较大的起动力矩、较硬的机械特性,酒店应用的电动机希望有较小的启动电流、良好的调速性能(对调速电机)等特性。电动机分为直流拖动和交流拖动,酒店采用交流电动机为多。酒店的电梯舒适度很大程度上体现在电动机的变速技术上,电梯的交流变速的技术发展经历了从低级到高级的发展过程,目前采用较多的是变压变频技术。该技术开始于 20 世纪 90 年代,由于该技术的先进性,使得变压变频调速电梯(Variable Voltage and Variable Frequency,VVVF)占据了世界电梯的大部分市场。VVVF 电梯通过调节电机定子绕组供电电压的幅值和频率来实现转速的调节。真正实现了调速系统的四象限运行,完善了制动效果适应快速制动和频繁制动的需要,制动时产生的能量得到回收利用,系统的效率大大提高,安全性提高,系统发热量降低。VVVF 电梯以其独特的先进技术和性能,实现了节能、快速、舒适、平层准确、低噪声、安全等目标。由于其优越的调速性能、显著的节能效果,已取代交流调压调速电梯而成为现在电梯市场的主流。目前新制造的电梯基本上实现了调压调频调速控制。

制动器是电梯曳引机中重要的安全装置,它能使运行的电梯轿厢和对重在正常断电或异常情况下立即停止运行,并在任何停车位置定位不动。其工作原理:电梯准备通电启动时,制动器上电松闸;当电梯停止运行,或电动机掉电时,制动器立即断电并靠弹簧力使制动器制动,曳引机停止运行并制停轿厢运行。

电梯一般都采用常闭式双瓦块式型直流电磁制动器，其性能稳定，噪声小，制动可靠。对于有齿轮的曳引机，其制动器装在电动机与减速箱输入轴的带制动轮联轴器上；对无齿轮的曳引机，制动器常常与曳引机轮铸成一体，直接装在电动机轴上。制动器的结构组成：制动电磁铁、制动臂、制动瓦块、制动弹簧。电梯对制动器的工作要求如下：合闸时，闸瓦制动轮的工作面相互接触的有效面积应大于闸瓦制动面积的80%；松闸时，两侧闸瓦应同时离开制动轮。

减速器是针对齿轮曳引机的，对于有齿轮的曳引机，减速箱的作用是降低曳引机输出转速，增加输出转矩，并使逆转带有机械锁定功能。其原理就是：将电动机轴输出的较高转速降低到曳引轮所需的较低转速，同时得到较大的曳引转矩，以适应电梯运行的要求。

曳引轮的作用是当曳引轮转动时，以钢丝绳曳引电梯，其轿厢和对重是用曳引钢丝绳绕着曳引轮并且悬挂在曳引轮上的，利用它们之间的摩擦力（也叫曳引力）驱动轿厢和对重装置上下运动。曳引轮安装位置是：有齿轮曳引机安装在减速器中的蜗轮轴上。无齿轮曳引机安装在制动器的旁侧，与电动机轴、制动器轴在同一轴线上。

曳引轮对材料有特殊的要求，曳引轮的材质对曳引钢绳和轮绳本身的使用寿命都有很大影响。由于曳引轮要承受轿厢、载重量、对重等装置的全部重量，所以在材料上多用球墨铸铁，以保证一定的强度和韧性，减小对曳引钢丝绳的磨损。其结构为了减少曳引钢丝绳在曳引轮绳槽内的磨损，除选择合适的绳槽槽形外，对绳槽工作表面的粗糙度、硬度也有相应的要求。曳引轮的直径是钢丝绳直径的40倍以上，一般在45～55倍。钢丝绳的缠绕方式分为半绕式（包角小于180°）和全绕式（最大包角可达330°）。

曳引轮安装结构是：常用的曳引轮绳槽的形状有半圆槽、楔形槽和带切口的半圆槽。半圆绳槽与钢丝绳的接触面积最大，钢丝绳在绳槽中变形小、摩擦小，有利于延长使用寿命。但其摩擦系数小，所以必须增大包角才能提高其曳引能力。一般只能用于复绕式电梯，常见于高速电梯。带切口半圆槽的槽底部切制了一个楔形槽，使钢丝绳在沟槽处发生弹性变形，有一部分楔入槽中，使得当量摩擦系数大为增加，这种槽形在电梯上应用最为广泛。

曳引机的导向轮：将曳引钢丝绳引向对重或轿厢的钢丝绳轮，分开轿厢和对重的间距，采用复绕型时还可增加曳引能力。导向轮安装在曳引机架上或承重梁上。导向轮既用来调整钢丝绳与曳引轮之间的包角大小，也调整轿厢与对重的相对位置。导向轮用于半绕式时称为过桥轮，用于全绕式时称为抗绳式。

导向轮和曳引轮一样，选用耐磨的铸铁。导向轮的绳槽为圆槽，槽深应大于 $D/3$（D 为钢丝绳直径）；槽的圆弧半径比钢丝绳半径放大1/20。导向轮直径也必须满足钢丝绳直径的40倍以上。其特点是心轴固定，轮壳中有滚动轴承，心轴两端用U形螺钉或心轴座双头螺栓、螺母固定。

曳引机的反绳轮设置在轿厢顶部和对重顶部位置的动滑轮以及设置在机房里的定滑轮。其作用是根据需要，将曳引钢丝绳绕过反绳轮，用以构成不同的曳引绳传动比。根据传动比的不同，反绳轮的数量可以是一个、两个或更多，曳引绳传动比是曳引绳线速度与轿厢运行速度的比值。

曳引机的曳引钢丝绳及端接装置：电梯曳引钢丝绳承受着电梯全部悬挂重量，且反复弯曲，承受很高的比压，还要频繁承受电梯启动和制动的冲击。因此，对电梯曳引钢丝绳的强度、耐磨性和挠性均有很高的要求。钢丝是钢丝绳的基本强度单元，要求有很高的韧性和强度，通常由含碳量为0.5%～0.8%的优质碳钢制成。钢丝的质量根据韧性的高低，即耐弯次数的多少而决定的，一般可分为特级、Ⅰ级、Ⅱ级。酒店电梯要求采用特级钢丝。电梯的曳引钢丝一般采用6股和8股钢丝绳。钢丝绳的绳芯起支承和固定绳股的作用，并储存润滑油。电梯用曳引钢丝绳端接装置常采用锥套用回环结构方式，再浇铸巴氏合金连接，连接处的强度不低于钢丝绳自身强度的80%。

电梯中限速器与安全钳成对出现和使用，是电梯中最重要的一道安全保护装置(图6-8)。限速器装置是由限速器、限速钢丝绳、安全钳、底坑张紧装置组成。该装置的作用就是，一旦电梯由于超载、打滑、断绳、控制失控等原因，电梯轿厢超速向下坠落时，限速器、安全钳发生联动动作，使电梯轿厢停住。

图6-8　电梯限速器

曳引机还有盘车手轮装置，它安装在曳引机的电动机的主轴端部。当电梯因停电或其他故障造成轿厢停在两个层站之间时，为解困救人，必须在机房有两人配合操作，一人用松闸扳手松开制动器，另一人用盘车手轮将轿厢手动盘车升或降到平层位置，将门打开放出被困人员。

2)电梯控制柜

酒店的电梯控制柜一般安装在曳引机旁边，是电梯的电气装置和信号控制中心(图6-9)。控制柜的主要功能是操作控制和驱动控制，操作控制是指呼梯信号的输入输出处理并应答呼梯信号，通过已经登记的信号与乘客进行通信，当轿厢抵达一个楼层时，通过到站铃声和运行方向可视信号提供轿厢和运行方向信息。驱动控制是根据操作控制的指令信息，控制轿厢的启动、加速、减速、平层、停车、自动再平层等机械运动，同时需确保轿厢运行的安全。

目前酒店一般采用先进、可靠性高的数字化控制技术，应用可编程控制器控制(Programmable Logic Controller，PLC)。电梯控制柜变得越来越小，功能却越来越强大。PLC是可编程逻辑控制器。它采用一类可编程的存储器，用于其内部存储程序，执行逻辑运算、顺序控制、定时、计数与算术操作等面向用户的指令，并通过数字或模拟式输入/输出控制各种类型的机械或生产过程。该技术成熟，抗干扰能力强。现代电梯的先进程度也主要取决于控制柜的计算机硬件和软件的智能化水平，反映电梯功能的强弱、可靠性的高低，每台电梯配置一个控制柜。

电梯的控制柜，由电源控制箱供电运行，一般电源控制箱安装在机房入口处，输送电力给电梯控制箱、轿厢照明、井道照明和相关的通风。

(2)酒店电梯井道及地坑

酒店的井道及地坑空间基本上是酒店在建造时就构成的空间。在该空间中安装有导轨、导轨支架、对重、缓冲器、限速器张紧装置、补偿链、随行电缆、底坑、井道照明等，下面对此进行介绍。

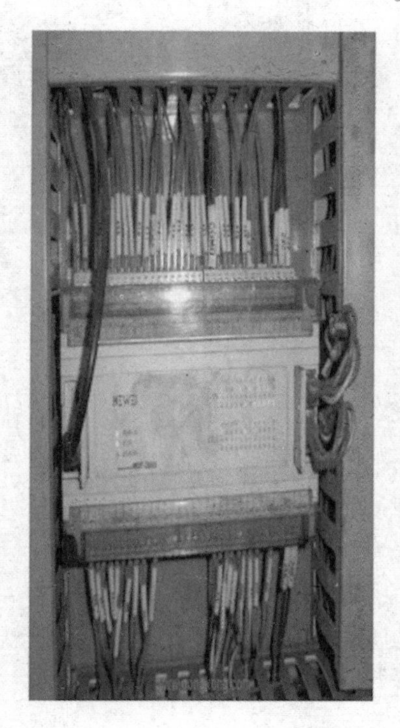

图 6-9　酒店电梯控制柜

电梯导轨:导轨和导靴是电梯轿厢和对重的导向部分,就像火车在铁轨上行驶一样。导轨一般可以分为 T 形、L 形(低速)、5 m 空心轨槽形等。T 形导轨用于轿厢导向,L 形导轨和 5 米空心轨用于对重导向。导轨的材料要求具有足够的强度、韧性,在受到强烈冲击时不发生断裂,要求足够的光滑。如 T 形导轨的材料为 Q235 钢。导轨长度一般为 3 ~5 m,不允许采用焊接和螺栓直接连接,需用专门的连接板连接。安装精度要求很高,在安装中必须保证导轨支架的间距小于 2.5 米。导轨工作面对 5 m 铅垂线的相对最大偏差不大于 1.2 mm,T 形对重导轨不大于 2 mm;轿厢导轨和设有安全钳的对重导轨的工作面接头处不能有连续缝隙,且缝隙不大于 0.5 mm,设有安全钳的对重导轨偏差不大于 1 mm;轿厢导轨和设有安全钳的对重导轨的工作面接头处的台阶不大于 0.05 mm,没有安全钳的对重导轨偏差不大于 0.15 mm;台阶的修平长度,中低速梯为 300 mm 以上,高速梯为 500 mm 以上。

电梯缓冲器:缓冲器的作用是将运动着的轿厢和对重在一定的缓冲行程或时间内减速停止。缓冲器是电梯最后一道保护装置(图 6-10),当电梯的极限开关、制动器、限速器、安全钳都失控或未及时动作,轿厢或对重已坠落到井道底坑发生“蹲底”状况时,井道底的轿厢缓冲器或对重缓冲器将吸收和消耗下坠轿厢或对重的能量,使其安全减速并停止,避免由于高速冲击造成机械设备损坏和人身伤亡事故,起到安全保护作用。缓冲器安装在井道底坑部位。

酒店使用的缓冲器一般有两个类型,第一类是弹簧缓冲器,该类缓冲器是一种蓄能型缓冲器,常用于低速电梯($V\leq 2.0$ m/s)中,由缓冲胶垫、缓冲座、圆柱螺旋型弹簧座组成。其特点是有回弹。在任何情况下缓冲器的行程不得小于 65 mm,要能承受轿厢质量和载重之和(或对重质量)的 2.5 ~3 倍的静载荷。第二类是液压缓冲器,其额定速度下的重力制停距离小于 65mm,要能承受轿厢质量和载重之和(或对重质量)的 2 倍高速冲击,起到将冲击动能转化为热能的作用。辅助弹簧可吸收第一次冲击,也可使缓冲器复位。技术标准:缓冲行程不小于

图 6-10　酒店电梯的缓冲器

420 mm。

电梯的随行电缆:轿厢内外所有电气开关、按钮、照明、信号控制线等都要与机房控制柜连接,所有这些信号的信息传输都需要通过电梯随行电缆。随行电缆在轿厢底部固定牢靠并接入轿厢,图 6-11 所示是随行电缆的横切面图片,该电缆比普通电缆技术要求高,对疲劳度有特殊的要求。

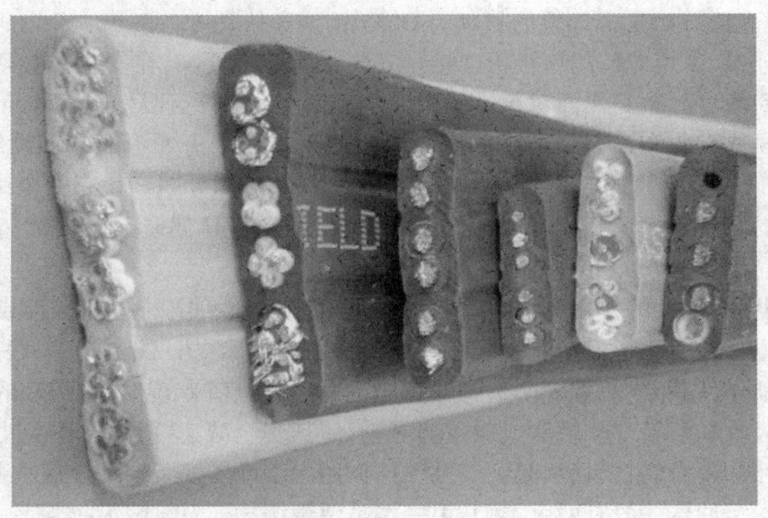

图 6-11　酒店电梯随行轿厢的电缆

电梯的补偿装置:当电梯提升高度超过 30 米时,悬挂在曳引轮两侧的曳引钢丝绳的重量不能再忽略不计了。为了减小曳引机的输出功率,就要抵消曳引钢丝绳的重量对电梯运行的影响。通常采取在轿厢底部和对重底部加装补偿装置,即用对称补偿法来改善平衡钢丝绳所带来的载荷变化。对称补偿的优点是不需要增加对重的重量,补偿装置的重量等于曳引钢丝

绳的总重量(不考虑随行电缆重量)。现在多采用带胶套的补偿链,是用耐磨的聚乙烯材料将补偿铁链包住,这样噪声也比较小。

电梯的对重:对重装置的作用是以其自身重量去平衡轿厢侧所悬挂的重量, 减小电梯曳引机的输出功率;减小曳引轮与钢丝绳之间的摩擦曳引力,延长钢丝绳寿命。对重装置由曳引绳、导靴、对重架、对重块、缓冲器碰块等组成。

电梯减速、限位和极限开关:井道中常设置减速开关、限位开关和极限开关。减速开关(又称强迫减速开关)一般安装在电梯井道内顶层和地层附近。当电梯失控而"冲顶"或"蹲底"时,轿厢上的上、下开关打板必然先使减速开关动作而断开。对于低速电梯,只需要减速开关就可以了,而高速电梯,在单层距离内,换速距离不够,需加一个单层强迫减速开关,位置设在多层减速开关之后,因此井道的顶层和底坑各有两个以上的减速开关。电梯限位开关(又称端站限位开关),一般电梯限位开关上下各安装一个。安装在上、下减速开关的后面。减速开关一旦失灵、未能使电梯上行(或下行)减速、停止,轿厢越过上端站(或下端站)平层位置时,限位开关动作,迫使电梯停止。上限位开关动作后,如下面楼层有召唤,电梯能下行;下限位开关动作后,如上面楼层召唤,电梯也能上行。极限开关(又称终端极限开关)有机械式和电气式两种:机械式常用于货梯,是非自动复位的;电气式常用于载客电梯中(该开关动作后电梯不能再启动,排除故障后在电梯机房将此开关短路,慢车离开此位置之后才能使电梯恢复运行)。国标规定:极限开关必须在轿厢或对重未触及缓冲器之前动作,它们是电梯安全保障装置中最后一道电气安全保护装置。

电梯井道照明:为检修维保方便和安全,井道必须设置若干照明灯,井道最高与最低 0.5 m 以内各装设照明灯,中间需安装灯,灯距离不超过 7 m。要求供电电压为 36 V 以下,照明开关则设在机房内。

电梯井道底坑检修盒:装有急停开关,按下急停开关,电梯将不能运行。这主要是为了检修时使用。

(3)酒店电梯的轿厢

酒店电梯轿厢空间是客人最"亲密接触"的空间。该空间由轿厢、轿厢门、安全钳装置、平层装置、安全窗、导靴、开门机、轿内操纵箱、指层灯、通信报警装置等组成。图 6-12 所示是酒店电梯轿厢的示意图。

电梯轿厢的主结构:是电梯中装载乘客或货物的金属结构体,它由轿厢架、轿壁(围帮)、轿厢底、轿厢顶、轿门等几部分组成。由上下四组导靴导向沿导轨作垂直升降运动,完成垂直运输任务。轿厢高度一般不小于 2 m,宽度和深度由实际载重量而定。

依据技术标准,载客电梯轿厢额定载重量约为 350 kg/m^2,轿厢载客人数一般按每人 75 kg 计算。

电梯轿厢架:是电梯轿厢中的承重构件, 是固定和悬吊轿厢的框架,轿厢架由上梁、下梁、底座、立柱和拉杆等组成。各部件强度、刚度要求都比较高。轿厢体由轿底、轿壁(围帮)、轿顶、轿门等组成。轿底由型钢组成框架,可铺设各种装饰材料。轿壁由钢板折边加强,有足够的强度,可用各种材料进行装饰。轿顶要有足够的强度,能支撑两个维修人员的重量,必须设置安全防护栏和轿顶检修盒, 轿顶下面是用于装饰的吊顶。

电梯轿厢的轿门:一般应为封闭门,轿门结构分为中分、双折中分、旁开和直分式。中分门开启和关闭较快,多用于繁重交通和客流量大的酒店或商业大厦。旁开门可以充分利用井道,

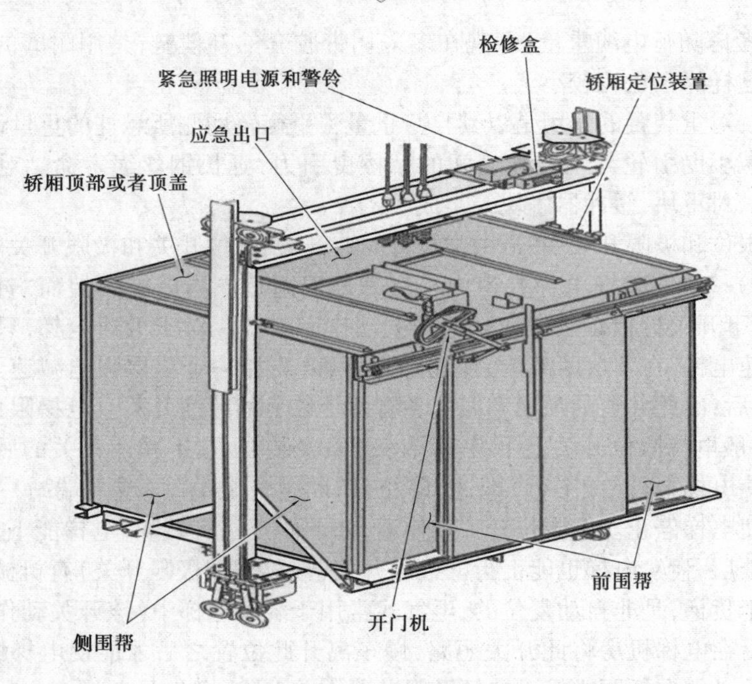

图 6-12　酒店电梯轿厢结构图

使之获得更大的轿厢面积。直分式系上下开启，门口可以与轿厢同宽，特别适用于装卸货物。

电梯轿厢操控箱：轿厢内在轿门旁设置有轿厢操控箱，供乘客操作电梯用。轿厢操控箱由操纵盘（内呼按钮盘）、副操纵盘（与主操纵盘对应，在轿厢的另一侧，属购梯选择件）、轿内指层显示器组成。操控盘上装有对讲机、紧急救援开关—警铃按钮、开关门按钮、楼层按钮等供乘客使用；在操控箱的下面带钥匙锁控制盒内，有检修上或下行点动按钮、直驶按钮、风扇电源开关、照明电源开关、司机/自动开关、检修/自动开关、停止开关、独立运行开关等供司机或专业技术人员使用。

电梯自动开门装置：装在轿厢靠近轿门处，由电动机通过减速装置（齿轮传动、蜗轮传动或带齿胶带传动）带动曲柄摇杆机构去开、关轿门，再由轿门带动层门开关（图 6-13）。电梯轿门平时正常工作状态是主动门，而层门则是到站后通过轿门上的开门刀插入该层门门锁内，使门联锁首先断开电气开关，然后将层门一起联动着打开或关闭，属于被动门。门电机有直流电机和交流调频（VVVF）电机，目前调频电机使用较为广泛。

电梯门的保护装置：门入口的安全保护装置是电梯的必备装置。常见的有接触式和非接触式。接触式保护装置：安全触板安装在轿门口，门自动关闭时，如碰到乘客或物体能自动重新开启的机械控制装置。非接触式保护装置：一般是红外线门保护装置，装在轿厢门上的一种发射出数十至数百束红外线光束形成一个保护屏的装置，可以有效感知门关闭过程中任何细小的障碍物。当门关闭过程中有障碍物挡住其光线时，门自动重新开启。另外还有电容感应式保护装置，利用电容量的变化来感知门区域移动的乘客。超声波监控保护装置，利用超声波的反射来判断门关闭过程中是否有障碍物挡住其保护的有效区域。

电梯超载与称载装置：酒店是宾客集中的区域，电梯更是交通的空间，为防止电梯发生超载，确保电梯运行安全，当轿厢载员达到额定载荷的 110% 时，称重装置检测出电梯超载，随即超载灯亮，警铃响，电梯不能关门运行，直到卸载到额定载重，电梯才恢复正常。电梯常用超载

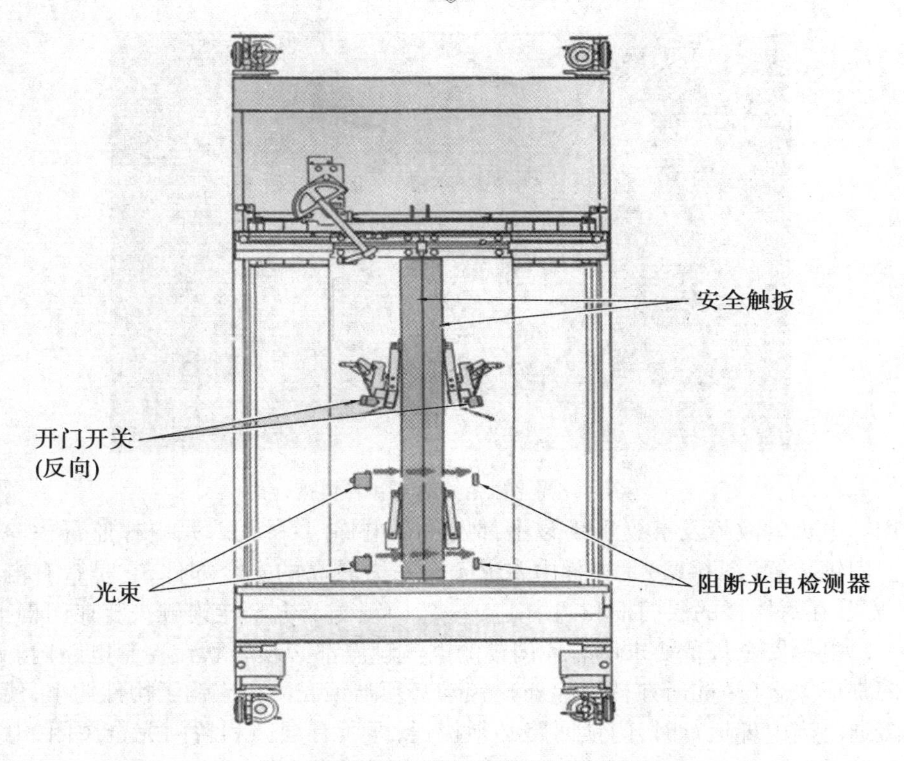

图6-13 酒店电梯门机与门保护装置

装置类型有轿底式称重装置和轿顶式称重装置两种。轿底式称重装置有6～8个均匀分布在轿底框上(轿厢体与轿底分离,称重装置被设在轿底与轿厢架之间),轿底超载装置灵敏度较高。轿顶式称重装置以曳引钢丝绳绳头上的弹簧组作为称重传感元件或有4个称重传感元件均匀安装在轿厢梁下面,对轿厢的载重进行测试。

电梯安全窗:安全窗设在轿顶。当安全钳动作,轿厢被卡在两个楼层之间又无法盘车时,为了解困酒店客人,电梯专业人员下到轿顶,开启安全窗将被困乘客救出。安全窗上设有安全保护开关,当打开安全窗时,开关切断安全回路,以免电梯再次启动造成伤亡事故。

电梯轿顶检修盒:为维修人员的安全及方便,轿顶上设置检修盒,其内包含检修/运行(自动)开关、急停开关、门机开关、照明开关和供检修用的电源插座等。检修时,可以上下点动按钮使电梯低速运行。按下急停开关,电梯将不能运行。

(4) 电梯层站部分

酒店电梯层站部分包括层门(厅门)、呼梯装置(召唤盒)、门锁装置、层站开关门装置、层楼显示装置和消防开关等。

酒店电梯楼层厅门由酒店大堂门厅和各个楼层门厅组成。酒店大堂厅门一般比较豪华(图6-14),采用的材质也比较豪华和名贵。这些体现和展现了酒店的风格和个性,住酒店的宾客对此也比较注重。层门(厅门)是电梯在各楼层的停靠站,也是供乘客或货物进出轿厢通向各楼层的出入口,一般酒店称之为厅门。厅门由门框、门板、门头架、吊门滚轮、层门地坎、门联锁、强迫关门装置等组成。门框又由门楣(门导轨或门上坎)、左右门立柱组成。层门在强迫关门装置的作用下平时是紧闭的,只有当轿厢到达某一层站的平层位置时,这一层的层门才能被轿门上的门刀拔开,否则在电梯厅外无法将门打开。有些电梯层门上安装有三角钥匙锁,供维

图 6-14　高星级酒店的电梯厅门设计图

修人员使用。电梯的故障及事故 80% 以上都发生在电梯门系统上，是电梯监督检验和安全监察的重点。门锁装置(图 6-15)是电梯中要求安全系数较高的安全部件，它是带有电气触点的机械门锁，安装在每层楼的层门框和门扇上。一般门锁壳及电气连锁触头装在门框上，锁钩被安在门扇上。电梯安全规范要求所有厅门锁的电气触点都必须串联在控制电路内。平时所有的电梯层门都应关上(轿厢所在楼层除外)，锁钩必须与锁壳内相应钩子构件钩牢，使电气连锁触头完全接通。当电梯运行时，门锁回路必须接通，即所有层门和轿门完全关闭，电梯才能运行。只有轿厢所在楼层的层门可以被开启，其余层门决不允许被开启。

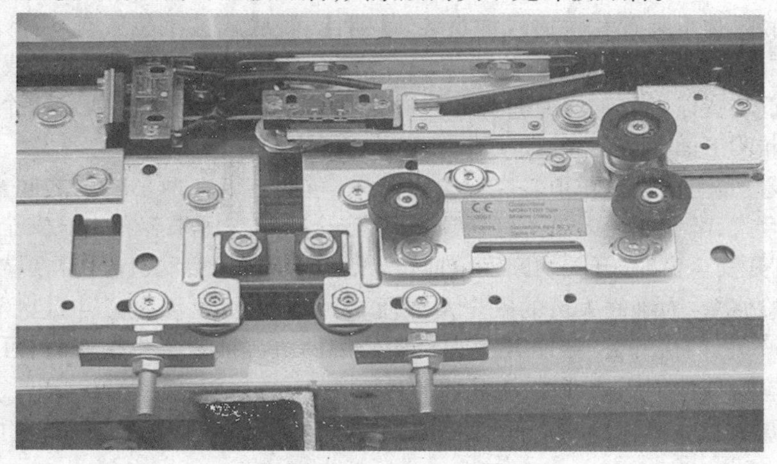

图 6-15　酒店电梯的门锁装置

酒店电梯层楼显示器：电梯层楼显示器一般安装在电梯层门上方或门框侧面，与外呼按钮一起，用于指示电梯所在楼层和电梯运行方向。目前电梯中最普及的是用七段数码发光显示器，分为 LED 或 LCD 两种。它由七段显示笔画组成一个数字位。图 6-16 所示是 LCD 显示器构成的电梯层楼显示器。也有采用 LED 或 LCD 点阵显示模块显示的，不但显示数字，也可以显示汉字。还有用 7 吋、10 吋液晶显示屏来显示相关的电梯运行信息，很具时尚感(图 6-17)。

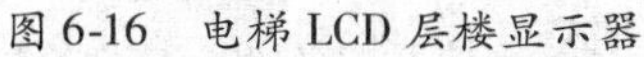

图 6-16 电梯 LCD 层楼显示器　　　图 6-17 电梯液晶层楼显示器

电梯层站呼梯按钮:供电梯乘客发送上行或下行呼梯指令用。电梯的最底层和最高层站,层外呼梯盒上仅安装一个单键按钮(顶层向下,底层向上),其余中间层均为上下两个方向。另外,基站还包括一个锁梯钥匙,供紧急状况下开关电梯门。

电梯消防开关:在消防基站的呼梯盒上方有一个消防开关。平时用玻璃面板封住,在发生火警时,打碎面板并压下开关,使电梯进入消防运行状态。

综上所述,酒店的电梯既要安全运行,运载宾客和物品,又要体现酒店的经营风格和时尚。酒店电梯的运维是酒店工程技术部非常重要的技术和管理工作,要科学地完成。目前酒店对于电梯的运维,会与电梯厂商签约,外包给电梯技术公司。电梯运维既获得高性价比,又达到了集约化、专业化、数字化的目标。

二、酒店的自动扶梯

酒店的自动扶梯(电梯)一般安装在大堂或酒店空间较大的区域,自动扶梯不但方便客人,更给人以豪华的感觉(图 6-18)。自动扶梯经常会安装在酒店建筑物层间,倾斜向上或向下,能

图 6-18 酒店的自动扶梯效果图

使该交通工具连续运载客人。自动扶梯带有循环运行的梯级,就像移动的楼梯,同时伴随有移动的扶手带,广泛用于车站、码头、商场、机场和地下铁道等人流集中的地方,是连续运输效率高的载客设备。酒店的大堂客流量大,适合安装该类电梯。自动扶梯可正、逆向运行,停机时可当作临时楼梯行走。自动扶梯的机房悬挂在楼板下面,楼层下做装饰外壳,底层则做地坑。机房上方的自动扶梯口处有活动地板,以利检修。梯级在乘客入口处做水平运动(方便乘客登梯),以后逐渐形成阶梯,在接近出口处阶梯逐渐消失,梯级再度做水平运动。这些运动都是由梯级主轮、辅轮分别沿不同的梯级导轨行走来实现的。下面介绍应用于酒店的自动扶梯。

1. 酒店自动扶梯规划与选型

酒店自动扶梯(Escalator)应根据酒店建筑与经营的状况、酒店市场和客源对象等要素来规划设计。酒店将根据自动扶梯的分类和技术运行参数作为规划电梯的技术依据。

(1)酒店自动扶梯的分类

按驱动方式分类:有链条式(端部驱动)和齿轮齿条式(中间驱动)。

按使用时间分类:有普通型(每周少于 140 小时运行)和公共交通型(每周大于 140 小时运行时间)。

按运行速度分类:有恒速运行和变调速运行。

按梯级运行轨迹分类:有直线型(传统型)、螺旋型、跑道型和回转螺旋型。

在规划设计酒店自动扶梯时:第一是要执行技术标准,尤其是安全运行的技术标准;第二是要保证自动扶梯速度与便捷;第三是要注重自动扶梯的美观,自动扶梯是否与酒店安装空间协调。

(2)酒店自动扶梯运行主要技术参数

自动扶梯额定速度(V):定义梯级在空载情况下的运行速度为 V (m/s)。

$$V = 0.5\ \text{m/s} \quad \text{或} \quad 0.65\text{m/s} \quad \text{或} \quad 0.75\ \text{m/s 等} \qquad \text{(式 6-1)}$$

自动扶梯倾斜角(α):定义梯级运行时与水平面构成的最大倾斜角(α)。

$$\alpha = 30° \quad \text{或} \quad 35° \qquad \text{(式 6-2)}$$

自动扶梯梯级宽度(B):定义自动扶梯梯级宽度 B(mm)。

$$B = 600 \sim 800\ \text{mm (单人) 或 } 1\ 000 \sim 1\ 200\ \text{mm(双人)} \qquad \text{(式 6-3)}$$

自动扶梯梯级水平段(L):定义扶梯进口处水平运行的距离(mm)。

$$\begin{aligned} &\text{当 } V=0.5\ \text{m/s 时}, L \geqslant 800\ \text{mm} \\ &\text{当 } 0.5 < V \leqslant 0.65\ \text{m/s 时}, L \geqslant 1\ 200\ \text{mm} \\ &\text{当 } 0.65 < V \leqslant 0.75\ \text{m/s 时}, L \geqslant 1\ 600\ \text{mm} \end{aligned} \qquad \text{(式 6-4)}$$

自动扶梯输送能力(F):定义自动扶梯输送能力(F)。

$$\begin{aligned} &\text{当单人时}, F=4\ 000 \sim 5\ 000\ \text{人/时} \\ &\text{当双人时}, F=8\ 000 \sim 12\ 000\ \text{人/时} \end{aligned} \qquad \text{(式 6-5)}$$

2. 酒店自动扶梯的主要部件

酒店自动扶梯由梯路和两旁的扶手组成(图 6-19)。其主要部件有桁架、驱动减速机、电动机、驱动装置、制动器张紧装置、导轨系统、梯级、牵引链条及链轮、梯级链或齿条、梳板、扶栏扶手带以及各种安全装置和电气系统等。

桁架:它是扶梯的基础构架,扶梯的所有零部件都装配在这一金属结构的桁架中。一般用

角钢、型钢或方形与矩形管等焊制而成。桁架必须具有足够刚度。

驱动减速机：以链条式为例，主要由电动机、蜗轮蜗杆减速机、链轮、制动器（抱闸）等组成。目前采用立式驱动机的扶梯居多。其优点是结构紧凑、占地少、重量轻、便于维修、噪声低、振动小，尤其是整体式驱动机，其电动机转子轴与蜗杆共轴，因而平衡性很好，且可消除振动及降低噪声；承载能力大，小提升高度的扶梯可由一台驱动机驱动，中提升高度的扶梯可由两台驱动机驱动。

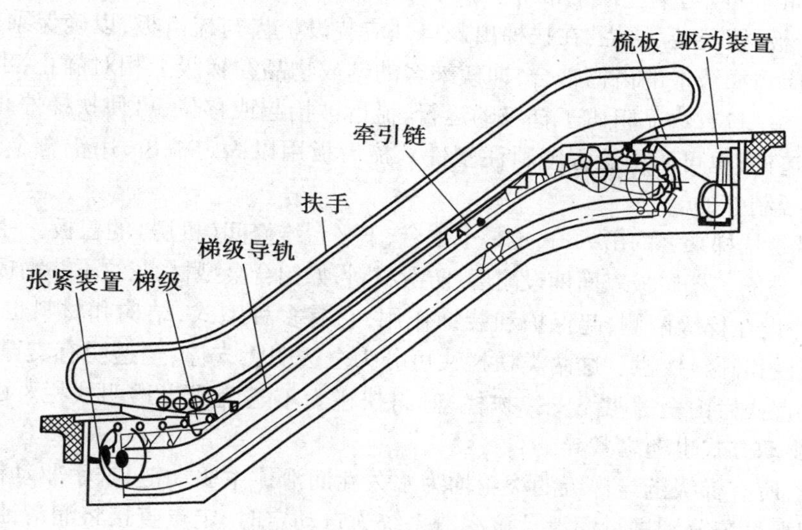

图 6-19　酒店自动扶梯结构示意图

驱动装置：驱动装置主要由驱动链轮、梯级链轮、扶手驱动链轮、主轴及制动轮或棘轮等组成。该装置从驱动机获得动力，经驱动链用以驱动梯级和扶手带，从而实现扶梯的主运动，并且可在应急时制动，防止乘客倒滑，确保乘客安全。

张紧装置：张紧装置由梯链轮、轴、张紧小车及张紧梯级链的弹簧等组成。张紧弹簧可由螺母调节张力，使梯级链在扶梯运行时处于良好工作状态。当自动扶梯梯级链断裂或伸长时，张紧小车上的滚子精确导向产生位移，使其安全装置（梯级链断裂保护装置）起作用，扶梯立即停止运行。

导轨和梯级链：导轨一般采用国外引进技术生产的扶梯梯级运行和返回导轨，均为冷弯型材，具有重量轻、相对刚度大、制造精度高等特点，便于装配和调整。采用冷弯导轨及导轨架，降低了梯级的颠振运行、曲线运行和摇动运行，延长了梯级及滚轮的使用寿命。同时减小了上平台（上部桁架）与下平台（下部桁架）导轨平滑的转折半径，又减少了梯级轮、梯级链轮对导轨的压力，降低了垂直加速度，也延长了导轨系统的寿命。梯级链由具有永久性润滑的支撑轮支撑，梯级链上的梯级轮就可在导轨系统、驱动装置及张紧装置的链轮上平稳运行；还使负荷分布均匀，防止导轨系统的过早磨损，特别是在反向区，两根梯级链由梯级轴连接，保证了梯级链整体运行的稳定性。

梯级：酒店自动电梯的梯级有整体压铸梯级与装配式梯级两类。

①整体压铸梯级系铝合金压铸，脚踏板和起步板铸有筋条，起防滑作用和相邻梯级导向作用。这种梯级的特点是重量轻（约为装配式梯级重量之半），外观质量高，便于制造、装配和维修。

②装配式梯级由脚踏板、起步板、支架（以上为压铸件）与基础板（冲压件）、滚轮等组成，

制造工艺复杂，装配后的梯级尺寸与形位公差的同一性差，重量大，不便于装配和维修。

扶手驱动装置和扶手带：扶手驱动装置由驱动装置通过扶手驱动链直接驱动，无须中间轴，扶手带驱动轮缘有耐油橡胶摩擦层，以其高摩擦力保证扶手带与梯级同步运行。为使扶手带获得足够摩擦力，在扶手带驱动轮下另设有皮带轮组。皮带的张紧度由皮带轮中的一个带弹簧与螺杆进行调整，以确保扶手带正常工作。扶手带由多种材料组成，主要为天然（或合成）橡胶、棉织物（帘子布）与钢丝或钢带等。扶手带的标准颜色为黑色。

梳齿、梳齿板、楼层板、扶栏：在扶梯出入口处应装设梳齿与梳齿板，以确保乘客安全过渡。梳齿上的齿槽应与梯级上的齿槽啮合，即使乘客的鞋或物品在梯级上相对静止，也会平滑地过渡到楼层板上。一旦有物品阻碍了梯级的运行，梳齿被抬起或移位，可使扶梯停止运行。梳齿采用铝合金压铸件，也可采用工程塑料注塑件。梳齿板用以固定梳齿，用铝合金型材制作，也有用较厚碳钢板制作的。

楼层板：既是扶梯乘客的出入口，也是上平台、下平台维修间（机房）的盖板，一般用薄钢板制作，背面焊有加强筋。楼层板表面铺设耐磨、防滑材料，如铝合金型材、花纹不锈钢板或橡胶地板。

扶栏：扶栏设在梯级两侧，起保护和装饰作用，它有多种型式，结构和材料也不尽相同，一般分为垂直扶栏和倾斜扶栏。这两类扶栏又可分为全透明无支撑、全透明有支撑、半透明及不透明 4 种。垂直扶栏为全透明无支撑扶栏，倾斜扶栏为不透明或半透明扶栏。由于扶栏结构不同，扶手带驱动方式也随之各异。

润滑系统：所有梯级链与梯级的滚轮均为永久性润滑。主驱动链、扶手驱动链及梯级链则由自动控制润滑系统分别进行润滑。该润滑系统为自动定时、定点直接将润滑油喷到链销上，使之得到良好的润滑。润滑系统中泵或电磁阀的启动时间、给油时间均由控制柜控制。

安全装置：自动扶梯必须有以下 10 多种安全装置（图 6-20）。断链（梯级链）急停开关、断带（扶手带）急停开关、梯级水平监测装置、过电流保护、相位监测、扶手入口触点、梳齿板触点、护栏围裙触点、驱动轴安全制动器、楼层地板安全触点、梯级间隙照明、应急开关、盖门联锁装

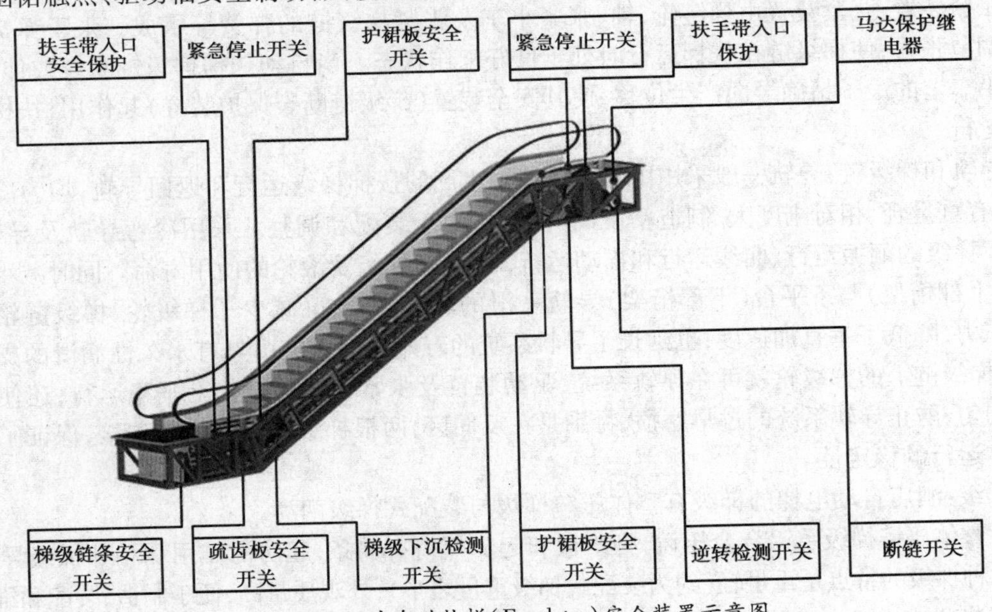

图 6-20　酒店自动扶梯（Escalator）安全装置示意图

置、电气防反转装置、防梯级举升轨道、扶梯内烟雾探测装置等。

3. 酒店自动扶梯的节能控制

酒店自动扶梯的使用，对能源的压力很大，节能是该设备的重要工作之一。现代酒店一般都会采用节能运行。其节能运行的原理：当乘客走近入口传感器的检测范围时，预计（设定）乘客走到扶梯前约需 1 ~2 s，在这段时间内，变频器从 15 Hz 节电慢行状态加速到 50 Hz 正常运行速度。为保证安全，在乘客踏上扶梯前完成加速。当乘客离开后自动延时（设定）2 ~3 s，当入口传感器检测无人再乘坐时，变频器减速到 15 Hz 运行。在自动扶梯载人运行过程中，如果连续有人乘坐，则变频器会自动刷新，维持正常运行速度，直至最后的乘客离开，才延时后降速运行。

三、酒店电梯系统分类和主要技术参数

酒店的电梯应用很广，种类也很多，这些分类涉及酒店的规划和选型，为此我们就按电梯的特征性质以及对酒店的用途进行分类、分析，以期对酒店的经营管理有所帮助。

1. 电梯按使用性质分类

客用电梯：为迎送酒店宾客设计的电梯，有完善的安全设施和高端的轿内装潢装饰，客用电梯的轿内装潢和装饰风格体现了酒店类型与档次。

观光电梯：轿厢壁透明，供酒店客人乘坐时观光，观光电梯与客梯的要求相同（图 6-21）。

服务电梯：主要用作运送酒店内部工作人员，也可运送货物，轿厢内部装饰一般要求简洁明快。

消防电梯：酒店的电梯至少有一部电梯具有消防电梯的特殊功能。

自动扶梯：通常设在酒店大厅或者较宽敞的区域。

载货电梯：主要为运送货物而设计，此类电梯结构简单，载重量大。

图 6-21　酒店的观光电梯

2. 按电梯的速度分类

酒店电梯速度的选择，直接影响业主对酒店设备的投资金额，电梯速度的规划和选择应该依据星级酒店相关标准和酒店的客源来设计。

$$
\begin{aligned}
&\text{低速梯}: V < 1.00\ \text{m/s}\\
&\text{中速梯}: V = 1.00 \sim 2.5\ \text{m/s}\\
&\text{高速梯}: V = 3.00 \sim 5.00\ \text{m/s}\\
&\text{超高速梯}: V > 5.00\ \text{m/s}
\end{aligned}
\qquad (\text{式 } 6\text{-}6)
$$

随着电梯技术的不断发展，电梯速度越来越高，区别高、中、低速电梯的速度限值也在相应地提高。目前上海中心最高速电梯速度达到 20 m/s。

3. 按电梯的额定载重量分类

额定载荷 Q(kg) 是制造电梯所依据的载荷或卖方保证正常运行的载荷。额定载重量是指保证电梯正常运行的允许载重量。这是制造厂家设计制造电梯及用户选择电梯的主要依据，也是安全使用电梯的主要参数。

对于乘客电梯，常用乘客参数(亚洲人群)：

$$1\ \text{人载重估算} = 75\ \text{kg} \qquad (\text{式 } 6\text{-}7)$$

电梯载重量主要有以下几种：

400 kg、630 kg、800 kg、1 000 kg、1 250 kg、1 600 kg、2 000 kg、2 500 kg 等。

4. 按拖动方式分类

电梯的拖动控制系统经历了从简单到复杂的过程。到目前为止应用于电梯的拖动系统主要有：

①交流电梯：曳引电动机是交流电机。

当电机是单速时，称为交流单速电梯；

当电机是双速时，称为交流双速电梯；

当电机具有调压调速装置时，称为交流调速电梯；

当电机具有调压调频调速装置时，称为变频调速电梯。

②直流电梯：曳引电动机是直流电机，分为直流有齿电梯和直流无齿电梯。

③液压电梯：靠液压传动的电梯，分为柱塞直顶式和柱塞侧置式。

④齿轮齿条式电梯(一般为工程电梯)。

5. 按电梯有无司机分类

有司机电梯：电梯的运行方式由专职司机操纵来完成。

无司机电梯：乘客进入电梯轿厢，按下操纵盘上所需要去的层楼按钮，电梯自动运行到达目的层楼，这类电梯一般具有智能控制功能。酒店一般选用此类电梯。

有/无司机电梯：这类电梯可变换控制电路，平时由乘客操纵，如遇客流量大或必要时改由司机操纵。

6. 按控制方式分类

①按钮控制电梯：具有简单的自动控制方式的电梯，具有自动平层功能，一般用于货梯。

②下集选控制电梯：只有在电梯下行时才能被截停的集选控制的电梯，用于住宅楼等。

③并联控制电梯:几台电梯被连在一起控制,共用厅门外召唤信号的电梯,具有集选功能。

④梯群程序控制电梯:多台集中排列,共用厅外召唤按钮,按规定程序集中调度和控制的电梯。

⑤群控智能控制电梯:由电脑根据客流情况,自动选择最佳运行方式的集群控制电梯。酒店、商厦等应用该类电梯最多。酒店现在选用最多的就是此类群控电梯。

四、酒店电梯的规划与选型

酒店电梯的规划与选型,是酒店设计中比较重要的设备选择,涉及酒店长期的运营,酒店的电梯一般投入资金比较大,规划和选型是非常慎重的技术工作。

1. 电梯选型基本术语

额定速度:电梯设计所规定的轿厢速度。

额定载荷:电梯设计所规定的轿厢内最大载荷。

提升高度:电梯从底层端站至顶层端站的总运行高度。

电梯层站:各楼层中电梯停靠的地点。每一层楼,电梯最多只有一个站。但可根据需要在某些层楼不设站。这些可以在控制器中设定。

底层端站: 大楼中最低的停靠站。

顶层端站: 大楼中最高的停靠站。

电梯基站: 轿厢无指令运行中停靠的层站。此层站一般面临街道,出入轿厢的人数最多。合理选择基站可提高使用效率。

电梯平层: 轿厢接近停靠站时,欲使轿厢地坎与层门地坎达到同一平面的动作。

电梯平层区: 轿厢停靠站上方和(或)下方的一段有限距离。在此区域内,电梯的平层控制装置动作,使轿厢准确平层。

平层精确度:指轿厢到站停靠后,其地坎上平面对层门地坎上平面垂直方向的误差值。

2. 数字化智能控制电梯技术的应用

酒店所采用的电梯一般是拥有当时最先进技术的电梯。但电梯先进的技术又总是在日新月异地发展进步,酒店的电梯会采用如下一些先进技术:

1)酒店机器人联动

酒店在应用智能机器人,如客房服务智能机器人到客房提供送房服务时,需要机器人的信号与电梯联动,机器人将自动乘坐酒店电梯到达客人所在的楼层。

2)智能型识别安全控制技术

通过乘客识别系统或者 IC 卡以及数码监控设备进行操作。

3)节能技术

能量回馈技术,即采用节能技术,使电梯更节约能源。

4)网络控制技术

完全采用计算机进行电梯监控与控制、VVVF 变压变频调速技术、人工智能(AI)群控管理技术。

5)无线控制及报警

当电梯产生故障时,电梯可以通过无线装置给手机发送故障信息,并通过手机发送信号对电梯进行简单控制。

6)群控技术

多台电梯根据需要可实现上集选、下集选和全集选控制。将所有的呼梯信号和主令信号统一进行分配调度,以实现电梯的最优运行。

这些高新技术应用于电梯,使酒店电梯能更好地为客人提供服务,提升客人的体验。酒店的决策者应该从经营管理角度思考,最后作出选型和功能选择。

3. 高星级酒店电梯规划

酒店选用电梯有别于其他行业,酒店的电梯始终要给宾客留下安全、舒适、快捷、豪华、时尚等好的印象。酒店的客梯有其特殊的使用要求,对客人来讲、舒适、快速是重要的指标,酒店的电梯又是24小时365天不停机的设备,所以可靠性和其他的指标要求更高。

依据星级酒店的国家标准,酒店电梯客人等候时间参数是:

高星级酒店客用电梯等候时间:$T \leqslant 30$ s
中低星级酒店客用电梯等候时间:$T \leqslant 40$ s （式6-8）

与上述等候时间对应的是酒店电梯数量的规划,如果电梯数量选择多,酒店的投资和运营成本就高;如果电梯数量少,就会使得客人等候时间长。为此需要科学合理地选择电梯的数量和速度,平衡好之间的关系。

下面是酒店电梯配置数量和星级酒店的国家标准等候时间(式6-8)对应关系。在具体电梯选型时,需要计算机模型进行进一步的评估。

高星级酒店70间客房配置≥1台客电梯
中低星级酒店100间客房配置≥1台客电梯 （式6-9）

五、酒店电梯的安全管理制度

由于酒店的电梯属于重要的设备(系统),又涉及客人和酒店的安全,所以对电梯的使用,除了技术层面外,管理制度也一样重要。

1. 电梯安全要求

(1)客用电梯

目前载人电梯都是微机控制的智能化、自动化设备,不需要专门的人员来操作驾驶,普通乘客只要按下列程序乘坐和操作电梯即可:在乘梯楼层电梯入口处,根据自己上行或下行的需要,按上方向或下方向箭头按钮,只要按钮上的灯亮,就说明你的呼叫已被记录,只要等待电梯到来即可。电梯抵达楼层开门后,先让轿厢内人员走出电梯,当确定电梯运行方向与自己去往的方向一致时再进入轿厢。进入轿厢后,根据你需要到达的楼层,按下轿厢内操纵盘上相应的数字按钮。同样,只要该按钮灯亮,说明宾客的选层已被记录;此时电梯门扇会定时、自动关闭,电梯就会到达你的目的层停靠。乘客也可以按电梯内操作面板上的关门按键立即关闭电梯门;乘客切勿在楼层与轿厢接缝处逗留,不得倚靠轿厢门,以免被夹伤。电梯均有额定运载人数标准。当宾客超载时,电梯内报警装置会发出声音提示,此时乘客应主动减员,退出电梯。电梯行驶到你的目的层后会自动开门,此时按顺序走出电梯即结束了一个乘梯过程。当电梯发生异常现象或故障时,乘客应保持镇静,可拨打轿厢内报警电话寻求帮助或等待救援。切不可擅自撬门,企图逃离轿厢。

(2)酒店自动扶梯

乘坐自动扶梯时,儿童应有大人牵领,幼儿应由大人抱起。进出自动扶梯时不要犹豫。一般自动扶梯站人的梯级上有方框形安全警告线,踏脚时,不要踩在两个梯级的接缝处,否则在自动扶梯进入倾斜运行段时,人就会站立不稳而摔倒。应靠右侧站立且手扶右侧扶手带,在扶梯出口处顺势迈出即可。物品行李应手提携带。在扶梯的上、下两站出入口处的下部,均设有2个红色的按钮,并标有“停止”字样,如果扶梯上发生人员摔倒或手指及鞋跟等物品被夹住等情况时,应呼叫处在扶梯两端的人员立即按下“停止”按钮,以便马上使扶梯停止。处在扶梯端部的值班人员或一般乘客,如发现发生了紧急情况,也应立刻按下“停止”按钮,以免造成更大的伤害。

2. 酒店电梯的安全管理制度

酒店电梯的管理非常重要,保养、维修也是一项艰巨的管理任务,必须在相关的管理制度下运行。管理人员要严格履行岗位职责,经常检查电梯运行情况;定期联系电梯维修保养,做好维保记录;发现故障及时处理和汇报。

国家相关机构要求电梯使用单位建立管理制度如下所述:

为了确保电梯安全运行,保障人身和财产的安全,依据《特种设备质量安全监察条例》,特规定如下:

①电梯使用单位必须对电梯使用运行的安全负责,应至少设电梯安全管理人员一名,并建立健全电梯设备技术档案有关管理制度。

②电梯使用单位必须委托由质量技术监督局签发的有资质许可的电梯专业维修保养单位对电梯设备进行维修、保养,以保证电梯的安全运行。

③在用电梯实行定期检验制度,检验有效期为一年,未经检验或超过检验周期或检验不合格的电梯不得继续使用。

④电梯《安全检验》标志应粘贴在电梯轿厢内明显位置。每台电梯都应有明显的《安全乘梯须知》或《电梯使用须知》。

⑤严格执行电梯设备的常规检查制度,当发现电梯有异常情况时,必须立即整改,严禁带故障运行,各种检查均应有记录,并存档备查。

⑥电梯使用单位负责人每年至少组织一次电梯《应急救援预案》演习,并记录在案备查。

⑦新装、大修、改造电梯前,应到质量技术监督机构办理告知手续,然后经检验部门审批资料合格后即可开工,经检验合格后到质量技术监督部门办理注册登记手续,方可交付使用。

⑧电梯维修、保养人员及司机必须经专业培训和考核,取得特种设备作业人员资格证书后,方可从事相应工作。

⑨电梯司机应做到严格遵守有关规章制度,认真执行安全操作规程和工作守则,及时制止违章乘梯,宣传安全乘梯(使用)须知。电梯发生严重事故或致使人员伤亡事故时,使用单位要保护好现场,并应采取紧急救援措施,立即报告特种设备安全监察部门。

⑩酒店电梯的定期检验:电梯定期检验每年一次,使用单位必须在上一年检验合格签发的安全运行许可证到期前一个月,到特种设备检验检测机构报检,确定具体日期进行定期安全检验。

⑪酒店(使用单位)应备事宜:

相关文件的备用;特种设备注册登记表,上一年定期检验报告(包括整改意见书),电梯技术资料,与维保单位鉴定的维修、保养合同,本酒店有关管理制度等。

⑫酒店电梯运行应急措施和救援预案。

国家对电梯设备有明确的规范,特种设备使用单位应当制定特种设备的事故应急措施和救援预案。电梯属特种设备,酒店电梯在管理、运行过程中,应急措施和救援预案是不可缺少的重要项目,酒店电梯应急措施和救援预案要求如下:

紧急电话:设急救中心,并有火警电话、报警电话、维保单位救援电话、维保人员电话、工程部电话及负责人电话、安保部电话及负责人电话、酒店总值班电话、酒店负责人电话。

救援时间:酒店相关人员立即到场,维保单位接到救援信息后30分钟之内必须到场。

因停电造成电梯停梯时的措施:运行中的电梯将会因供电线路的故障或停电等原因造成突然停梯,将乘客困在轿厢内,如果有司机操作,司机应对乘客说明原因,使乘客保持镇静并与维修人员联系;如无司机操作,维修人员到达现场后应与轿厢内被困人员取得联系,说明原因,使乘客保持镇静等待。有备用电源的应及时启用备用电源;若恢复送电需要较长时间,则应由维修人员或在专业人员指导下进行盘车放人操作,解救被困乘客,恢复送电后,重新选层恢复电梯正常运行。

因电梯故障停梯时的措施:电梯运行过程中,因电梯故障等原因而突然停梯,将乘客困在轿厢内时,维修人员应安慰乘客安静等待,等待救援,不要擅自行动,以免发生不必要的危险。

发生火灾时的措施:当建筑物或电梯间发生火灾后,应以立即中止电梯运行为原则,并采取如下措施。及时与消防部门取得联系,告知火情实际情况,如地区位置、楼层高低、灾情大小、有无困人等情况。及时通报上级及其相关负责人员。发生火灾时,对有消防运行功能的电梯,应立即砸开消防功能玻璃,并按动"消防按钮"使电梯进入消防状态。此消防状态启用后一般人不允许再启动电梯,而只允许消防人员及有资格人员使用。对于无消防功能电梯应立即将电梯直驶或选层到基站并切断电源,或将电梯停于火情未蔓延的楼层。有关人员组织疏导乘客尽快离开轿厢,通过步行楼梯安全撤离并将电梯置于"停止运行"状态,用手关闭轿门并切断总电源。井道内或轿厢发生火灾时,应立即停止运行并疏导乘客尽快撤离,切断电源,用干粉灭火器进行灭火扑救。共用井道中发生火灾时,其余相邻电梯应立即停于远离火情区,供专业人员或消防人员灭火使用。相邻建筑物发生火灾时,也应立即停梯,以免因火灾停电造成电梯停电而造成困人事故。

电梯漏水的措施:电梯机房一般处于建筑物的最高层,底坑处于建筑物的最底层,井道通过层站与楼道相连接,机房会因屋顶或门窗漏雨而进水,底坑除因建筑物防水层处理不好而渗水外,还会因暖气、上下水管道、施工不当、跑水等,使水从楼层经井道流入底坑。发生洪水时,井道轿厢及底坑各设施、电器开关等也会遭遇水淹。发生漏水事故除从建筑设施上采用堵漏措施外,还应采取应急措施。当底坑内出现少量水或渗水较多时,应将电梯停在二层以上,中止运行并切断总电源;当楼层发生跑水、水淹而使井道或底坑进水时,应将轿厢停于进水层的上一层,中止运行,切断总电源,以防止轿厢进水;当机房或底坑进水较多时,应立即停梯,切断总电源,以防止发生短路触电事故;当发生漏水时,应尽快切断漏水源,以保证电器设备不沾水或少沾水;漏水电梯在正常使用前应进行除湿处理,如采取擦拭、热风吹干、自然通风、更新管线及有关部件等方法,确认湿水消除,绝缘电阻经重新测试符合要求并经运行无异常后,方可投入运行;恢复运行后,对漏水原因、处理方法、防范措施等应记录清楚并存档备查。

发生地震时的措施：当接到政府发布临震预报时，由主管领导通知乘客按照国务院发布的《破坏性地震应急条例》执行；当地震已经发生，其震级为四级以下，烈度为六度以下时，应对电梯进行如下检测：检查测试电梯供电系统有无异常；电梯主结构如机房、井道、轿厢有无异常；电梯以检修速度上、下全程运行若干次，发现异常立即停梯，并使电梯停靠在基站，由专业维修人员检查修理；电梯以检修速度上、下全程运行若干次无异常现象时，方要进行试运行，经多次试运行一切正常后，方可投入使用；当地震震级为四级（含四级）以上，烈度为六度以上时，应由专业人员对电梯进行全面安全检验，无异常现象或对电梯进行检修后方可做试运行；试运行正常后，应由特种设备检验部门的专业检测人员进行全面的安全检测，经检测合格领取《电梯安全检验合格证》后方可正常运行。

酒店的电梯系统是一个复杂的系统，是多种技术的结合体，由此技术标准也很多，下面罗列相关的一些技术标准供大家参考：

《电梯制造与安装安全规范》（GB 7588—2003）；

《电梯技术条件》（GB/T 10058—2009）；

《自动扶梯和自动人行道的制造与安装安全规范》（GB 16899—2011）。

第二节　酒店空调暖通系统

酒店是提供住宿、餐饮、社交和各种娱乐文化活动的场所，酒店的空气质量、环境温度是至关重要的环境因素。高星级酒店会对内部的空气进行处理和加工，空气处理分两个方面：第一是对进入酒店的空气进行过滤和清洁，达到一定标准；第二是对酒店内部建筑空间进行温度和湿度的控制，使酒店的环境舒适、幽雅。酒店的空调系统是关键设备。空调系统的作用就是在任何自然环境下将室内建筑空间维持在一定的温度、湿度，并和其他系统一起使空气流通，达到一定的新鲜感。空调系统是酒店重要的设备（系统），也是酒店能源消耗的大户，对酒店的节能减排起到关键作用。

一、酒店空调系统制冷原理

一般状况下，制冷就是利用液态物质状态的变化，将热量从一个地方传递到另一个地方。制冷基本工作原理就是制冷剂在蒸发器内吸取被冷却物体的热量而汽化为蒸气，压缩机不断地将产生的蒸气从蒸发器中抽出，并进行压缩，经压缩后形成高温、高压蒸气排到冷凝器，在冷凝器内将热量传递给周围空气或水而冷凝成高压液体，再经节流机构降压后进入蒸发器再次汽化、吸收被冷却物体的热量，如此周而复始地循环，达到连续制冷的效果。

酒店的空调系统可分为中央空调和分布式空调两大类型。中大型酒店采用中央空调系统，可以达到空气调节的更好效能，舒适性会更好。经济型酒店往往采用分布式空调（每间客房独立空调），实际只能起到调节温度的作用，而不是空气调节，经济型酒店采用此类空调更多是为了投入资金的考虑。下面就酒店中央空调系统做全面介绍：

酒店中央空调制冷的工作循环过程：制冷剂在制冷机组的蒸发器中汽化吸收冷冻水的热量，从而冷冻水的温度降低，在蒸发器内被汽化的制冷剂经制冷机组的压缩机压缩成高压高温的气体，当高温高压的制冷剂气体流经冷凝器时，被来自冷却塔的冷却水冷却，变成低温高压的气体,低温高压的制冷剂通过膨胀阀后重新变成了低温低压的液体,而后再在蒸发器内气化,完成一次循环。通过不断的循环,载冷剂不断地输送冷量到各风机盘管,由风机吹送冷风达到降温的目的。同时,制冷机组产生的热量不断地被冷却水带走,送到室外的冷却塔上喷淋,由水塔风扇对其进行冷却,与空气之间进行热交换,最终将热量释放到大气中去。

在冬天,酒店需要暖通时,中央空调系统的冷却水系统停止运行,制热机组直接对冷冻水进行加热,经过加热后的水通过管道流至各个房间,风机盘管把进风口吸进的冷空气加热再通过出风口排出,达到制热的目的。变冷的水回流进加热机组,再一次被加热,如此形成循环。

二、酒店中央空调系统

酒店中央空调是用于实现集中控制大型空间或多房间的空气调节系统。酒店中央空调系统由制冷、制热和空气调节系统组成,运维比较复杂,技术要求较高,在能耗上也是酒店比重较高的系统。

1. 酒店的水冷空调制冷系统

制冷系统是中央空调系统最为重要的部分,其采用种类、运行方式、结构形式等直接影响中央空调系统在运行中的经济性、高效性、合理性。如果酒店采用水冷中央空调制冷系统,那么该系统主要由制冷机(组)、冷却水循环系统、冷冻水循环系统组成(图 6-22)。酒店水冷中央制冷系统在这三个子系统运行下,进行了三个冷热交换循环,将能量进行传递,对酒店的空间进行制冷。

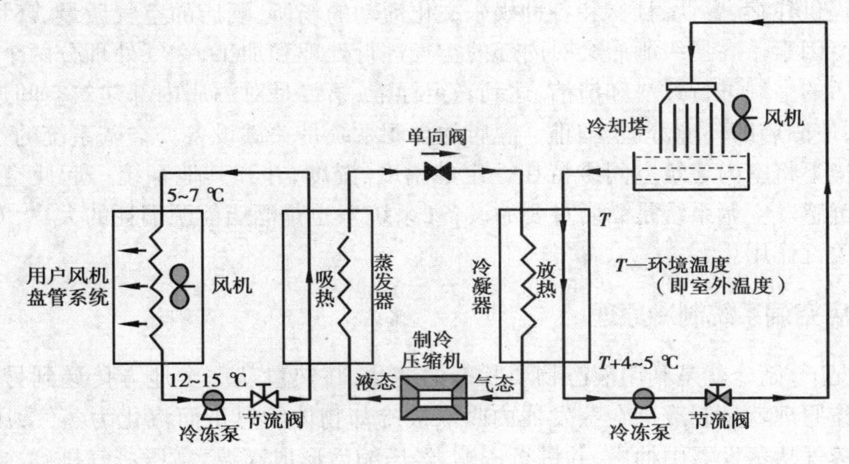

图 6-22　酒店中央空调制冷运行原理

第一循环是冷冻水循环系统,冷冻水循环系统由冷冻泵、室内风机盘管、冷冻水管道和阀门、膨胀水箱等组成。从制冷机蒸发器流出的低温冷冻水由冷冻泵加压送入冷冻水管道(称为冷冻出水),冷冻出水温度在 $T=5\sim7$ ℃,进入室内风机的盘管中进行热交换,带走房间内的热量,降低空气温度,最后回到制冷机蒸发器(称为冷冻回水),冷冻回水温度在 $T=12\sim15$ ℃。膨胀水箱收容和补偿冷冻水系统中水的胀缩量,使循环水的压力不要过高。其运行流程见图(图 6-22)的左边部分。

第二循环是冷却水循环系统:冷却水循环系统由冷却泵、冷却水管道、冷却水塔等组成。见图 6-22 的右边部分,冷冻水循环系统进行室内热交换时,带走室内大量的热能。该热能通过

主机内的冷媒传递给冷却水,使冷却水温度升高。冷却泵将升温后的冷却水压入冷却水塔喷淋冷却(冷却出水),一般要求降低温度 $T=4\sim5$ ℃,水塔风扇对其与大气进行加速热交换,使之降低温度后再送回主机冷凝器(冷却回水)。

第三循环是制冷机(组):制冷机由压缩机、蒸发器、冷凝器及制冷剂(冷媒)等组成,见图6-22的中间部分。制冷机组常用的压缩机主要有活塞式、涡旋式、螺杆式以及离心式压缩机。制冷机因冷却方式不同,又分为水冷机或风冷机。酒店经常采用的是水冷机组(图6-23)。水冷机组就是冷凝器的冷却用常温水的换热降温来实现,称为水冷机组。风冷机组就是冷凝器的冷却通过风扇与空气进行强迫换热,在夏天可制冷,在冬天交换热水也可制热。

图6-23　酒店冷冻机组主机

2. 酒店其他常见的制冷机主机

目前制冷主机有很多种,酒店应根据建筑面积和建筑特性,来规划和采购酒店的制冷主机。

(1)螺杆式冷水机组

螺杆式冷水机组的压缩机采用螺杆式,螺杆式冷水机按照散热方式的不同可分为风冷螺杆式冷水机(图6-24)和水冷螺杆式冷水机(图6-25)。螺杆机有运行效率高、结构简单紧凑、零部件少、体积小、重量轻、操作维护方便、运转平稳、变工况特性好等众多优点,因此,许多酒店会采用此空调制冷主机。

螺杆式冷水机组按螺杆的结构分,可以分为单、双两种。双螺杆制冷压缩机是一种能量可调式喷油压缩机。它的吸气、压缩、排气三个连续过程是靠机体内的一对相互啮合的阴阳转子旋转时产生周期性的容积变化来实现的。容量15%~100%无级调节或二、三段式调节,其结构如图6-26所示。双螺杆制冷压缩机的生产技术比较成熟,由此双螺杆冷水机在大中型酒店采用较多。

单螺杆制冷压缩机是利用一个主动转子和两个星轮的啮合产生压缩。它的吸气、压缩、排气三个连续过程是靠转子、星轮旋转时产生周期性的容积变化来实现的。容量可以从10%~100%无级调节及三或四段式调节(图6-27)。单螺杆制冷压缩机的技术门槛相对较高,目前生产技术只有少数几家公司掌握,振动和噪声低是它的最大优点,其他优势也比较明显,目前适

图 6-24　冷冻系统中风冷螺杆式冷水机

图 6-25　冷冻系统中水冷螺杆式冷水机

宜应用在中小型制冷范围。

(2)热回收螺杆式冷水机组

热回收螺杆式冷水机组就是在冷凝器和压缩机之间增加热回收装置的螺杆式冷水机组。在制冷的同时将产生的热量加以回收,再去加热生活用水,便可以为酒店提供大量的热水,回收的热量通常是制冷量的 30% ~70% ,热水温度可以达到 65 ℃,并且还将机组制冷效率提高了 5% 左右。目前国内已有酒店在使用,节能效益显著。螺杆式冷水机组的主要控制参数有制冷性能系数、额定制冷量、输入功率以及制冷剂类型等。

(3)活塞式冷水机组

活塞式压缩机是问世最早,至今还广为应用的一种机型。活塞式冷水机组适应较广阔的压力范围和制冷量要求;热效率较高,单位耗电量较少,对材料要求只是普通钢铁材料,加工比较容易,造价也较低廉;生产技术上已经很成熟,装置系统比较简单。活塞式压缩机的上述优

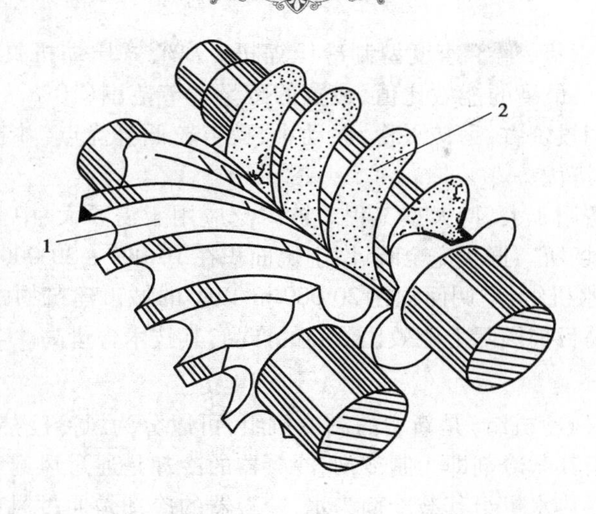

图 6-26 双螺杆压缩机转子结构

1—母(阴)螺杆;2—公(阳)螺杆

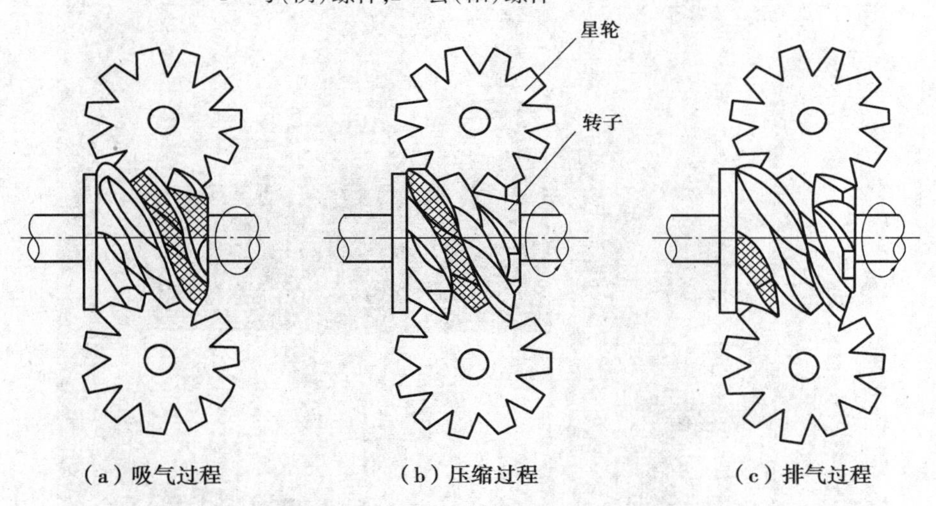

图 6-27 单螺杆压缩机转子结构

点使它在各种制冷空调装置,特别在中小冷量范围内,成为制冷机中应用最广、生产批量最大的一种机型。活塞式压缩机是往复运动机构相对震动和噪声较大。由于单机容量小,只适用于小型酒店运行。

(4)涡旋压缩机

涡旋式压缩机结构新颖,设计独特,结构简单紧凑、体积小、重量轻。压缩部件由动涡旋盘和静涡旋组成,零件特别是易损件少,可靠性高,因而寿命更长,被称为免维修压缩机。涡旋压缩机没有往复运动机构,运转平稳,力矩变化小,平衡性高,噪声低,振动小,属"超静压缩机"。涡旋压缩机在其适应的制冷量范围内具有较高的效率;在中、低温应用时,比传统的活塞机在容积效率上高30%以上。涡旋式制冷压缩机目前主要用于小型制冷系统,在家用空调以及商用VRV等小型系统大量使用,正在逐步取代活塞式压缩机。

(5)离心式冷水机组

离心式冷水机组是采用离心式压缩机的冷水机组,属大冷量的冷水机组,为了产生有效的动量转换,其旋转速度很高,属于速度型制冷压缩机。离心式压缩机具有最大的单机制冷量(单机可达 28 000 kW)、最高的能效比值、最宽的冷量调节范围(10% ~100%)、结构紧凑、重量轻、占地面积少、初期投资省、运转平稳、振动小、噪声较低等优点,并且有易损件少、可靠性高、维修费低等技术经济优势。

离心式制冷机组适用于大、特大型工程。被广泛应用于需要大、中等冷量的高层办公楼、酒店、宾馆、剧院、商场场所。据不完全统计:空调面积在 10 000 ~20 000 m^2 的城市建筑物中,有 40% 采用离心式冷水机组;空调面积在 20 000 m^2 以上的城市建筑物中,有 60% 采用离心式冷水机组。离心机组是目前国际上能效比最高的产品,其技术含量高。

(6)风源热泵机组

空气源热泵机组(风冷机组)是新型的制冷机组,可以分为风冷冷热风机组和风冷冷热水机组。风冷冷热风机组其载冷剂即为制冷剂,冷凝器的冷却是通过风扇与空气进行换热,既可制冷也可制热。风冷冷热水机组其载冷剂为水,冷凝器的冷却是通过风扇与空气进行换热,既可制冷也可制热,可以实现模块化组合和控制,图 6-28 所示为风冷冷热水机组。

图 6-28　酒店采用新技术的风源热泵机组

目前,大型酒店往往采用水冷冷水机组,其原因是效率高,适合大型建筑。制冷主机的技术参数见表 6-1,该表表述了机组名义工况能源效率等级。

酒店中央空调一般至少安装有两个或多个机组,形成一用一备状态。一台机组出现故障,开启另一台机组,然后维修故障机组,避免了因为机组故障而影响酒店正常经营。实际应用中,一般是两台机组轮流使用,防止一台机组长期使用导致使用寿命减少。由于其冷冻水和热水共用一套水循环管道,所以在设计水泵时只有两种水循环系统,即冷却水循环和冷冻水循环,此时水泵也就只有冷冻水泵和冷却水泵,夏季两种水泵均工作,而到了冬季,关闭冷却水泵,只有冷冻水泵工作来循环热水。但也有单独设计一个热水循环系统的。

表 6-1　大型酒店额定制冷量(kW)

类型	能效等级	1	2	3	4	5
风冷式或蒸发冷却式	≤50	3.20	3.00	2.80	2.60	2.40
	>50	3.40	3.20	3.00	2.80	2.60
水冷式	≤528	5.0	4.70	4.40	4.10	3.80
	528～1163	5.50	5.10	4.70	4.30	4.00
	>1163	6.10	5.60	5.10	4.60	4.20

3. 酒店制冷系统中的其他关键设备

(1)冷却塔

冷却塔(图 6-29)是酒店空调系统不可缺少的一个设备,其原理是将循环冷却水在其中喷淋,使之与空气直接接触,通过蒸发和对流把携带的热量散发到大气中去的冷却装置。一般安装在楼房的顶部。冷却塔是水冷机组必须配备的设备,从冷凝器等设备中排出热的冷却水,都是经过冷却塔冷却后循环使用的。冷却塔一般主要由填料(亦称散热材)、配水系统、通风设备、空气分配装置(如入风口百叶窗、导风装置等)、挡水器(或收水器)、集水槽(或集水池)等部分构成。

图 6-29　酒店空调系统中的冷却塔

(2)膨胀水箱

膨胀水箱是热水采暖系统和中央空调水路系统中的重要部件,膨胀水箱一般都设在系统的最高点,连接在冷冻水循环水泵吸水口附近的回水干管上。膨胀水箱上通常接有以下管道:

膨胀管:它将系统中水因加热膨胀所增加的体积转入膨胀水箱,和回水管道相连接。

溢流管:用于排出水箱内超过水位的多余的水。

信号管:用于监督水箱内的水位。

循环管:在水箱和膨胀管可能发生冻结时,用来使水循环(在水箱的底部中央位置,和回水干道相连接)。

排污管:用于排污水。

补水阀:与箱体内的浮球相连,水位低于设定值则开通阀门补充水。为安全起见,膨胀管和溢流管循环管上严禁安装阀门。

(3)酒店客房区域应用的风机盘管

风机盘管主要依靠风机的强制作用将室内空气或室外混合空气通过表冷器进行冷却或加热后送入室内,使室内气温降低或升高,以满足环境温度控制要求。风机盘管机组主要由低噪声电机、叶轮和换热盘管等组成。机组能安装于任何空间场所(图 6-30)。酒店客房均采用卧式暗装(带回风箱)风机盘管,一般安装在客房入口上方的空间。机组不断地再循环所在房间的空气,使空气通过冷水(热水)盘管后被冷却(加热),以保持房间温度的恒定。室外新鲜空气通过新风机组处理后送入室内,以满足空调房间新风量的需要。风机盘管一般有三挡可调风量的控制。高星级酒店配置四管风机盘管(饭店星级评定标准),冷热水分开,这样在季节更换时,也能随时切换制冷和暖通状态,使高星级酒店适应环境能力更强。但四管制初次投入大,一般三星级以下和经济型酒店采用的是二管风机盘管。安装方式如图6-31所示,这种技术方案,初次投入低,但运行成本相对高,对酒店工程技术人员工作难度和要求同样提高。

图6-30　酒店客房区域应用的风机盘管

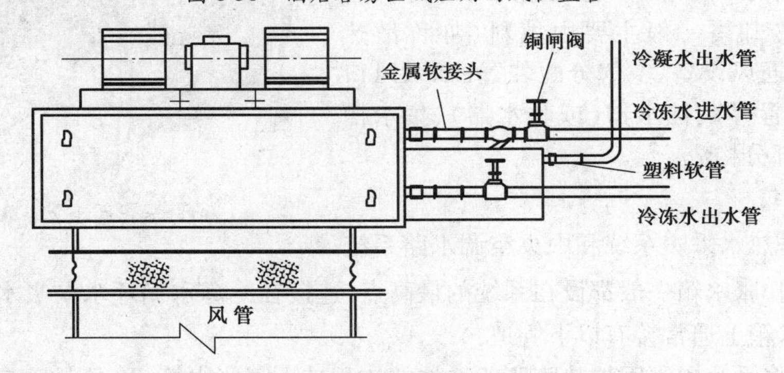

图6-31　酒店客房风机盘管安装示意图

(4)酒店公共区域应用的柜式风机盘管

柜式风机盘管是一种中大型的风机盘管空调设备,是对新风、回风做不同的处理后送入房间的机组。主要是应对房间的冷热负荷,本身有新风口,用以保证建筑物内的新风质量,由于空调机组对空气处理方面较新风机组复杂,所以空调机组一般安装在大空间公共场所。主要应用于酒店公共部位如大堂、走廊、餐厅、会议室等,有吊顶式、卧式、立柜式。吊顶式风机盘管(图6-32)直接吊装于建筑空间顶部,该设备不占用机房,但维修困难。立柜式风机盘管则需占用一定面积,尤其是大型酒店要控制的区域大,相对立柜配置也大。

正常情况下,在风机盘管处要求的循环水温如下。

制冷时:出水口 $T_i = 12$ ℃,进水口 $T_o = 7$ ℃;

制热时:出水口 $T_i = 40$ ℃,进水口 $T_o = 45$ ℃。　(式6-10)

图 6-32 酒店正在建造中吊顶式风机盘管

(5)酒店新风机组

高星级酒店为保障室内空气品质,对酒店建造区域配备集中送新风系统,而供应新风并对新风进行处理的主机则称为新风机组。酒店一般会将室外引进的新鲜空气先进行温度控制,使其与室内温度接近,再经过滤处理后送到所需要的区域。图 6-33 所示为酒店楼层区域新风机组,对酒店客房区域的每个楼面集中进行新风处理,将新风送至每个客房。

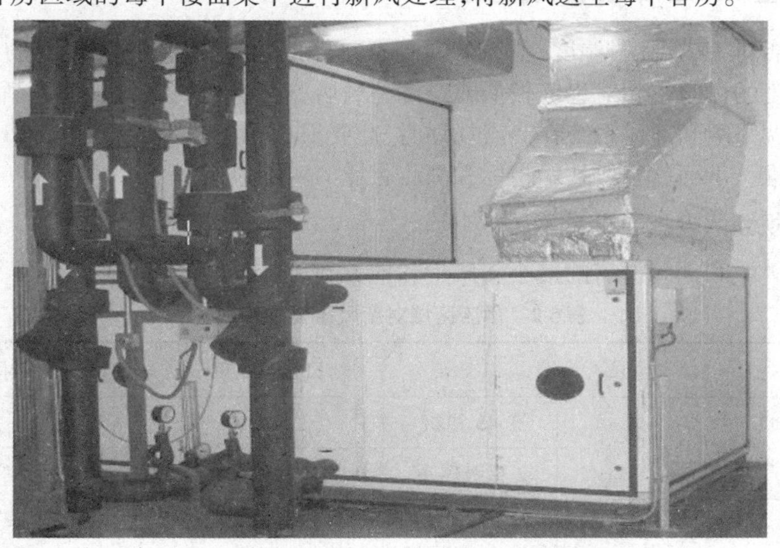

图 6-33 酒店楼层区域新风机组

该系统(设备)同时对酒店餐厅、娱乐场、宴会等区域不断补充新风,从而保证酒店室内空气的品质,以满足酒店宾客对新鲜空气的需求。新风机组一般来说不承担空调区域的热湿负荷,对空调区域的空气起到综合处理的作用,常常和风机盘管配套使用进行小区域送新风。新风机组可以分为组合式、吊顶式、柜式等类型。

三、酒店分布式空调机组

经济型或者小型酒店,往往会采用分布式空调进行温度的控制。分布式空调的特点是:安装方便、使用灵活、投资少等。其缺点是不会对控制区域进行有效的空气处理,并且控制区域不能太大。分体式空调适用于小面积独立制冷制热,开闭使用比较灵活。

经济型或小型酒店根据自身的经营特点,为节省能源,在客房区域大多采用分体式空调,但分体式空调无法送入新风,故难以确保空调房间空气的新鲜度;而如果通过开门窗通风换气,则冷量就会大量损失,这不仅影响房间温度,而且浪费了能源。在酒店的较大面积的公共区域使用该类型的空调,效果并不理想,舒适性较差,公共部位的空调效果会达不到宾客的需求。

酒店分体式空调在技术上采用制冷剂(氟立昂)直接制冷或制热。制冷时压缩机将气态的氟利昂压缩为高温高压的气态氟利昂,然后送到冷凝器(室外机)经风扇散热后成为常温高压的液态氟利昂,此时室外机吹出来的是热风。然后到毛细管,进入蒸发器(室内机),由于氟利昂从毛细管到达蒸发器后空间突然增大,压力减小,液态的氟利昂就会汽化,变成气态低温的氟利昂,从而吸收大量的热量,蒸发器就会变冷,室内机的风扇将室内的空气从蒸发器中吹出来的就是冷风;空气中的水蒸汽遇到冷的蒸发器后凝结成水滴,顺排水管流出。然后气态的氟利昂回到压缩机继续压缩,如此循环。制热时经过四通阀的转换,使氟利昂在冷凝器与蒸发器的流动方向与制冷时相反,在室外吸热向室内放热,实现制热的目的。所以制热的时候室外机吹出的是冷风,室内机吹出的便是热风。

四、酒店空调采暖和通风系统规划

高星级酒店对室内温度、湿度、新风流通等有具体的技术标准,这些标准的执行构成了宾客对酒店舒适度的体验。相对星级较低或经济型酒店,对此要求会降低,这和酒店的经营模式有关。酒店空调采暖和通风系统在酒店规划时,需要根据相关技术标准进行设计和实施,具体可查阅相关标准。下面就主要技术指标和酒店企业的实际应用作介绍。

1. 新风量规划的设计要求

酒店主要区域和房间所需的最小新风量和推荐新风量参考值见表6-2。

表6-2　酒店区域对新风量要求参考表

区域		新风量(m^3/h/p)	参考标准
客房	3~5星级	≥30	GB 9663—1996
	2星级以下	≥20	GB 9663—1996
餐厅、宴会厅 多功能厅	3~5星级	≥30	GB 9663—1996
	2星级以下	≥20	GB 9663—1996
会议室、办公室 公共区域	3~5星级	≥50	GB 9663—1996
	2星级以下	≥30	GB 9663—1996

对室内送风口风速可以参照表 6-3。

表 6-3　酒店室内送风口风速参照表

卧室	1.5 ~ 2 m/s（风口在上部时）
起居	2 ~ 3 m/s（风口在上部时）
办公室	3 m/s（风口距地≤2.5 m）
	4 m/s（风口距地≤4.5 m）
商场、娱乐	3 ~ 5 m/s

2. 酒店室内温度、湿度控制规划设计

按国际上的行业惯例，高星级酒店的室内控制温度要求为 23 ~ 26 ℃。我国目前按照国家节能的相关规定：夏季室内温度设置不得高于 26 ℃，冬季室内温度设置不得低于 20 ℃。根据酒店的实践情况，建议酒店室内控制的温度和湿度如表 6-4 所示。

表 6-4　星级酒店室内温度控制建议标准

温度控制	夏季	冬季
三星及以下酒店	24 ~ 28 ℃	16 ~ 20 ℃
高星级酒店	23 ~ 26 ℃	18 ~ 22 ℃
湿度控制	夏季	冬季
三星级及以上酒店	45% ~ 50%	50% ~ 55%

根据星级标准，酒店区域之间的温差应控制在≤ ±5 ℃，这样使温度的舒适度得到体现，同时也不会因区域温差过大造成宾客不良反应。这些温度的设计最终要根据酒店的自身地理位置、环境和经营模式，最后确定温度的控制范围，规划好这些系统。比如：我国的海南三亚旅游区域的高星级酒店，由于地理环境的特点，酒店大堂在夏天不应用空调系统，大面积进行温度控制，而是利用海风自然风进行调节，使宾客更感觉到大自然的魅力。

酒店采暖一般由热泵机组或燃气燃油锅炉制备热水，热水温度一般控制在 45 ~ 50 ℃。温度过高管道会加速结垢，同时会影响设备使用寿命。

酒店的通风由区域新风机、排风机、客房排风机、厨房通风机等组成。客房由新风机送入新风，在卫生间内还设置有排风扇，便于排出浊气，加速空气的流通。会议室和餐厅区域同样有新风机和排风机，一些节能的设计把新风机和排风机进行热交换，能够减少大量能源消耗。

3. 酒店空调制冷（热）量估算

酒店规划时，需要一些制冷和制热的估算，酒店冷负荷指标（估算）见表 6-5。

表 6-5　酒店营业区域冷负荷估算表

建筑类型	冷负荷/($W\cdot m^{-2}$)	(Cal/m^2)
标准客房	114～138	(98～118)
西餐厅	200～286	(170～246)
中餐厅	257～438	(220～376)
火锅、烧烤	465～698	(400～600)
小商店	175～267	(150～230)
理发厅、美容厅	150～225	(129～193)
会议室	210～300	(180～258)
办公室	128～170	(110～146)
中庭、接待	112～150	(97～129)

酒店空调冷负荷法估算冷指标体系，可以根据酒店的人流进行估算，见表 6-6。

表 6-6　酒店空调冷负荷法估算冷指标表

建筑类型及房间名称	空调面积/($m^2\cdot 人^{-1}$)	建筑负荷	人体负荷	照明负荷	新风量/($W\cdot m^{-2}$)	新风负荷	总负荷
客房	10	60	7	20	50	27	114
宴会厅	1.25	30	134	30	25	190	360
小会议室	3	60	43	40	25	92	235
大会议室	1.5	40	88	40	25	190	358
健身房、保龄球房	5	35	87	20	60	130	272
舞厅	3	20	97	20	33	119	256

酒店大面积区域制冷一般简单估算方法，可以采用下面的格式进行估算：

$$S = S_j \times f \times \mu \quad (式 6\text{-}11)$$

式中，S 为受冷面积；S_j为建筑面积；f 为房屋实用率；μ 为控制系数，是指除去一些不要制冷的区间的面积，与酒店星级高低有关，一般为 65%～80%。

$$L = S \times L_s \quad (式 6\text{-}12)$$

式中，L 为实际所需冷量；S 为实际受冷面积；L_s 为单位面积制冷量，酒店可以参考表 6-5，通常为 100～150 W/m^2。如果房间朝南、楼层较高，或者有大面积玻璃墙，可适当提高到 170～200 W/m^2。由此可以看出，建筑结构对能耗有直接影响，如果酒店不希望高能耗，尽可能不要采用大面积玻璃幕墙作为外墙建筑结构。我们在实际的能耗评估中也得到了验证。

五、酒店空调采暖和通风系统相关技术标准

1. 酒店大型机组控制系统

许多大型酒店空调机组采用智能化程度较高、编程的功能强的空调控制系统。图 6-34 所示是某五星级酒店控制柜。机组控制可以应用计算机技术,可以按预先设置的运行,实现自动控制。但运行的技术方案取决于酒店经营的要求,运行方案既兼顾舒适性,又要做到节能减排。通过实践和统计,冷水机组全年在 100% 负荷下运行的时间约占总运行时间的 1/4 以下。总运行时间内 100%,75%,50%,25% 负荷的运行时间比例大致为 2.3%,41.5%,46.1%,10.1%。

每个酒店企业都有其特殊性,所以在运行管理中,管理人员需要不断积累数据后加以调整优化,以期达到最佳效率。这方面酒店工程部技术人员责任重大,酒店的暖通和空调对酒店的综合能耗的影响是第一的。

图 6-34 酒店空调系统设备控制柜

2. 酒店变风量控制技术

大型酒店在区域控制中普遍采用变风量技术(Variable Air Volume System, VAV 系统),变风量技术根据酒店室内负荷变化或酒店室内要求参数的变化,保持恒定送风温度,自动调节空调系统送风量,从而使酒店室内参数达到要求的全空气空调系统。由于空调系统大部分时间在部分负荷下运行,所以,风量的减少带来了风机能耗的降低。VAV 系统追求以较少的能耗来满足室内空气环境的要求。VAV 系统出现后得到迅速推广,正因为变风量技术既能满足酒店宾客对室内温度等的需求,又能节能。现在已经成为空调系统的主流,并在建筑温度等控制方面得到应用。变风量技术可以明显减少空调系统的全年能耗,理想状态下,风机盘管全年单位冷量耗电量可减少 45% ~55%,冷水机组全年单位冷量耗电量可减少 15% ~25%。

变风量系统的灵活性很高,易于改、扩建,特别适用于用途多变的场所。例如会议室、多功能厅、大餐厅等,当室内参数改变或重新隔断时,只需重调系统恒温器的设定值,即可补偿房间负荷的变化。变风量系统有较好的舒适感,多种送风方式动态调节,在小风量下运行时也能保持良好的效果。变风量技术是大型酒店空调系统一个好的技术选择方案。

3. 酒店空调的单元控制

酒店空调的单元控制主要是指客房内的风机盘管的控制。客房内的风机盘管多采用就地

控制的方案,分简单控制和温度控制两种。

简单控制:使用三挡控制开关直接手动控制风机的三速转换与启停。

温度控制:温控器根据设定温度与实际检测温度的比较,自动控制冷热水管道的电动阀或电磁阀的开闭和风机的三速转换,或直接控制风机的三速转换与启停,从而通过控制风机盘管中的水流或风量达到恒温的目的。

有些高星级酒店则通过计算机传感系统检测客房状态进行智能化控制。目前发展趋势是应用物联网技术进行有效控制,使酒店室内控制达到智能化控制的技术要求。

4. 酒店制冷机组管理远程监控

酒店制冷机组远程监控系统目前大多采用组态软件开发,硬件由传感器、数据传送器、可编程控制器(PLC)、计算机组成。能实现现场和异地远程监控制冷机组运行状态,准确控制操纵机组,修改调整机组参数。机组运行数据可存储、浏览和打印,还有故障诊断和报警功能,大大提高了制冷机组的自动化水平。一般高星级酒店的制冷机组监控系统都纳入 BA 系统(建筑自动化控制),远程控制系统原理见图 6-35。随着酒店经营管理模式的变化,这种远程控制技术将会越来越广泛使用。使用远程控制有其特点和应用优势:第一是运维更加专业,把运维交给专业公司,实现专业化控制;第二是酒店企业可以节省人力成本,酒店可以配置全面应用型工程师,大大降低了人力成本;第三是运维及时性得到解决,由于实现远程控制,遇到故障可以降低维修的时间。

目前的远程控制技术主要采用计算机技术,包括计算机控制、广域网、传感技术、控制技术等。远程端是专业的技术厂商,酒店控制主机也会采用计算机技术(图 6-36)。

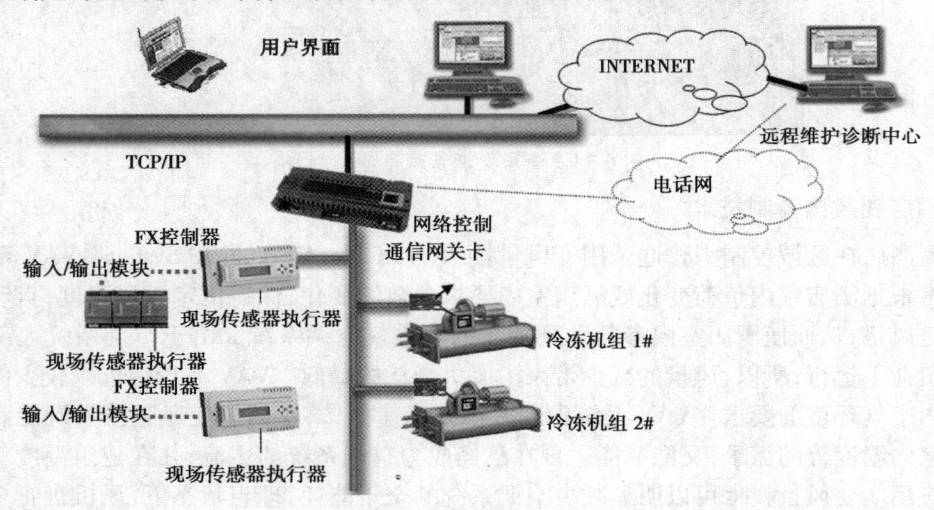

图 6-35 酒店制冷主机系统远程控制原理图

5. 大型空调系统常用技术参数、常用术语

(1) 大型空调系统常用技术参数

1) 冷冻水的出水、回水温度

冷冻水的出水温度直接影响着机组的运行特性和运行合理性,一般规定为 7 ℃,能满足空调用冷媒水的要求。在满足温度需要的情况下,应尽量使冷冻水出口温度提高一些。回水温度一般为 12 ℃,与出水温度保持在 5 ℃左右的温差。

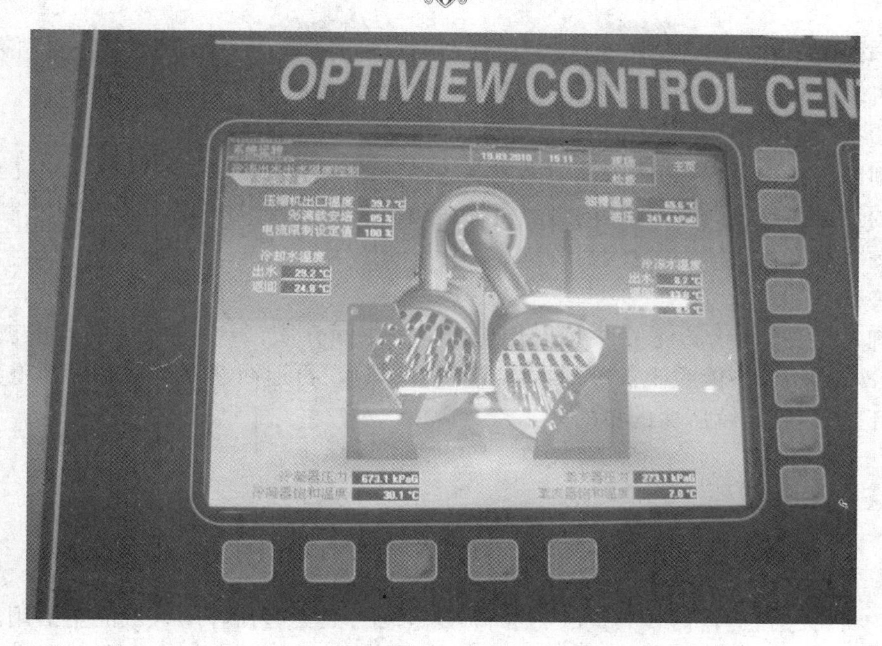

图 6-36　酒店制冷系统监控计算机控制系统

2)冷却水的出水、回水温度

冷却水的出水、回水温度差值一般规定为 6 ℃左右,应尽量使回水温度较低一些,利于提高机组的工作效率。一般溴化锂机组的冷却水回水温度不能低于 20 ℃,以防止溴化锂产生结晶。

3)输入功率

输入功率是指工作时所输入的电功率,常用单位为 kW。

4)冷冻水流量

冷冻水流量是指正常工况下的冷冻水的流量,单位为 m^3/h。

5)噪声

噪声用 dB 表示,一般机组工作时的噪声在 60 ~ 70 dB。

(2)大型空调系统常用技术语

1)舒适性

空调系统以满足客人的人体的舒适要求来控制房间的空气参数。

2)制冷量

制冷量是指空调器进行制冷运行时,单位时间内,低压侧制冷剂在蒸发器中吸收的热量,常用单位为 W 或 kW。

3)制热量

制热量是指空调器进行热泵制热运行时(热泵辅助电加热器同时运行时)单位时间内送入密闭空间的热量。

4)性能系数

制冷压缩机的性能系数 COP,即单位轴功率的制冷量。轴功率(压缩机的耗功率)指电动机传至压缩机机轴上的功率,主要包括直接用于压缩空气所耗的功率和克服运动机构的摩擦阻力所耗的功率。

制冷(热)循环中产生的制冷(热)量与制冷(热)所耗电功率之比为性能系数,能效比是指单位电动机输入功率的制冷量大小。此指标考虑到驱动电机效率对能耗的影响。

5)制冷剂

制冷剂即制冷工质,是制冷系统中完成制冷循环的工作介质,制冷剂在蒸发器内吸收被冷却的对象的热量而蒸发,在冷凝器内将热量传递给周围空气或水而被冷凝成液体,制冷机借助于制冷剂的状态变化,达到制冷的目的。

6)载冷剂

载冷剂是指在间接制冷系统中用以传送冷量的中间介质,载冷剂在蒸发器中被制冷剂冷却后,送到冷却设备冷却,吸收被冷却物体或环境的热量,再返回蒸发器被制冷剂重新冷却,如此不断循环,以达到连续制冷的目的。

第三节　酒店锅炉设备

酒店的日常经营运行需要大量的热水和蒸汽供给,如宾客在客房区域的生活用水,酒店的餐厅厨房、娱乐场所用水等。大型酒店的锅炉生产出蒸汽工质,再进行热交换,产生热水,供给酒店需要的空间,提供各类服务。图6-37所示是酒店锅炉系统示意图。

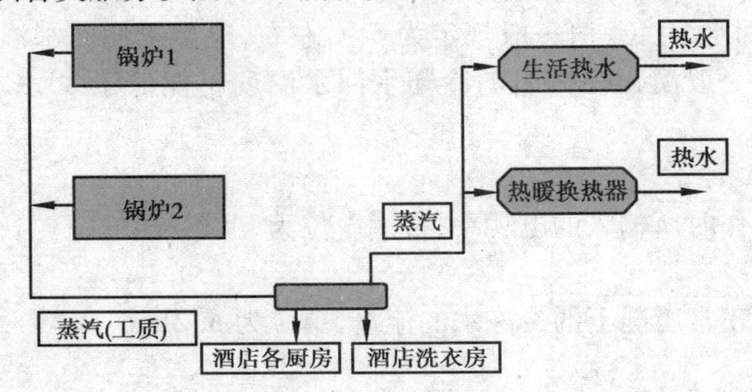

图6-37　酒店锅炉设备系统

锅炉的安全是酒店工程技术管理的重点之一,要符合相关部门的安全要求和技术标准进行操作和使用。

一、酒店应用锅炉设备的分类

酒店使用的锅炉属工业锅炉,大多为小容量锅炉。酒店的锅炉分类大概有下面几种:

1)按载热工质的不同分

蒸汽锅炉和热水锅炉。

2)按所用燃料或能源分

固体燃料锅炉:使用煤等固体燃料;

液体燃料锅炉:使用重油或柴油等液体燃料;

气体燃料锅炉:使用天然气或人工煤气等气体燃料;

电力锅炉:用电力加热的锅炉。

3）按出口工质压力分

低压锅炉：一般压力小于1.275 MPa；

中压锅炉：一般压力为3.825 MPa；

高压锅炉：一般压力为9.8 MPa；

酒店一般使用的是低压锅炉。

目前酒店大多使用燃油锅炉、燃气锅炉。燃煤锅炉由于污染严重、效能低下，出于环保要求，城市或地方的行政部门已经禁止使用并强制淘汰燃煤锅炉。燃油、燃气锅炉使用远远比燃煤锅炉简单，但燃油锅炉燃油费用很高。在燃油、燃气的价格上涨的情况下，如果不使用蒸汽，用热泵热水系统代替锅炉系统是明智的选择，目前许多经济型酒店使用热泵热水系统，节能效果非常明显。某拥有300多间客房的星级酒店使用该系统取得了良好的效果。

二、酒店锅炉系统工作原理

大型酒店锅炉系统主要由锅炉、水泵、鼓风机、引风机、油泵油罐（燃油锅炉）、燃料管道（燃油燃气锅炉）、上煤机（燃煤锅炉）、水处理、排烟、电控柜、控制台和安全装置组成。安全装置由压力表、安全阀、排污阀、水位表等组成。

1. 燃油燃气锅炉的燃料特征

燃油燃气锅炉不同于燃煤锅炉，它使用燃烧器将燃料喷入锅炉炉膛，采用火室燃烧而无须使用炉排设施。由于燃油燃气锅炉燃烧后均不产生燃料灰渣，故燃油燃气锅炉无须排渣设施。喷入炉内的油气如果与空气在一定范围内按一定比例混合或熄灭，就容易爆炸。因此燃油燃气锅炉均采用自动化的燃烧与控制系统。

2. 燃油锅炉的特点

大型酒店使用的燃油锅炉（图6-38），其消耗的能源燃油（液体燃料），其沸点低于着火点，燃油的燃烧是在气态下进行的。燃油经雾化后的油粒喷进炉膛以后，被炉内高温烟气所加热，进行气化，气化后的油气和周围空气中的氧相遇，形成火焰。燃烧产生的热量有一部分传给油粒，使油粒不断气化和燃烧，直到燃尽。油粒直径越小，油粒的燃烧越快。同样，油粒燃烧所需的氧气能及时地供给，油粒的燃烧也越快。燃油锅炉的运行要配置燃油库，燃油属于危险物品，燃油库还要占用酒店的经营场地（面积）。燃油库管理有严格的制度，同时燃油锅炉的运行成本很高，受国际油价的影响也很大，成本控制比较被动。许多酒店是在没有选择的状况下才采用此类锅炉。

3. 燃气锅炉的特点

燃气锅炉具有发热量高的特点，空气用量大，要使燃气能充分燃烧，需要大量的空气与之混合。燃气的燃烧过程没有燃油的雾化过程与气化过程。图6-39所示是正在运行的酒店燃气锅炉。常规锅炉产品基本上都在出厂前进行过燃烧调试。锅炉安装到用户现场后，需要重新调整燃烧器，在技术上要注意以下几个因素：

环境因素：由于用户建筑所处的地理环境海拔和排烟烟囱高度不同，需要重新进行实地调整燃烧器与进风的匹配，以保证锅炉能够达到设计负荷要求。

燃料因素：酒店所在区域的燃料的标号不同或指标差异，燃烧也需要重新进行技术使用参数的调整。

图 6-38　酒店运行的燃油锅炉

控制与保护装置的调整:由于用户的实际需求与控制与保护装置的设置参数往往有不一致的地方,需要进行重新调整。

图 6-39　酒店运行的燃气锅炉

三、酒店锅炉设备技术标准与选型

酒店应用的锅炉一般为工业锅炉，锅炉的采购和使用涉及很多技术标准和参数问题。下面通过某款锅炉进行介绍（表6-7）。酒店锅炉参数对蒸汽锅炉而言是指锅炉所产生的蒸汽数量、工作压力及蒸汽温度，对热水锅炉而言是指锅炉的热功率、出水压力及供回水温度。

蒸发量（D）：蒸汽锅炉长期安全运行时，每小时所产生的蒸汽数量，即该台锅炉的蒸发量，用 D 表示，单位为 t/h，表示该台锅炉每小时生产1吨的蒸汽。

热功率（供热量 Q）：热水锅炉长期安全运行时，每小时出水有效带热量，即该台锅炉的热功率，用 Q 表示，单位为 MW，工程单位为 10^4kcal/h。

工作压力（MPa）：工作压力是指锅炉最高允许使用的压力。通常用 MPa 来表示。

温度（t）：锅炉铭牌上标明的温度是锅炉出口处介质的温度，又称额定温度。对于无过热器的蒸汽锅炉，其额定温度是指锅炉额定压力下的饱和蒸汽温度；对于有过热汽的蒸汽锅炉，其额定温度是指过热汽出口处的蒸汽温度；对于热水锅炉，其额定温度是指锅炉出口的热水温度，其单位为℃。

锅炉热效率：是指锅炉在热交换过程中，被水、蒸汽或导热油所吸收的热量占进入该锅炉的燃料完全燃烧所放出的热量的百分数。例如，容量为1 t/h的蒸汽锅炉，即表示锅炉在1小时内可以将1 t的水变成一定压力下的饱和蒸汽；0.7 MW的热水炉表示可以在1 h内产生相当于0.7 MW功率的热量（相当于1 t蒸汽的热量）。

表6-7　酒店燃料某种锅炉规格和型号

锅炉型号		WNS10-1.25-YQ
额定蒸发量/($t \cdot h^{-1}$)		10
额定蒸汽压力/MPa		1.25
额定蒸汽温度/℃		193.4
给水温度/℃		105
设计效率/%		88.9
适应燃料		轻柴油、重油、天然气、液化气、煤气
燃料消耗量	轻柴油/($kg \cdot h^{-1}$)	662
	天然气/($Nm^3 \cdot h^{-1}$)	783
受热面积/m^2		243
锅炉最大运输重量/t		25.0
锅炉运输尺寸(M)(L×W×H)		7.3×3.0×3.2
锅炉安装外形尺寸(M)(L×W×H)		8.4×3.3×4.1

四、酒店锅炉供水的处理和锅炉设备的控制

酒店锅炉供水的处理是有严格的技术标准的，除了常规的混凝、沉淀、过滤等水处理方法

外,还需离子交换、反渗透、电渗析等软化、除盐等纯水制备技术。酒店锅炉设备要求配备专职的锅炉水质处理检验人员。图 6-40 所示是大型酒店水质测试工作台。

图 6-40　大型酒店锅炉水质测试工作台

酒店使用燃油、燃气锅炉,可以使人力成本减低,因为此类锅炉的自动化控制程度已经达到较高的水平,,有些具有智能化的人机对话功能。图 6-41 所示是某大型酒店锅炉的控制室。从图中可以看出,锅炉的控制已经自动化了,操作环境也得到了明显的改善,人力成本减低很多。

酒店锅炉的自动控制主要有以下环节:给水控制、蒸汽气温控制(蒸汽锅炉)、水温控制(热水锅炉)、燃烧控制、加热控制(电锅炉)、辅机控制和安全控制等控制要素。锅炉重要的控制参数就是压力、温度、水位等。锅炉管理和操作人员需要有高度的责任心和较高的技术水准,必须严格遵守操作规程和制度,才能保障锅炉设备的安全运行。酒店锅炉设备配置都是一用一备,在酒店中锅炉与电梯一样,都是全年 24 小时不停地运行的重要设备。

五、酒店锅炉设备的安全管理

锅炉因具有高温、高压的特性,是危险而又特殊的设备。一旦发生事故,涉及公共安全,将会给生命财产造成巨大损失。依据《特种设备安全监察条例》,使用锅炉应注意以下安全事项:

1)锅炉的使用许可证书

锅炉出厂时应当附有“安全技术规范要求的设计文件、产品质量合格证明、安全及使用维修说明、监督检验证明(安全性能监督检验证书)”。

2)锅炉的安装、维修和改造

从事锅炉的安装、维修、改造的单位应当取得市级质量技术监督局颁发的特种设备安装维修资格证书,方可从事锅炉的安装、维修、改造。施工单位在施工前将拟进行安装、维修、改造情况书面告知辖区的特种设备安全监督管理部门,并将开工告知当地区级质量技术监督局备案,告知后即可施工。最后由区、市级技术监督局组织验收。

3)锅炉的注册登记

锅炉验收后,使用单位必须按照《特种设备注册登记与使用管理规则》的规定填写《锅炉

图 6-41 大型酒店锅炉控制室

(普查)注册登记表》,到当地区质量技术监督局注册,并申领《特种设备安全使用登记证》。

4)锅炉的运维

锅炉运行必须由经培训合格取得《特种设备作业人员证》的持证人员操作,使用中必须严格遵守操作规程和制度。

5)锅炉的检验

锅炉每年进行一次定期检验,未经安全定期检验的锅炉不得使用。锅炉的安全附件安全阀每年定期检验一次,压力表每半年检验一次,未经定期检验的安全附件不得使用。

六、热泵中央热水系统

在当前世界范围内的能源短缺和能源需求旺盛的形势下,酒店的节能显得有极为重要。酒店的节能减排是对社会的责任担当,我国制定的碳达峰、碳中和的政策与实施是对世界的贡献。酒店应用高新技术,开始创新使用热泵中央热水系统,可以在酒店业节能减排领域起到领先的作用。相对于传统的燃煤锅炉、燃气锅炉、燃油锅炉、电锅炉等,热泵热水系统是能源利用效率较高的能源系统。

热泵是一种根据逆卡诺循环原理,经过电力做功,把自然界的空气、水或土壤中的低品位热量收集释放到水中,对水进行加热,输出能用的高品位热水的设备。按照取热来源不同分为空气源热泵、水源热泵、地源热泵三种,以下主要介绍适合大城市应用的空气源热泵。

1. 空气源热泵

以空气为热源,理论上可以不受资源限制,可在任何地区运用。空气源热泵取热最方便,城市使用更显出其特点。采用空气源热泵是节能、环保、安全的理想方式,目前得到大力的推广应用。空气源热泵热水系统相比传统的系统有以下特点(图6-42):全自动控制,实现无人值守,可实现远程监控;模块化设计,安装方便。低温性能好,$-15\sim-45$ ℃ 都能正常工作;使用寿命15年以上；部件少，压缩机和水泵运转故障少，维护费用低；全天候运行，不受夜晚、阴天、下雨及下雪等恶劣天气的影响；节约用地，占地面积极小，可安放于有通风的地下室、阳台、屋顶、室外任意地点，节省土建投资；节能环保，无任何污染，无任何燃烧外排物废热废气，无噪声，免燃料及废渣运输费用，具有良好的社会及经济效益；节能效果突出，与传统制备热水的设备相比可节省60%以上的能源；能效比C.O.P.值为1.7~4.7(与环境温度有关)，年平均达到3以上，生产1 t 45 ℃热水耗电13~17度；运行安全，机组采用微电脑全自动控制、自动控温、加热、超压力保护、最高温度限定等多重保护功能，完全水电隔离，无触电危险；常压运行，无高压危险；非特种设备，免除年检。

图6-42　酒店运行的空气源热泵热水系统

该技术在上海某酒店的创新使用得当了良好的效果，目前正在积极推广使用中。每年能为酒店节能减排，达到了示范的效果。

2. 水源热泵

水源热泵从酒店建筑的井、河、湖、废水中提取热量。

3. 地源热泵

地源热泵从酒店的地下土层提取大量蕴藏的不能被常规技术所利用的15 ℃左右的低品位能量。目前该技术正在开发和推广中，并已经开始逐步投入使用。

章节练习

一、设计规划题

上海浦东商业区将建筑一座五星级酒店，建筑面积55 000 m^2，其中公共区域面积为9 000 m^2，标间客房数350间，套房20间(2间套)，酒店餐厅与娱乐实施齐全，请规划酒店电梯系统。

（提示：酒店需要配置多少台电梯？电梯品牌的选择、电梯的运行速度与客人的响应时间分析、相关技术标准的执行等）

二、简答和研讨

1. 描述和研讨酒店电梯的八大子系统。

2. 讨论酒店建筑与电梯的应用（酒店使用电梯的历史与技术）。

3. 讨论酒店中央水冷机组空调制冷运行原理。

4. 讨论酒店空间区域温度与湿度的控制，重点讨论夏天与冬天酒店空间区域温度与湿度控制的技术标准。

第七章　酒店的能源供给系统

【本章导读】酒店的日常营运，需要消耗各种能源来维系。酒店经营管理所有的环节，都需要电力等能源为动力。酒店能源供给系统最主要的是：酒店的电力系统、给排水系统、燃气供应等。无论是酒店的客房、餐饮、娱乐、宴会等，还是管理部门的财务、工程、保安等，每一个运营环节均需要电力的供应，没有电力供应酒店的运转寸步难行，电力系统是酒店运行基础的工程系统之一。本章将介绍酒店电力供应系统原理、电力配送模式、酒店供电管理要素等。

酒店是集住宿、餐饮和娱乐为一体的经营场所，由此用水量大，尤其是新水的消耗。在此将介绍酒店给排水系统管网的规划原理、冷热水的供应方式、供水的水质处理技术及污水处理系统。

通过本章节的介绍，使读者基本了解酒店这些系统的基本运行原理、运维的方法和管理的模式。

第一节　酒店电力系统

酒店无论是规模大小、星级高低、接待客源类型和设施多寡，其经营每时每刻都离不开电力供应，电力系统是酒店开业运转最基本的条件。从能源控制的角度，酒店的电力供应和其他行业一样，是由国家电网统一配置和供给的。从技术的角度，电力供应具有技术含量高，系统运行管理要求严谨等特点。酒店的电力设计和配置将直接影响到酒店经营，在此将重点介绍。

一、大型酒店电力配置

酒店的电力供应是根据酒店经营电力负荷配置的，所谓的电力负荷是指：酒店企业电力系统中所有用电设备所耗用的总功率，简称负荷。根据国标《供配电系统设计规范》（GB 50052），对电力使用企业负荷级别规定如下：

一级负荷：符合下列情况之一的，中断供电将造成人身伤亡事故的，或在政治、经济上造成重大损失的。例如，造成重大设备损坏或重大产品报废、用重要原料生产的产品大量报废、国民经济中的重点企业的连续生产过程被打乱且需要较长时间才能恢复等。中断供电将会影响

有重大政治、经济意义的用电单位的正常工作。例如：重要交通枢纽、重要通信枢纽、重要宾馆、大型体育场馆、经常用于国际活动的大量人员集中的公共场所等用电单位中的重要电力负荷。在一级负荷中，中断供电将发生中毒、爆炸和火灾等情况的负荷，以及特别重要场所不容许中断供电的负荷，应视为特别重要客户。

二级负荷：符合下列情况之一的，中断供电将在政治、经济上造成重大损失。例如：主要设备损坏、大量产品报废、连续生产过程被打乱等。中断供电将影响重要单位的正常工作，例如：交通枢纽、通信枢纽、大型电影院、大型商场等公共场所。

三级负荷：除上述一、二级负荷其余都属于三类客户。

为满足一级负荷供电可靠性要求，一级负荷的供电电源应符合下列技术标准规定：一级负荷应有双电源，当一个电源发生故障时，另一个电源不应同时受到损坏；一级负荷中的特别重要的负荷，除由两个电源供电外，尚应增设应急电源，并严禁将其他负荷接入应急供电系统。凡同一用户引进两回路及以上供电线路（不论电压等级）并能将两回及以上供电线路在内部互相联锁或并列运行的客户，均称为双（多）电源客户。自电网引进一回供电线路，但用户有自备电源并能在其内部互相切换或并列的客户，视同双电源客户管理。

如果电力部门同意酒店的电网以双路或多路供电的用户申请，规划也必须按照供电部门批准的供电方案进行设计，设计图纸经批准后方可施工。对原审核的设计不得擅自改变。双（多）电源客户投入运行时，必须先做核相检查，以防非同相并列；双（多）电源客户在架空线路或电缆线路上从事有可能导致相位变化的工作、变电站主接线发生变化、主变压器更换或大修后在重新投运时必须做重新评估与测试工作。高低压双（多）电源客户凡不允许并列电源运行者，必须在电源开关或刀闸上装设可靠的闭锁装置。双（多）电源客户其主、备电源均不得擅自变更运行方式。酒店用电不得超过批准的备用用电容量。无联锁装置的高压双（多）电源酒店企业必须同供电服务商的调度部门签订调度协议。其倒闸操作必须按照调度协议执行。高压双（多）电源客户的运行方式和倒闸方式应在调度协议中予以明确。双（多）电源酒店必须配备电气工程师值班，电气值班人员必须熟悉双（多）电源管理的要求及调度协议内容、设备调度权限的划分、运行方式的有关规定以及现场操作规程。双（多）电源酒店必须向供电企业的调度部门报送变电值班人员名单及专用值班联系电话，如值班人员及专用值班联系电话有变动时，必须书面通知供电企业的调度部门。对于低压双电源酒店不允许并列运行，酒店有自备发电机者，其自备电源与电网联接处必须装设双投刀闸，不得使用电气闭锁。国家电网会对酒店进行档案登记，填写《双（多）电源客户名册》并存档备查。

大型酒店的电力是当地国家电网引入并高电压入户，经高压配电室的高压一次电力设备送至变压器室，由变压器降压后送低压配电室，通过低压配电设备的分路和计量，最后母排和电缆将电能输送至各配电房和负载。

酒店的高压引入采用放射式配电方式，即从当地国家电网区域的变电所的 6～10 kV 母线上引出一路专线，直接接入酒店的高压配电室，沿线不接其他负荷。放射式配电方式线路敷设简单，维护方便，供电可靠，不受其他用户干扰。一般认为高压配电电压在 3～35 kV 及以上的电力线路，许多大型酒店高压配电电压达到 10kV 的高压，即所谓的高压进户。这个模式可靠性高，但酒店必须承担较高的运作成本、设备成本和人力资源成本。

酒店行业非常幸运，其电力负荷要求按一级负荷标准配置，尤其是大型酒店，因为电力供应的可靠性对酒店经营是至关重要的。许多酒店按一级负荷规划、设计和建设，其目的就是为宾客提供一流的服务和环境。酒店的电力供应负荷级别相当于医院，处在高配置的档次，酒店的管理者要加倍珍惜。

根据酒店的规模、星级和所在区域的电力网环境，酒店通常采用以下几种具体的供电方案。

1. 酒店两常一备和一发电配置方案

大型酒店的配置，按照两路常供电，一路备用电和酒店自身发电机组供电的配置。有的酒店为当地的标志性建筑，由此在设计和配置上采取了不断电的技术标准。电力网为酒店配置了两常一备的配置技术方案的同时，酒店在规划设计上配备了发电机组（柴油发电机组）。从两个稳定可靠的独立电网引入两路供电线路作为主要电源，另引入一路供电线路作备用，两路供电线路一般不会因检修而同时停电，当任一路供电线路停电时，可启用备用线路，这样事故停电次数极少，停电时间极短，供电十分可靠。如果出现两路常供电故障，则一路备用电可以维持运行。这样的三路供电模式，已经十分可靠了。但高星级酒店还会设计和配置柴油发电机组。柴油发电机组是后备的紧急保障供电系统，通常配置机组的发电容量至少是变压器容量的30%，其发电负荷主要提供给消防相关设备、变配电房、安防系统、计算机系统、通信系统，宴会厅和会议厅照明，客房走廊照明，锅炉房设备，计算机中心、水泵房、限量运行的电梯、新风机房、空调和其他重要部位等用电。离市中心较远的度假村类酒店一般要求备足48小时的油料。发电机组平时在冷备状态，在电网断电后15秒启动，一分钟就可达到100%输出。必须注意的是，自备发电是禁止与市电并网运行的。这种配置相当于大型医院的模式，属于较高的配置方案，运行可靠安全，其效果是运行的酒店面向宾客可以做到365天24小时不间断供电。但该模式相对其他方案，投入成本高，日常运维的成本也很高。在人员配置上，酒店必须有强电工程师名额配备，强电工程师要持证上岗。

2. 互备互用两路供电配置方案

从两个稳定可靠的独立电网引入两路供电线路，互换备用。当任一路进线或变压器发生故障时，另一路进线或变压器给全部负荷继续供电，操作灵活性较好，供电可靠性较高。这个相对上面的第一方案，可靠性会降低，但相对投资成本会低些。目前在一线城市，这种方案也是采用较多的，因为大型城市，停配电的概率较低。柴油发电机组在几年内使用次数较少，柴油发电机组的日常运维对酒店而言也非常棘手，由此酒店可以省下这笔投资。

3. 双电源供电紧急配电配置方案

从两个稳定可靠的独立电网引入两路供电线路，一路作为常用电源，另一路作备用，即所谓的一用一备方案。两路供电线路不会因检修而同时停电，当常用供电线路有计划地检修停电时，可以事先实施切换至备用线路，待常用供电线路正常时，再退出备用线路恢复至常用供电线路，一般电力网络不允许长时间使用备用线路。电力检修造成的停电不多，停电时间一般不会太长，供电比较可靠。

在上述三个方案中，可靠性依次降低、成本投入同比下降。

对于小型酒店，特别是经济型酒店宜采用第三种方案的变配电系统。此类系统相对比较简单，从一个电网引入一路供电线路，一般0.4 kV电压进户，只需低压配电室，供电可靠性相对较差。有的酒店和居民区在一起，因此有的为380 V（AC）进户。这种技术方案相对稳定性较低，但有些电力网络较好的区域也有可能采用这种配电方式。

二、酒店电力变配电系统

酒店是耗电大户，各个运营部门都需要用电，酒店的用电是24小时不间断的，当遇到大型活动时，用电量会大幅上升。如：节庆活动、大型宴会等。正因如此，酒店的电力设备齐全、质量和技术要求高，下面介绍酒店相关电力系统的关键技术和设备。

1. 酒店高压配电设备

大型酒店的高压配电设备一般安装在酒店的配电机房（图7-1），该机房属于酒店重点机房，机房内部安装有高压一次电力设备，高压配电柜是最主要的配电设备（图7-2），高压配电柜主要有高压熔断器、高压隔离开关、高压负荷开关、高压断路器、互感器、避雷器等组成，这些组件功能如下：

高压熔断器：当通过的电流超过规定值时，其熔体熔化而断开电路。其功能主要是对电路及电路中的设备进行短路保护。

高压隔离开关：其作用是隔离高压电源，以保证其他电气设备（包括线路）的安全检修。这样可以避免因为没有灭弧装置所造成的不能切断负荷电流和短路电流的检修危险。

图7-1　大型酒店高压配电机房

高压负荷开关：其具有简单的灭弧装置，因而能通断一定的负荷和过负荷电流，但不能断开短路电流，同时也具有隔离高压电源、保证安全的功能。

高压断路器：其不仅能通断正常负荷电流，而且能接通和承受一定时间的短路电流，并能在保护装置作用下自动跳闸，切除短路故障。

2. 酒店电力变压器

由于电力的输送是较复杂的技术问题，电网为达到远距离送电目的，传送相同的功率，往往在技术上采用高压电的输送，较高电压输送，可以使线路传输的电流减小，在线路损耗上变小，提高了送电经济性。当高压电力到达用户端时，则需要用变压器降压，以满足各级使用电压不同负荷的用户需要。变压器主要作用是变换电压，以利于功率的传输。

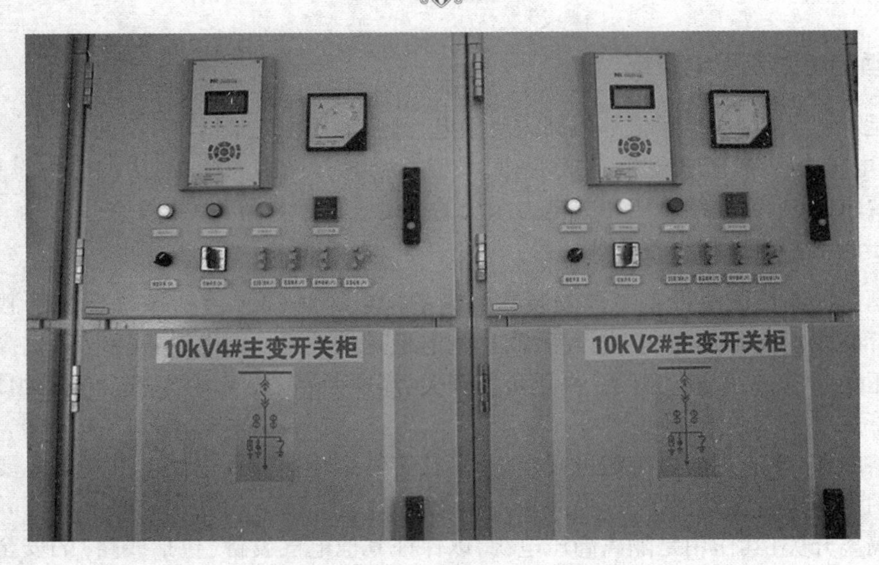

图 7-2　酒店 10kV 进户高压配电柜

酒店变压器一般安装在变配电室附近或同一区域内，酒店目前应用的电力变压器，可以分为油浸式和干式两种。目前大容量变压器广泛采用了干式变压器。干式变压器配备有温度显示和控制装置，以及强制冷却风扇等。图 7-3 是某大型酒店正在运行的主变压器。干式变压器工作环境要求：相对湿度 <80 %，环境温度 0～40 ℃，海拔高度≤2 500 m 等，一般酒店均能满足上述要求。

干式变压器常用技术术语：频率、空载电流、耐压强度、绝缘等级、绝缘电阻、连接方式、线圈允许温升、散热方式、噪声系数等。

图 7-3　大型酒店正在运行的主变压器

3. 电力母线

电力母线是配供电装置中传输电力的导体，材质为铜或铝，又称铜排或铝排（图 7-4）。由

于铜质材料性能优于铝质材料,目前酒店较多使用铜质材料。酒店电力传送为三相配电,由此母线的相序有一定的规则。母线的相序排列规定如下:

从左到右排列时,左侧为 A 相,中间为 B 相,右侧为 C 相;

从上到下排列时,上侧为 A 相,中间为 B 相,下侧为 C 相;

从远至近排列时,远为 A 相,中间为 B 相,近为 C 相。

图 7-4　酒店电力系统中的母线铜排

母线的相序涂色规定:A 相黄色,B 相绿色,C 相红色,PE 黑色,PEN 黄绿交替色,正极褐色,负极蓝色。电力配电中,相序和相序的标志都有严格的规定和标准,酒店的技术人员必须严格执行,图 7-5 是配电柜的内部电力接线结构。操作该配电柜需要持证上岗,无证无照不得做任何操作。该配电柜的电压为交流 380 V,无证操作将危及生命。

4. 酒店变配电示意图

酒店配电室工作要求非常严格,不允许出任何差错,酒店的变配电室的操作有电力部门制定的标准。为了使变配电操作更加明了,许多酒店在配电室配备有灯光显示的变配电流程图,便于明确了解变配电系统的全貌和当前的供电状况。此项装置一般由电力部门监制。许多酒店花了很大的投资制作了变配电示意图,其目的就是使酒店的变配电操作更加清晰和直观,图 7-6 为某大型酒店的变配电系统控制示意图,其功能强并且美观,使用效果良好。

5. 酒店低压变配电

酒店的低压,一般指电压为 1 kV 以下的交流电力线路、设备等。典型为交流 380 V/220 V 的电力线路,图 7-7 是某酒店低压配电示意图。酒店低压配电室的低压一次设备主要有低压熔断器、低压刀开关、低压刀熔开关和负荷开关、低压断路器、功率补偿、测量和计量仪器等。低压配电室规划、设计和运行要执行《低压配电设计规范》(GB 50054—2011)的国家标准。酒店在低压配电室的规划上要符合下面相关标准。

(1)配电设备的规划和设计要求

一般规定,配电室的位置应靠近用电负荷中心,设置在尘埃少、腐蚀介质少、周围环境干燥和无剧烈震动的场所,并宜留有发展余地。配电设备的布置必须遵循安全、可靠、适用和经济

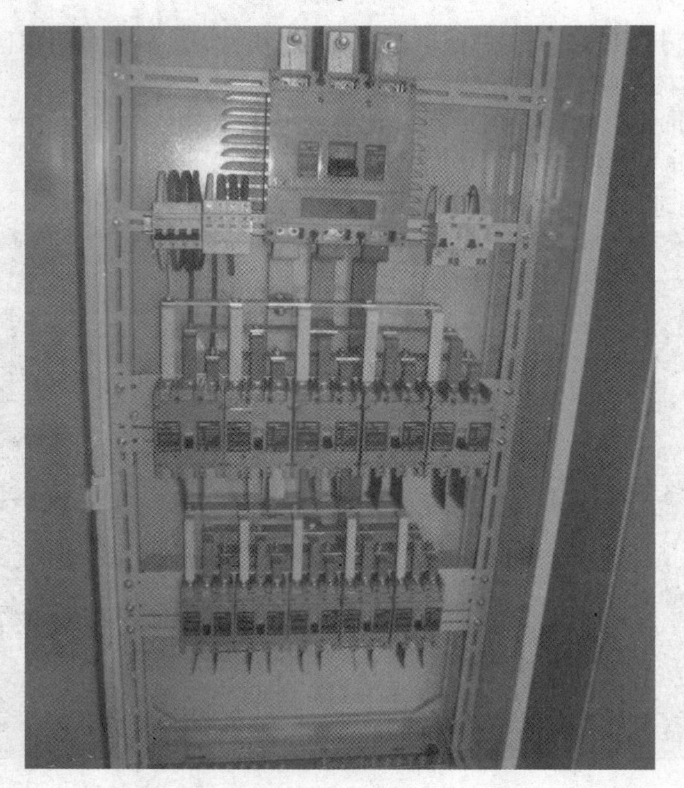

图 7-5　酒店配电柜内部电力接线结构

图 7-6　大型酒店变配电系统控制示意图

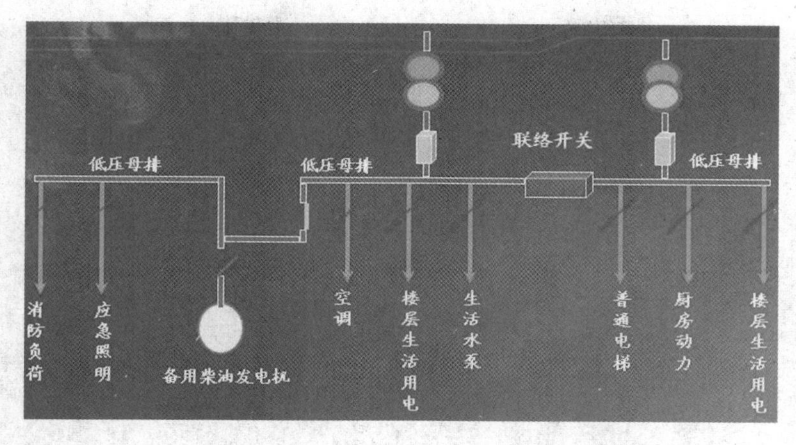

图 7-7 酒店低压配电示意图

等原则,并应便于安装、操作、搬运、检修、试验和监测。配电室内除本室需用的管道外,不应有其他的管道通过。室内水、气管道上不应设置阀门和中间接头;水、气管道与散热器的连接应采用焊接,并应做等电位联结。配电屏的上方及电缆沟内不应敷设水、气管道。

配电设备布置中的安全措施:落地式配电箱的底部宜抬高,高出地面的高度室内不应低于 50 mm,室外不应低于 200 mm;其底座周围应采取封闭措施,并应能防止鼠、蛇类等小动物进入箱内。同一配电室内相邻的两段母线,当任一段母线有一级负荷时,相邻的两端母线之间应采取防火措施。高压及低压配电设备设在同一室内,且两者有一侧柜有裸露的母线时,两者之间的净距不应小于 2 m。成排布置的配电屏,其长度超过 6 m 时,屏后的通道应设 2 个出口,并宜布置在通道的两端,当两出口之间的距离超过 15 m 时,其间应增加出口。

(2)变配电室建筑物标准

酒店的配电室屋顶承重构件的耐火等级不应低于二级,其他部分不应低于三级。当配电室与其他场所毗邻时,门的耐火等级应按两者中耐火等级高的确定。

酒店配电室长度超过 7 m 时,应设 2 个出口,并宜布置在配电室两端。当配电室双层布置时,楼上配电室的出口应至少设一个通向该层走廊或室外的安全出口。配电室的门均应向外开启,但通向高压配电室的门应为双向开启门。酒店配电室的顶棚、墙面及地面的建筑装修,应使用不易积灰和不易起灰的材料;顶棚不应抹灰。配电室内的电缆沟,应采取防水盒排水措施。配电室的地面宜高出本层地面 50 mm 或设置防水门槛。当严寒地区冬季室温影响设备正常工作时,配电室应采暖。夏热地区的配电室,还应根据地区气候情况采取隔热、通风或空调等降温措施。有人值班的配电室,宜采用自然采光。在值班人员休息间内宜设给水、排水设施。附近无厕所时宜设厕所。位于地下室和楼层内的配电室,应设计设备运输通道,并应设有通风和照明设施。配电室的门、窗关闭应密合;与室外相通的洞、通风孔应防止鼠、蛇类等小动物进入网罩,其防护等级不宜低于现行国家标准《外壳防护等级(IP 代码)》(GB 4208)规定的 IP3X 级。直接与室外露天相通的通风孔应采取防止雨雪飘入的措施。酒店配电室不宜设在建筑物地下室最底层。设在地下室最底层时,应采取防止水进入配电室内的措施。

(3)酒店低压配电柜

酒店的低压配电柜是输送电力到各个部门的最直接的设备,图 7-8 是常见的低压配电柜。

酒店的低压配电柜一般由下面的设备器件组成。

图 7-8　酒店低压配电柜

1）低压熔断器

其主要是实现低压配电系统短路保护，有的也能实现过负荷保护。低压刀开关的主要功能是无负荷操作，作隔离开关使用。

2）低压刀熔开关

其具有刀开关和熔断器的双重功能。负荷开关的主要功能是有效地通断负荷电流，能进行短路保护。

3）低压断路器

其既能带负荷通断电路，又能在短路、过负荷和失压时自动跳闸。

4）功率补偿装置

其主要作用是调整功率因数。当电网内功率因数降低之后，使供电系统内的电源设备容量不能充分利用，增加了输电线路上的有功功率的损耗，使线路压降增大，负荷端电压下降，造成设备故障。当功率因数过低，电力部门将会有罚款措施，而功率因数保持较高水平则可被电力部门奖励。通常酒店的功率因数要符合以下要求：

$$0.9 \leqslant \mathrm{Cos}(\phi) < 1 \qquad (式\ 7\text{-}1)$$

在低压配电中有专门配套的功率因数补偿柜。主要由电力电容器和控制装置组成，可以自动调整功率因数达到设定值。

5）测量表具

主要有电压表、电流表、功率因数表。比较先进的设备配备有智能电力仪表，可以显示三相电压、三相电流、中线电流、有功功率、无功功率、功率因数、频率、谐波等几乎所有的电力参数，并可以与计算机联网形成远程监控。

6）电力计量设备

酒店工程部安装的计量装置，主要记录用户的用电数据：峰、平、谷时区的用电量，最大功

率(MD),有功功率,无功功率,功率因数等,便于对用户用电的管理监测和计费。要注意的是,其中最大功率(MD)的数值要测算酒店下个月的可能最大功率再加适当的余量,填写"高压用户契约限额变更申请书"向供电部门申报(一般在当月下旬申报下个月的MD),供电部门将会按申报的数值收费,报得太高则浪费了酒店的开支,如果实际用电超过了申报的数值,超出部分则加倍收费,也增加了酒店的开支。酒店的用电管理部门:一要控制用电设备的错峰启动,如制冷机、大型风机、大功率电加热等设备,并合理利用谷段时区用电;二要利用积累的数据分析,根据气象的变化、气候的转换、酒店季节性客流量的变化等,科学地测算酒店的用电MD值申报。

7)酒店内部计量

酒店的各用电分路安装的电度表,便于掌握各点的用电情况和部门用电的考核,也是酒店业主对外包租户用电的收费依据,更是酒店节能减排的基础性设备。

(4)酒店配压操作安全用具

酒店的高压操作和其他企业一样,在配电室必备电气安全电气用具,如绝缘靴、绝缘手套、绝缘操作杆、绝缘钳、验电器、临时地线、标示牌及其他安全用具等。

三、酒店供电系统的计算机管理网络

电力技术的数字化是电力智能控制的发展趋势。我国电力供应的数字技术应用一直处于领先的地位。酒店变配电室采取人工监控、自动监控和网络监控相结合的方式,以保证用电的安全。大型酒店根据劳动保障部的规定,配备电气工程师24小时值守。随着计算机网络普及,酒店在人工值守的同时,也采用了计算机控制技术,实现计算机网络对电力网络的自动监控。计算机网络自动监控装置可靠性高,可以实时连续地监控。大型的酒店已经将供电系统的监测技术纳入建筑智能(Building Intelligent)的范畴内。图7-9是大型酒店的计算机网络供电系统控制网络示意图,在该系统中计算机网络与电力仪器设备连接,网络将这些设备构成一个可控的系统,为电力系统的运行提供了技术上新的控制技术。计算机网络与电力设备终端的物联网多种传感器组网,构成了信息传递、监视和控制的完整酒店电力技术管理网络,较大地提升了管理的效率和可靠性。

酒店对电力系统的技术管理和控制,近几年得到了快速发展。酒店的电力控制网络主要是应用互联网、物联网技术。通过物联网的传感器向计算机接口发送数据,计算机系统可以对需要控制的信息进行采集、处理、存储、记忆、运算和逻辑判断,以及报警等操作,并可打印和屏幕显示(图7-10)。

智慧酒店的应用领域之一酒店智慧控制:酒店通过网络技术对集团的各个酒店的电力系统进行远程监控、数据读取,可以非常清楚了解集团各个酒店的经营情况、电力系统的运行状况,可以及时远程控制和处置故障等。

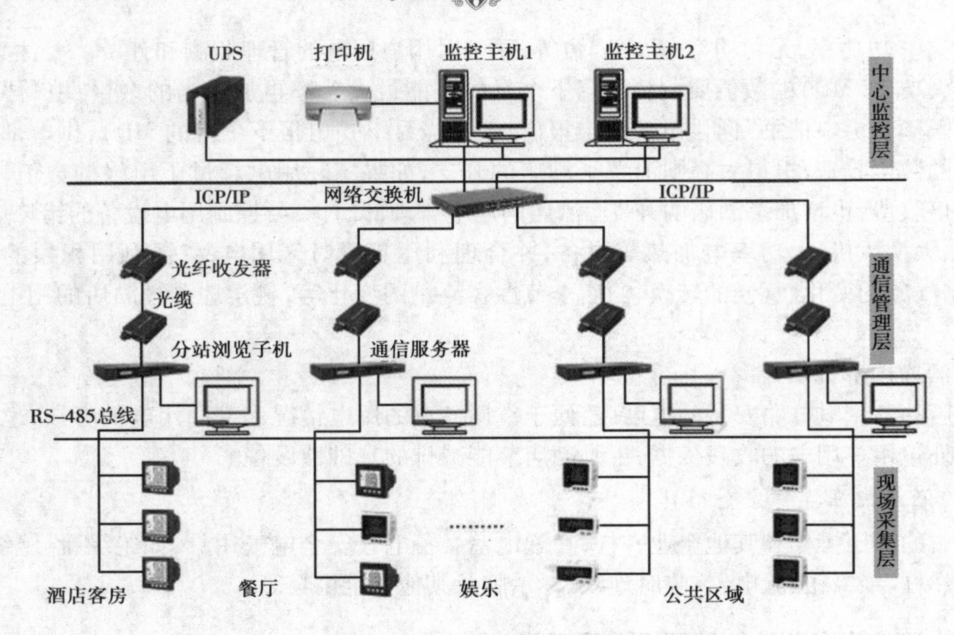

图 7-9　酒店计算机网络供电系统控制示意图

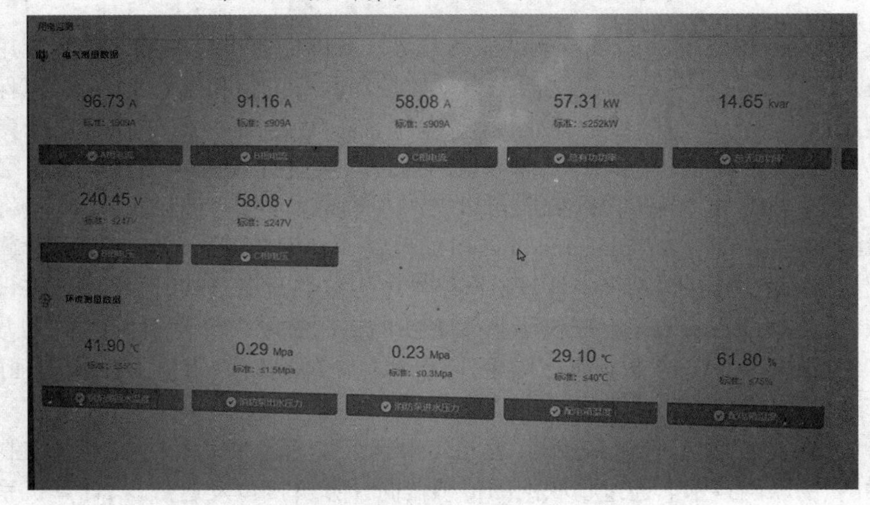

图 7-10　酒店集团电力物联网远程控制

四、酒店供电系统技术和安全管理

1. 酒店供电技术参数介绍

大型酒店供电要求较高，须符合一级负荷标准，高压侧电压偏移不超过 ±2.5%，低压侧电压偏移一般不超过 +7% −10%，要求较高时不超过 ±5%，功率因数为 0.9 以上。

酒店的动力和照明采取分路供电方式，大型的设备供电都有电缆从低压配电室直接送至设备的配电箱。酒店一般会在每个楼层设置配电间，集中控制楼层客房的用电负荷。每间客房都配置一个小型配电箱，装有漏电开关和多路分断开关，分别控制相关的用电设备。餐厅、娱乐场所也应该配置独立的低压配电箱。

2. 酒店电力系统安全管理

酒店的供电系统是非常重要的系统，工程部的电力组属于安全生产的要害部门。在技术部门操作中，变配电操作尤为重要。这里重点介绍变配电的操作管理，这些管理制度必须严格执行。

停电检修阶段：停电检修时必须在停电的开关处挂“停电检修、禁止合闸”指示牌。高压检修或重大检修时必须有两人以上(1 人操作，1 人监护)。必须执行“二票”(工作票、操作票)制度，并做好安全作业的四个技术措施(停电、验电、接地、挂牌和遮拦)。

高压操作：高压操作时还必须穿戴专用的绝缘套鞋、绝缘手套，使用绝缘棒。所有的绝缘工具(如鞋、手套、棒)、绝缘仪器(如高压试电笔、摇表)必须是检定合格品，并定期送检。通常，高压配电房每 2 小时巡检 1 次；变压器、低压配电房每小时巡检一次。发电机房每班巡检等。

第二节　酒店给排水系统

一、酒店给水系统

酒店的给水系统除要满足一般建筑需求之外，还有着酒店行业的特殊性。酒店的给水系统主要提供生活用冷热水、消防喷淋用水、锅炉用水、中央空调系统用水和洗衣房用水等。一般供水系统在技术处理上分为低层和高层两个区域。下面对酒店的供水系统做介绍。

1. 酒店建筑给水方式

(1)低层建筑酒店的给水方式

酒店建筑低层的供水往往会直接给水与外部给水管网直连，利用外网水压供水。如建筑群分散、楼层不高的度假型酒店，这些酒店往往远离市中心，占地面积大。在市中心的一般为简易型的酒店或用原来建筑改造的酒店。

(2)高层建筑酒店的给水方式

在城市建设的酒店一般为高层建筑，高层酒店建筑给水一般设水箱的给水方式，同时给水系统设高位水箱调节流量和压力，结构如图 7-11 所示。

(3)酒店直接采用水泵和水箱结合的给水方式

酒店在规划上，采用水泵对外管网直接抽水加压并利用高位水箱调节流量的方式，这种模式必须配置更多的水泵。也有些酒店采用气压给水方式，利用水泵自外管网直接抽水加压，利用气压给水罐调节流量和控制水泵运行。气压水箱供水方式有两种：第一是气压水箱并列供水方式；第二是气压水箱减压阀供水方式。

2. 酒店高层建筑给水系统的设备配置

高层建筑群的酒店在给水系统中要配置更多的给水设备，此处关键是水箱的配置。高位水箱供水，这种方式可分为并列供水方式、串联供水方式、减压水箱供水方式和减压阀供水方式。当采用高位水箱并列供水方式时，在各分区独立设计水箱，水泵集中设置在建筑底层或地

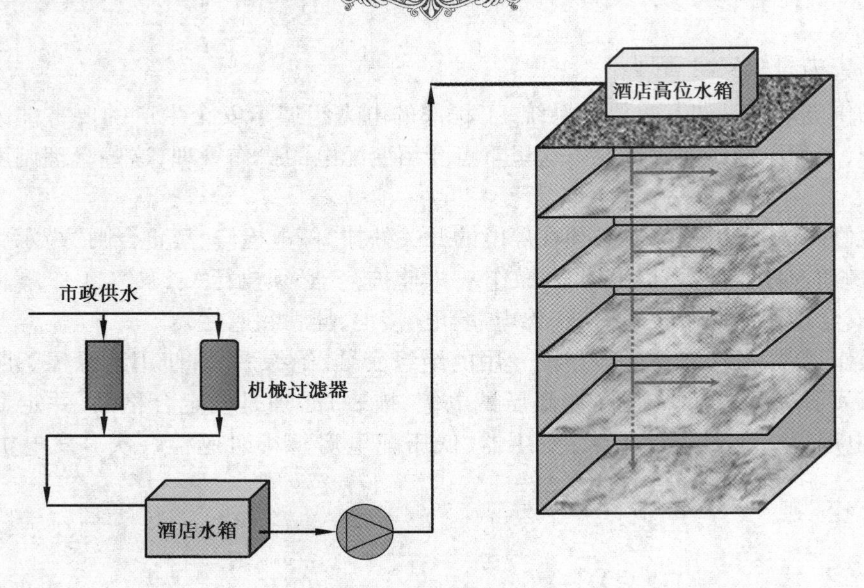

图 7-11　高层建筑酒店高位水箱供水示意图

下室，分别向各区供水；当采用高位水箱串联供水方式时，水泵分散设置在各区的楼层中，低区的水箱兼作上一区的水池；当采用减压水箱供水方式时，整个高层建筑的用水量由底层水泵提升至屋顶总水箱，然后再送至各分区减压水箱；当采用减压阀供水方式时，以减压阀代替减压水箱。

如果在酒店规划上，采用无水箱供水方式，那么配置这种模式要根据给水系统中用水量情况自动改变水泵的转速，调整出流量并使水泵具有较高工作效率。一般为变速水泵并列供水方式或变速水泵减压阀供水方式。

如果酒店建造在城市，那么城市给水水压一般可满足 5 ~ 6 层建筑的生活用水要求，对于高层建筑，绝大多数采用分区给水方式，即低区部分直接由城市给水管网供水，高区部分采用分区给水方式。目前绝大多数酒店高层建筑采用高位水箱兼顾消防给水系统的给水方式，在高位水箱有效容积增加不多的情况下，生活贮水与消防贮水同时贮存于一个水箱中，既经济又便于管理。高位水箱具有水压稳定的优点，使冷热水系统水压保持平衡，方便洗浴。变频调速水泵不能满足消防贮水量，存在小流量和零流量供水问题，在高层建筑中采用较少。气压罐给水方式主要是气压罐调节容积小，不能满足消防贮水，一般作为消防给水系统中的经常性增压设备，用于少数楼层水压不足时的增压。高位水箱减压阀减压给水方式占地面积小，无噪声，不影响水质，酒店采用较多。

3. 酒店建筑水箱的配置

(1) 酒店建筑高度小于 50 m

如果酒店的建筑高度小于 50 m，高区部分采用高位水箱减压给水方式，贮水池—水泵—屋顶水箱—减压阀给水方式。屋顶水箱引下一根立管至低区管网，该立管上设电动阀门和减压阀，平时电动阀门关闭，在城市给水管网停止供水时打开电动阀门向低区供水。此方式供水安全可靠，充分利用了城市管网的水压，节省能源。

(2) 酒店建筑高度在 50 ~ 100 m

酒店的建筑高度在 50 ~ 100 m 时，高区部分采用高位水箱分区减压给水方式。

(3)酒店的建筑高度大于 100 m

酒店建筑高度超过 100 m 时,一般被定义为超高建筑,此时会采用高位水箱串联给水与减压给水相结合的方式。这种超高建筑给水系统对水压处理要求高,需要专业的设计院设计。

4. 酒店给水系统的管理

酒店的给水要执行相关的技术标准,如《旅游饭店星级的划分与评定》(GB/T 14308)中规定:

酒店给水必须水质良好:无异味、无杂物、不浑浊、透明、清晰。

水流压力必须控制在:0.2 ~ 0.35 MPa。

酒店宾客使用的主要出水量:面盆 6 L/min、浴缸 18 L/min、淋浴 14 L/min。

为了达到相关技术要求并向宾客提供优质服务,在酒店的日常管理中,要按规定对水箱进行清洗。现在酒店水箱较多采用不锈钢材质的拼装水箱,设有进出水口、溢水孔、排污口、检修孔、水位监测控制等(图 7-12)。酒店的生活用冷热水、消防喷淋用水、中央空调系统用水由高位水箱供给。蒸汽锅炉的用水要经过水质处理后提供给锅炉使用。消防喷淋的供水系统要求很高,必须保证有一定的水压和水流量,管道和阀门等均有相关的要求。因此水箱的水质直接影响这些系统的水质要求。酒店的水箱清洗是很重要的工作,水箱清洗就是为了保证供水清洁卫生,符合二次供水卫生检验标准。水箱清洗消毒后能有效防止因水箱不干净导致的痢疾、伤寒、病毒性肝炎、活动期肺结核、化脓性或渗出性皮肤病以及其他有碍公共卫生的疾病。

图 7-12　酒店采用的不锈钢水箱

酒店每年对地下水池和高位水箱各清洗两次,若遇特殊情况应增加清洗次数。清洗工作由取得健康合格证的专业人员执行。清洗后,由专业清洗单位取水样送市级防疫站化验取证,使水质达到国家卫生饮用水的标准。水箱管理上还必须加盖加锁,开启水箱应该由 2 人以上进行并做好记录。

二、酒店热水供应系统

酒店的热水主要提供给宾客及餐饮、娱乐部门使用。对内还要供职工食堂和职工浴室使用等。按热水提供的温度标准,一般规定为 50 ℃的标准。根据统计,酒店平均每日每位宾客需要消耗250 L左右热水。300间客房的中型酒店每日热水消耗达到50 t以上，由此可见酒店热水用量很大，但同时对热水的温度有较高的恒温要求，下面做介绍。

1. 酒店的热水生产方式

酒店的热水生产方式有多种，各酒店选择的设备也各有不同。

(1)蒸汽锅炉加容积式热交换器方式

热交换器是通过间接加热的方法来传递热量的(图7-13)。蒸汽锅炉产生低压蒸汽在容积式热交换器中与水进行热交换，热量总是从高温物体向低温物体传递，随着蒸汽温度下降，水的温度随之上升，蒸汽的凝结水可直接回锅炉房重复使用，图7-14是酒店热水供应原理图。在此强调热水交换器使用的安全要求，热交换器必须设置安全装置，一般选择三种安全装置中的一种安装在交换器上。

热交换器安全阀：安全阀压力须与热交换器的最高工作压力相适应。安全阀的安装与使用应符合《压力容器安全技术监督规程》的技术标准。

在交换器顶部装设接通大气的引出管。

膨胀水箱：与水加热器相连，以放出膨胀水量。

图7-13　酒店采用的卧式热交换器

由于公众水管网提供的水硬度较高，含有盐类。蒸汽的高温会使热交换器内壁和管壁形成水垢，导致换热效率降低，能耗增加，因而影响使用和安全，所以进入热交换器的水质需要进行相应的软化处理。

(2)热水锅炉加水箱方式

常压热水锅炉或承压热水锅炉对水进行加热，水在锅炉本体内不发生相变，即不产生蒸汽，然后直接输送到使用点。目前许多酒店采用此类小型锅炉，能源也比较省，是一个发展趋势。

(3)热泵加水箱

热泵即空气源热泵热水机，相当于空调机运行于制热状态，一般供水温度最高可达到55℃左右，在气温10℃以上时，效率很高，空气源热泵热水机与锅炉比较加热缓慢，需要配备较大容积的贮水箱储存热水。

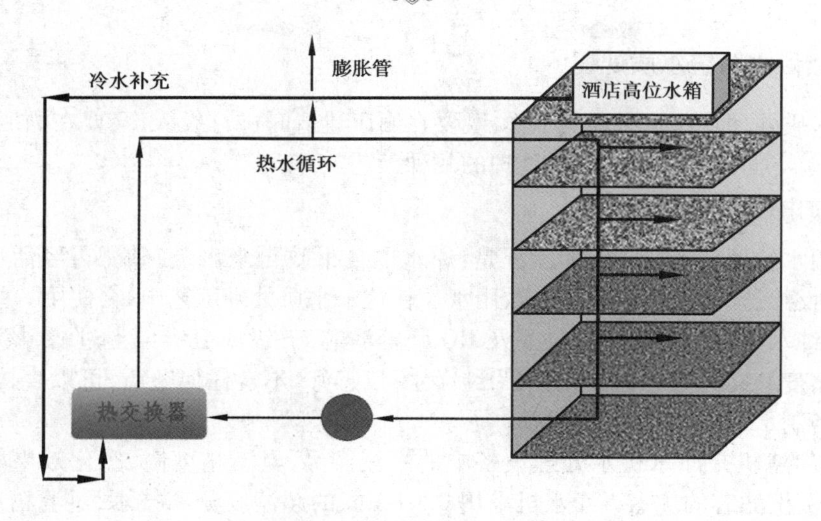

图 7-14 酒店热水供应循环系统示意图

2.酒店热水的供给温度控制

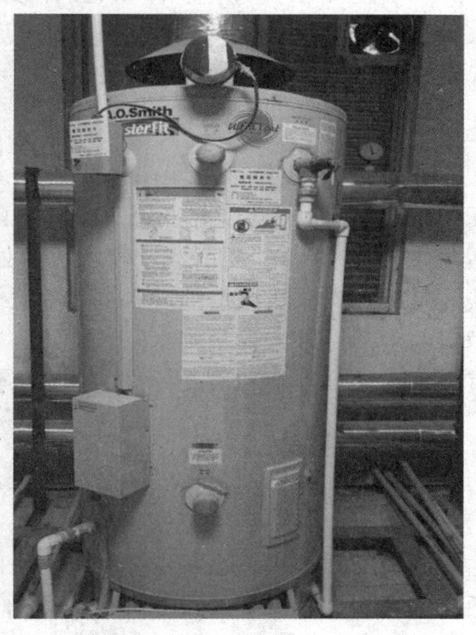

图 7-15 酒店应用的热水小型锅炉

酒店采用循环泵方式，即将热水系统进行全循环的供水方式，全天候保持热水水温，考虑节能因素，也有酒店采用分时间歇式循环的供水方式。

热水设备出口温度在 55 ℃左右，由于管道输送时热量会有损耗下降，到达客房末端的水温在 50 ℃左右。实验证明人体理想淋浴水温在 42 ℃左右，水温不可过高以免烫伤客人。水温过高也会使管道结垢，同时造成能源浪费，一般热水输送温度不宜高于 60 ℃。为了安全，酒店一般会控制热水末端水温在 46 ℃左右，需要按此标准执行。热水管道采用铜管外敷保温层，管道系统设计有排气阀，管道伸缩器，防止系统内的热膨胀效应损坏管道和阀门。把这些标准结合酒店实际使用状况，归纳如下：

(1)热水设备控制

出口温度 55 ℃ 左右；

客房供水末端≤50 ℃；

人的淋浴温度 42 ℃左右；

洗浴热水(单龙头)温度末端≤46 ℃。

(2)高星级酒店热水温度控制

高星级酒店在完全打开热水龙头(单龙头)时，水温在 15 秒内要求上升到 46～51 ℃。酒店实践操作会控制在末端出水温度 46 ℃。

三、酒店供水系统水质处理

酒店的水质处理是比较艰难的工作，既要在酒店建造时进行投入，又要在酒店日常经营中加以技术管理，下面就讲解酒店水质处理的几种工艺。

1. 酒店饮用水的处理工艺

酒店饮用水的处理工艺一般的流程是：原水取自市政自来水，经砂滤再经活性炭过滤器、保安过滤器、反渗透、紫外消毒最后出饮用水。在这个水质处理工艺中，会使用一些净水设备。

纯水机：纯水机采用PP棉、活性炭及RO膜等滤芯，五级或五级以上过滤，核心是RO膜，是目前过滤精度最高的滤芯，制出的水为纯净水，口感好，不含任何杂质，可以直接生饮。纯水机水处理设备制水量少，需要定期更换滤芯。

净水机：超滤机是净水机水处理设备中的主流产品，具有精度高，净化效果好，滤芯寿命长，并能自动清洗滤芯的优点。净水机采用0.01 μm的超滤膜分离技术，过滤精度高；能有效祛除水中的泥沙、铁锈、悬浮物、胶体、细菌、病毒、大分子有机物等有害物。净化水接近矿泉水，能直接生饮。该设备流量大，滤芯使用年限长，能自动清洗滤芯，不需要电，不浪费水。净水机水处理设备缺点是换芯比较麻烦。

2. 生活用水的处理工艺

酒店生活用水的处理往往采用软水机，软水机是利用离子交换的原理，即用 Na^{+} 交换 $Mg^{2+}Ca^{2+}$，使水的硬度降低到70 mg/L以下成为软水，软化后的水可防止管道龙头/花洒被水垢堵住，减少能源消耗。经过软水机水处理设备产生的水，洗衣清洁能力特强，淋浴和美容护肤效果好。高星级酒店的洗衣用水都会进行处理。一般软水机水处理设备产生的水适宜作为酒店的生活用水和设备用水。软化水不适宜饮用。长期饮用软化水会造成人体缺钙和镁。只有在水质达到很硬和极硬标准的地区，才会使用软水机处理后再进行饮用水处理。

四、酒店排水系统

1. 酒店排水管道系统

酒店的排水管道系统由排水管（目前均采用UPVC管）、通气管、集水坑、污水泵等构成。酒店的污水排放必须经过处理后方可排入市政的排水排污管网，水务和环保部门都有严格的排放指标，并会定期上门检查监测。

酒店排放的污水根据其来源主要有以下三种：

1）生活污水

酒店的生活污水又分以下几种：

餐厅厨房污水：含有机物、固体杂质，油脂含量高。先要经过隔油池处理。

客房卫生间污水：冲洗便器污水和洗浴废水，主要含有有机物、固体杂质、细菌、洗涤剂和肥皂液。

2）设备废水

酒店的设备废水分下面几种：

锅炉排放的废水：锅炉排出污水及软化再生废液，水中主要含盐类。

风机盘管冷凝水：中央空调管道系统定期排污的废水，含有清洗管道的化学药剂等。

酒店室内游泳馆废水：酒店游泳池的循环水的滤池冲洗废水及泳池排污废水，此类废水含有消毒剂和悬浮杂质。

冲洗汽车和其他设备废水：含有油脂、清洗剂等。

酒店洗衣房废水：含有洗涤剂和悬浮杂质。

3）雨水

酒店区域集聚的雨水，目前酒店会直接排放入公众管网。

2. 酒店的污水处理

酒店的污水处理是复杂的，要求很高，但随着市政建设，现在许多酒店的排污纳入到市政建设中，这样大大减轻了酒店的建设成本。图7-16是酒店污水处理示意图。这里简单介绍一些酒店常用的污水处理技术。

生物化学法：如活化污泥法、生物结层法、混合生物法等。

物理化学法：如粒质过滤法、活化炭吸附法。

化学沉淀法：膜滤析法等。

自然处理法：如稳定塘法、氧化沟法、人工湿地法。

另外还有超低压反渗透膜处理法等。

酒店的污水处理一般包含以下三级处理：

第一级处理是通过机械处理，如格栅、沉淀或气浮，去除污水中所含的石块、砂石和脂肪、铁离子、锰离子、油脂等。

第二级处理是生物处理，污水中的污染物在微生物的作用下被降解和转化为污泥。

第三级处理是污水的深度处理，它包括营养物的去除和通过加氯、紫外辐射或臭氧技术对污水进行消毒。

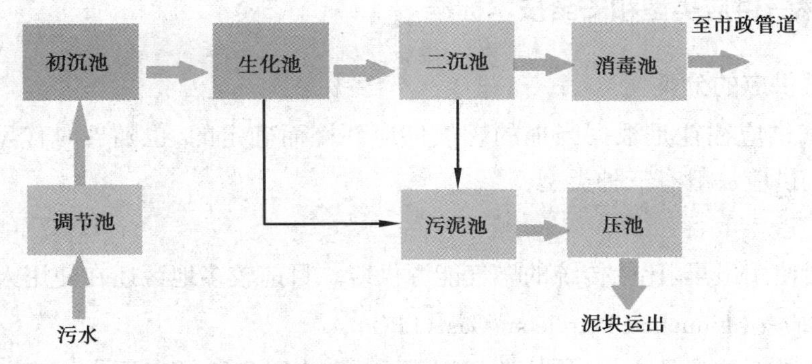

图7-16　酒店污水处理示意图

根据处理的目标和水质的不同，有的污水处理过程并不包含上述所有过程。有关技术执行标准可以参见《建筑给水排水设计规范》（GBJ 15）。图7-17是某酒店的污水处理池设备。

随着城市建设的加快，市政管网的不断完善，目前许多酒店的排污基本上直接接入市政污水管网，由市政管网统一处理，达到了集约化生产的目标。酒店需要支付一定的排污费用，这个和每个家庭支付排污费用状况一致。

图 7-17　大型酒店污水处理池

第三节　酒店燃气供应

酒店是为宾客提供住宿、餐饮、娱乐等相关服务的场所，其中餐饮是重要的产品。酒店要提供餐饮服务会需要燃气的能源供应。客房、娱乐、游泳池、SAP 等也需要热水的供应，这些都需要燃气。

一、酒店燃气供应类型和安全技术标准

1. 酒店燃气供应的分类

酒店的燃气供应往往是根据当地的燃气供应环境而确定的，也随着时代发展发生变化。目前酒店的燃气供应一般有三种类型：

(1) 人工煤气

这个是酒店使用最早、比较传统的燃气能源供应。目前较多地区还在使用人工管道煤气。

(2) 液化石油气(Liquefied Petroleum Gas, LPG)

液化石油气是石油产品之一，是从油气田开采、炼油厂和乙烯工厂中生产的一种无色、挥发性气体，主要应用于汽车、城市燃气、有色金属等行业。

一些离市中心较远的酒店会采用这类液化石油气作为餐饮等的能源供应。这种供应是以储罐容器作为供应方式的。

(3) 天然气

随着国家天然气"西气东输"巨大工程的完成，沿海城市也逐步用上了清洁的天然气。酒店企业在此环境下受益。

2. 酒店燃气安全技术标准

根据不同的燃气类型，酒店工程部对燃气系统的安全管理是不同的，下面做简单介绍：

(1)人工煤气安全技术标准

酒店使用的人工管道煤气一般是由当地燃气公司提供,并保障该系统的运行。酒店在管理上相对比较简单,主要配合当地的燃气公司做好定时的安检和计量工作。酒店工程技术部也应该对建筑内的燃气管道、器具等做好安检。

(2)液化石油气安全管理

液化石油气的主要组分是丙烷(超过95%),还有少量的丁烷。LPG 在适当的压力下以液态储存在储罐容器中,常被用作炊事燃料。由于液化石油气高压储备时是液态,常压下是气态,当某一范围内的液化石油气达到一定浓度后,遇上火源就会迅猛燃烧,即爆炸。这一危害比汽油严重得多。

酒店使用的液化石油气主要是当地附近的液化石油气储配站供应的,储配站只负责储罐容器的安全,由此酒店工程部和使用部门(餐饮部)要经常检查液化石油气的使用。防止发生事故。

(3)天然气安全技术标准

酒店的天然气供应和人工管道煤气一样是由当地燃气公司提供的。酒店在管理上相对比较简单,主要配合当地的燃气公司做好定时的安检和计量工作。酒店工程部也应该对建筑内的燃气管道、器具等做好安检。

二、酒店天然气供应系统

由于目前对酒店的燃气供应,越来越多地采用天然气(Natural Gas),因此在此重点介绍天然气的供应系统。

1. 天然气的供应特点

天然气是一种多组分的混合气体,主要成分是甲烷,另有少量的乙烷、丙烷和丁烷,此外一般还含有硫化氢、二氧化碳、氮和水汽,以及微量的惰性气体,如氦、氩等。天然气是一种高效、清洁的优质能源,在发达国家已经普及使用。天然气是人工煤气热值的2.3~2.5倍。

天然气也具有有害特性,主要是甲烷对人基本无毒,但浓度过高时,空气中氧含量会明显降低,使人窒息。当空气中甲烷浓度达25%~30%时,可引起头痛、头晕、乏力、注意力不集中、呼吸和心跳加速、共济失调。若人不及时远离,可致窒息死亡。皮肤接触液化的甲烷,可致冻伤。

天然气在空气中浓度为5%~15%时,遇明火即可发生爆炸,这个浓度范围即天然气的爆炸极限。

2. 酒店使用天然气技术管理

酒店使用天然气在管理上,要配合当地的燃气公司做好相关的安全工作,具体的技术安检介绍如下:

(1)燃气锅炉

大型酒店的能源供应量一般较大,酒店使用的天然气锅炉是安检的重点,图7-18是天然气锅炉。

(2)燃气管道的入口及计量表

天然气管道的入口是重要的检测点,因为管道暴露在外,如图7-19所示,有受到酒店建筑

沉降等因素的影响，因此工程部技术人员要定期做安检，并做好记录。

图 7-18　酒店使用的天然气锅炉

图 7-19　酒店天然气管道入口

天然气的计量往往采用皮膜式燃气计量装置，如图 7-20 所示，这个计量装置由当地的燃气

公司管理，酒店作为使用单位，应该配合安检，有问题及时报修。

总之，随着天然气使用的普及，酒店企业使用天然气作为能源会愈来愈多。据预测，全球天然气总资源量在400万亿～600万亿立方米，我国的“西气东输”工程在2005年达到80亿～90亿立方米，在2008年已经达到120亿立方米，2013年达到200亿立方米。在享用天然气带来的收益时，酒店的相关部门一定要按规程对燃气供应进行管理。

图7-20　酒店天然气计量装置

章节练习

简答和研讨

1. 讨论大型酒店电力配置技术要求（电力配置负荷和供电技术标准）。
2. 试描述与讨论大型酒店两常一备和一发电配置的技术方案。
3. 讨论酒店热水的供给温度控制（具体温度技术标准执行）。
4. 酒店燃气供应有几种类型？如果供你选择，你会选哪种能源类型？为什么？

第八章　酒店业的节能减排

【本章导读】旅游业的高速发展，对环境造成巨大的压力。研究表明：旅游与酒店业不是无烟工厂。作为旅游产业链上的支柱产业之一的酒店，其快速扩展也受到环境和能源的制约。酒店企业具有高投入、高能耗、高污染的三高特征。就环境和能耗而言，旅游与酒店业发展受到碳排放、环境污染以及能源价格上升带来的经营压力。

我国力争2030年前实现碳达峰，2060年前实现碳中和，是国家经过深思熟虑作出的重大战略决策，事关中华民族永续发展和构建人类命运共同体。由此以碳达峰、碳中和为目标的节能减排的战略行动也是我国旅游业当前和今后相当一段时期内企业发展面临的挑战和课题。由此我国酒店业的发展在能源消耗和使用上，一定要走上“低碳”和可持续发展的道路。酒店是奢华和享受的空间，但奢华不等于浪费。随着社会的进步，越来越多的宾客认同“绿色经济”和“绿色饭店”。低碳旅游、低碳酒店是人类进步的要求，是社会发展的需求，是行业自身发展的目标，更是行业必须担当起的社会责任。节能减排，是酒店经营目标之一。本章重点介绍酒店行业的综合能耗评估方法，节能减排的路径与方法，为酒店行业的绿色发展而出谋划策。

第一节　酒店业节能减排

气候环境变化和资源日益匮乏的严重趋势，将会影响人类的生存。实施节能减排，“迈向绿色经济”“实现可持续发展”，已成为当前各国发展的主题。“第十四个五年规划”明确提出，到2035年，广泛形成绿色生产生活方式，碳排放达峰后稳中有降，生态环境根本好转，美丽中国建设目标基本实现。“十四五”期间，加快推动绿色低碳发展，降低碳排放强度，支持有条件的地方率先达到碳排放峰值，制定2030年前碳排放达峰行动方案；推进碳排放权市场化交易；加强全球气候变暖对我国承受力脆弱地区影响的观测。由此我国的经济发展，必须走低碳经济的发展模式。低碳经济作为一种以低能耗、低污染、低排放为基础的经济模式。专家认为：低碳经济是一场涉及生产方式、生活方式和价值观念的全球性革命。

旅游业发展面临的重大挑战，国际和国内旅游业的快速增长，距离远、周期短的旅行趋势，以及能源密集型交通方式的偏好，都增加了旅游业对不可再生能源的依赖，使得旅游业温室气

体(Greenhouse Gas,GHG)的排放量占全球排放量的5%,并将在常规经济(Business-as-Usual,BAU)情景下仍会保持增长。除此之外,旅游业发展临其许多挑战,包括水资源的过度消耗(与居民生活用水的使用量相比);未经处理的污水排放;废物的产生;旅游目的地陆地和海洋生物多样性的破坏以及对文化、建筑文物和传统的威胁。旅游行业不断增长的能源消耗量,特别是在旅行和住宿等部门,以及对化石燃料的过分依赖所导致的全球温室气体排放量上升,这些都对气候变化以及经济增长产生了重大影响。除交通外,住宿是旅游业最密集的能源消耗部分,它包括供热、制冷、照明、烹饪(餐厅)、清洁、游泳以及在热带和干旱地区海水淡化等对能源的需求。总之,住宿条件越奢侈,能源消耗量就越大。

如果旅游业照这样的模式发展,未来旅游行业温室气体排放将大幅地增加。估计旅游业制造的温室气体排放占总量的5%(1 302 $MtCO_2$)主要来自旅游交通(75%)和食宿(21%,来自空调和供暖系统)。如果实行"低碳旅游",旅游业在绿色经济投资的情况下对GDP增长的贡献会更大,而且具有显著的环境效益,包括用水量减少18%,能源使用减少44%,二氧化碳(TCO_2)排放量减少52%。

酒店日常运行需要消耗大量的资源,同时也排放大量的大气污染物。例如使用燃煤、燃油锅炉,会向大气排放大量的烟尘、二氧化硫、氮氢化合物和二氧化碳。一座中等规模的三星级酒店,一年大约要消耗相当于1 400吨标准煤(Tce)的能量,至少要排放4 200吨二氧化碳(TCO_2)、70吨烟尘和28吨二氧化硫(TSO_2)。而一座建筑面积8万平方米的大型高星级酒店,全年则需要消耗大约相当于13万吨标准煤(10 kTce)的能量,其排放的大气污染物更加惊人。另外一方面,据统计,酒店能源费用的支出占营业费用的比例高达8%~15%,随着近年来"电荒""水荒""油荒"的出现,能源价格还将继续上涨,酒店的能源费用支出将成为酒店的一大负担。

由此推行低碳酒店、绿色酒店,做好节能减排工作势在必行。低碳酒店是将环保低排放理念植入酒店的建设和日常经营之中,近年来已经成为酒店企业的社会责任。酒店选择节能减排、低碳环保,不只是企业的自身需求,是行业发展的影响因素,更是酒店企业一种新视角的管理模式的尝试,对酒店管理流程、市场定位、行业发展、供应链及价值链等重新审视。低碳酒店对降低成本、增加效益、创造价值并构建自己的竞争优势有着重要的作用。建设好低碳酒店,搞好节能减排工作,为酒店塑造良好的社会形象,降低酒店运营成本,大幅提升酒店企业的盈利能力,是一个多赢的工作。

第二节 酒店业综合能耗的评估

一、酒店企业综合能耗评估模型的构建

通过多年对酒店综合能耗的跟踪,酒店的综合能耗居高不下。例如:四星级酒店建筑面积平均每平方米消耗的电力达100~200 kW·h,是普通民用建筑能耗的20倍;酒店宾客人均用水量是当地居民的5~8倍;酒店宾客平均每天产生3.6~12 kg垃圾,是当地居民的3~10倍。由此使酒店综合能耗(Comprehensive Energy Consumption)降下来,是酒店节能减排的关键。酒店的节能减排的构建,第一步是对酒店的综合能耗进行有效评估,构建评估模型是行业开展节

能减排的关键。然而对酒店行业能耗、碳排放评估的研究相对滞后。通过多年开展此领域的研究,将构建酒店行业的综合能耗评估,为行业性节能减排做基础性工作。

酒店诸多能耗因素中存在着不可测的变量,如客流的波动性和流动性、环境因素等,此处要把复杂或有耦合关系变量归纳为可测和可控的少数几个因素。酒店的综合能耗最常见的能源为电力、煤炭、石油、天然气、煤气、蒸汽等。酒店综合能耗的统计范围是被统计对象在统计期内(以年为单位),实际消耗的一次能源(如煤炭、石油、天然气等)和二次能源(如蒸汽、电力、煤气等)以及耗能工质(如水、蒸汽等)所消耗的能源。固体燃料发热量按 GB/T 213 的规定测定,液体燃料发热量按 GB/T 384 的规定测定。执行综合能源的低位热值应以实测为准,若无条件实测,可根据表 8-1 通过热值折算为标准煤进行综合计算,所得为酒店综合能源消耗数值。由此从数据因素分析的角度,可以得到下面的分析标煤(kgce)能耗的因子矩阵(Factor Matrix)(式 8-1)。

$$
\begin{aligned}
X_1 &= a_{11}F_1 + a_{12}F_2 + \cdots + a_{1n}F_n \\
X_2 &= a_{21}F_1 + a_{22}F_2 + \cdots + a_{2n}F_n \\
&\cdots\cdots \\
X_p &= a_{p1}F_1 + a_{p2}F_2 + \cdots + a_{pn}F_n
\end{aligned}
\qquad (式 8\text{-}1)
$$

式中 $\boldsymbol{X}=(X_1,X_2,\cdots,X_p)\in$标准基上的因变量,就是所要探究的结果数据。

$\boldsymbol{A}(a_{11},a_{12},\cdots,a_{1n},\cdots,a_{p1},\cdots,a_{pn})$矩阵为采用国际上或我国确定的标准系数,此处可执行《星级饭店建筑合理用能指南》和《综合能耗计算通则》(GB/T 2589)技术标准。

A 矩阵系数的采用有利于将企业各种复杂能耗转化为公认的能耗标准数据或者碳排放的可测数据。使之成为可比、可测和可控模型的系数矩阵。

F 为酒店能耗的可测变量。酒店业的 F 变量主要为可测的水、电、煤气、天然气、轻质柴油、蒸汽(某些地区)、供暖等实际使用数据。其表达式为

$$X = \sum_{i=1}^{n}(a_iF_i) \qquad i = 1\cdots n \qquad (式 8\text{-}2)$$

式中 X——酒店在统计期内(以年为单位)能耗参数,单位为千克标准煤(kgce);

F_i——酒店在统计期内(以年为单位)经营消耗的第 i 种能源实物量,单位为实物单位;

a_i—— 第 i 类能源折算标准煤系数;

n——酒店消耗的能源种数。

为此 A 矩阵的参数选取成为关键,根据上述标准和区域差异性进行筛选。根据不同的测试和评估方式,可以用上述的模型进行评估和分析。

表 8-1 酒店常用能源与标煤的折算系数

能源名称	折标煤系数	系数单位	备注
原煤	0.714 3	kgce/kg	kgce(千克标煤)
天然气	1.299 71	kgce/m^3	
液化石油气	1.714 3	kgce/kg	

续表

能源名称	折标煤系数	系数单位	备注
汽油	1.471 4	kgce/kg	
轻质柴油	1.457 1	kgce/kg	
重油	1.428 6	kgce/kg	
电力(当量值)	0.122 9	kgce/Kwh	说明 1
电力(等价值)	0.3	kgce/Kwh	说明 2
蒸汽	0.0341 2	MJ/ m^3	说明 3

说明 1:当量值是指每千瓦小时电力的含热值,它可以正确地反映电力工业的加工转换效率,因此世界各国在编制能源平衡表时,都采用当量热值。但对消费者来说,采用当量热值后,由于电的折算量很低,有可能导致用电力来代替其他能源的消费,加深电力供应的紧张程度,而且电力是优质能源,主要用作动力,将电的热能来代替其他能源的热能,则是一种莫大的浪费。

说明 2:等价值是指发电时每千瓦小时电量所消耗的能源数量,将生产电力时所消耗的加工转换损失量全部分摊到每 1 千瓦小时电量中,以煤转换为电即火力发电为例,约为 35%。当前的日常工作中规定,各用能单位在统计能源的各项指标时,均按等价热值计算,而在能源加工转换企业统计加工转换平衡时,则按当量热值统计。

说明 3:蒸汽的计算单位为百万焦耳(MJ)热焓,每一单位的蒸汽所含的热焓值与蒸汽的温度和压力密切相关,必须由蒸汽供应单位给出相应数据后进行折算。以酒店日常用得比较多的 200 ℃,8 kg 压力的蒸汽为例,1 kg 蒸汽所含的热焓值为 2.792 MJ。则 1 kg 蒸汽折算成标煤为 $2.792 \times 0.03412 \approx 0.0953$ kg。

计算出酒店的综合能耗后,即可计算出万元产值能耗值和单位面积能耗值。万元产值综合能耗值计算公式分别为:

$$E_g = \frac{E}{G} \quad \text{(式 8-3)}$$

$$E_s = \frac{E}{S} \quad \text{(式 8-4)}$$

上述两式中:E_g——万元产值综合能耗,单位为千克标煤/万元(kgce/10^4yuan);

E_s——单位面积综合能耗,单位为千克标煤/平方米·每年(kgce/m^2·a);

E——酒店在统计期内(以年为单位)的综合能耗,单位为千克标准煤年(kgce·a);

G——酒店在统计期内(以年为单位)的营业收入,单位为万元(10^4yuan);

S——酒店的建筑面积,单位为平方米(m^2)。

计算出万元产值综合能耗和单位面积综合能耗后,酒店管理者才能进行各种分析工作,将数据与往期进行对比,也可以将数据与同档酒店进行对比分析,找出能耗值增加或减少的原因,做到各种数据心中有数,为今后的节能减排打下基础,各星级酒店的标准能耗值见表 8-2,此表数据的制定是根据各地区域能耗和经济发展而制定的,由此有一定的差异,在我国沿海地区对数值的统计要求高,欠发达地域数值要求低,此数据供统计时使用,各地的星级酒店综合能耗数据的转换要根据当地政府每年公布的折换系数进行换算。

表 8-2 酒店综合能耗水耗推荐标准

能耗 星级	酒店可比单位建筑综合能耗(年)			标准客房水耗		
	千克标准煤/平方米·年 (kgce/m²·a)			升/间天 (L/room·d)		
	先进值	标准值	合理值	先进值	标准值	合格值
五星级标准	≤39	≤55	≤77	≤1 700	≤2 200	≤3 000
四星级标准	≤35	≤48	≤64	≤950	≤1 500	≤2 200
一二三星级标准	≤25	≤41	≤53	≤700	≤1 000	≤1 800

二、酒店企业综合能耗因素分析

根据上述酒店综合能耗评估模型(式 8-1、式 8-2),对华东某市 5 星级酒店企业能源结构进行评估,得出新水所占年综合能耗(Comprehensive Energy Consumption)的比重最小,维系在 0.34% ~0.37%,间接排放的电力最高,在 69.22% ~70.90%,蒸汽维系在 25.48% ~27.50%,天然气在 3.62% ~3.8%。各类能源占能源总量的比重在 5 年里维持在一个相对稳定的水平。同样采集的其他酒店数据(2 ~5 年数据),对综合能耗比重(Proportion)进行统计分析,高星级酒店(四、五星级),电力能耗在 55% ~75% 波动,是年综合能耗中第一位的;每个酒店采用的制冷方式、采暖方式以及生活热水设备不同,由此,燃气(天然气或煤气)在 16% ~38% 波动,是综合能耗中第二位的。同样三星级酒店,电力能耗在 49% ~70% 波动,也是综合能耗第一位的,第二位依然是燃气,在 19% ~32% 波动。由此得出,酒店统计能耗因子为电力、燃气、燃油、蒸汽和新水耗量,并且这些因子可测和可控。通过这些模型的评估,对酒店综合能耗有了评估,在评估的基础上,可以明确酒店企业降耗与减排的主要方向,对酒店节能减排技术改造可以进行跟踪和监控。同时政府能源管理部门也显示,行业节能减排的主要任务是,电力间接排放的能耗控制与降低。

在对酒店业长期的能源消耗统计中,得出酒店的建筑能耗中,暖气、通风、空调和制冷等能耗(约 40%)居第一位,其次是照明能耗(约 35%),再次为热水和办公室设备,如图 8-1 所示。

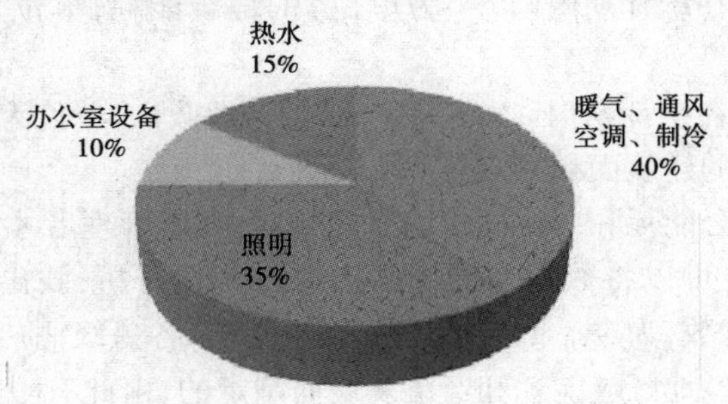

图 8-1 酒店综合能耗分类占比

从上述酒店综合能耗的比重可以得出,在酒店企业综合能耗中电力最高。这个数据给相关部门和企业的节能减排带来了很好的启示,即怎样降低电力的用电量,为酒店业节能减排的首要,其次是各类燃气(天然气或煤气),这方面的节能减排技术方案可以推广并加以应用。

如果对酒店综合能耗应用层面加以分析，可以得出更明晰的能耗类型（图 8-2），在这个分类中可以发现，酒店空调、暖通是酒店用电大户，照明的电力也占很高的比例，高星级酒店的特殊用能也是关键因素，从这个视角去认识酒店的竞争市场，不难发现经济型酒店的市场空间和竞争优势。

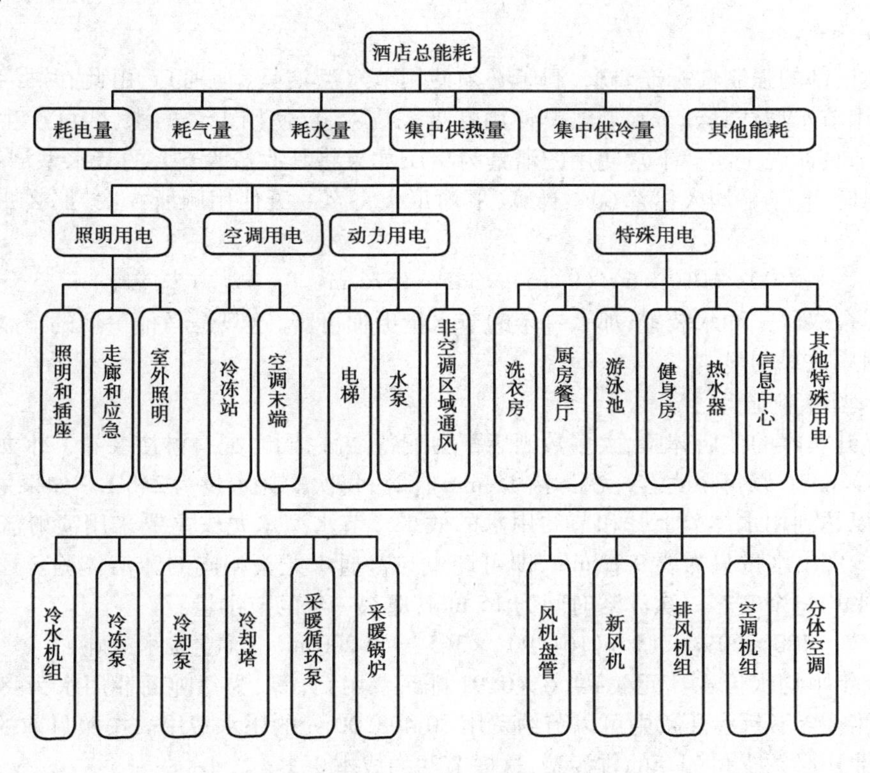

图 8-2　酒店企业综合能耗应用分类

第三节　酒店节能减排的路径与方法

一、酒店水资源节约和途径

1. 水资源节约

酒店是用水大户，虽然酒店用水对碳排放贡献不是很高，从酒店经济成本来说也不是排在前列的能源费用，但是我国是水资源匮乏的国家。国家的政策层面会对酒店用水，加大经济上的调控。有数据统计表明，用于旅游业的直接用水达到每人每晚 100～2 000 L，酒店宾客均用水量是当地居民的 5～8 倍。按照碳排放的评估标准，酒店对碳排放的贡献主要为新水的消耗。由此酒店对节约用水有着不可推卸的社会责任。

2. 酒店水资源节约的途径

酒店日常运行期间，水资源的消耗主要在宾客的盥洗用水、厨房用水、洗衣房用水、冷却塔用水等,高星级酒店的娱乐场所用水占很高比例。在此研究和推荐酒店的主要节水途径。

(1)酒店节约型用水设备

酒店使用节水型设备主要有节水型马桶、节水型淋浴龙头、智能型淋浴系统、感应水龙头等。

1)节水型马桶

根据建设部的强制性标准要求,酒店必须使用节水型洁具(马桶)。由此在酒店新建或改造时,应选用节水型洁具。节水型洁具使用虹吸式技术,仅使用少量的水,即可产生强大的吸力,从而将洁具冲洗干净。平常使用的洁具为 9 L,如果将其改造为 6 L 的节水型洁具,按照某酒店 400 间房间,年平均入住率 60% 计算,平均每个宾客一天使用厕所 6 次,那么一年的节约用水估算为:

$$400\times60\%\times6\times(9-6)\times365=1576\ \mathrm{m^3},\mathrm{T}\quad(\text{立方米或吨})$$

如果配合双段式冲水装置,那么一年的节水量更加可观,这只是马桶一项的节水效果。许多酒店采用后效果明显。

2)节水型淋浴龙头

为了提升宾客的住店体验,大多数酒店都会配备浴缸,同时配有淋浴装置。水龙头出水量一般为 16 L/min。以每个宾客一次沐浴 15 min 计算,每次的耗水量为 240 L。如果采用节水型水龙头,可以达到用水体验上升和节约用水的效果。节水型水龙头主要采用喷射流(jet flow)技术(图 8-3),出水量只需要 9 L/min,即可产生与普通水龙头相同的沐浴体验。还是以上述酒店为例,平均每个宾客一次沐浴时间为 15 min,那么一年的节水量:

$$400\times60\%\times15\times(16-9)\times365\approx9\ 200\ \mathrm{m^3},\mathrm{T}\ (\text{立方米或吨})$$

如果以年平均水价 4.6 元/t + 4.6 × 0.9(排污费用)计算,为每吨商业用水为:8.47 元/吨(2022 年价格,会不断上升),则可以节约费用 80 408.00 元的用水费用。按照目前的新水的市政费用,企业还必须支付配套的排污费,这样节约的成本更多。

图 8-3　喷射流技术在酒店花洒中的应用

3)智能型淋浴系统

智能型淋浴系统一般用于酒店的员工浴室。图 8-4 是某酒店安装智能型淋浴系统后的现场照片,该系统通过在冷热水管道中加装电子阀及刷卡器,通过刷卡器控制电子阀的开关来实现冷热水的供应。使用的时候必须将有效的专用卡片插入刷卡器后管道才会出水,同时系统开始计时,实时扣除卡片中的金额并显示在刷卡器上。这样可以有效避免员工对水资源的浪

费,员工将自觉地在不需要冲洗的时候将水关闭,避免卡中金额被扣。经测算,采用刷卡系统后,员工平均洗浴用水时间从原先的 15 min 减少到 10 min。如果再配合节水型水龙头,节水效果非常可观。智能型淋浴系统,目前产品成熟,运行稳定,性价比较好。智能型淋浴系统目前在校园、企业等应用较多。

图 8-4 酒店采用智能控制的淋浴系统

4)感应水龙头

感应水龙头利用红外光反射原理制作而成(图 8-5)。使用者只要将手伸到水龙头下面,红外发射管发出的红外光经过人手反射到红外接收管,然后信号经过后续处理控制电磁阀打开放水。手离开水龙头,红外光没有了反射,电磁阀则自动关闭。使用感应水龙头一方面可以避免人们因为忘记关水龙头而造成的“长流水”浪费现象。另一方面还避免了人们洗手后再次触摸水龙头而造成的病菌污染。一定程度上可以防止病菌的传播。感应水龙头,目前技术比较成熟,产品丰富,宾客体验很好。一般用于酒店公共区域的卫生间等区域,既方便又节水,还能防止病菌传播。此技术在疫情下,也起到了隔离传染的效果。

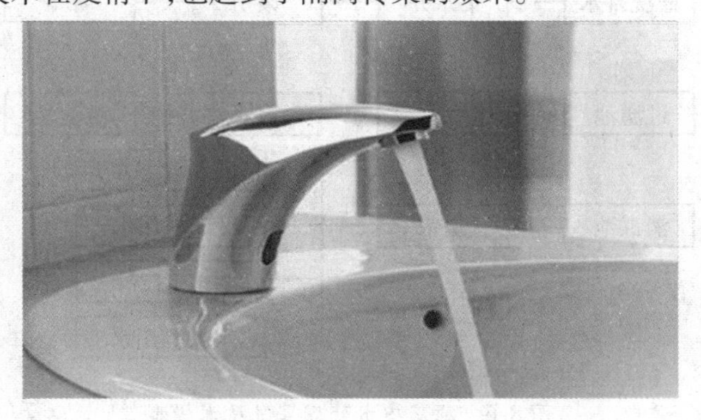

图 8-5 酒店使用的红外线感应水龙头

(2)酒店中水的回收技术

酒店中水回收技术是根据水资源循环利用的原理而设计的用水系统。所谓的中水是指:介于上水(给水)和下水(排水)之间的可再利用的水。酒店企业中水水源取选优先顺序为:冷却水排水、淋浴水排水、洗漱水排水、洗衣排水、厨房排水等。通过对中水进行处理后,即可进行二次利用,如:冲洗洁具、浇花、水池景观用水等。

如果使用中水处理系统,必须在酒店建造或者改造的时候进行统一设计,对管道系统、设备场地等统一筹划,确保系统运行后能够起到应有的效果。同时,应该制订应急方案,以备在中水处理系统出现故障时可以确保末端用户的正常使用。酒店的中水回收技术效益和方法(模型)分析如下:

1)酒店建造中水处理系统可以得到直接的效益

酒店属于综合型建筑,其建筑设施种类较完善,适合使用中水的设施亦较多,故处理后的中水在酒店内部就可得到充分利用。如冲洗卫生间马桶、便池用水;绿化浇灌用水;汽车冲洗用水;庭院道路冲洗用水;空调冷却塔补给水;水池、喷泉等水景用水;还可用于独立消防系统的消防用水等。酒店中对中水的需求量较其他类型建筑物相对较大。中水的水源来自建筑物的原排水。原排水的水质、水量状况是设计建筑物中水回收系统时选择中水水源的主要依据。酒店中的冷却排水、盥洗排水、洗衣排水都是优质的原排水,是中水回收处理系统的良好水源。尤其是酒店中的沐浴排水、盥洗排水,水量充沛,水质优良,可以作为首选的中水水源,具有处理工艺简单、投资省等优点。酒店属于商业性企业,自来水水价远高于一般居民用水,中水处理的成本要远低于当地自来水收费标准,二者之间的差价随着酒店长期运行将给酒店带来长远的经济利益。我国属缺水型国家,实际可用水资源非常紧缺。随着社会经济的发展,自来水价格及排污费还在呈现逐年上涨的趋势,中水处理系统的经济效益将更加显著。

2)酒店中水回收系统的模型

酒店典型的中水回收系统模型如图 8-6 所示,根据不同的水源及末端用户要求,可以对模型进行适当增减,以达到经济利益最大化。从模型图中可以看出,除了系统所需要的场地、设施设备外,中水处理系统的水源和末端用户也是系统设计时需要重点考虑的,对于系统的水源和末端用户的设备必须独立敷设管道系统,以保证系统的正常运行。同时,对于末端用户应该制订应急方案,以备系统出现故障时,保证末端用户正常用水。

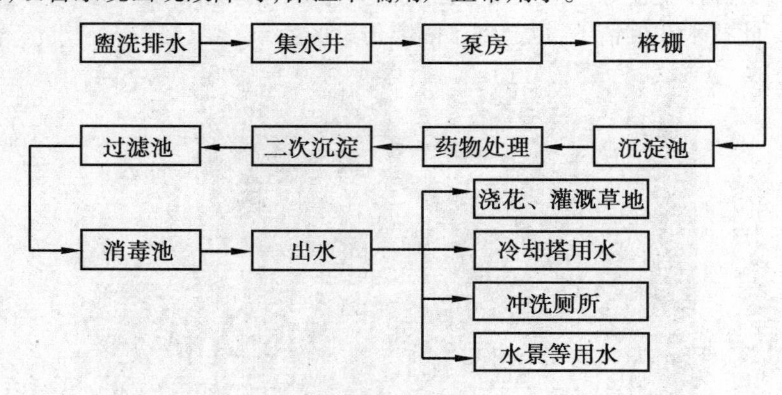

图 8-6　酒店中水处理系统技术模型

二、酒店电力节能

1. 酒店电力节能的意义

电力供应是酒店正常运行的保证。除了照明外,客房内水的供应,冷气、热空调的供应,也

需要电力驱动水泵、冷冻机、热交换器等设备进行协同工作。酒店的所有信息化网络、设备，如：各种电子设备、办公设备、通信设备在酒店中大量应用，这些都要求酒店能够保证电力的正常供应。如果酒店没有了电力供应，那是完全无法正常运行的。

电力费用也是酒店中的能源支出的大户，由于酒店连续24小时运行，各区域的照明都需要连续供应，主要设备也是24小时不间断运行的，用电量相比其他建筑物大得多。据统计，酒店年耗电量约为每平方米100～200 kW·h，是普通城市居民住宅用电的10多倍。酒店电力的节能有很多途径，下面介绍一些较常见的方法。

2. 酒店照明电力的节能

酒店照明灯具选择。酒店照明用能约占酒店综合能耗的35%。而在照明成本中，第一是电力成本，即支付给电力公司的费用，第二是照明系统的运维成本，即人工成本和物料成本。这里重点应该放在提高照明设备电能利用率，目前积极推广LED灯具的应用。

采用普通节能灯，节能空间有限。撇开传统荧光灯含有毒水银、污染环境不提，单从节能方面来说，传统节能灯不是最好的选择，在同等照度下，比LED多耗电60%以上，某知名品牌18 W的荧光灯，灯功率在26 W，其2 m的垂直照度为37 lux，而10 W透明罩LED管灯，2 m垂直照度为81.3 lux，LED灯具在功率仅为节能灯一半的前提下，垂直照度为其2倍之多。

在选择节能灯要注意电磁辐射与频闪影响舒适度。普通节能灯响应速度慢，寿命只有5 000～8 000 h，频繁地开启会大大缩短寿命，使用一段时间后，照度明显下降，经常有发黑和闪烁现象，不利于客房、餐厅、大堂使用，荧光灯必备的镇流器含有电磁辐射，会产生每秒100次的明暗变化，容易引起客户神经紧张，不利于客户愉悦心情享受。对于星级酒店而言，既不利于酒店自身形象和节能预期，也不利于通过绿色酒店的评定申请。

由此，酒店在照明节能方案的选择中，应首先考虑选择LED灯具。LED具有节能、环保的优势，在灯具产业已成为主要趋势。LED是一种固态的半导体组件，其利用电流顺向流通到半导体P－N结耦合处，再由半导体中分离的带负电的电子与带正电的电洞两种载子相互结合后，而产生光子发射，不同种类的LED能够发出从红外线到蓝光之间与紫光到紫外线之间等不同波长的光线。近几年的新发展则是在蓝光LED上涂上萤光粉，将蓝光LED转化成白光LED产品。此项操作一般需要搭配驱动电路或电源供应器，驱动电路或电源供应器的主要功能就是将交流电压转换为直流电源，并同时完成与LED相符合的电压和电流，以驱动相配合的组件。

LED灯具的灯泡体积小、重量轻，并以环氧树脂封装，可承受高强度机械冲击和震动，不易破碎，且亮度衰减周期长，所以其使用寿命可长达50 000～100 000 h，远超过传统钨丝灯泡的1 000 h及萤光灯管的10 000 h。由于LED灯具的使用年限可达5～10年，所以不仅可大幅降低灯具替换的成本，又因其具有极小电流即可驱动发光的特质，在同样照明效果的情况下，耗电量也只有萤光灯管的二分之一，因此LED也同时拥有省电与节能的优点。同时，随着制造技术在近十年来的突飞猛进，LED灯具的光品质也不断得到提升。目前，LED白冷光的发光效率已达到100流明/瓦（Lumens per Watt，Lm/W），而LED暖白光的发光效率，也已经从2008年的70 Lm/W提高至100 Lm/W。与目前其他通用光源相较，钨丝灯泡约15 Lm/W、萤光日光灯约45～60 Lm/W、HID灯约120～150 Lm/W，LED的发光效率显然已渐具优势。表8-3是酒店采用常见灯具方式特性比较表。

表 8-3　酒店采用常见照明方式(灯具)对比

照明方式	特点
荧光灯	省电、有频闪、废弃物易碎、汞对环境有污染
白炽灯	价格便宜、能调光、效率低、耗电高、寿命短
卤素灯	光源效果好、发热量大、寿命短
白光 LED 灯	发热量小、小型化、耐震动、光束集中、应用环境广

目前酒店通用照明产品多采用荧光灯管和紧凑型荧光灯与筒灯,点缀照明多采用 MR16 卤素射灯,水晶灯等装饰照明多采用白炽灯。目前市场上均有相应的 LED 灯具可以替换以上所述的灯具。如 MR16 卤素射灯,一般酒店会选择 25 W 或者 32 W 的灯杯,而采用对应的 LED 灯具,只要 3 W,即可达到 MR16 卤素射灯的照度和效果。而耗电量仅为卤素射灯的 10% 左右。而卤素射灯的寿命约为 2 000 h,LED 灯具的寿命约为 30 000 h,为 15 倍之多,节电的同时也节约灯具更换的成本。荧光灯管可以选择利用 LED 灯带进行改造;白炽灯则已经被国家列入淘汰产品名录,也可以选择 LED 球型灯泡进行改造。

利用 LED 灯具在酒店内进行节能改造,一方面不但可以大大节约电能,另一方面也可以节约人力成本。虽然其初期投资较大,但是如果通过政府补助、能源合同管理等方式,可以有效解决初期投资大的问题。值得在酒店中大力推广应用。

3. 酒店客房电力节能

目前取电插牌是节能方式之一,是酒店行业内一种比较传统的技术方案,已经成为各档酒店的基本配置。通过在客房内入口处设置取电插牌,可以很容易地做到“人来电开,人走电关”的管理要求。宾客进入客房后,将房卡插入到取电插牌,房间内所有灯光、插座都自动通电,按动相应的开关即可打开灯光。宾客离开客房时,随手取走房卡,房间内灯光和插座延时 30 s 左右自动断电。配置取电插牌,一方面可以保障房间内的用电安全,如果灯光和用电器没有被及时关闭,长期通电工作,存在一定的安全风险。另一方面也可以节约大量的电能,帮助酒店做好节能减排工作。宾客离开房间,一般不会去逐个关闭各种电器设备和照明灯具,都是关上门就走,有人做过计算,如果不采用取电插牌,而是由人工来开关灯光和电器,那么一个房间一年被浪费的电力大约为 200 kW · h。在设计取电插牌时,必须注意以下几点:

(1)功率要求

取电插牌一般为交流 220 V 供电,采用大功率的继电器,在插入房卡后通过继电器接通主配电箱,给房间内所有照明线路和插座线路供电。如果继电器功率不够,在房间内灯光和用电器等开启的时候,将导致“跳电”,会引起宾客投诉和用电器损坏。所以在设计取电插牌时,必须将房间内所有可能的灯光和用电器列表,再保留一定的余量,来确定所需取电插牌的功率。表 8-4 是某酒店内灯光和用电器功率需求表,可以作为参考。

(2)客房电力回路设计要求

在设计电路回路时,必须合理考虑各种用电需求,而不是简单地让所有回路都由取电插牌来控制。某些插座是不可以受控于取电插牌的,如客房小冰箱,必须是 24 小时连续供电的,否则就变成“保管箱”了。又比如,现在笔记本电脑普及率非常高,商务宾客出来都会带着笔记本

电脑,宾客都会喜欢在外出时将笔记本电脑插着充电,那么这个插座也应该设计为不受控于取电插牌的,否则就会影响宾客的正常使用。

同时,设计回路时也必须考虑用电器的功率需求,合理进行分路。如:房间的空调是否为大功率的独立空调、房间内是否设置了电热水器和电冰箱这样较大功率的用电器、卫生间是否设置了电加热淋浴器等。这些都需要单独设计回路,以确保用电安全。

表 8-4 酒店客房内用电功率需求

回路名称	负荷量	控制特点
房间总开关	常规为 3 ~ 4 KVA	接通/关闭整个客房总电源
床头控制板回路	≤2 KVA	控制卧房的所有照明,服务,风机调速等功能受控于插卡取电开关
卫生间电淋浴器	≤2 KVA	受控于插卡取电开关
中央空调风机或独立空调	≤2.5 KVA	受控于插卡取电开关
卫生间照明	≤1 KVA	受控于插卡取电开关
电取暖器/电风扇	≤2 KVA	受控于插卡取电开关
墙面清扫插座/维修电源	≤2 KVA	不受控于插卡取电开关
客房小冰箱	≤1 KVA	不受控于插卡取电开关
电脑电源和充电插座	≤1 KVA	不受控于插卡取电开关

(3)客房漏电保护器配置

漏电保护器在反应触电和漏电保护方面具有高灵敏性和动作快速性,这是其他保护装置,如熔断器、自动开关等无法比拟的。自动开关和熔断器正常时要通过负荷电流,它们的动作保护值要避越正常负荷电流来整定,因此它们的主要作用是用来切断系统的相间短路故障(有的自动开关还具有过载保护功能)。而漏电保护器是利用系统的剩余电流反应和动作,正常运行时系统的剩余电流几乎为零,故它的动作整定值可以整定得很小,一般为毫安(mA),当系统发生人身触电或设备外壳带电时,出现较大的剩余电流,漏电保护器则通过检测和处理这个剩余电流后可靠地动作,切断电源。

在技术层面上,酒店如果为了降低成本只在客房配电箱内安装了断路器,省略了漏电保护开关,这样就会埋下触电事故的隐患。酒店客房有床头控制板回路、卫生间回路、墙面插座回路,需要有安全措施。安装了此装置后,一般触电者在刚有感觉的时候,设备就能迅速跳闸分断电源。对于绝大多数触电事故能够把危害后果降低到最低程度。在经济层面上,一个配电箱安装漏电保护开关所增加的成本一般不过几十元,比起万一出现人身事故的赔偿来,成本支出的大小是显而易见的。

4. 智慧酒店客房灯光模式

在智慧型酒店中灯控系统可谓是一大特色,在客房内部通过场景模式的设置,变化灯光的效果。智慧酒店客房灯光模式设计和应用(图 8-7),带给客人进客房温馨的感觉,又起到了客房电力节能的效果。

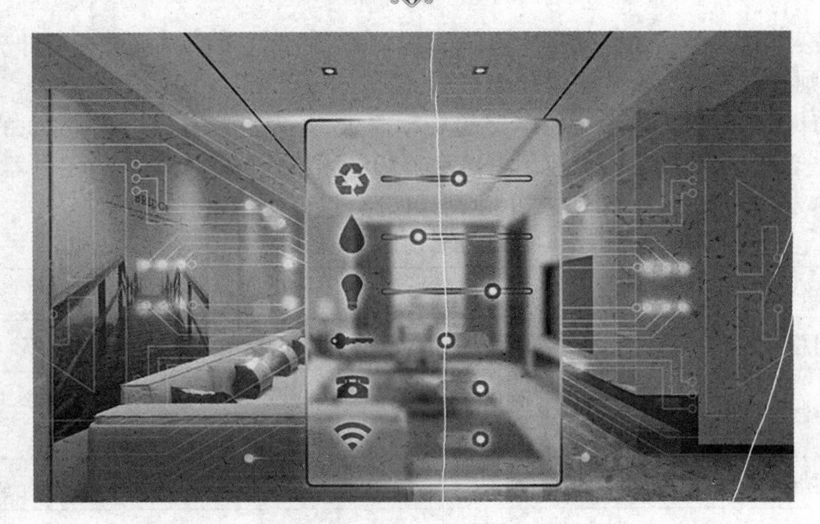

图 8-7　智慧酒店客房灯光模式智能控制

在舒适的灯光模式下,节能也是作为智慧酒店客房的设计目标。在为客人提供温馨灯光模式效果背景下,更可以达到酒店节约能源的效果。在酒店中的灯光的配置上是十分齐全的,对灯光的效果就要进行处理,智能灯光控制系统通过子系统的连接对灯光进行管控,更好地帮助酒店管理灯光的效果。在客房中智能灯光控制系统可以根据客户的需求进行调节,模式的选择在场景化的设置下,为客户带来极佳的体验感,增添元素与氛围,让房间更光线柔和。灯光模式一般采用 LED 灯,灯的颜色目前市场上已经比较丰富了,例如,黄色的 LED 已经比较普及,适合酒店餐饮使用(黄颜色的色彩还原性好)。

一般酒店客房采用的灯光模式有:欢迎模式、阅读模式、娱乐模式、休闲模式、就寝模式等。

5. 酒店其他设备电力节能介绍

酒店里的用电设备种类繁多,功率大小不一,从几百瓦的洗衣机到几十、上百千瓦的水泵都有。如电梯设备中的卷扬机、空调系统中的循环泵、供水系统中的压力泵、屋顶风机等,都是大功率的用电设备,如果能对大功率设备进行节能改造,收益是很可观的。目前对这些设备进行节能改造的普遍做法是加装变频器。

变频器是现代电子技术的重要产物,这是一种利用电力半导体器件的通断作用将工频电源变换为另一频率的电能控制装置,能实现对交流异步电机的软起动、变频调速、提高运转精度、改变功率因数、过流、过压、过载保护等功能。变频器的主电路大体上可分为电压型和电流型两类。电压型是将电压源的直流变换为交流的变频器,直流回路的滤波是电容;电流型是将电流源的直流变换为交流的变频器,其直流回路滤波是电感。

各种风机、泵类等设备在设计时都会按最大工况配置电机,而在实际运行中,又长时间未运行在最大设计状态。比如风机,经常要通过调整风门的大小来控制输出风量的大小,水泵也经常要通过减压阀来控制供应到终端用户的水的压力。风门和减压阀都是以人为加大管道阻力的方法来达到控制流量大小的目的。既浪费人力物力,控制精度又不高。如果给电机装上变频器,在风量或者用水量减少的时候,由控制器自动控制电机的运转频率,就可以减少电动机的用电量,达到节能的目的。变频器用于交流异步电机调速,其性能远远超过以往任何交、直流调速方式。而且结构简单、调速范围宽、调速精度高、安装调试使用方便、保护功能完善、

运行稳定可靠、节能效果显著，已经成为交流电机调速的最新潮流。一般情况下，通过变频器可以达到20% ~60%的节能效果。图8-8是变频泵与工频泵耗能对比图。变频器在酒店的应用范围很广，电梯设备里可以使用，空调风机里可以使用，各种水泵里面也可以使用，下面就对变频器工作原理和特点进行分析。

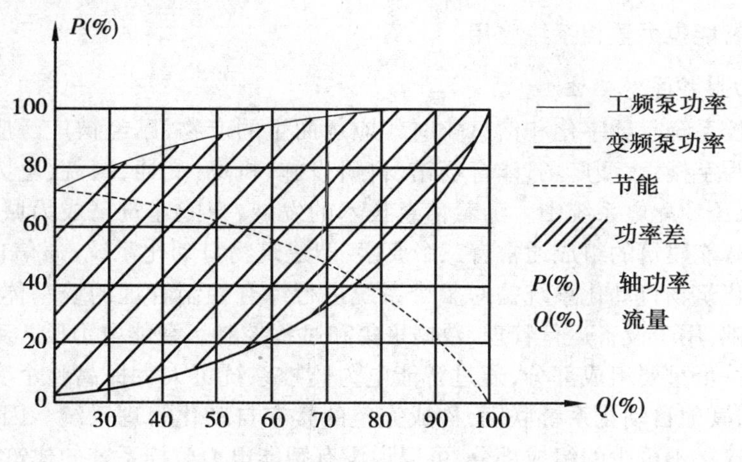

图8-8　变频泵与工频泵耗能对比图

(1)电机使用变频器的特点

风机、水泵类设备安装变频器后，首先通过优化程序，可以实现节能的目的，一般可以实现节电20% ~60%，减少酒店用电压力；其次，变频器对电机实现了软启动和软制动，电机轴上平均扭矩和磨损减小，减少了维修量和维修费用，电机的寿命也大大提高，在水泵中还可以消除由硬启动带来的水锤效应；再次之，变频器的配置灵活，自动化程度高，功能齐全，可以通过远程通信进行监控，实现无人值守，节约人力配备。

(2)安装变频器时需要注意的技术问题

使用变频器优点很多，但是也要注意几点。

1)变频器选择

一定要注意功率的问题，变频器的核定功率一定要和设备的设计功率配套，避免出现小马拉大车的现象，这样会影响设备的正常工作，也会导致变频器寿命成倍缩短。

2)散热和安装位置设计

在变频器工作时，流过变频器的电流是很大的，变频器产生的热量也是非常大的，不能忽视其发热所产生的影响。通常，变频器安装在控制柜中，工作中所产生的热量，可以用以下公式进行估算：发热量 = 变频器容量(kW) ×55，其中发热量的单位为瓦。如果像电梯设备，带有制动电阻的话，发热量还要大。变频器的故障率随着变频器温度的升高而成指数地上升。它的使用寿命随着温度的升高而成指数地下降。环境温度升高10 ℃，变频器使用寿命将减半。所以，要认真地考虑变频器的散热问题。

当变频器安装在控制机柜中时，要考虑变频器发热值的问题。根据机柜内产生热量值的增加，要适当地增加机柜的尺寸。因此，要使控制机柜的尺寸尽量减小，就必须要使机柜中产生的热量值尽可能地减少。如果把变频器的散热器部分放到控制机柜的外面，那么可以把变频器70%的发热量释放到控制机柜的外面，对变频器运行的影响会减少很多。另外，变频器散热设计中都是以垂直安装为基础的,如果横着放散热效果将会变差,所以宜垂直安装。功率稍微大一点的变频器,一般都会带有冷却风扇,尽管如此,也建议在控制柜上出风口安装冷却风扇,在进风口要加滤网以防止灰尘进入控制柜。必要的时候可以在控制机房安装空调设备,控制环境温度,以保证变频器的正常工作。

6. 智能酒店智能电力监控系统应用

(1)智能电力监控系统概述

智能电力监控系统是数字化和信息化时代应运而生的产物,已经被广泛应用于电网用户侧楼宇,如酒店、写字楼、大型广场、体育场馆、科研设施、机场、交通、医院、电力和石化行业等诸多领域的高/低压变配电系统中。随着信息技术的发展,智能建筑已成为城市现代化、信息化的重要标志。智能建筑的组成通常有三个要素,即建筑物自动化系统、通信自动化系统和办公自动化系统。建筑物自动化系统是对整个系统进行综合控制管理的统一体,它以计算机局域网络为通信基础,用于设备运行管理、数据采集和过程控制。智能电力监控系统便是建筑物自动化系统中的一个重要组成部分,通过智能电力监控系统可大大提高整个变配电系统的管理水平,方便地与其他自动化系统联网,构成完整的楼宇自动化管理系统。因此,智能电力监控系统是智能建筑必不可少的组成部分,可以说没有智能电力监控系统的建筑不是智能建筑。

智能电力监控系统对高压开关柜、低压开关柜、应急发电机组、电力变压器等设备的工作状态进行实时监控。通过实时记录单相/三相电压、单相/三相电流、功率、功率因数、电度、频率和电流开关状态等各项参数实现监测,当参数值超出允许的范围时便产生预警、报警,并对相关设备进行控制。它以较少的投资,极大地提高了供配电系统的可靠性、安全性和自动化水平。

(2)智能电力监控系统的网络结构

智能电力监控系统是由智能测控装置、网络设备及计算机设备等互联布局而成。系统因项目规模不同、功能性能不同、重要程度不同、用户投资水平不同,可采取不同的拓扑结构。但是无论采取何种拓扑结构都是采用了"管理层—通信层—设备层"的分层分布式设计思想。这种分层设计,符合当前通信体系设计实现的标准,在每层都能相对地完成监视控制功能,即可以实现远方的监视控制,也能够在上层故障时不影响本层和下一层的功能。图8-9是一个典型的智能电力监控系统网络拓扑结构图。

各个结构层的具体技术要求介绍如下:

管理层:位于监控室内,具体包括安装有智能电力监控系统的后台主机等相关外设。负责将通信间隔层上传的数据解包,进行集中管理和分析,执行相关操作,负责整个变配电系统的整体监控。智能电力监控系统提供专用的通信功能模块,通过专用的以太网硬件通信接口,以专用协议向上一级系统发送相关的数据和信息,实现系统的集成。

通信层:采用通信管理机,负责与现场设备层的各类装置进行通信,采集各类装置的数据、参数,进行处理后集中打包传输到主站层,同时作为中转单元,接受主站层下发的指令,转发给现场设备层各类装置。

设备层:位于中低压变配电现场,具体包括多功能电力仪、电流表等,负责采集电力现场的各类数据和信息状态,发送给通信间隔层,同时也作为执行单元,执行通信间隔层下发的各类指令。

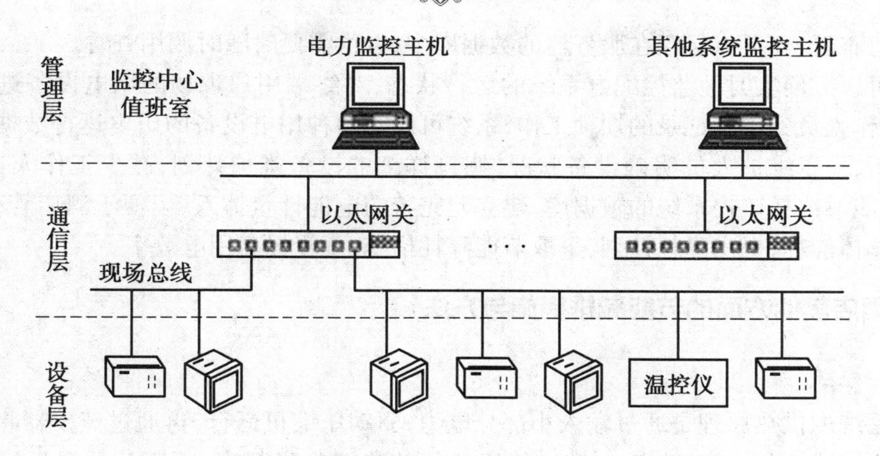

图 8-9 智能电力监控系统网络拓扑结构图

(3)酒店智能电力监控系统选型与设计

智能电力监控系统的主站用于运行专业化的电力监控软件,拥有强大且性能优越的实时数据库管理系统。网络结构设计的目的是满足用户运行维护的需求,保证系统稳定性高、可靠性好、实时性强。对拓扑结构的设计方法主要有:冗余设计、计算机设备数量的选择、设备型号的选配。

电力监控软件多采用 C/S 结构,系统功能可根据需要集中布局或分布布局,主站层网络可采用双以太网、双主机、双通信机等冗余技术。这些技术对系统的性能影响较大,同时对系统的造价也产生很大的影响。冗余技术包括网络冗余、数据库冗余、通信冗余等。冗余设计的目的在于提高系统的可靠性,从而提高系统的性能。冗余设计首先需要监控软件支持冗余运行及动态快速切换,还需要计算机设备或网络设备的支持。主站层的配置方式有:单主机、单通信机、双主机、双通信机及功能的组合。对于上述冗余方式,对配置两台及以上计算机的项目可以引入网络冗余,以提高网络的可靠性,每台计算机需要配置双网卡,需配置两台以太网交换机,计算机与以太网交换机之间通过不同走向的通信线路进行连接。

智能电力监控系统应具有完善的网络管理功能,网络的拓扑结构自上而下呈金字塔结构,越向下网络结构越复杂,设备种类越多,设备数量越大,越难于管理与维护。电力监控系统应能把供配电系统的运行设备和运行状态置于毫秒级、周波级的连续精确的监视控制中,做到实时监控,实时操作。

(4)智能电力监控系统作用

智能电力监控系统可实时或定时采集现场设备的各电参量及开关量状态(包括三相电压、电流、功率、功率因数、频率、电能、温度、开关位置、设备运行状态等),将采集到的数据或直接显示、或通过计算生成新的直观的数据信息再显示(如总系统功率、负荷最大值、功率因数上下限等),并对重要的信息量进行数据库存储。

系统对所有用户操作、开关变位、参量越限及其他用户实际需求的事件均具有详细的记录功能,包括事件发生的时间位置,当前值班人员事件是否确认等信息,对开关变位、参量越限等信息还具有声音报警功能,同时自动对运行设备发送控制指令或提示值班人员迅速排除故障。

同时系统可以自动生成各种类型的实时运行报表、历史报表、事件故障及告警记录报表、操作记录报表等。还可以按要求对不同区域进行用电量的日、月、季、年度统计报表。这些报表既可实时查看，也可以保存在服务器的数据库中，以供需要时随时调用查看。

系统可以方便实时地监控配电系统的运行状态，对终端用户现场的用电设备进行统一管理，免去工作人员到现场记录的烦琐工作，系统可以对各种用电设备的历史运行数据和状态进行管理分析，便于维护人员明确设备状况，制订详细的设备维护计划，减少工作人员，提高效率。同时，能够依托监控系统的数据库，建立起完善的电能计量体系，以便于酒店管理层了解、分析建筑总体能耗，提出降耗计划，采取节能降耗措施，逐步提高用电效率。

三、酒店其他方面的节能减排措施与方法

1. 热泵系统

热泵系统的供热原理是通过输入小部分电力，驱动压缩机运行，再通过蒸发器将自然界的水、空气、土壤或者是生产、生活中排出的废热气的热能收集起来，不断从低温环境中吸收热量，通过冷凝器将系统吸收的热量和消耗的电能传递到高温环境中，可 24 小时提供热水，热效率高达 380% 以上，热泵系统生产热水的过程大致可以分为压缩、冷凝、节流和蒸发四个过程。

热泵系统作为高效收集并转移热量的装置，可以实现低温热能向高温热能的能量搬运，是当今世界最经济、最节能、最安全的新一代热水制造设备。热泵系统根据热源的不同可以分为空气能热泵、地源热泵、水源热泵等种类。酒店在选择时应该根据酒店自身特点，选择适合酒店的热源，从而保证经济适用。如果酒店靠近河流或者湖泊，可以选择水源热泵，利用江河湖泊几乎恒温的水资源作为热泵系统的热源；如果酒店内有大片的空地，则可以考虑地源热泵，利用地球这个最大的能量储存体作为热泵系统的热源。

热泵系统需要电力供应，以驱动压缩机的工作，从而将各种自然能转换为热能。这种转换是高效的，一般输入 1 度电，可以得到 3 ~6 kW · h 电的热能产出，热效率高达 300% ~600%，如图 8-10 所示。

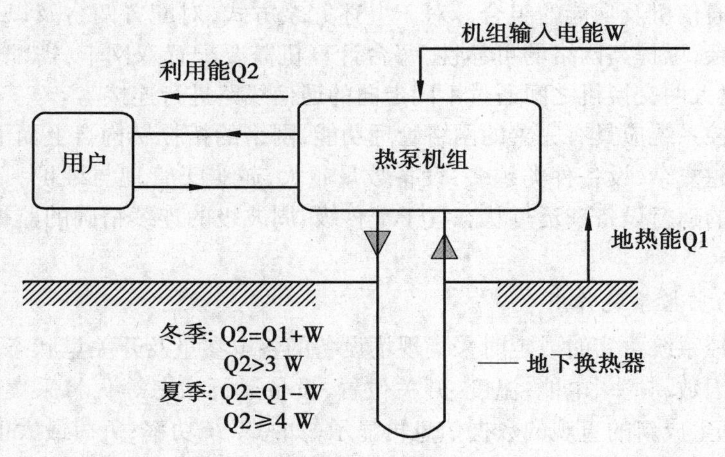

图 8-10　地源热泵系统原理图

热泵系统应用于酒店的特点：

(1)环境无污染效果

热泵采用电能驱动压缩机进行工作，没有了油、煤、气等矿物燃料所造成的环境污染，而且能源消耗极低，在工作过程中没有排放有害气体，属于绿色环保型产品，符合目前我国能源、环

保的基本政策。

(2)高效节能

由于热泵系统能从空气、水或土壤中获取大量免费热量,因此每消耗1度电就能产出3~6 kWh电以上的热量,为用户节省电费65%~80%。同时,运行附加费用少,不需要燃料输送费和保管费,全自动控制运行,无需专职管理人员,节省工资开支。

(3)安全可靠

电能仅被用来驱动压缩机,而非直接加热管道中的水,因此电流和沐浴用水完全隔离,安全系数进一步提高。它也没有电热水器、燃气热水器使用中所存在的易触电、易燃、易爆、易中毒等安全问题。可以24小时运行,不像太阳能、风能等易受天气因素影响。也不受地域影响,基本上在南北方都可以进行安装。

2. 太阳能光伏发电

太阳能发电可以分为光热发电和光伏发电两种。不论是产销量、发展速度和发展前景,光热发电都赶不上光伏发电。所以,现在一般讲到太阳能发电,通常指的就是太阳能光伏发电。光伏发电是利用半导体界面的光生伏特效应而将光能直接转变为电能的一种技术。这种技术的关键元件是太阳能电池。太阳能电池经过串联后进行封装保护可形成大面积的太阳电池组件,再配合上功率控制器等部件就形成了光伏发电装置。

(1)太阳能光伏发电的原理

根据光生伏特效应,如果光线照射在太阳能电池上并且光在界面层被吸收,具有足够能量的光子能够在P型硅和N型硅中将电子从共价键中激发,以致产生电子—空穴对。界面层附近的电子运动,空穴在复合之前,将通过空间电荷的电场作用被相互分离。电子向带正电的N区运动,空穴向带负电的P区运动。通过界面层的电荷分离,将在P区和N区之间产生一个向外的可测试的电压。此时可在硅片的两边加上电极并接入电压表。对晶体硅太阳能电池来说,开路电压的典型数值为0.5~0.6 V。通过光照在界面层产生的电子-空穴对越多,电流越大。界面层吸收的光能越多,界面层即电池面积越大,在太阳能电池中形成的电流也越大。

白天在光照条件下,太阳电池组件产生一定的电动势,通过对太阳能电池组的串联和并联形成太阳能电池方阵,使得太阳能电池方阵的输出电压达到系统输入电压的要求。再通过充放电控制器对蓄电池进行充电,将由光能转换而来的电能贮存起来。晚上,蓄电池组为逆变器提供输入电,通过逆变器的作用,将直流电转换成交流电,输送到配电柜,通过配电柜的切换作用向电网进行供电。蓄电池组的放电情况由控制器进行控制,以保证蓄电池的正常使用。太阳能光伏发电系统还应有限荷保护和防雷装置,以保护系统设备的过负载运行及免遭雷击,保证系统设备的使用安全。太阳能光伏发电系统的流程图可以简化为图8-11。

不论是独立使用还是并网发电,太阳能光伏发电系统主要由太阳电池板、控制器和逆变器三大部分组成,它们主要由电子元器件构成,不涉及机械部件,所以,光伏发电设备极为精炼,可靠稳定寿命长、安装维护简便。理论上讲,光伏发电技术可以用于任何需要电源的场合,上至航天器,下至家用电源,大到兆瓦级电站,小到玩具,光伏电源可以无处不在。在有条件的地方,如果配合风力发电装置,那效果将会更好。

(2)太阳能光伏发电系统应用现状

丰富的太阳辐射能是重要的能源,是取之不尽、用之不竭、无污染、廉价、人类能够自由利

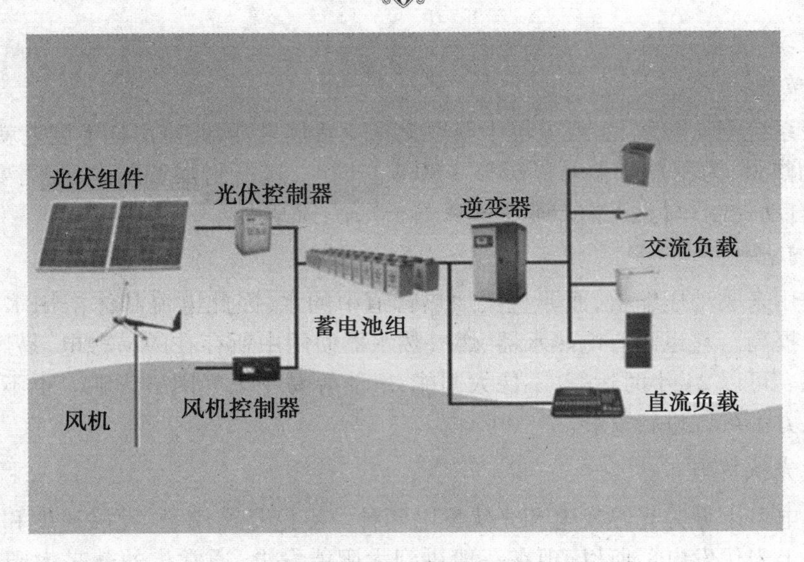

图 8-11　太阳能光伏发电系统流程图

用的能源之一。太阳能每秒钟到达地面的能量高达 80 万千瓦，折合标煤相当于 600 万吨/秒，假如把地球表面 0.1% 的太阳能转为电能，转变率 5%，每年可以得到标煤 9.5 亿吨，相当于世界上年能耗的 40 倍。所以，各国都在大力发展太阳能发电，鼓励企业进行太阳能发电系统的研究，提高系统的转换率，降低发电成本。

中国太阳能资源非常丰富，理论储量达每年 17 000 亿吨标准煤。太阳能资源开发利用的潜力非常广阔。中国地处北半球，南北距离和东西距离都在 5 000 千米以上。在中国广阔的土地上，有着丰富的太阳能资源。大多数地区年平均日辐射量在每平方米 4 千瓦时以上，西藏日辐射量最高达每平米 7 千瓦时。年日照时数大于 2 000 小时。与同纬度的其他国家相比，与美国相近，比欧洲、日本优越得多，因而有巨大的开发潜能。

中国光伏发电产业于 20 世纪 70 年代起步，90 年代中期进入稳步发展时期。太阳电池及组件产量逐年稳步增加。经过 30 多年的努力，已迎来了快速发展的新阶段。在“光明工程”先导项目和“送电到乡”工程等国家项目及世界光伏市场的有力拉动下，我国光伏发电产业迅猛发展。到 2007 年年底，全国光伏系统的累计装机容量达到 10 万千瓦，太阳能电池生产能力达到 290 万千瓦，太阳能电池年产量达到 118 万千瓦，超过日本和欧洲，并已初步建立起从原材料生产到光伏系统建设等多个环节组成的完整产业链，特别是多晶硅材料生产取得了重大进展，突破了年产千吨大关，冲破了太阳能电池原材料生产的瓶颈制约，为我国光伏发电的规模化发展奠定了基础。2007 年是我国太阳能光伏产业快速发展的一年。受益于太阳能产业的长期利好，整个光伏产业出现了前所未有的投资热潮。

太阳能光伏发电在不远的将来会占据世界能源消费的重要席位，不但要替代部分常规能源，而且将成为世界能源供应的主体。预计到 2030 年，可再生能源在总能源结构中将占到 30% 以上，而太阳能光伏发电在世界总电力供应中的占比也将达到 10% 以上。预计到 2040 年，可再生能源将占总能耗的 50% 以上，太阳能光伏发电将占总电力的 20% 以上。预计到 21 世纪末，可再生能源在能源结构中将占到 80% 以上，太阳能发电将占到 60% 以上。这些数字足以显示出太阳能光伏产业的发展前景及其在能源领域重要的战略地位。

近年财政部、科技部、国家能源局等国家三部委联合印发了《关于实施金太阳示范工程的

通知》,决定综合采取财政补助、科技支持和市场拉动等方式,加快国内光伏发电的产业化和规模化发展,并计划在 2 ~ 3 年,采取财政补助方式支持不低于 500 兆瓦的光伏发电示范项目。

(3)太阳能光伏发电系统在酒店中的应用

太阳能光伏发电系统生产的电力具有绿色无污染的特点,除了一次性投入比较大之外,日常运行费用很低。酒店如果有条件的话,可以实施太阳能光伏发电系统,相当于一座小型发电站。年发电量 26 万度,节约 104 吨标煤(Tce)。二期三期项目完成后,总装机容量将达到 1 500 千瓦时。这也是中国首座大面积、多角度应用太阳能光伏发电的建筑一体化示范项目,成为国内光伏发电建筑的样板工程。酒店建设者将光伏器件与建筑材料集成一体,用光伏组件代替屋顶、窗户和外墙,形成光伏与建筑材料的集成产品,这些产品既可以当建材,又能利用绿色太阳能资源发电,实现了太阳能并网发电与建筑的完美结合,代表了全球光伏行业的发展方向。

第四节　酒店合同能源管理

合同能源管理是一种新型的市场化节能运作机制,是指节能服务公司通过与客户(如酒店)签订节能服务合同,为客户提供节能改造等相关服务,并从客户节能改造后获得的节能效益中收回投资和取得利润的一种商业运作模式。合同能源管理运用了市场机制来实现能源节约,它的基本运作机制是:通过合同约定节能指标和服务以及投融资和技术保障,整个节能改造过程如项目审计、设计、融资、施工、管理等由节能服务公司统一完成;在合同期内,节能服务公司的投资回收和合理利润由产生的节能效益来支付;在合同期内项目的所有权归节能服务公司所有,并负责管理整个项目工程,如设备保养、维护及节能检测等;合同结束后,节能服务公司要将全部节能设备无偿移交给客户并培养管理人员、编制管理手册等,此后由客户自己负责经营;节能服务公司承担节能改造的全部技术风险和投资风险。

合同能源管理是在市场经济条件下的一种节能新机制、新模式,它不仅适应现代企业经营专业化、服务社会化的需要,而且适应建设节约型社会的潮流。合同能源管理可以解决耗能企业开展节能项目缺乏资金、技术、人员、管理经验等问题,实现节能零投资、零风险、持久受益,从而提高其节能积极性,并使企业有更多精力发展主营业务。节能服务公司提供一条龙服务,不仅可以形成节能项目的效益保障机制、降低成本和风险,而且能促进节能服务产业化,从而为建立节能产业提供了具体途径。

能源管理合同在用能企业与节能服务公司之间签订,它有助于推动节能项目的实施。依照具体的业务方式,可以分为分享型合同能源管理业务、承诺型合同能源管理业务、能源费用托管型合同能源管理业务。在传统节能投资方式下,节能项目的所有风险和所有盈利都由实施节能投资的企业承担;而在合同能源管理方式中,节能服务公司完成所有投资,并承担全部风险,节能产生的利益则根据合同约定由双方分享。

概括地说,合同能源管理模式是节能服务公司通过与用能企业签订节能服务合同,为客户提供包括能源审计、项目设计、项目融资、设备采购、工程施工、设备安装调试、人员培训、节能量确认和保证等一整套的节能服务,并从客户进行节能改造后获得的节能效益中收回投资和取得利润的一种商业运作模式。

一、合同能源管理的常见形式

常见的合同能源管理形式有三种,即分享型、承诺型、托管型等三种。分享型的模式为,由节能服务公司进行项目投入,在项目完工,用户能耗费用下降,与项目实施前产生差额后,差额部分由用户与节能服务公司根据合同约定分享;承诺型的模式为,由企业进行项目投入,节能服务公司进行项目施工,承诺项目完成后用户所获得的节能量或比例,如果达到约定的节能量,则用户向节能服务公司支付相应的服务费,如果达不到约定的节能量,则节能服务公司承担损失,并且不能取得服务费;托管型的模式为,用户向节能服务公司进行能源费用包干,比如一年100万元,由节能服务公司进行日常维护和节能改造,用户一年内实际使用的能源成本与包干费用之间的差异,即为节能服务公司的收益。图8-12是酒店合同能源管理模型图。

三种模式对酒店来说各有利弊,酒店最终产生的收益也是大相径庭。酒店在初期调研时应根据自身进行的节能项目的特点,选择合适的模式。不管采用哪种模式,对于项目实施前的能耗及费用的审计是最重要的,这是决定最终项目是否成功的关键,也直接决定双方的收益。

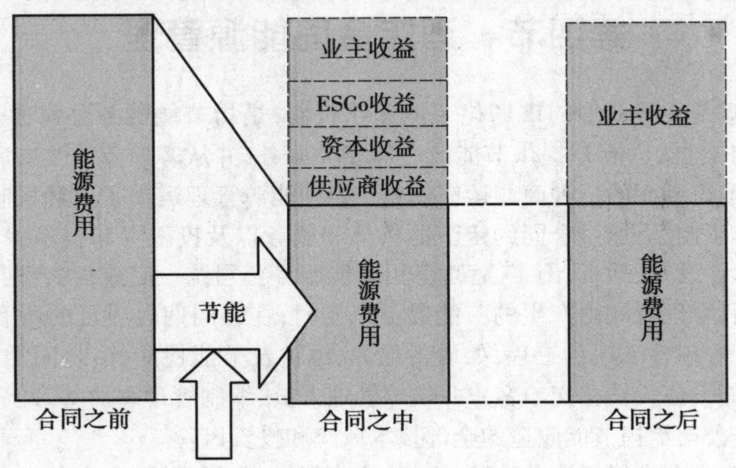

图8-12　酒店合同能源管理模型图

二、合同能源管理的特点

1.整合性

由节能服务公司为酒店提供一条龙的节能解决方案,包括:能源审计、项目设计、融资、项目实施、运行、管理等服务。节能服务公司既可以为酒店选择提供先进、成熟的节能技术和设备;也可以为酒店的节能项目提供资金,确保项目的工程质量。

2.多赢性

酒店、节能技术公司、银行和当地政府等都能从节能效益中分享收益,形成多赢局面。

3.避险性

节能服务公司承担项目的全部风险,酒店的风险系数为零。合同期间项目维护,由节能服务公司对项目所涉及的内容进行日常维护保养,以保证项目获得持续的节能成效,产生持续的效益。合同结束项目移交后,节能服务公司应将相应的项目资料移交给酒店,并为酒店培训管

理人员，以保证酒店对项目的继续使用。如有必要，双方可以另行签订项目维护保养服务合同。

三、能源管理合同操作中需要注意的问题

合同能源管理的前景十分美好，国务院办公厅转发了发改委、财政部、人民银行、税务总局四部委《关于加快推行合同能源管理促进节能服务产业发展的意见》。该意见指出，将采取资金补贴、税收、会计和金融四方面措施推动合同能源管理发展。《意见》同时明确，国家要扶持培育一批专业化节能服务公司，发展壮大一批综合性大型节能服务公司。建立比较完善的节能服务体系，使合同能源管理成为用能单位实施节能改造的主要方式之一，在未来几年，酒店将有更大的选择性，来选择合适的节能服务公司帮助酒店进行节能改造工作，把节能减排工作推向深入。

尽管如此，酒店在实际操作中还是需要注意以下几点：首先，要对节能服务公司进行详细的考察，包括资质、信用、财务状况等。合同能源管理前期投资大，回收周期长，对节能服务公司有很高的资金要求。其次，双方要诚信为本，酒店方提供的原始数据是节能服务公司进行项目调研的基础，如果酒店提供不真实的数据，最终将给节能服务公司造成巨大的损失；而有些节能服务公司，则只做销售，而不管服务，提供的产品不能达到节能要求，或达不到设计年限要求，这样又会导致酒店最终徒劳无功，不能从项目上真正得到收益。最后，在签订能源管理合同时，双方约定的合同期限不可以太长，一般以三到五年为宜，时间太长的合同在执行过程中由于技术、人员、管理等方面的变化，将最终导致合同无法执行，给双方带来经济损失。

第五节 绿色饭店的创建

“绿色饭店”是一种新的理念，要求酒店经营者将环境管理融入酒店的日常经营管理之中，以环境保护为出发点，调整酒店的发展战略、经营理念、管理模式、服务方式，实施清洁生产，提供符合人体安全、健康要求的产品，并引导社会公众的节约和环境意识、改变传统的消费观念、倡导“绿色”消费。它的实质是为宾客提供符合环保要求的、高质量的产品，同时，在经营过程中节约能源、资源，减少排放，预防环境污染，不断提高产品质量。“绿色饭店”是未来酒店业的发展方向和目标。“绿色饭店”可以定义为以可持续发展为理念，坚持清洁生产，倡导绿色消费，保护生态环境和合理使用资源的酒店，其核心也就是在生产经营过程中加强对环境的保护和资源的合理利用。

“绿色饭店”的创建、实施与保持是一个不断发展的过程，在实施过程中应与酒店其他管理体系的运行相协调，是一个与酒店各方面的发展相互促进的过程。

一、绿色饭店等级的标准

根据国家旅游局2006年3月颁布的《绿色旅游饭店》标准（LB/T 007—2006）规定，绿色旅游饭店分为金叶级和银叶级两种等级，酒店可以根据自身实际情况，决定申请哪一等级的绿色饭店。

1. 金叶级酒店达标条件

◇ 饭店建立绿色管理机构,形成管理网络;
◇ 自觉遵守国家有关节能、环保、卫生、防疫、规划等法律法规;
◇ 分区域、分部门安装水、电、汽计量表,并有完备的统计台账;
◇ 锅炉安装除尘处理设备;
◇ 厨房安装油烟净化装置,并运行正常;
◇ 污水处理设施完备或接入城市排污管网,不直接向河流等自然环境排放超标废水;
◇ 室内空气质量符合 GB/T 18883—2002《室内空气质量标准》的要求;
◇ 不加工和出售以野生保护动物为原料的食品;
◇ 一年内未出现重大环境污染事故,无环境方面的投诉;
◇ 达到《绿色旅游饭店评定细则》240 分以上。

2. 银叶级酒店达标条件

◇ 饭店建立绿色管理机构,形成管理网络;
◇ 自觉遵守国家有关节能、环保、卫生、防疫、规划等法律法规;
◇ 主要区域安装有水、电计量表,并建立台账或记录;
◇ 锅炉有除尘处理措施;
◇ 厨房有烟净化处理措施;
◇ 不直接向河流等自然环境排放超标废水;
◇ 不加工和出售以野生保护动物为原料的食品;
◇ 一年内未出现重大环境污染事故,无环境方面的投诉;
◇ 达到《绿色旅游饭店评定细则》180 分以上。

对照金叶级和银叶级的要求,可以发现除了对《绿色旅游饭店评定细则》的得分要求有高低外,金叶级对于酒店内部的能源计量和统计要求比银叶级更细化,它要求分区域、分部门进行计量和统计,并建立详细的统计台账。所以,酒店在建造和改造工作中,对于各个功能区域应该建立起完备的计量体系,一方面可以通过计量统计为节能减排工作做好基础工作,另一方面也为创绿工作做好准备。

二、创建绿色饭店的流程

创建绿色饭店,首先由酒店提出创绿申请,并向所在城市的旅游饭店评定机构(一般为市旅游局)提交相关表单;其次由所在城市的旅游饭店评定机构向上一级旅游饭店评定机构(一般为省旅游局)推荐申报;最后由省一级旅游饭店评定机构对照《绿色旅游饭店评定细则》对申报酒店进行评定,评定通过的发给绿色饭店标志牌,并公告。所以,酒店在提出申请前,应该对照《绿色旅游饭店评定细则》为自已打分,先对不足或者有缺陷的地方进行整改,确认可以达到申请所需的分数后,再提出申请,避免出现一次评定通不过的情况。

申请创建绿色饭店的酒店必须是正式开业一年以上的酒店。经评定合格的绿色饭店,每三年由省一级旅游饭店评定机构进行复核。已经取得的标志有效期为五年,期满后必须重新进行申请和评定,如期满后不提出申请,则已经取得的标志失效,不能继续使用。可见,绿色饭店不是终身制的,而是需要酒店管理者不断地进行创新。这也符合当今世界对酒店业者不断

创新,不断发展的要求。

三、创建绿色饭店的四个原则

1. 减量化原则

酒店在不影响产品及服务质量的前提下,尽量用较少的原料和能源投入。通过较小产品体积、减轻产品重量、简化产品包装,以达到降低成本、减少垃圾的目的,从而实现既定的经济效益和环境效益目标。

2. 再使用原则

在确保不降低酒店的设施和服务的标准的前提下,物品要尽可能地变一次性使用为多次使用或调剂使用,不要轻易丢弃,减少一次性用品的使用范围和用量。

3. 再循环原则

物品在使用后回收处理,成为可利用的再生资源。

4. 替代原则

为节约资源、减少污染,酒店应使用无污染的物品或再生物品,作为某些物品的替代。

四、酒店工程技术部在绿色饭店建设中的作用

节能减排工作始终贯穿绿色饭店创建全过程,而工程技术部更是绿色饭店创建过程中的主要角色之一。首先,在酒店建造和改造过程中,工程技术部就应该为节能减排工作和绿色饭店创建做好准备,如前面讲到的分区域、分部门建立能源计量体系,选用高效、清洁能源,如管道蒸汽、管道天然气,污水处理装置等,这些工作需要走在前面,做好设计。不难想象,在一家已经开业运行的酒店实施这些改造工作是很困难的,对服务和经营的影响也是巨大的。其次,工程技术部是酒店节能减排工作的主导者,统计台账的建立,考核体系的建立,各项规章制度的建立健全,都离不开工程技术部的工作。最后,工程技术部也是节能减排工作的参与者,工程技术部日常保养工作的到位与否,将直接影响到节能减排工作的成效,设备设施常年运行,需要工程技术部进行维护保养,以确保设备能在最佳状态下工作;各种新技术的引进和推广,技术改造项目的实施,也需要工程技术部进行可行性论证,并将其付诸实践。

创建绿色饭店不是一朝一夕的事,也不是某一个人或某一个部门的事,而是一项长期的工作,更需要酒店上下齐心协力,齐抓共管,才能做好创绿工作。即使是在取得绿色饭店认证后,也需要酒店管理者在日常管理中始终坚持绿色消费、清洁生产、绿色照明等绿色饭店的经营理念,这也恰恰是酒店节能减排工作的重点和切入点。

章节练习

一、研究课题

1. 综述酒店企业综合能耗评估。
2. 探究酒店业节能减排的发展方向。

3. 试规划酒店中水回用技术的应用与系统设计模型。

二、简答题

1. 试解释二氧化碳当量、标准煤(tce)。

2. 简述酒店业综合能耗对比指标之一的可比单位建筑综合能耗($kgce/m^2$. a)的应用技术标准。

3. 简述酒店合同能源管理。

第九章　旅游饭店星级标准与工程规划设计

【本章导读】本章通过对《旅游饭店星级的划分与评定》国家标准的查阅、学习和使用着手，明确酒店业建立国家标准的意义，解读该国标的关键要素，把握该标准执行的重点。更深层次理解和把握酒店工程系统在酒店经营管理中的作用和执行的技术标准，最终用该标准来为酒店规划和经营管理服务并更好地发挥酒店工程技术的作用。

酒店业的发展规划和设计具有战略性的重要任务。前瞻性、引领性的规划和设计是酒店今后经营基础，是成功的一半。酒店的规划和设计涉及许多专业领域和知识、180个技术工种。酒店规划是投融资、酒店产权（房产）、旅游、市场战略、建筑设计、工程技术、经营管理、计算机技术、艺术、人文环境、酒店连锁经营等领域的综合应用。酒店的规划设计又牵涉外部的众多因素，如：地域、资金、风俗、市场、理念、气候等。酒店工程规划不但需要各个工程系统技术的应用，还需要工程技术管理方法，如线性规划、工程项目管理、相关工程技术标准等。在数字经济时代，更要融入数字化的技术与应用素养，只有在工作中学习和积累，才能规划设计出创新的酒店产品。本章将介绍酒店规划设计的工程技术要素、需求和相关标准。希望通过学习与实践能对酒店相关工程技术的标准查阅、设计咨询、网上收集相关技术资料及同行之间交流等方法来规划好酒店，最终规划出提升客人体验的酒店佳作。

第一节　《旅游饭店星级的划分与评定》概述

《旅游饭店星级的划分与评定》（GB/T 14308）国家标准的制定和执行，是个不断实践和创新的过程，该标准变革鉴证和映射了我国酒店业的发展历程。20世纪80年代我国刚从国外引进星级酒店经营模式，酒店行业从业人员对星级酒店的管理和设备、设施的要求、标准不是很清晰，只是模仿海外的酒店（Hotel）的各个方面，盲目地引进各种先进的设备设施；在管理上引进国外的经营模式。随着我国旅游与酒店业的发展，行业专业人士学习与实践，目前我国的酒店业已集聚成世界级规模效应，国际国内品牌在我国市场上得到了充分的发展。

一个行业要大发展,构建行业的国家标准是关键因素,酒店行业的发展离不开技术标准的制定和执行。《旅游饭店星级的划分与评定》的国家标准制定和不断完善,是行业发展的标志,下面就该标准在行业中的执行,特别是酒店工程技术方面的应用进行探究。

一、《旅游饭店星级的划分与评定》标准确立与发展

《旅游饭店星级的划分与评定》(GB/T 14308)标准的制定和发展历程,反映了我国旅游业的发展,特别是我国酒店业的发展历程。该标准的发展历程可以划分为下面几个阶段:

第一阶段:1987—1993 年;

第二阶段:1993—1997 年;

第三阶段:1998—2002 年;

第四阶段:2003—2009 年;

第五阶段:2010 年至今。

《旅游饭店星级的划分与评定》(GB/T 14308)由国家质量监督检验检疫总局、国家标准化管理委员会于 2010 年 10 月 18 日批准发布的国家标准,于 2011 年 1 月 1 日开始执行。该标准于 1993 年发布第一版,1997 年、2003 年两次再版,最新版是 2010 版。

随着全社会经济发展水平和对外开放程度迅速提高,旅游饭店业所面临的外部环境和市场结构发生了较大变化,其自身按不同客源类型和消费层次所作市场定位和分工也益趋细化。为促进旅游饭店业的管理和服务更加规范化和专业化,使之既符合本国实际又与国际发展趋势保持一致,该标准尚需不断进行修订。尤其是在当前数字化转型的背景下,该标准急需修订,来推动酒店行业的数字技术的应用与发展。这也符合酒店业发展的规律。

2022 年 4 月 30 日,《旅游饭店星级的划分与评定》(征求意见稿)已发布,不久将会推出该标准的第 4 次修订版。

二、《旅游饭店星级的划分与评定》标准制定的意义

《旅游饭店星级的划分与评定》标准(以下简称"星级标准")的意义,可以从该标准的作用和地位加以认识。

①星级标准对行业的发展具有纲领性和引领性作用;

②星级标准规范了传统的酒店行业,提升了酒店行业的服务品质,为该行业的大发展打下了基础;

③星级标准推进了我国酒店行业或者说旅游行业的国际化,使得中国的酒店业融入国际的竞争环境中;

④星级标准对行业的管理有了科学的依据,富有权威性、科学性、不可替代性,为酒店业的规模化发展起到了坚定性的作用;

⑤星级标准已经得到社会的认同,该标准的引用远超出酒店行业的本身,许多行业为此加入了星级服务的理念和模式。

三、《旅游饭店星级的划分与评定》(GB/T 14308—2010)版的结构

①前言。

②饭店星级的划分与评定。

③附录 A《必备项目检查表》。

④附录 B《设施设备评分表》。

⑤附录 C《饭店运营质量评价表》。

其中附录 A《必备项目检查表》是对酒店总体的要求，尤其是对酒店建筑和为宾客服务的环境标准，这些均涉及工程技术在酒店的应用。附录 B《设施设备评分表》是对酒店工程设备设施更具体的要求，整个附录 B 对此描述非常清晰、合理、贴切。这对酒店规划、建设和运营，有着指导性和规范性的作用。

《旅游饭店星级的划分与评定》（GB/T 14308—2010）标准是总纲，在此基础上还配备了《绿色饭店》《旅游统计调查制度》《饭店星评员章程》等行业标准，这些是国家标准的具体展开和执行规范的补充，也是执行星级国家标准的组成部分。星级标准的附录 A、附录 B、附录 C 均为规范性附录。在实际应用中要全面认识和理解，不能片面。

第二节　《旅游饭店星级的划分与评定》重点释疑

一、《旅游饭店星级的划分与评定》定义

定义部分是该标准的逻辑起点，是标准构建的基础。要掌握标准一定要全面理解标准的定义部分，许多对酒店的研究也是从定义开始的。

1. 旅游饭店（Tourist Hotel）

旅游饭店是以间（套）夜为单位出租客房，以住宿服务为主，并提供商务、会议、休闲、度假等相应服务的住宿设施，按不同习惯可能也被称为宾馆、酒店、旅馆、旅社、宾舍、度假村、俱乐部、大厦、中心等。

2. 星级（Star-Rating）划分及标识

用星的数量和设色表示旅游饭店的等级。星级分为五个等级，即一星级、二星级、三星级、四星级、五星级（含白金五星级）。最低为一星级，最高为白金五星级。星级越高，表示旅游饭店的档次越高。

星级以镀金五角星为标识，用一颗五角星表示一星级，两颗五角星表示二星级，三颗五角星表示三星级，四颗五角星表示四星级，五颗五角星表示五星级，五颗白金五角星表示白金五星级。

以上是标准定义部分，是整个标准的基础，为了这个 5 颗五角星的标识，整个行业为此努力，专家们长期研究，企业家也为此“折断了腰”。目标很清晰：酒店企业为赢得市场、管理部门规范市场、行业为发展而前行由此从不同的角度努力。

该星级标准由国家旅游局提出，由全国旅游标准化技术委员会归口解释，该标准起草单位：国家旅游局监督管理司。

二、《旅游饭店星级的划分与评定》2010 新标准的变化

2010 版的标准与 GB/T 14308—2003 相比，主要变化如下：

1)增加了对国家标准 GB/T 15566.8 的引用

GB/T 15566.8—2007 是公共信息导向系统设置原则与要求第 8 部分:宾馆和饭店的国家标准,本部分规定了宾馆和饭店的公共信息导向系统的设置原则与要求。本部分适用于含有住宿设施的各类宾馆、饭店以及培训中心、度假村、招待所、旅社的导向系统的设置。

2)更加注重饭店核心产品,弱化配套设施

注重酒店自身的核心竞争力,对硬件要求进行弱化,这样对整个行业的发展起到关键性的作用。这个变化也标志着,酒店行业管理的成熟,即从盲目追求硬件条件,到服务质量为导向的经营模式的转变。

3)将一、二、三星级饭店定位为有限服务饭店(Limited Service Hotel)

有限服务饭店是指:以适合大众消费价格,为宾客提供专业化服务的饭店。

4)将四、五星级饭店定义为完全服务饭店(Full Service Hotel)

完全服务饭店是指:以齐全的饭店功能和设施为基础,为宾客提供全方位周到服务的饭店。

5)突出绿色环保的要求

要求与星级相适应的节能减排方案和具体措施。

6)强化安全管理要求,将应急预案列入各星级的必备条件

应急突发事件(突发事件包括:火灾、自然灾害、酒店自身建筑、设备、设施事故、公共卫生、社会治安和突发的伤亡事故等)处置预案,并有年度处置计划,计划中包括年度的定期预练等。

7)提高饭店服务质量评价的操作性

8)增加例外条款,引导特色经营

引导特色经营的酒店有三类:商务会议型旅游饭店、闲度假型旅游饭店、其他。

三、《旅游饭店星级的划分与评定》评定的最高执行机构

该标准由国家旅游局设全国旅游星级饭店评定委员会(一般简称为“全国星评委”),负责全国星评工作,星评委是全国星评的最高机构,也可以认为是星评的执行机构。该机构由下面要素组成:

职能:统筹负责全国旅游饭店星评工作,聘任与管理国家级星评员,组织五星级饭店的评定和复核工作,授权并监管地方旅游饭店星级评定机构开展工作。

组成人员:全国星评委由中国旅游协会领导、中国旅游饭店业协会领导、国家旅游局监督管理司领导、政策法规司领导、监察局领导、中国旅游协会和中国旅游饭店业协会秘书处相关负责人及各省、自治区、直辖市旅游星级饭店评定委员会主任组成。

办事机构:全国星评委下设办公室,作为全国星评委的办事机构,设在中国旅游饭店业协会秘书处。

饭店星级评定职责和权限:

①执行饭店星级评定工作的实施办法。

②授权和督导地方旅游饭店星级评定机构的星级评定和复核工作。

③对地方旅游饭店星级评定机构违反规定所评定和复核的结果拥有否决权。

④实施或组织实施对五星级饭店的星级评定和复核工作。

⑤统一制作和核发星级饭店的证书、标志牌。

⑥按照《饭店星评员章程》要求聘任国家级星评员，监管其工作。

⑦负责国家级星评员的培训工作。

从目前的全国星评工作知晓，五星级和白金五星级由全国星评委负责评定，其他的由地方旅游局组织评定。

四、《旅游饭店星级的划分与评定》评定的省级执行机构

各省、自治区、直辖市旅游局设省级旅游星级饭店评定委员会，（一般简称"省级星评委"）。省级星评委报全国星评委备案后，根据全国星评委的授权开展星评和复核工作，该机构由下面要素组成：

组成人员：省级星评委的组建，根据本地实际情况确定，由地方旅游行业管理部门负责人和旅游饭店协会负责人等组成。

办事机构：省级星评委下设办公室为办事机构，可设在当地旅游局行业管理处或旅游饭店协会。

饭店星级评定职责和权限：

①贯彻执行并保证质量完成全国星评委部署的各项工作任务。

②负责并督导本省内各级旅游饭店星级评定机构的工作。

③对本省副省级城市、地级市（地区、州、盟）及下一级星级评定机构违反规定所评定的结果拥有否决权。

④实施或组织实施本省四星级饭店的星级评定和复核工作。

⑤向全国星评委推荐五星级饭店并严格把关。

⑥按照《饭店星评员章程》要求聘任省级星评员。

⑦负责副省级城市、地级市（地区、州、盟）星评员的培训工作。

省级机构一般评定四星级酒店和上报五星级和白金五星级的工作。

五、《旅游饭店星级的划分与评定》评定的副省级执行机构

副省级城市、地级市（地区、州、盟）旅游局设地区旅游星级饭店评定委员会（一般简称"地区星评委"）。地区星评委在省级星评委的指导下，参照省级星评委的模式组建。

组成人员：地区星评委可由地方旅游行业管理部门负责人和旅游饭店协会负责人等组成。

办事机构：地区星评委的办事机构可设在当地旅游局行业管理处（科）或旅游饭店协会。

地区星评委依照省级星评委的授权开展以下工作：

①贯彻执行并保证质量完成全国星评委和省级星评委布置的各项工作任务。

②负责本地区星级评定机构的工作。

③按照《饭店星评员章程》要求聘任地市级星评员，实施或组织实施本地区三星级及以下饭店的星级评定和复核工作。

④向省级星评委推荐四、五星级饭店。

副省级的地区星评委可以直接评定三星级和三星级以下的饭店，并负责上报和推荐四、五星级饭店的工作。

六、星级评定的标准和基本要求

《旅游饭店星级的划分与评定》（GB/T 14308—2010）中对星级评定分了三个层面进行

评判。

1. 必备要求

《旅游饭店星级的划分与评定》附录 A“必备项目检查表”规定了各星级必须具备的硬件设施和服务项目。要求相应星级的每个项目都必须达标，缺一不可。

2. 设施设备要求

《旅游饭店星级的划分与评定》附录 B“设施设备评分表”（硬件表，共 600 分）主要是对饭店硬件设施的档次进行评价打分。一、二、三、四、五星级规定最低得分线：

一、二星级不作要求；

三星级酒店设施设备最低得分线为 220 分；

四星级酒店设施设备最低得分线为 320 分；

五星级酒店设施设备最低得分线为 420 分。

设施设备的要求可以认为是对酒店建筑、工程、装饰、环境等的“硬件”要求。在该表中，对酒店的工程系统有很多要求，非常具体。酒店工程的规划、设计要参照该标准执行。对酒店工程技术的从业人员，该表是规划、选择产品的依据，是工程系统运行的技术执行或参考标准。在数字化转型的背景下，目前该标准相对比较传统，需要变革与推进修订。

3. 饭店运营质量要求

《旅游饭店星级的划分与评定》附录 C“饭店运营质量评价表”（软件表，共 600 分）主要是评价饭店的“软件”，包括对饭店各项服务的基本流程、设施维护保养和清洁卫生方面的评价。一、二、三、四、五星级规定最低得分率：

一、二星级不作要求；

三星级 70%，四星级 80%，五星级 85%。

饭店运营质量要求，在某种意义上就是酒店的“软件”，一个运行良好的酒店，一定是“硬件”和“软件”有机地结合，达到非常默契的程度，才使得酒店有高标准的服务。

第三节　《旅游饭店星级的划分与评定》相关技术标准的执行

一、《旅游饭店星级的划分与评定》（GB/T 14308）总体标准

星级标准在总体要求上从下面几个要素展开：

1. 服务基本原则

从服务的理念方面要求，如遵纪守法、热情待客等。

2. 服务基本要求

从行业人员言行举止方面要求，如从业人员的着装等。

3. 管理要求

从酒店企业管理体制方面要求，如组织机构、员工手册等。对应工程技术部也应该执行标准中的描述。工程技术部应有完善的规章制度、服务标准、管理规范和操作程序。工程技术部

要建立完整的规范,要明确工程技术部的工作目标、管理职责、项目运作规程(具体包括执行层级、管理对象、方式与频率、管理工作内容)、管理分工、管理程序与考核指标等项目。各项管理规范应适时更新,并保留更新记录。工程技术部应有完善的部门化运作规范。包括管理人员岗位工作说明书、管理人员工作关系表、管理人员工作项目核检表、专门的质量管理文件 、工作用表和质量管理记录等内容。工程技术部是技术人员集结的部门,应有专业技术人员岗位工作说明书,对服务和专业技术人员的岗位要求、任职条件、班次、接受指令与协调渠道、主要工作职责等内容进行书面说明。部门应制定服务技术项目标准、程序与标准说明书,对每一个技术服务项目完成的目标、为完成该目标所需要经过的程序,以及各个程序的质量标准进行说明。

国家、地方主管部门和行业部门(如工信部等)对工程技术系统有许多强制技术标准,有的要求技术员工持证上岗,如酒店的锅炉、强弱电、消防等。为此酒店应组织技术员工进行培训、复训和考证,同时有相应的工作技术标准的书面说明,使相应岗位的从业人员知晓并熟练操作。

4. 安全管理要求

酒店企业的安全是第一位的,行业人士说:没有安全,就没有旅游。这表明安全是旅游行业的工作基础。搞旅游、酒店安全是第一的。为此工程技术部要执行相关的标准。酒店应取得消防等方面的安全许可,确保消防设施的完好和有效运行负责;酒店对水、电、气、油、压力容器、管线等设施设备应安全有效运行进行监管和运维;严格执行安全管理防控制度和规定,确保安全监控系统有效运行;在酒店统一组织和制度框架下,应制订和完善地震、火灾、治安事件、设施设备突发故障等各项突发事件应急预案。

5. 其他

酒店工程技术部对酒店建筑、环境、装修等的保养、维护负责。对酒店节能减排担负起新的责任。

二、标准附录 A《必备项目检查表》

该《必备项目检查表》分 1 ~ 5 星级饭店设置,该附录 A 是各挡星级饭店评的前提。必备项目必须达到,缺一不可。对各个星级的必备项目逐项打“√”,检查达标后,才能进入附录 B 和附录 C 打分程序。附录 A 每条必备项目必须具有“一票否决”的效力。必备项目未达标,不能评星,如果要继续申请,要先进行整改。等到达标后,再进行附录 B、附录 C 的检查。

《必备项目检查表》中,区分一星 ~ 五星级标准的检查表。

一星级饭店有:一般要求、设施和服务三个方面;二星级饭店有:一般要求、设施和服务三个方面;三星级饭店有:一般要求、设施和服务三个方面;四星级饭店有:饭店总体要求、前厅、客房、餐厅及吧室、厨房、会议和康体设施、公共区域七个方面;五星级饭店有:饭店总体要求、前厅、客房、餐厅及吧室、厨房、会议和康体设施、公共区域七个方面。

从附录 A《必备项目检查表》可以发现,一到三星级饭店总体三个面一致,但具体要求随着星级提高而提高,更加细化。由此行业人士认为,要建一到三星级饭店的,有条件一定会选择建造三星级饭店。四到五星级饭店总体七个方面,但五星级比四星级更高的要求。同样四到五星级饭店,有条件尽量选择建造五星级饭店。

三、标准附录B《设施设备评分表》

该附录B是对酒店设备设施的要求，是关系到工程技术部最多的执行标准。对硬件设施包括对酒店位置、建筑、公用系统、前厅、客房、餐厅设施的评价，进行设施的评定。计分总分600分。一、二星级必备条件通过即可，不进行此项评价。附录B《设施设备评分表》由以下重点组成：

1. 地理位置、周围环境、建筑结构及功能布局

该项目总分达到30分。“饭店建筑历史悠久，为文物保护单位”可以得5分。这点可以商榷，酒店有历史建筑固然可喜，但行业发展会建造很多新的建筑，有创意的新的建筑也会创造“历史”。

2. 酒店共用系统

在这类共用系统部分，强调了“智能化管理系统”和“信息管理系统”，这个标准推进意义重大，注重了经营管理，迎合了旅游电子商务的发展和所起到的作用。工程技术部应该起到积极的作用。该“共用系统”项目分值为53分，分成以下几个小项。

（1）酒店智能化管理系统

这项分值为8分，包括结构化综合布线系统、先进、有效的火灾报警与消防联动控制系统（含点报警、面报警、消防疏散广播等）、先进的楼宇自动控制系统（新风/空调监控、供配电与照明监控、给排水系统监控等）。

（2）酒店计算机管理信息系统

这项分值为9分，包括全面覆盖前后台，数据关联的饭店专用管理信息系统（前台管理系统、餐厅管理系统、财务管理系统、收益分析系统、人事管理系统、工程管理系统、库房管理系统、采购管理系统等数据流自动化处理并关联）、采取确保饭店信息安全的有效措施。标准中对酒店企业是否采购行业主流供应商也有要求，为此可以进行商榷。

（3）酒店互联网技术应用

这项分值为8分，包括所有的客房配有互联网接口（有线、无线均可）、所有的会议室均有互联网接口（有线、无线均可）、所有的大堂区域均有无线网络覆盖、咖啡厅和大堂酒吧提供有线互联网接口（或有无线网络覆盖），在电子商务应用方面有独立网站，具有实时网上预订功能（非第三方订房网站）、在互联网上有饭店的独立网页和电子邮件地址。这项是工程信息所规划、管理和运维的范围，要确保这些系统可靠和高速运行。

新标准中增加了移动电话信号覆盖，要求所有客房及公共区域有移动信号，这项分值为2分。

上述第一、第二、第三的技术标准可以在逻辑、规划管理上，归纳为“智慧酒店”的范畴。对于数字化的应用可以进一步地创新应用。

（4）酒店空调系统

这项分值为6分，它们包括中央空调系统（四管制、两管制）。高星级酒店一般采用四管制的空调系统，三星级及以下一般采用两管制的空调系统。

（5）酒店应急供电系统

这项分值为6分，它们包括：自备发电设施、应急供电系统（指两路以上供电）、应急照明设

施。如果在一、二线城市，目前我国的电力供应的能源控制与技术水准完全能给高星级电力足够的供应，不间断电力运行有保障。高星级酒店的发电机组是否配置，需要科学地规划，有的酒店购置的发电机组10多年没有使用，机组运行状态也得不到保障。因此，高星级酒店发电机组的配置与否要慎重决策。

（6）酒店节能措施与环境管理

这项分值为14分，它们包括：有建筑节能设计（如自然采光、新型墙体面料、环保装饰材料等）、采用有新能源的设计与运用（如太阳能、生物能、风能、地热等）、采用环保设备和用品（使用溴化锂吸收式等环保型冷水机组、使用无磷洗衣粉、使用环保型冰箱、不使用哈龙灭火器等）、采用节能产品（如节能灯、感应式灯光、水龙头控制等），采取节能及环境保护的有效措施（客房内环保提示牌，不以野生保护动物为食品原料等）、有中水处理系统、有污水、废气处理设施、有湿垃圾干处理装置、有垃圾房及相应管理制度。

此项很好地为酒店开展节能和环保工作埋下了伏笔，是酒店企业开展节能减排和环保工作的指引性标准。

3. 酒店前厅区域

在高星级饭店（四、五星级）中，前厅的服务和功能将起到关键的作用，在星评中，前厅在附录B《设施设备评分表》中达到了63分。在该项目中包括：地面装饰、墙面装饰、艺术装饰、家具（台、沙发等）、灯具与照明、公共卫生间、客用电梯、贵重物品保险箱、前厅整体舒适度。在这类项目不仅包括了建筑设计、工程系统，还体现了酒店的企业文化和艺术氛围。酒店永远是追求时尚和体验幽雅环境的地方。这个方面和管理学非常吻合，管理是科学加艺术的结晶。酒店的前厅也是追求管理和艺术完美的结合，它是工程科学和艺术融合的产物。

4. 酒店客房区域

客房一般而言，是大多数宾客在酒店停留时间最久的地方，也是宾客最私密和体验舒适的场所。在附录B《设施设备评分表》中，该项目达到了189分。该项目包括：普通客房面积标准、客房装修与装饰标准、客房家具标准、客房灯具和照明标准、客房彩色电视机规格和节目数量的标准（如卫星、有线闭路电视节目不少于30套、外语频道或外语节目不少于3套）、客房电话标准、微型酒吧（包括小冰箱）、客房便利设施及用品配置标准（如电热水壶、熨斗和熨衣板、不间断电源插座等）、客房必备物品（如服务指南、笔、信封、信纸等）、客房卫生间标准（包括面积标准、卫生间装修、卫生间设施布局、面盆及五金件、浴缸及淋浴、其他相关项目）、套房标准（包括数量、结构、有豪华套房、套房卫生间）、残疾人客房和配备相应的残障设施标准、设置无烟楼层标准、客房舒适度标准（包括温度、相对湿度、照明效果等）。

5. 酒店餐饮

餐饮是酒店经营非常重要的组成部分，酒店可以根据自身的客源情况来确定是否配置餐厅，配置多少个餐厅，配置什么样的餐厅。有些经济型酒店为了降低成本，提高规模经营，根据自身的客源特点，没有餐厅。有的酒店只提供早餐，即配置小餐厅，提供早餐。高星级酒店一定配置多个餐厅满足不同宾客的需求。总之，餐厅的设置是企业自己决定的。高星级酒店的餐厅配置要符合附录B《设施设备评分表》中的标准。餐厅的分值达到59分。标准要求对餐厅分别打分，然后根据餐厅数量取算术平均值的整数，为得分的依据。该项目标准包括：餐厅的布局、装饰、餐厅的家具、灯具与照明、餐具、厨房（包括：应有与餐厅经营面积和菜式相适应的厨房区域、粗细加工间、面点间、冷菜间、冻库等，位置合理、布局科学、传菜路线不与非餐饮公共区域交叉、冷和热制作间分隔，配备与厨房相适应的保鲜和冷冻库和生熟分开、粗细加工间分隔、洗碗间位置合理，厨房与餐厅间采用有效的隔音、隔热、隔味措施，厨房内、灶台上采取有效的通风、排烟措施）、酒吧和茶室及其他吧室标准、餐厅氛围标准等。

6. 酒店安全设施

酒店的安全设施在附录 B《设施设备评分表》中单独立项，充分说明安全对酒店经营的重要性、专业性和不可替代性。安全设施项目的分值为 16 分。该项目标准包括：电子卡门锁或其他高级门锁、贵重物品保险箱、客房配备逃生电筒、门窥镜、公共区域有安保人员 24 小时值班和巡逻、闭路电视监控、厨房消防必备设施、食品安全等。

7. 酒店员工设施

该项目体现了管理的人性化，重视对企业自身员工价值的体现。员工设施的分值为 7 分。该项目标准包括：有独立的员工食堂、有独立的更衣间、有员工浴室、有倒班宿舍、有员工专用培训教室和配置必要的教学仪器和设备、有员工活动室、有员工电梯（或服务电梯）。

8. 酒店特色类别

该项目标准包括：商务会议饭店设施、度假饭店设施和其他三类项目标准。分值达到 183 分。但每个酒店只能有其中一项特色类别。商务会议饭店设施类别分值为 70 分，度假饭店设施类别分值为 65 分，其他类别为 48 分。

以上八大方面和领域，均和工程技术部有关联，酒店的工程技术部要执行该标准，同时也应该创新地工作，为酒店完成全年工作计划而努力。

附录 B《设施设备评分表》一般在行业中认为是酒店的“硬件”要求。附录 C《饭店运营质量评价表》就是酒店服务的质量标准，一般认为是酒店的“软件”。

在酒店专业教学中会在其他课程中学习，在此不进行展开讨论，读者可以参考其他相关书籍。

四、标准附录 A、B、C 关系和 2003 版与 2010 版标准的变化要点

1.《旅游饭店星级的划分与评定》标准中附录 A、B、C 关系

附录 A《必备项目检查表》酒店评星级的前提，附录 B《设施设备评分表》和附录 C《饭店运营质量评价表》，分别侧重于饭店的“硬件”和“软件”，两者同等重要，缺一不可，三个附录构成了对饭店质量的全面评价。三个附录表关系可以如图 9-1 所示。

2. 2003 版与 2010 版标准的变化要点

《旅游饭店星级的划分与评定》(GB/T 14308—2010) 国家标准，是在前面几个版本的基础上改变而来的。2010 版与 2003 版大致变化有以下几个方面：

①更加注重饭店核心产品，弱化配套实施。

②客房部分更加关注“舒适”，例如，关注温度和湿度、关注隔音和遮光等，更加体现了人体舒适的新理念。

③取消了前厅公共面积的要求等要求，对贵重物品保管箱规格和数量降低了要求，明确大堂要设置公共卫生间并且要和大堂同一楼层。强调五星级饭店豪华氛围的营造。

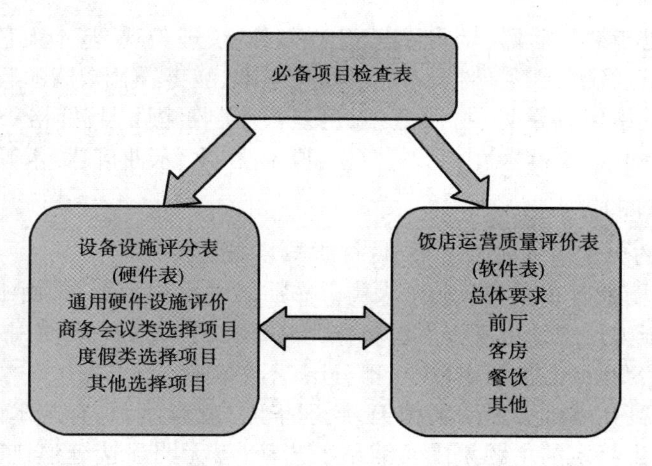

图 9-1　国家标准 GB/T 14308 三个附录表关系示意图

④降低了餐厅种类的要求，适应实际，强调食品安全，这个变化更加符合酒店市场的实际，使酒店企业更加注重市场的需求。

⑤康体设施的弱化，游泳池从 17 分降低到 10 分，高尔夫球场从 20 分降低到了 5 分。

⑥突出了绿色环保，增设了“节能措施与环保管理”要求，总分值达到 14 分。明确要求饭店建立能源管理与考核制度，总分值达到 6 分。取消了小 6 件的要求。强调使用节能灯和节水洁具等要求。这个变化符合我国环保的迫切要求。

⑦强化安全管理要求，将应急预案纳入各星级的必备条件。

⑧关注服务质量评价的可操作性，增强了客观性，避免主观性。

五、《旅游饭店星级的划分与评定》工程材料解释

1. 酒店装饰石材的界定

高档花岗石：质地优良、纹理华丽，加工及安装技术优良，整体平整光洁，对缝整齐均匀，基本无色差，图案、色彩、拼接等设计考究。

优质花岗石：质地优良、纹理优美，加工及安装技术良好，色差较小，图案、色彩、拼接等有设计，但色泽与对缝稍有不足。

普通花岗石、大理石：品种较为常见，色彩普通，加工与安装技术一般，有一定色差。

2. 酒店装饰木材的界定

木材常被统分为软材和硬材，或叫硬杂和软杂。我国常用的有近 800 个商品材树种，归为 241 个商品材类，并根据材质优劣、储量多少等原则划分为五类。

一类材：红松、柏木、红豆杉、香樟、楠木、格木、硬黄檀、香红木、花榈木、黄杨、红青刚、山核桃、核桃木、榉木、山楝、香桩、水曲柳、梓木、铁力木、玫瑰木。

二类材：黄杉、杉木、福建柏、榧木、鹅掌楸、梨木、楮木、水青冈、麻栎、高山栎、桑木、枣木、黄波罗、白蜡木。

三类材：落叶松、云杉、松木、铁杉、铁刀木、紫荆、软黄檀、槐树、桦木、栗木、木荷、槭木。

四类材：枫香、桤木、朴树、檀、银桦、红桉、白桉、泡桐。

五类材：拟赤杨、杨木、枫杨、轻木、黄桐、冬青、乌桕柿大。

优质木材一般是指树种珍稀、材质致密、色泽匀称、纹理美观、基本无色差、变形率小、价格昂贵的木材。如紫檀、红檀、红木、树榴木、花樟、花梨木、酸枣、榆木、楠木、黄菠萝、金丝柚等。

普通木材一般是指树种常见、材质适中、色差较小、收缩性大、价格一般的木材。如红影木、白影木、胡桃木、柚木、樱桃木、山毛榉、白松、橡木、白木、水曲柳、杉木等。

3. 酒店墙纸(布)的界定

墙纸(布)档次的界定应关注两个环节:材质与装饰效果。

材质要求:高档墙纸有布质和纸质两大类。布质墙纸也称为墙布,而纸质墙纸通常选用优良的纯木浆纸或超强力丝绒纤维等天然材料作为底基材料,表面一般使用 PVC 材料进行覆盖,幅面较宽,通常大于 800 mm,伸缩率较小,不分层,不易褪色。

装饰效果要求:高档墙纸表面图案精美,纹理华丽,色彩协调,有艺术品位,与空间功能和环境协调,能够烘托出特定的主题氛围。铺贴工艺精良,无明显接缝痕迹,无色差,不起泡,无翘曲,墙基表面无明显凹凸感。

4. 酒店木地板

优质木地板是指采用硬度较高的木材,经过脱水、脱脂、烘干处理等加工技术制造的实木地板。一般选用名贵树种木材,纹理清晰漂亮,色彩自然大方,漆面光亮有厚度,安装精良,接缝平直,无翘曲,与踢脚线搭配得当、配合紧密。

5. 酒店地毯

地毯档次的界定应高度关注地毯的材质、地毯的感受和地毯的工艺性。优质地毯应满足以下三个基本条件:

材质:应为纯羊毛地毯、丝质地毯、高品质混纺地毯、长纤尼龙地毯等,上述地毯具有较强的去污、防静电等性能。

感受:也就是艺术效果。地毯精美、图案定制、色调高雅、足感平整有弹性、绒高大于 9 毫米。

工艺:地毯接缝(含与其他材质接口)应平整密合,对花无视差,无凹凸不平感,接口有处理;底垫的厚度应不少于 1.8 毫米、弹性良好等。

6. 酒店浴室洁具

酒店浴室洁具,是构成客房品质的重要因素,投入的资金也非常高。由于人们对居住环境的改善和提高,宾客对酒店的卫生洁具有较高要求。下面以面盆和浴缸举例。

高档面盆应满足的基本条件是:统一品牌;采用釉面光泽度好的陶瓷、优质艺术玻璃、优质金属材料,材质细腻,造型优美,工艺精良,色泽悦目,易保洁;配套五金件与面盆搭配得当,风格同一,档次匹配,光泽度高,手感舒适不生涩,无溅水,关水严密;符合人体工程学原理,方便易用,安装紧固,与台面间的收口细致,配套管件处理到位。

高档浴缸应满足的基本条件是:特殊设施除外,尺寸一般在 1 700 mm × 700 mm 以上,统一品牌;缸质为铸铁、优质玻璃、釉面光泽度好的陶瓷等,缸体有一定厚度,触感细腻,造型优美,工艺精良,色泽悦目,防滑,易保洁;套五金件与缸体搭配得当,风格同一,档次匹配,光泽度高,手感舒适不生涩,去水关闭严密,排水顺畅;符合人体工程学原理,方便易用,基座装饰美观,安装紧固,收口细致,配套管件易检修。图 9-2 是某五星级酒店的洗浴室,各种材质的应用相对高档。

图 9-2　高星级酒店套房中的洁具

六、《旅游饭店星级的划分与评定》的几点不同观点

《旅游饭店星级的划分与评定》(GB/T 14308—2010)比前面几个版本有很大的变化,使标准更加符合市场的发展规律。但有的出发点还是比较片面,我们提出几点,供大家商榷。

第一,"饭店建筑历史悠久,为文物保护单位"可以得 5 分,这个分值的评定值得探究,酒店就像人一样,不能选择出身,但应该追求酒店企业服务的高质量,创建好的品牌。

第二,在"管理信息系统"项目中,对系统供应商提出要求,这个不尽合理,缺乏科学。行业主流供应商得分 3 分,非主流供应商得分 1 分。主流的界定不符合信息技术发展的规律。如:手机的品牌诺基亚在几年前是主流品牌,但目前已经退出市场,不能为了"主流"而应用过时的产品。在信息技术(IT)行业中主流的产品也是非主流中产生的,何况计算机技术发展如此迅速,新的模式、新的理念、新的技术会不断冲击酒店的应用,新的今天不一定是主流的。如酒店应用软件即服务(SaaS)的模式的管理系统,当今并非主流,得 1 分,这样不合理,酒店都用进口系统就高分的观念要改了。建议考察和判定酒店对信息管理系统的驾驭能力和应用深度。例如:对信息管理系统的应用面(可以是部门)、深度、广度及效果加以评定。在数字化技术推广应用的背景下,许多高新技术的应用,将会融入酒店的经营管理中,由此标准需要修订与变革。

第三,网络应用中,要求"有独立网站,具有实时网上预订功能(非第三方订房网站)"。先要明确酒店网站建设的目的是什么。酒店企业不是为建网站而搞网站的。网站是为酒店经营服务的,是酒店服务的工具之一。酒店自主网站要提高点击率不符合市场发展的规律,如果酒店有网站(实时预订),但没有点击率,这个网站是没有多大的实际意义的。酒店还不如应用第三方销售平台,提高酒店的出租率。第三方渠道销售平台更符合市场规律,其他行业没有办法回避,酒店行业也是如此,这个也是旅游电子商务发展方向之一。

第四节　酒店规划设计的基本要素

酒店的规划设计是一门综合性的学科,酒店的工程规划设计涉及土木工程、建筑、工程技术、装潢、环境、能源及艺术等,酒店的规划设计还会受风水学的影响,酒店的建筑往往是科学和艺术的结晶。一个好的酒店规划设计是一个永恒的艺术品,也是一个很好的市场营销。酒店规划设计是一个团队的智慧结晶,是一个时代的标志。这里讨论主要以酒店的市场战略为前提,对酒店的需要性、功能性、竞争性和完美性进行探究,以期良好的酒店规划设计,为酒店经营管理服务。

一、酒店的类型和等级

酒店的分类是人们在长期在酒店经营中逐步形成的,这种分类会随着社会和市场的发展而有所变化。酒店在规划设计时,一定要注重的市场定位,要精准设计时自己酒店的类型和等级。现代酒店的类型大致可以有下面的几种分类。

1. 按经营或服务的功能区分

◇　观光型旅游酒店;
◇　商务型酒店;
◇　景区度假性酒店;
◇　会议型酒店;
◇　公寓型(长住式)酒店;
◇　汽车旅馆;
◇　经济型酒店;
◇　豪华邮轮(邮轮住宿);
◇　房车(移动式酒店)。

2. 按管理模式或经营规模区分

◇　单体经营酒店;
◇　连锁(集团)经营型酒店;
◇　加盟酒店;
◇　委托管理型酒店。

3. 按酒店的规模区分

酒店的规模一般是按客房的数量来衡定。不同国家与地区的时期对规模大小的定义不一,下面提供的区分数值供参考,目前没有一定的标准,也不会去刻意制定这类的标准。规模大小的划分最好的方法是考虑酒店整体的经济效益,但这个一般比较难以统计。根据酒店客房数来定义一般可以划分为下面的类型:

◇　大型酒店　300~500 间(套)客房或以上;
◇　中型酒店　200~300 间(套)客房;
◇　小型酒店　80~200 间(套)客房。

4. 按酒店等级划分

国际上常按酒店的设施、设备、环境及服务等综合因素来划分等级，其划分的依据每个国家或地区是不同的，我国也制定了相关的国家标准——《旅游饭店星级的划分及评定》（GB/T 14308—2010），该标准由国家旅游局负责解释。目前一般会按下面的方法划分：

◇　豪华级酒店　五星级酒店　◇　很舒适酒店　四星级酒店

◇　较舒适酒店　三星级酒店　◇　较经济酒店　二星级酒店

◇　经济级酒店　一星级酒店

我们国家近几年酒店业发展迅速，许多酒店（集团）并不一定申请星级酒店（挂牌），这种类型的酒店企业会制定自己的执行标准，来经营连锁酒店。有的单体酒店，在取得好的地理位置后，在规划和设计上非常有特色，在经营中取得不同凡响的业绩。这类酒店的等级区分，是值得去思考和探究的。

5. 按酒店发展业态分

学界和业界许多专家认同，目前我国酒店业发展有四个业态：

◇　星级酒店　　◇　非星级连锁酒店

◇　民宿　　　　◇　人文精品酒店

星级酒店是酒店住宿业发展的主要业态，但随着互联网经济的发展，原来的经济性连锁酒店得到了大规模发展，已经开始转型升级，向中端的星级酒店升级。三星级酒店的市场地位受到挑战。一二星级酒店越来越少，星级酒店的评价权威体系受到的动摇。民宿作为非标酒店的业态，也得到了发展。民宿是撒入在人间的个性、闲散民居，具有个性等特征，是基于互联网经济发展起来的住宿业态，但安全等问题是民宿发展的关键点。人文精品酒店是以传承文化为主要理念的高端酒店，主要以高消费、高品位来吸引客人，如安麓、裸心谷等。

二、酒店工程规划设计与市场定位

酒店的建造，很大的考虑因素是为了今后的经营。由此酒店的规划设计众多要素中，市场定位显现了重要的思考因素，现在许多酒店从规划开始就紧密联系自己的周围市场，从市场定位出发，来考虑自己酒店的规划设计。从这个视角出发，酒店规划的基本思路路径是：根据市场定位，规划酒店的功能，再进行第一稿的设计，设计完成后要反复几次核对、修改，和市场定位是否吻合，这个过程会一直进行到酒店建设完成。图 9-3 表示了酒店规划设计的思路方法。

酒店市场定位要确定的以下基本要素：

市场经营定位：经营定位就是酒店的经营方向，根据酒店周围的自然环境、区域的人文背景、客户群体（客源）、自己企业的资源（市场、资金、人力资源）、酒店周围竞争对手情况等要素进行分析，从而确立自己酒店的市场定位。客源分析是酒店经营定位的首要因素之一，酒店企业最高管理层的经营理念是决定市场定位的决定因素。

酒店功能定位：酒店的功能定位是市场和经营定位决定的，酒店应该规划配置设置有什么功能，和酒店接待客源的类型有密切的关联。可以这样认为，什么样的客源，决定了设计什么样的功能设施。酒店的功能规划涉及客房类型、餐饮、娱乐、酒店商场、商务中心、环境布置、计算机系统、通信系统等；同时也决定了对设备、设施性价比的选择；对各功能区面积比例确定也起到关键因素。

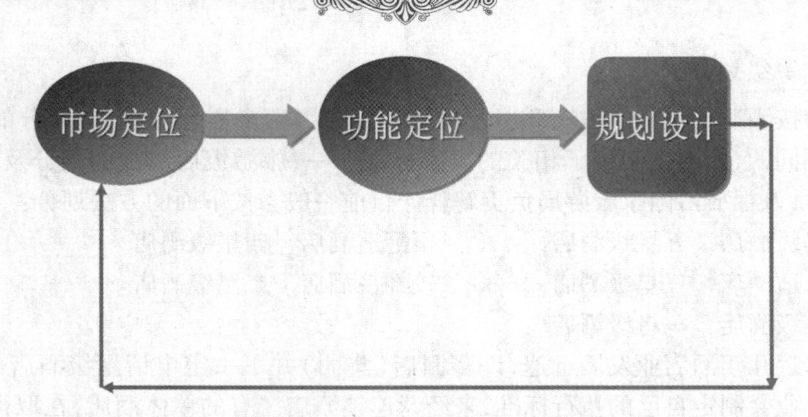

图 9-3　依据市场定位的酒店规划设计模式

酒店风格定位：在酒店功能定位的基础上，酒店的规划和设计会有一定的风格，这里的风格主要是指酒店企业经营和服务的风格。比如：有的酒店集团（Sheraton，Hilton 等）会有自己的设计规范和标准。对所有的设备、设施配置，包括客房的洗涤用品采购有自己的标准和采购规范。这个过程是体现酒店的经营风格和理念。这类酒店与其他酒店区别其在于风格定位上，和其他酒店形成不同的档次。酒店的风格定位也受地域文化、人文文化、企业文化的影响。

在上面三个要素的选择过程是一个管理层的决策过程，市场经营定位、功能定位和风格定位三要素相互影响、相互牵制。市场定位决定功能定位，但同时风格定位会影响市场和功能定位。三要素的确立是个决策过程，也是个非结构化的决策过程。三个要素是由酒店企业自己决定，但地域的影响不可忽视。在我国酒店的经营和当地的政府政策有明显的关系，酒店的规划和设计要符合当地政府的发展规划，这个需要管理层在上面的三要素决策过程中也要考虑的因素。

在确定了酒店主体市场、功能、风格定位后，酒店的工程系统确定就有了明确的方向，选择合适自身酒店经营的工程设备是最理想的。这里一定要克服工程系统自己规划选择的怪圈，要和酒店的主流经营理念结合、要和酒店客源需求结合、要和营销部门结合、要和前台服务结合。在这个前提下的酒店工程规划设计一定有生命力，是最佳的技术方案。

第五节　酒店规划设计和实施的标准

酒店规划和设计是科学和艺术结合的过程，是市场和经营融合的结晶。在酒店企业高层决定规划和设计方案后，酒店的建造和改造过程是执行设计方案的过程，在设计方案中，一直会应用和执行相关技术标准。许多酒店企业（集团）为了更好地发展，制定了适合自身发展的执行标准，这些标准是科学的总结，是经验的积累，是酒店企业经营和管理的宝贵财富。有些集团会根据区域的状况，制定适合区域经济、人文、环境等要素的酒店策划和规划标准。酒店集团把这些标准作为新酒店设计、建造或改造时的执行标准，或将已有酒店转换为自己集团经营的标准。这些集团的规划设计标准往往会超过国家制定的酒店星级标准，此类酒店集团会把这些增加的内容可补充或者附加要求。下面通过酒店具体的规划和一些设计方案来加以说明。

一、 酒店经营面积的配比与规划

酒店的经营目标、类型、等级和功能等的不同,使酒店的各个功能项目的面积实际使用会有不同比例,但总体上是客房面积占酒店总体面积为较大比例。公共面积随等级的降低而减少,反之而增多。如经济型酒店的客房面积占酒店面积的80% ~90%,中等档次的酒店的客房面积占酒店面积60% ~70%,高档酒店的客房面积占酒店面积50% ~60%。不同类型的酒店,其各个功能项目的面积指标也有所不同,如会议型、旅游度假型、娱乐型酒店的面积比例会有所不同。在酒店的经营项目中,餐饮、客房收入的比例也影响着经营面积的比例,例如:某些酒店集团客房收入约占总收入的1/2,餐饮、娱乐、康体等项目约占1/2;有些酒店的客房收入占总收入的1/3,餐饮占1/3,娱乐和其他占1/3。表9-1是某地区酒店功能项目比率,供参考。

表9-1 酒店功能项目面积占总面积比

类型	客房面积比/%	公共经营区面积比/%	其他(功能)设施面积比/%
会议型酒店	44	22	34
娱乐型酒店	45	25	30
度假型酒店	45	25	30
综合型酒店	62	14	24

新的国家标准对酒店客房的面积指标有相应的评定标准,即70%的客房的净面积不小于36平方米、30平方米、24平方米、20平方米、16平方米、14平方米,分别为16,12,8,6,4,2分。其净面积指标越大得分越高。

酒店主要是为宾客提供住宿服务的,因此不管是什么类型和档次的酒店,客房一般是经营主体。从经营和管理成本的角度上认为(经验),酒店的客房数量在200~300间时,人力资源的配置比较容易调配。当然每个酒店的客房数,不一定由管理层完全决定的,因为客房数会受到建筑等因数的牵制(特别是改造项目)。如果以300间客房会议型为例,平均每间房净面积35平方米计算,需要约10 500平方米,公共经营区面积和其他设施、设备等占用面积约为客房总面积相同比例,即总面积的50%,约为10 000平方米,这样就形成了1∶1的比例关系。如果按照这个比例关系,酒店的管理者的经营压力会很大,这种比例关系一般是较高等级酒店采用的。经济酒店的比例一定会远远低于这个比例,这个也是经济型酒店成本控制的途径。酒店客房面积和综合面积指标的制约因素很多,因此在设计与策划中要综合考虑。在我国设计时,一般参考国家标准《旅游饭店星级的划分及评定》(GB/T 14308—2010)。

二、酒店大堂的面积和功能规划

1.酒店大堂面积的规划

酒店的大堂规划和设计是酒店规划中浓重的一笔。酒店大堂的设计风格是体现该酒店的经营管理的理念、市场的定位、客源的类型等要素。酒店大堂总面积依据酒店的类型、规模、档次影响而定。大堂面积通常用单项综合面积指标来衡量,即大堂面积与客房间数比。酒店规模越大,档次越高,其总面积越大,且单项综合面积指标就越高。各酒店应根据自身情况酌情配置功能区域的面积。我国的大堂面积选定可以可参见国家标准《旅游饭店星级的划分与评定》和《设施设备及服务项目评分》中有关对大堂的评分标准。规划时应根据自身的实际情况选择合理的单项综合面积指标,不必刻意追求宽大,大堂面积大有气派,但今后经营的能源费用也很昂贵。表9-2是国外不同类型酒店大堂单项综合面积的指标参数,供大家参考。从上面的标准看,这个面积指标远低于我国的标准。大堂从接待型向功能性转变是发展的新趋势。

表9-2　国外不同类型酒店大堂单项综合面积指标

酒店类型	大堂面积(平方米/客房间数)
城市商务型	1.1~1.2
旅游度假型	1.1~1.2
会议型、商务型	1.2~1.4
汽车和经济型	0.8~0.9

2.酒店大堂总服务台规划

每个酒店的大堂的总服务台是根据自身的酒店类型和客源情况而选定面积的。酒店大堂内各个功能区域面积没有固定的标准。酒店总服务台包括接待服务、信息查询、收银结算、外币兑换、物品保管等工作内容。有站式和坐式两种,无论采用哪种方式,其空间尺度必须以方便宾客和服务、以宾客和服务人员之间的交流为前提。国家标准《旅游饭店星级的划分与评定》对总服务台的空间尺度规定是"有与饭店规模、星级相适应的服务台",虽然没有明确具体的空间尺度,但还是有一定的参考依据可循的。总服务台与酒店登记和规模有关,应与酒店客房间数成比例关系。表9-3和表9-4是总服务台相关空间尺度的数据,可供规划时参考之用。总体上这些标准有点偏大,随着时代发展和数字化技术推广,大堂的自助入住等应用的普及,大堂总台的面积标准会变化,在规划时,一定以发展和创新为前提,提升客人体验为最终目标。

表9-3　酒店建筑设计规范中有关总服务台长度的参数表

四、五星级总服务台长度	三星级以下总服务台长度	酒店客房超过500间
0.04米/间客房数	0.03米/间客房数	其超过部分按0.02米/间

表9-4　设计公司有关总服务台区域空间尺寸的参数表

客房间数(set)	总服务台长度(米)	总服务台区域面积(平方米)
50	3.0	5.5
100	4.5	9.5
200	7.5	18.5
400	10.5	30.5

上面的面积是站立时服务台的面积选定,站式服务台的柜台结构尺寸由三部分组成,即宾客登记、工作服务书写、设备的摆放。宾客登记高度尺寸常规在1.05~1.10米,宽度尺寸为

0.4～0.6米。工作服务书写高度尺寸常规在0.9米，宽度尺寸为不小于0.3米。设备安置尺寸应根据设备实际情况、安装盒操作方式来决定。总之，服务台的规划设计要满足使用要求，操作方便，最好符合人体工程学的要求。

现在越来越多酒店采用坐式服务台。坐式服务台除具备站式服务台的功能外，同时要增加宾客在办理手续时的座椅，并留有一定的面积区域与方便宾客行动，因此其占用面积要大些。总服务台通常设置在大堂醒目、视线较好的位置上，造成整个大堂的视觉畅通以便宾客的识别。从大门到总服务台的距离应小于到电梯厅的距离，总服务台的功能设置应按照接待、咨询、登记、收银、外币兑换等工作流程排序，总服务台的设备设施（电话、计算机终端、打印机、扫描仪、磁卡机、验钞机、信用卡授权机、资料抽屉和资料柜等）要满足工作的需要和使用方便、合理、尽量减少不必要的操作流程，提高工作效率，降低工作强度。

随着数字技术和电子商务的发展，大堂的面积也有所变化，这是因为电子商务使得酒店的预订、登记、收银等服务功能在网上可以部分或全部完成。由此酒店大堂的总服务台的面积可以下降，宾客可以在网上预先进行办理登记或在到酒店的路上，办理登记手续，也可以在客房办理结账，有的酒店在大堂设置自主登记系统（图9-4），如此种种都使得宾客住店便捷，酒店的信息登记的渠道发生变化，这样使得酒店大堂的总服务台压力下降，带来结果使总服务台的面积下降和功能需求转移。

图9-4　酒店在大堂配置的宾客自助入住系统

3. 酒店大堂其他区域面积规划

(1)酒店的门厅

酒店大门是宾客进入酒店的主入口,也是酒店与外界的分隔界定。大门的尺度要能保障一定数量人员的正常通行,并与整个酒店建筑空间保持协调合理的比例关系和视觉关系。大门通常有三种形式,即平开手推门、红外线自动感应门、自动旋转门。

手推门和红外线自动感应门的开启宽度必须保证双手携带行李以及行李车能正常通过。单人通过尺寸应大于1.3米,侧门宽度为1.0~1.8米。为了降低空调能耗,可采用双道门的组合形式,双道门的门厅深度要保证门扇开启后不影响宾客行走和残疾人轮椅正常行驶,门扇开启后应留有不小于1.2米的轮椅通行正常距离,通常深度不小于2.44米。旋转门的规格很多,不同厂家的规格不尽相同,要考虑旋转门与建筑的整体协调和大堂空间的大小,空间过小不宜设置旋转门。

(2)酒店前台的礼宾部

高星级酒店在总台设置礼宾部,礼宾服务是高星级酒店设置的功能性服务台,一般包括礼宾台、行李车、雨伞储存架、行李寄存间等。礼宾台区域占6~10平方米,行李寄存间以酒店每间客房0.05~0.06平方米计算。礼宾服务是酒店接待宾客的第一环节。礼宾台设置在大门内侧边,便于及时提供服务、行李寄存、雨伞储存架等,行李寄存室通常设置在礼宾台附近区域。

贵重物品保管室是酒店在大堂设置的又一功能性的区域,贵重物品保管隶属于大堂总服务台,保管室面积和设施设备的配置根据酒店客房的数量来确定,国家标准规定了三星级以上酒店必须设置贵重物品保管室,并对数量,规格有量化的规定。可以参见《旅游饭店星级的划分与评定》与《设施设备及服务项目评分》。通常贵重物品保管室面积按保管箱数量×0.3平方米计算。贵重物品保管室应设置在总服务台旁边的隐蔽位置,避免设在大堂流动人员能直视的范围中。贵重物品保管室分设两个门,分别用于工作人员和宾客进入。

(3)宾客休息区

是为宾客提供休息的区域,由沙发、茶几、台灯、植物等组成。宾客休息区起着疏导、调节大堂人流的作用,其面积约占大堂面积8%。宾客休息区可分为若干组,分别设于不同位置,每组面积占10~15平方米不等。

宾客休息区通常设置在不受干扰的区域。不宜太靠近总服务台和大堂副经理的区域,这样可以保证一定的隐私性。从经营角度考虑可将休息区靠近酒吧、咖啡厅等商业经营区域,引导宾客消费。

(4)酒店电梯门厅

酒店的电梯门厅的面积大小对宾客的活动影响很大,国家《民用建筑设计通则》规定单侧排列的电梯不超过4部,双侧排列不超过8部,电梯厅的深度尺寸要符合相关规定。残疾人(坐轮椅)可使用的电梯厅深度不小于1.5米。

根据各酒店的建筑空间形式不同以及不同电梯数量的不同,电梯厅的排列形式有多种。若电梯数量不超过4部,可采用并列布局形式,若超过4部可采用巷道形式排列。电梯厅的空间尺度要符合相关国家规定电梯厅尽量设置在大门到总服务台延伸线的区域位置上,这样符合人的活动流向心理,同时减少宾客往返的距离。电梯到总服务台和大门之间应无台阶等障

碍物，电梯厅不能与大堂的主要人流通道公用和交叉。图9-5为高星级酒店电梯门厅设计图。

图9-5　酒店电梯门厅规划图

员工通道和员工电梯厅的入口应设置在建筑物的边侧或后面和地下室，不能与宾客通道和流线发生任何交叉和冲突。我国的《旅游饭店星级的划分与评定》（GB/T 14308—2010）中，对酒店电梯有具体的标准，可查阅该标准。

三、酒店外围环境的规划

1.酒店外围环境规划设计要素

酒店主建筑周围的场地的设计，应与当地的环境、条件相结合。一般会要考虑下面的要素。

规划一条通往酒店的直通道，给宾客留下积极主动的第一印象。具体可通过以下几个方面来体现这种"印象感"，如提供车辆通道、人行道、外部照明、迷人的景观、良好的硬件设施、方向指示牌、酒店标志，以及其他建筑和水景。独立的宾客抵达通道，最好与停车场区域、车辆服务通道分隔开。酒店服务区和服务入口，应远离客用通道和入口。停车区、服务区不可直接出现在酒店客房、用餐区、天台等区域的视线范围内。同样，抵达通道和酒店入口处，最好不可直接看到仪器设备等。通过舒适的环境，明亮的停车场和人行通道，开阔的景观视野，清晰的方向指示牌等，给宾客营造舒适安全感。

提供车行通道和人行通道，可直接通往酒店前门。从前门到泊车点的距离，最远不要太远。根据酒店设施规划，为宾客提供舒适的自行泊车（和/或代客泊车），以及功能区和其他公共设施。停车区最小为2.75米×5.5米，带有一条7.5米宽的过道，或按照当地规范。考虑到宾客的安全，停车区需提供开阔的视野，玻璃幕墙楼梯，充足的照明，并在关键位置安装摄像机。提供员工停车区，最好设在员工通道附近。从员工停车区到酒店员工入口，提供一条安全的、照明良好的通道。

2.酒店景观规划设计要素

对于高星级酒店和条件允许的酒店，由景观设计师需制定一个综合外围景观计划，该计划应具有视觉吸引力，并富有一年四季的景观特色。所有景观区应含有足够规模和数量的植物原料,尽量减少裸露面积,植物原料种在相同气候的区域,尽量减少维修。有些酒店可以采用外包服务模式。对于新建酒店,植物成活率是一个重要指标,要保证一年后的成活率。根据当地气候条件的需要,在景观区提供自动灌溉系统。隐藏灌溉设备,以使不出现在宾客视野范围内。

四、酒店暖气、通风和空调系统规划设计要素

1. 总体要求

首选的暖气、通风和空调设备,应符合当地的技术规范和要求,要符合当地的环保规定和规范。其次空调机组设计要符合本酒店企业(集团)制定的隔音标准,使酒店能提供舒适的宾客休息环境。再次为达到控制室内空气质量的目的,空调机组采用双层壁结构,以防止隔音层或保温层暴露在气流中。空调机组和风机管盘的内部,应便于日常维修和清洁。管道为双重壁结构,带有日常清洁通道,使用冷凝排水盘进行排水,防止积水。在一些公共区和后勤区,可选用带调速风扇的水源热泵,但需特别注意控制系统和隔音效果问题。

酒店对制冷水系统可以采用离心式冷冻机。冷冻机的规格应能承受部分负荷时的功效。要求至少含有两台并联的冷冻机。如使用两台冷冻机,选择每处的最高负荷为65%。在项目设计中如需使用三台冷冻机,根据冷冻机大小所计算的20%、40%和60%的荷载量,提供弹性富余量。过大的冷冻器和联合泵没有弹性设计和部分荷载操作,会导致运行费用过高,同时维护和维修的费用也会很高,并且会引起空间布置的不合理。

如果酒店采用排风式冷却塔排散冷凝水热量。冷却塔的位置,应考虑其对附近区域的噪音影响和换气问题。冷却塔最好使用不锈钢或玻璃纤维。初级制冷水系统的抽水循环,通过每个运行的冷却机提供连续水流。所有负荷由双路控制阀控制,并连接到变流回路圈。设计工程师必须特别注意控制承包商如何说明和执行冷冻水控制阀的比例位置运算法。在极冷气候,可能需要在大型窗边采用踢脚板加热。与室内设计师协调相关的位置、外观和外围护。如果酒店层高很高,在使用暖气的季节,对建筑渗漏方面的考虑极为重要,因为这关系到舒适性和耗能问题。由于室内的热空气较轻引起的"烟囱效应",而导致大量空气从建筑上层流走。"烟囱效应"造成楼层底部的负压,使得外部冷空气流入。在门口、装卸台及其他易使冷空气流入的开口和节气阀附近,会引起不适。为减轻这种不利的情况,电梯房应采用空调而不是通风设备。

酒店对冷冻水、冷凝水、蒸汽热水系统应作化学处理,包括自动检测和化学剂量处理。空气过滤器的规格为中等效率,首次安装的时候,提供一个完整的过滤替换装置。

2. 酒店暖气、通风和空调系统客房区域规划

高星级酒店在客房区一般采用四管风机盘管,水平装置隐藏在入口或卫生间的天花,或外墙处的垂直风机盘管。在冬季较温暖的地方,可考虑采用电加热的双管冷却。当使用电加热时,需考虑客房加热率和热载荷以计算容量。在《旅游饭店星级的划分与评定》(GB/T 14308—2010)中,对酒店的空调系统有具体的标准,可查阅该标准参照执行。

客房水平吊顶的通风盘管装置(FCU = fan coil unit)向客房单元供给冷暖空气,调节其客房的温湿度。风机盘管有多挡变速和一个停止位。不允许出现明显的震动和水的噪音。当机器关闭时,调节阀(风机盘管和空调机组)必须关闭。由调节阀来调整舒适度。热水循环的差压

控制与冷水循环的相似。然而,对于冬季时间较短且不是很冷的地方来说,可考虑采用三路调节阀的平恒流系统。热水温度根据外部温度来调节控制。客房卫生间的排气系统为统一系统,不允许使用单独的卫生间排气扇,排风管由薄金属制成。干墙管道井和管槽不允许用作补充物。使用中央风扇比使用立管管道井好。每个卫生间的设计排风量(立方米/分钟)应大于每小时六次换气,每分钟换气量为 1 立方米,但不低于每分钟 14 立方米。风扇大小能允许 10% 的管道泄漏。防止相邻卫生间通过管道传递噪音。

3. 酒店暖气、通风和空调系统公共区域规划

酒店每个公共空间(包括大型功能房的局部空间),至少设置独立的温度控制器。当一个空调机组要供应不止一个空间或房间,推荐采用变风量空调系统(Variable Air Volume System, VAV)初级空调机组,该处理器含有压力独立的终端设备。VAV 终端能根据温度关闭到零流量,以防止过度冷却空置房。

在外部温度区和公共区,保持良好的空气流通极为重要——如功能区和餐厅——需提供以风机供电的 VAV 终端。在需要空气流通的公共区,建议采用以风机供电的 VAV 终端。

对于客流量易变化的大型空间(如宴会厅和展厅),为满足其最小通风要求,应对回流气体的质量进行检测,避免由于最小通风要求所引起的空间局部低温。在建筑附近的 VAV 终端,若热负荷量适中,可通过热线圈供热。这些装置根据所减少的冷负荷量,进而关闭空气供给。当空间温度超过了自动调温器的界线而到了加热一边时,打开供暖(大约 30%)以提升温度。如果自动调温器的加热部分到了节流范围,通过调节热水再热盘管的调节阀或循环电再热盘管来达到温度控制。在这种情况下,建议采用控制质量感应器进行再加热。对于室内泳池和 SPA 区,湿度控制是一个难点,空调机组的特殊防潮考虑尤为重要。泳池设备房可以采用不锈钢管道排风管。

在条件允许的情况下,空调机组的设计要含有空气节能器。在特定气候条件下,客房区和其他盘管装置服务区应考虑采用冷凝水"自动降温"系统设计,该设计利用板框式换热器,以满足新风节能器不能处理的冷却负荷。

五、酒店给排水系统规划设计要素

酒店所在当地供水的可靠性和质量,将决定酒店饮用水系统的规划和对系统的投入成本。一般酒店应该规划储水系统,以提供特殊时期或需要进行消防时使用,备用水箱设计要符合用水标准。

洗涤水和洗涤用具应进行软化处理,如果需要还应进行现场净化和过滤处理,以保障酒店为宾客洗衣的需求和洗衣的质量。洗衣房供水系统应从主建筑系统中独立出来,当洗衣机填充循环时可防止压力波。考虑给洗衣房安装一个储存填充系统。同样,将洗衣房水处理系统及再循环系统结合起来,或最低限度,将冲洗水再利用和热回收结合起来。

酒店的热水器为直接式燃气或蒸汽设计,或换热器和储罐设计。使用末端的温度要求控制如下:

洗衣房 $T \leqslant 70$ ℃,　　餐饮区和厨房 $T \leqslant 60$ ℃,

客房区域 $T \leqslant 46$ ℃,　其他区域 $T \leqslant 50$ ℃。

整个客房楼层的配水管道,应从建筑结构中独立出来,以防止振动和噪声传播。所有沐浴间的管道应有弹性橡皮管保护,并装在横管附近。所有沐浴的地方,如客房、员工更衣室、健身

中心等,要求采用压力或温度补充混合阀。

可以采用中水处理。储存雨水,可用于冲洗厕所、防火系统、冷却塔或景观区绿化的灌溉,以节约用水,降低成本。这个也是绿色饭店建设的项目之一。

六、酒店电力系统规划设计要素

酒店电力系统的规划设计除了执行电力相关技术标准外,还需要注意供电的技术标准,所有停电、限电规则,缺相的频率和时间、电费规定(分时段计费规则)等。供电和配电系统的设计应基于可靠性考虑。提供两路进线,每路均能够满足满负荷的要求。如果可能的话,应从不同的区域进线。提供自动断路器,当线路缺损时可自动切断电流。确保一个分支电路或线路负荷的故障跳闸保护,只对该线路起作用。对于潮湿环境下的线路负荷,需在电路上配有接地保护。

酒店不允许使用铝合金作为导线,在会议室、主宴会厅、展厅,根据电压电流大小配置电源插座,以满足使用要求。另外,需配备临时电源以备特殊使用足够功率。

酒店每间客房,应该配置多功能插座以供灯具和小家电的使用,如咖啡机、吹风机、熨斗、茶点机、电视、时钟收音机,以及宾客的笔记本电脑和其他设备。与室内设计师协调电源插座的位置,需符合隐藏规范,并满足适配器和延长线的需要。提供便捷插座,以便宾客使用熨斗和酒店进行客房打扫工作的需求。随着移动通信(手机)、笔记本电脑和平板电脑的普及,酒店规划客房时应该考虑采用多功能插孔(图 9-6),这个所谓强弱电一体的插座,成为酒店在客房为宾客提供必需的功能性插座,该类型插座还包含了 USB、视音频等插孔。

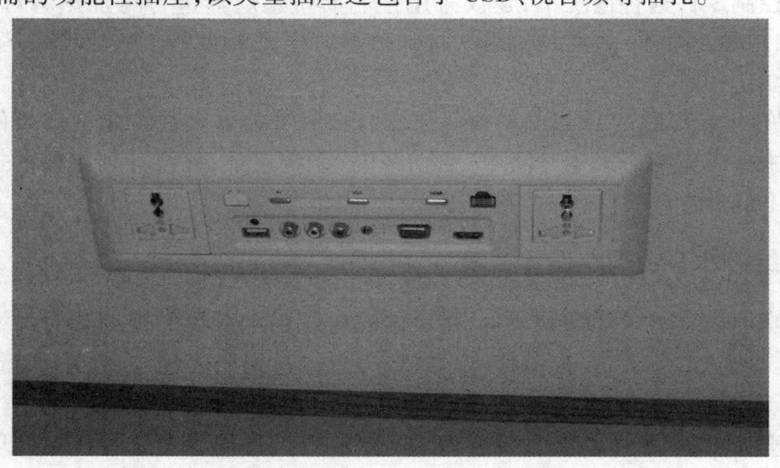

图 9-6 酒店客房内使用的多功能混合插座

行政办公室和公共区,配有个人电脑设备、复印一体机等。带中性导线(接地)配电盘及其连接线,采用较高规格电气产品。

高星级酒店根据相关标准需要配置应急发电机组,是否配置要考虑酒店的档次、所在的区域,最终由管理层决策是否配置发电机组。当供电不能正常供电时,柴油应急发电机会自动启动,并通过自动转换开关输出紧急电。应急发电机的启动时间应少于 10 秒钟。燃料存放在地上储罐,其燃料管道的终端处应便于货车通行。燃料储存能力主要由以下因素决定:燃料储运损耗记录,规范要求,临界荷载——通常在满负荷状态下,运行最低限度为 48 小时。发电机的

位置应考虑到噪声、振动、废气、余热排出等影响。发电机的功率大小,应满足在紧急情况下能提供安全疏散。以下设备和设施的临界负荷需满足规范,安全性,生命安全,损失预防,维持酒店主要运作等要求,并连接到应急发电机上。

◇ 逃生走廊应急照明;

◇ 出口标示、出口楼梯间照明;

◇ 应急发电机和主开关设备室照明;

◇ 数据中心的照明、插座、空调;

◇ 不间断供电系统、不间断电源室的照明和通风装置;

◇ 消防报警系统,监控系统;

◇ 消防监控指挥中心和警报灯;

◇ 排烟系统、出口楼梯增压系统;

◇ 紧急语音通信系统(PABX)等。

七、酒店智能消防系统规划设计要素

酒店智能消防报警系统的规划应该严格按照国家制定的消防技术标准进行设计,该系统交由专业公司设计,当地消防部门审批后执行。除这些要求外,在规划时还应该根据酒店行业的特点,注意以下几个要素:

◇ 除酒店机房外,如程控机房 PABX 等。所有内部和外部区域均需配有自动喷水灭火系统。

◇ 自动喷水灭火系统,连接着带有防回流装置的两个独立水管结合配件。当城市供水不足时,需提供第二次现场供水。

◇ 自动喷水灭火系统的区域,客房提供自动喷水灭火系统,所有热油炸锅附近都必须配置手提式灭火器。

◇ 消防报警系统需要提供最先进的"点寻址"火警探测器、警报器和控制系统,并连接到消防指挥室的防火控制综合面板上。消防控制室通常定位在酒店前门或接待区,需要与当地消防部门确认。

◇ 酒店消防中心的控制面板提供必要的通讯和控制功能,以便当地消防队监测和控制系统,并指挥疏散。控制面板的功能要求,报警扩音器和扬声器系统,可在任意组合区(或全区)播放现场指示或预先录制好的指示;电梯状态指示器,能够监测和控制电梯;监测器可监测应急发电机和消防泵的运行状态;厨房排风罩灭火系统的报警信号的控制。

八、酒店电梯规划设计要素

酒店的电梯规划应该与专业电梯公司(包括设计院)合作,规划时要对酒店高层客房、多重公共区和其他特殊区域进行统一规划设计。根据相关国家建设部和《旅游饭店星级的划分与评定》(GB/T 14308—2010)标准,高星级酒店客用电梯的等候电时间应≤30 s;低星级电梯候电时间应≤40 s;电梯启动、停止应无明显超重、失重感;电梯桥厢内配置,监控、对外联系对讲机或电话、照明良好。酒店的电梯配置要求:

高星级酒店 70 间客房配置电梯数≥1 台客梯

或低星级酒店 100 间客房配置电梯数 ≥1 台客梯

客梯还要求停层良好；酒店消防电梯性能良好；酒店全年电梯大故障（事件）控制为0。得知电梯故障和关人事件发生，到放出客人时间应≤15分钟。

客梯的装潢建议如下：

轿厢地面：采用硬质表面，如天然石材或瓷砖，也可采用地毯一直延伸到电梯厅。翻新时需审核电梯室重量、地板弯曲极限等，以确定选择何种地板刷油。

轿厢墙基：采用木材或天然石材，与地板饰面相匹配。

轿厢墙：配有木镶板、镜面、金属板以及其他类似的耐用材料。不采用乙烯基墙。至少需在电梯后面一侧配备扶手。

轿厢天花：采用木板、镜面或金属板，配备低电压吊灯，具体由室内设计师设计。

轿厢操作面板：建议在每个电梯厢内配备两个控制面板（在门的两侧），以及其他重要配件（包括紧急停止、紧急呼叫、开门按键、关门按键）、服务台、电话、楼层显示器和必要的文字说明。表层材质遵循室内设计理念，采用不锈钢或青铜，并与电梯厢门面材质相匹配。

轿厢其他附加功能：应急功能（如消防服务、应急照明和应急电源等），读卡器，以限制其他人进入客房楼层，"免提"应急电话等。

九、酒店音视频系统规划设计要素

酒店音视频系统包括有线电视（视频系统）、音响系统、功能区音视频系统等。根据酒店格局可以配备一间音频控制室。为宴会厅、大型功能厅、扩音器、混频器、前端设备服务，控制室内需配备机架式扩音装置。音频控制室内配有空调，采用自动温控装置。室温一般保持在20～25 ℃。

在酒店音视频末端要确保每个功能厅、宴会厅、音频控制室至少配备一个高速网络端口。除客房楼层外，在所有公共区（包括室内和室外）、客梯处，提供高质量的背景音乐。后勤区仅在员工餐厅提供背景音乐。配备一个监测系统，以监测每个播放源和每个连接区。酒店一般最多配置6个背景音乐频道。背景音乐源设备设在公共区。为餐饮场所的背景音乐源设备和前景音乐源设备。在酒店部分区域提供缓冲带（无扬声器）。如，在餐饮入口外侧提供缓冲带，以防止背景音乐干扰。同样的，需在公共电话及其他背景音乐易造成干扰的地方，提供缓冲带。提供背景和前景音乐源，以及备份源。信号源可来自FM，或从电话、收音机、卫星节目中读取。

除对音质有较高要求的场所，如宴会厅或超过100平方米的会议室，其他场所均提供直接音频输出的双向扬声器，安装在天花板上。扬声器的具体位置和外观，需和建筑师、室内设计师协调，并考虑适当的视线遮挡。室外扬声器（如位于泳池露台、过道处的扬声器）需具有防水功能，隐藏扬声器的接线。功能厅处的扬声器，其型号、密度、位置的设计应遵循如下原则：当音源音源4 kHz时，1.2 mAFF处测得的音量为90分贝，音量的波动幅度不超过4分贝；使用专用前景音乐系统的场所，其扬声器的型号、密度、位置的设计，应遵循整个空间的声音保持一致性的原则。并满足，当音源4 kHz时，1.2 mAFF处测得的音量拨动幅度不超过3分贝。每个宴会厅至少配备：音频控制室、平装壁式插座、语音（电话）端口、RJ45、数据端口、扬声器端口、视频端口、有线电视端口、麦克风端口等。

酒店在每个隔断空间均提供独立的音量控制。私人包间同样提供独立的音量控制。公共区的设置需满足如下条件：功能厅外部空间（如或宴会接待区走廊）配有独立音量控制，并能与

相邻会议室的扬声器相连接。会议厅和宴会厅的音量控制采用遥控控制。除大型功能厅外，所有的音量控制均设在相邻的服务区或音频控制室内。如有特殊要求，要求音量控制必须设在公共区内，则需提供钥匙开关或可选设备，以限制非工作人员使用。公共休息室的音量控制，设在音频控制室。餐饮场所和员工餐厅可使用直接音量控制。

酒店会议室至少配备：小型音频控制台，也可以采用控电板式内置壁式插座、含连接器的音频连接线、有线电视端口、麦克风端口、多模光纤端口、扬声器端口、数据端口 RJ45、每个便携式助听系统的面板均配有一个输出，以及连接设备所必要的适配器电缆。每个会议室和分间提供音量控制，采用线路电平输入。音乐源可选择背景音乐，也可选择专业面板信号输入。为防止其他人随意调节音量，可将音量控制设在相邻的服务区或功能厅的厅门内。

十、酒店计算机和电信系统规划设计要素

酒店管理信息系统是现代酒店经营管理的信息基础，酒店管理信息系统（HMIS）包括预订、接待、问询、房务、收银、夜审等模块。接口模块包括酒店门禁系统（磁卡门锁）、公安住宿登记信息管理系统。

酒店信息技术部门（IT ）应该提供 IT 矩阵，IT 矩阵描述了预测系统用户和设备类型。此矩阵还阐述了关于设备的定位和电源要求。酒店同时按标准安装广域网（WAN），设备的安装，管理，维修等方面和 IT 企业建有良好的战略合作伙伴关系。服务器提供商由酒店 IT 指定，需遵循 WAN 的相关要求。

酒店电信系统要求包含语音信箱、电话自动计费系统等。在需要经常与客户联系的服务区，如前台、餐厅等处，提供客户姓名来电显示的控制台。这些显示台，推荐像内线电话一样，可与接线员直接联系。整个酒店配有电信电缆，包括客房、行政区和会议室。

十一、酒店视频监控系统规划要素

酒店必须配有 24 小时连续监控的安全摄像系统，该系统有时间间隔记录功能。视频监控系统配有彩色摄像机和监控机，具有摇镜、倾斜、变焦功能。某些摄像头还需适合在暗光环境下使用，如卸货平台和停车场等场所。某些特定的摄像图像传输由移动传感器控制，如停车场入口前厅处。

酒店视频系统要与室内设计师协调屋顶摄像头处的安装设计，在以下区域设立视频监控摄像机，消防出口门与其他不经常使用的门、卸装平台、员工出入口、总台登记台、公共电梯厅、出纳处（现金箱）、停车场入口处前厅、客用保险箱（仅在箱子处）、数据中心、自动扶梯等。

十二、酒店安全系统规划设计要素

酒店的地理位置和布局，对于酒店安全系统的选择起着至关重要的作用。安保系统要配置；提供安全警报系统，由训练有素的酒店员工 24 小时进行监控；至少在以下场所设置无声报警开关：总出收银、人力资源办公室、远离大堂的礼宾部台、财务部等，其他区域还有，消防出口门与其他一些不经常使用的户外门，需装有接触式警报器，按压释放后，启动消防报警系统报警铃响 30 秒。

十三、酒店客房电子门锁系统需求要素

酒店客房和相关部位配置电子门锁系统，符合集团和当地公安机关的要求和标准。电子

锁系统包括以下部件:读卡器磁锁、基于 PC 系统的计算机硬件、基于 Windows 操作系统和相关管理软件,可连接酒店计算机管理系统(PMS)、刷卡机、可重复使用的磁卡钥匙、工作站连接器套件和电缆、调制解调器的远程系统、该系统门锁采用电池供电,门锁装置读写口,且配有记录功能等。锁具必须能安装到各式门上面,并符合室内设计相关规范。酒店磁卡门锁系统至少有以下几种门卡,便于管理。

客房、管家楼层门卡、管家总门卡、读写卡、楼层区域卡、清洁卡等。

除客房外以下区域要求提供电子卡钥匙,客房、会议室、宴会厅、董事会会议室、俱乐部吧、健身中心、商务中心、客用次通道门、总出纳办公室、会计室、数据中心(计算机中心)、酒类仓库等。

十四、酒店标准客房规划设计要素

酒店(集团)对客房最小净面积确定为 36 ~ 38 平方米。《旅游饭店星级的划分与评定》(GB/T 14308—2010)中,对不同星级要求不同,得分也不一样,可以参照执行。

◇ 豪华大床房的内部尺寸,最小为宽 4.0 米,长 5.5 米。

◇ 双人房起居室的净居住面积,最小内围是宽 4.0 米,长 5.6 米。

◇ 壁橱最小尺寸为 1.2 米宽,0.6 米深。

◇ 客房大门和连接门采用染色实心木,表面和底部外贴胶合板,宽 0.9 米,高 2.1 米,厚 45 毫米。门框是一个整体,采用空心金属钢。

◇ 客房大门主锁系统为电子门卡,带有最小 75 毫米的死锁,以及距大门边缘至少 25 毫米的锁定插销。

◇ 客房阳台和天井门采用摆动式或移动式玻璃门,为增加安全性滑槽需装在内侧,二楼通向外侧的移门必须装有辅助锁和安全锁。

◇ 所有客房使用的材料必须进行内阻燃,以符合火势和烟雾传播标准。

◇ 客房地面地毯垫,地毯安装方法是圆周钉带拉伸垫。宽 4 米或更小的客房,采用无接缝式安装。合成地毯,剪切/非剪切结构,每平方米至少 1 355 克总堆高重量,80/20 的羊毛/尼龙组成,最小堆高 7.5 毫米。地毯采用染色处理。除遇到可降解尼龙液体,如电池酸,地毯应保证 10 年内不掉色,不会由于光照而出现色差,并保持 90% 的堆高纤维。100% 合成纤维,每平米 1 693 克,8 毫米厚。禁止使用泡沫填充。

◇ 窗口设置:帷帐、百叶窗。这两种处理方法由带衬里的装饰布料以及窗扉窗帘构成。帷帐长度是衬里全长的 200%,由棒控制(非滑轮控制),包括重量下摆。

◇ 家具:器具和设备必须符合商务等级的质量和舒适度,客房要配备:家具、灯具。具体包括:床头灯、框架和踏板、床设置(空气垫和弹簧床垫)、床头几、镜子、抽屉柜、人体工学桌椅、沙发椅、桌灯、地灯、床头几灯、床侧墙灯、艺术品、窗口设置、墙、地毯,以及装饰灯具。

◇ 客房特殊材料需为工业级的防火板或防腐刨花板,涂有催化丙烯酸漆。特殊材料包括木家具,如床头板、踏板、梳妆台、床头几、桌子。硬木边缘带使用#1 级或更高级。水分含量不可超过 5%。

◇ 金属家具的金属部件处包括硬件和配件,有防腐涂层。

◇ 客房暖通:卧室过渡到浴室的墙上,设置便捷、显眼的远程自动调节器,为供暖、通风和空气调节(HVAC)系统服务,暖通空调格子面板的颜色,需与客房室内装修相融合,客房内

不允许出现任何外突的管道。

◇　客房电源、数据点：根据客房家具规划，提供电源、数据、通讯插座。根据客房家具图，设置相应的开关控制，应防止宾客看见电线。餐饮区位于所有客房的主酒店市场，配有 A86 类电源插座，或者从原有线电视的位置提供频率坐标分配器。通常在卧室过渡到浴室的墙上，为客房清洁服务员和熨烫服务员提供一个便捷出口。客房规划最好提供 2 条电话线插座，一个设置在床头边，另外一个设置在办公桌处，需要 2 条线路，以便宾客在接收邮件的同时可以打电话。提供高速网络，接入宽带连接以使无论有线或无线网络都可 100% 覆盖整个客房。办公桌处首选的数据插座为 A86 类模拟电话，1 个数据端口。电气盒最好安置在书桌表面。笔记本计算机的电源色在办公桌的“弹出式”插座或在台灯底部，以配合插件适配。

◇　客房使用组合灯具：大厅墙的烛台式灯、小聚焦光灯、夜灯、桌灯和地灯。最低灯光等级如下：

大厅照明：32 W + 筒灯或墙式烛台灯，105 Lux（勒克斯）

床头灯：32 W + 夜灯，320 Lux（勒克斯）

办公桌灯：32 W + 桌灯，530 Lux（勒克斯）

沙发椅灯光：32 W + 地灯，320 Lux（勒克斯）

如果壁橱的整体灯光没有达到最小 105 Lux（勒克斯），需设置独立的灯具。

十五、标准客房卫生间规划要素

酒店客房卫生间是服务非常重要区域，客房卫生间最小尺寸为 1.5 米 ×2 米，高度最低为 2.2 米。客房卫生间应配备：200 毫米的延伸水龙头，盥洗室，全套浴缸/淋浴装置，或特大型淋浴装置。卫生间门采用染色实心木，表面和底部外贴胶合板，宽 0.9 米，高 2.1 米，厚 45 毫米。门框采用整体焊 16 规格的空心金属钢。卫生间门靠紧急通道的内侧，装有机械按钮锁，一对平接铰链，消音器和门吸。卫生间装修质量最低等级：

地面：0.3 米 × 0.3 米的同系防滑瓷砖，或与大门门槛相配的天然石材瓷砖。

墙基：与地面相配的连续的瓷砖。

墙：环绕式浴缸或围栏式淋浴器，采用 0.3 米 ×0.3 米的同系瓷砖，或采用全高超过水泥支撑板的天然石材瓷砖。其他没有覆盖到瓷砖的墙表面，采用乙烯基涂层。

天花：石膏板，防潮半抛光处理。

镜子：装饰框架的镜子，安装在内墙处。

装饰烛台灯：镜子各侧安装烛台灯，安装在墙上或天花板上。

浴缸：至少长 1.5 米，底部防滑处理，采用铸铁。不可采用塑料、丙烯酸、玻璃纤维。浴缸和厕所构件，含有防溢孔、弹出式塞子。不可使用橡胶塞，厕所采用玻璃瓷或搪瓷铸铁。龙头设在中心 200 毫米处，由室内装修设计师决定。马桶为地装型，玻璃瓷材质。座椅有一个封闭的前板和盖子。无支撑依靠的情况下，座椅和盖子保持垂直。淋浴器喷头采用脉动型单头喷头，淋浴器控制采用单手压力平衡型混合阀，具有高流量并反烫伤功能。淋喷头为脉动类型，带有调节设置。当淋浴器偏离浴缸时，可手动调整淋浴杆。浴缸要求安装呈 45°角设置手扶杆（位置便于住客从浴缸站起），手扶杆长 600 毫米，最小承重 130 千克，包括推力/拉力。

厕所柜：最小深 550 毫米，宽 1.5 米，离地高 860 毫米。厕所柜下侧用天然石材支撑（不可选用塑料质地的厕所柜）。采用空停机坪或筋膜来遮掩管道，可选用天然石材或木材。

卫生间配件:1 条毛巾架,2 个浴缸/淋浴器处的香皂碟。

卫生间电器和照明:厕所柜上面至少安装一个接地保护双插座,卫生间里每个灯具均为UL 级,经标示认证。卫生间照明采用组合灯具,在镜子各侧使用筒灯和墙式烛台灯,或镜子装饰灯。以下为最小灯光等级:

总照明:CFL(32 W +)筒灯,320 Lux(勒克斯)

浴缸:CFL(32 W +)筒灯,105 Lux(勒克斯)

镜子: 530 Lux,从墙式烛台灯的 CFL(32 W +),或装饰灯。

十六、酒店餐厅规划设计要素

高星级或大型酒店应有一个 24 小时营业餐厅,自助餐的安排有时间段提供服务。餐厅座位区到厨房设有直接通道,除了开放式厨房区域,其他地方都设有视觉遮蔽或门廊来隔开座位区和厨房,从而有效避免直接看到厨房区。在客户可见区,选择与餐厅装饰相配的灯具和内装修。从厨房到自助展示区设有一条通道。餐厅入口设有领位员,并设少量座位作为等候区。根据酒店安全性要求和室内设计,在餐厅入口处设置安全围栏并设有独立的通到厨房的单页出口和入口大门,至少为 1 米宽。每个门上装有可视面板。基于餐厅的室内设计理念,餐厅墙面,地面,天花板饰面的选择,可根据外观和耐久性,选用高质量的材料,如天然石材、金属、木材、玻璃。使用地毯的地方,装有双面胶地毯衬垫。餐厅区域应设置自带的音响系统,配合室内设计,灯光采用新光源,餐厅区块照明等级最小为 210 Lux,现场装有调光系统,此系统带有多个预设场景功能。控制开关设在餐厅入口,不被宾客看见的隐蔽处,迎宾台装有电话和内设照明。

十七、酒店会议室规划要素

酒店根据自身需要规划会议室,一般会议室应不小于 46 平方米,或窄于 5.5 米宽。会议室设在酒店主通道上,并有到大堂的直接通道。如果可行的话,设置从酒店服务廊的直通道。会议室区块最好不出现内支柱,天花板最小高度为 3 米,其设计由会议室的大小和形状来确定,会议储藏室的位置离会议室越近越好,可从员工走道廊进入,而不是直接从会议室进入。

会议室应该与其他公共区块相配的饰面,如地面:地毯,成分为 80/20 的羊毛/尼龙,最小表面重量为 1 355 克/平方米,最小堆高 6 毫米,每 25 毫米有 9 排。装有双面胶垫、合成橡胶、橡胶复合结构,每平方米 1 690 克。最小重量取决于地毯结构。墙基:木材,或与地毯材料相配。不允许使用弹性或地毯墙基。墙面, 乙烯基墙面,或织物墙板。

提供宴会椅,带乙烯基面料的软座和靠背。隔断用于分隔会议室空间,并满足最小声音传播等级(STC)为 52。会议区各隔区之间,在移动隔板上方到结构下侧设置消音隔墙。通道门不允许开在隔断内;会议室外凹口处堆叠隔断。会议室不提供拼装柜和音响。便携式设备,如屏幕、讲台、投影仪,均由酒店提供而不是内置。每个会议室或会议室部分,设置独立的供暖、通风、空调控制。会议室被设定为无烟区。会议室室温(建议 21 ℃)应在会议开始前 30 分钟达到,并保持整个功能区块的室温。每个会议室或会议室区块安装 50 对电话连线。每个会议室的其中一个入口处安装壁式挂机,离地面饰面高 1.2 米,可接外线。灯光是会议室舒适性的一个主要因素。设置一组灯具组合,包括适合读写的荧光灯及制造柔和氛围的 LED。装饰灯可能由装饰墙灯、装饰天花板灯、建筑荧光灯组成。照明等级最小为 430 Lux,荧光灯不算在其

内。所有会议室提供4-场景的遥控开/关灯光控制系统。每个会议室、隔区、大型会议室提供遥控调光插座。所有白炽灯和荧光灯配有独立开关。大型会议室有单独开光控制贵宾桌。每个会议室或隔区提供线路输入音量控制。安置好控制系统，以免被随意更改。可定位在邻近服务区或功能室内的防脱栏。输入和控制，定位在会议室的前后墙，与案头灯的位置有关。会议室接线盒和 A/V 插座为壁挂式。根据酒店要求，整个宴会厅区域提供高速互联网宽带接入。

以上介绍了相关的标准，这些标准是根据相关法律、法规，国家技术工程标准和酒店企业行业规范而制定的。这些标准的制定和执行，一定要符合当地的情况，更要符合酒店企业自身的状况和发展趋势。在参考时，要灵活应用，不能硬套。

第六节 酒店规划设计创新探究

上面更多讨论的是酒店规划和设计中的规范、标准以及对此的执行。但任何一家酒店的规划、建造、经营都是科学和艺术的结晶。不管是星级高低、类型迥异、规模不同、区域差异等等，都是最高决策者在某一时期对酒店发展认识、体验和实践。酒店建造的风格是无声的音乐、立体的画、无言的诗。科学可以重复，艺术无法复制。杨振宁博士说："科学和艺术是一个铜板的两个面"。由此酒店的建造有执行标准的科学部分，又有无法复制的艺术成分。正因如此，下面讨论一下酒店规划和设计的"争论点"，有不同的意见才有创新，创新是酒店业一个永恒的主题。期待抛砖引玉，引起大家共鸣。

一、酒店规划设计与市场的重要关系

酒店的规划设计与市场经营有机地结合，具有十分重要的意义。因为酒店不是一个仅供欣赏的艺术品，也不是一个只为创造经济效益而存在的实体，酒店是多方面紧密结合的综合体，是现代社会文明发展的样板之一。在我国，酒店行业经过 40 多年的发展，国内的酒店设计师达到了较高的水平。但国内许多设计师在建筑的结构、装饰和美学方面考虑较多，而往往忽略了酒店的功能设计和市场定位，而这两方面恰恰正是酒店成功的关键所在。例如：各个营业部门之间的配置关系，合理的通道和必要的空间，比如酒店总服务台的位置、设置、长度必须与酒店的经营需要相配套，必须符合酒店正常的宾客流程走向。总服务台与大堂主入口、大堂副理、电梯、大堂吧、行李部以及宾客休息区的配置关系是否合理都直接影响酒店对宾客的服务。大型酒店的总服务台与结账台要分设，而小型酒店不独立设置结账台；外币兑换要接近结账台或靠在一起。这些细节如果设计不合理，都会给酒店的经营与管理造成不便。再比如酒店的餐厅与厨房，两区之间是否设有专用通道，距离的长短，都会直接影响餐厅经营。传菜通道过长，影响走菜速度，也不利于保持菜品所需的保度和保鲜；而通道太短，隔断过密，则会使厨房操作间的各种噪声和气味弥漫到宾客的用餐区，影响餐厅的正常经营。提到餐厅是否设置开放式的厨房，首先要考虑餐厅规模、经营菜系和服务流程，如果设计创新将增加餐厅的气氛和风格。总之，酒店设计要有章法，而又无定法，既要符合酒店经营的实际需要，又要有突破和创新。既要适当地遵循规律，又要适应时代的变化，这就像人们的生活本身一样应该是丰富多彩的。世界酒店的审美潮流随着时尚而变化，酒店设计也应随时尚而进步。酒店设计需要划分和

确立不同档次，包括不同的星级、地域、类型、功能、建筑、规模和文化背景等很多方面，因为不同档次酒店的设计不同。三星级与五星级的设计重点不同，热带地区与寒带地区的设计审美不同，度假酒店与都市酒店的设计风格不同，同档次的度假型酒店又可分为休闲度假酒店和观光度假酒店，旅游酒店和商务酒店的设计功能不同，海滨酒店与山地酒店的建筑设计不同。大型豪华酒店的设计可以适当满足高档次宾客的消费心理，而小型经济酒店则应给宾客宾至如归的亲和力。东西方文化背景的差异更导致了在酒店设计方面的大相径庭，西方建筑强调环境对人的主宰，多以空间感、辉煌感给人以瞬间的强有力的震撼，而东方建筑强调空间与时间的巧妙结合，在对家居式的生活氛围的营造中，体现家庭化的温和、亲切、舒适与随意。现代高档酒店的设计需要追求的正是这二者的完美结合。酒店设计其共性所在。中国人对酒店的认识和理解是从40多年前开始的，最初人们认为酒店是一个展示豪华的场所，是一种富有的标志，所以当时的酒店设计普遍选用大理石、花岗岩、毛织地毯等高档材料，以营造一种环境来满足人们对高贵和财富的向往，强调环境对人的影响。随着全球经济的一体化，现在国内的酒店设计也随着世界潮流的变化在保留原有豪华风格的基础上，更多以人性为本，注重人性化设计，强调人对环境的主宰。比如在一家五星级酒店豪华的大堂内设置一处温馨的大堂吧，通过家居式的家具设计和艺术陈设，以及接近自然的环境布置，这就是利用细节突出人性化主题的一种设计手法。由此怎样使酒店规划设计和经营结合是需探究课题。

二、酒店市场调研的重要性

酒店规划设计前，必须先完成市场调研。主要对酒店选址、定位、规模、档次等要素的确定，对项目可行性分析等。有的投资人没有认真好做总体设计的前期工作，就直接开始了酒店设计工作。有的投资人仅凭参观了几家酒店的感性认识，就拍板投资建新酒店，没有市场计划书、没有市场分析报告。这些是我们比国外酒店集团规划时的差距。业主和设计师并不熟悉酒店的经营管理和顾客需求，也不以满足酒店经营管理和宾客消费需要为设计理念，在设计酒店时往往只从酒店投资人的角度思考问题，将业主的意志、特殊喜好，强加到酒店设计中来，以能够达到投资人的满意为最终设计目标，这样违背了酒店经营管理的客观需要。其结果是许多设计项目宾客却并不满意，如缺乏前瞻性。如果只从为业主省钱的目的出发完成酒店的前期设计，就容易忽略长期的使用价值。因为尽管有时可以利用设计技巧来节省短期投资成本，但从长远来看，反而会增加运维的成本。

三、酒店规划设计的专业性

如果酒店规划设计缺少统筹，那么酒店的长期经营没有办法得到保障。专业性规划设计包括总体规划设计、功能布局、分区设计、建筑设计、内外景观及园林设计、室内装修设计、机电与系统设计、标志系统设计、内部交通设计、管理与对客服务流线（程）设计等内容。我国往往是由多家设计单位分项进行设计，再由多个施工单位进行施工，这些设计和施工没有进行系统性统筹，多数情况为建设指挥部简单审阅即获通过并实施。业主和当地政府规划意愿也不统一，这点应该在今后酒店的规划设计中引起高度重视的。在成功案例中有规划、市政、金融、市场、设备、消防、灯光、音响、室内建筑、装饰、艺术等至少十几个门类的专家和专业技术人员来参与设计，甚至还有管理顾问、餐饮专家和保险公司的介入。建一家酒店涉及的用品、设备和材料多达数万种，每一种都要有精通的行家来支持选择和咨询工作。

总之,酒店的规划和设计是一门综合性和实践性非常强而又快速发展的学科。这里学到的知识点,只是个开始,需要在工作中学习和交流经验。酒店的规划和设计会永无止境向前发展。

章节练习

研究课题

1. 研讨酒店规划设计与市场定位的关系。
2. 探讨酒店规划设计与高新技术应用的融合发展。

第十章　酒店工程技术部管理制度

【本章导读】酒店可控和高效的运营，离不开酒店工程系统和设备设施在标准技术状况下运行。要使酒店所有工程系统、设备设施正常运行，必须按照科学规律和方法进行技术管理。而管理这些系统的主要职责是酒店的工程技术部。酒店每一个部门的运作、经营和管理离不开制度的建设，酒店工程技术部管理制度是在酒店整体制度的框架下建立的制度，建立该管理制度是必要的。工程技术部的管理制度在日常工程技术运作中有着不可替代的作用。一个经营良好的企业一定是有一套好的制度作保障的，工程技术部也是如此。在数字化发展的背景下，酒店工程技术部门也必须转型升级。过去酒店称之为工程技术部，在转型过程中，酒店把该部门称为酒店工程信息部或酒店信息部，体现了数字化时代工程技术部的职能转变。

本章将重点介绍工程技术部在酒店组织机构中的作用、地位和职责；深入讨论酒店工程技术部和酒店经营的关系；工程技术部的管理制度和岗位职责；研讨数字化背景下，酒店工程技术部如何提升自己的能级来融合到酒店的整个运营中。

第一节　酒店工程技术部的组织架构

工程技术部是酒店企业硬件和相关技术软件运行、控制和综合管理的职能部门，即工程技术部必须保障酒店每个工程系统、设备设施在正常工况下运行。随着信息时代、数字化推进，在此建议酒店的工程技术部更名为“酒店工程信息部”或者“酒店信息部”，这样可以更好地适应日益增长的酒店信息化技术工作的需求，能更好地为酒店经营管理和发展服务。

酒店工程技术部的管理和运行目标是：保持酒店建筑结构、设备、设施在标准技术状态下的运行，根据酒店的总体经营目标，有计划和可控的状况下，为酒店经营提供保障和技术服务，从而和酒店的所有部门融合在一起为宾客服务，为酒店的整体经营目标而科学地、创造性地工作。在这个前提之下，许多酒店根据自身的情况配置了适合自己的工程技术部组织架，现介绍如下：

一、酒店组织架构

酒店工程技术部作为酒店一个重要的部门，起到了日常经营不可缺少的作用或者地位。

要认识工程技术部的组织机构，先要认识酒店的整体组织机构，也就是说，先要从整个酒店的组织架构认识工程技术部的作用或地位。常见的酒店组织架构见图 10-1。从酒店组织结构图中可以看出许多酒店在组织架构上有以下几个特点：

①酒店的组织架构，一般为扁平式，这样的结构有利于酒店高效运作。

②在许多酒店工程技术部会有一名副总分管，但在一些高星级（大型）酒店，会设置工程技术部总监这一岗位。该岗位的设置要与时代发展吻合，与酒店的经营融合。

③各个酒店企业根据自己的从属关系、规模和经营情况，组织架构会有所不同。例如：有的高星级酒店设立营销部和营销总监，有的设立营销销售部，有的设立销售部。随着网络时代的发展，许多酒店设立网络营销部或网络销售部。

④人力资源部和财务部往往是总经理直接管理。

⑤就每个酒店而言，随着时代发展，各个酒店在经营过程中，根据经营目标、市场情况、从属关系、领导风格、管理模式（包括流程再造 BPM、新技术应用）等情况，会对组织架构进行调整，以更加符合市场变化，使酒店管理的效率更高，以期望更高的经济效益。由此酒店的组织结构是相对稳定，长期是永远变化的结构。

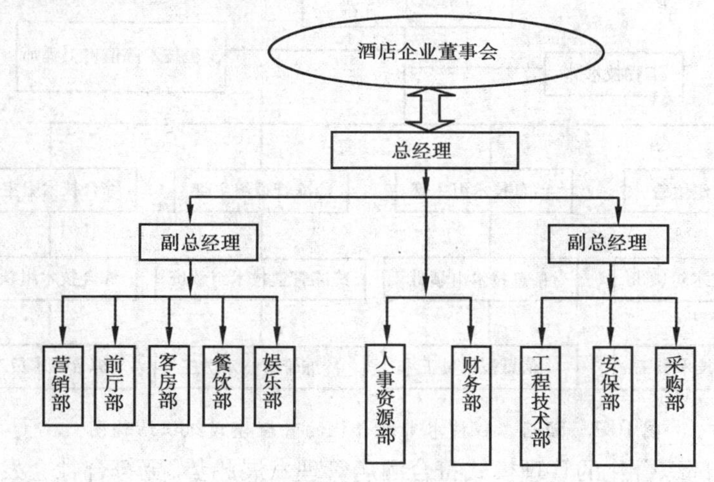

图 10-1　酒店一般组织架构

⑥工程技术部作为一个基础、重要部门，将发挥日常运行不可少的作用，但随着时代发展，其作用会变化。特别是信息时代和管理理念变化，将使其作用和地位发生改变。例如：工程技术部对计算机网络技术的掌控要求日益提高，信息化、数字化会使工程技术部对设备、设施管理的方法、手段、途径进行了变革，有的会发生流程再造或管理模式的变革。

二、酒店工程技术部组织结构

工程技术部的组织结构常见可以分为两类，第一类是按照工程技术专业进行配置，见图 10-2。这种工程技术部的组织结构是我国早期酒店采用的管理模式，比较传统、专业性高、专业技术人员配置多，效率低。

随着酒店行业的发展和数字化时代的到来，酒店的组织结构也随之变革。工程技术部的工作模式也发生了变化。如工程领域的服务外包、远程控制、信息技术、物联网的应用以及新管理模式使得这种传统模式发生了变革，便产生了图 10-3 所示的综合化的管理组织结构。

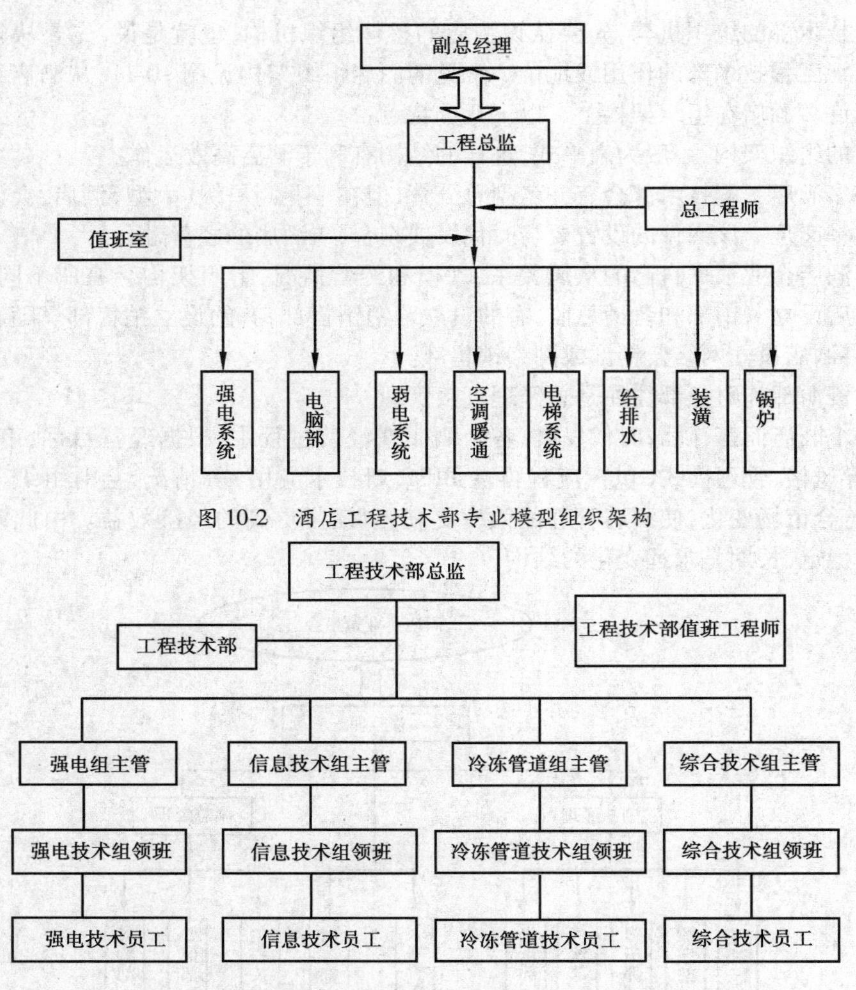

图 10-2　酒店工程技术部专业模型组织架构

图 10-3　酒店工程技术部综合化的管理模式组织结构图

酒店工程技术部综合化的管理模式符合酒店管理发展趋势，更符合社会发展的专业化、集约化的发展趋势。许多酒店的工程设备和设施实行了服务外包，这样既做到了专业化的维护保养，又节省了人员费用。这个趋势是好的发展方向，并且不以人的意志为转移。在这里特别要提到的是，连锁酒店（集团）在工程技术上，会采用更集约化的管理模式，集团会统一配置各种专业的技术人员（服务团队），为集团下属的企业服务。这样更专业，技术人员配置更合理。有的采用新的远程控制技术，使效率更高。随着物联网技术的应用和发展，各种在互联网上的控制、监控技术会不断产生，必将会产生新的管理模式。

在酒店工程技术部新的组织结构，将传统过多的专业配置进行贯通，形成新的综合管理模式，如酒店弱电系统和信息技术组合并，形成信息技术小组；传统冷冻小组和管道组合并，形成冷冻管道组等。这样的模式是酒店适应市场和新技术应用的需要。各个专业小组的工作内容见图 10-4。

三、酒店工程技术部的管理层次

酒店工程技术部的管理层级一般设置如下：

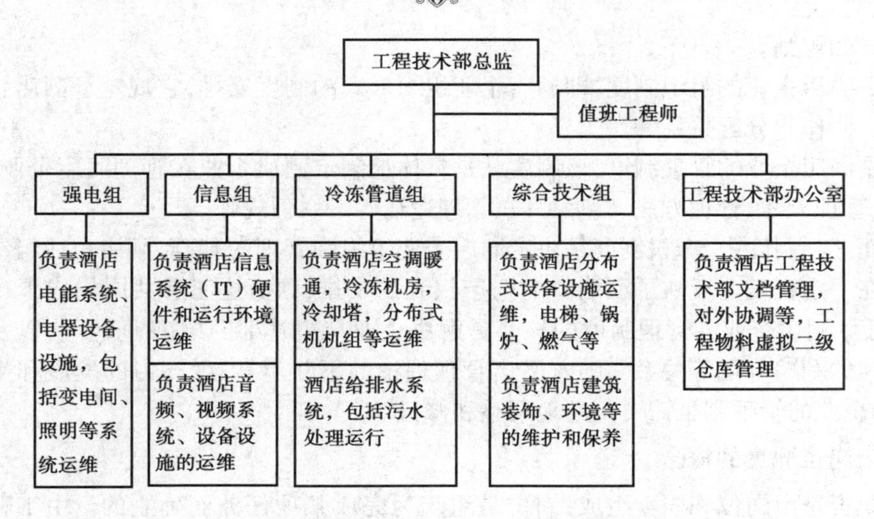

图 10-4 酒店工程技术部组织结构和工程技术分配图

酒店中层级:工程技术部总监(总工程师)。

酒店中层副级或者以上：工程技术部副经理或值班工程师。

酒店主管级:经理助理、强电技术主管、信息技术主管、冷冻管道主管、综合技术主管。

酒店领班级:强电技术组领班、信息技术组领班、冷冻管道技术组领班、综合技术组领班等。

酒店员工级:强电技术员工、计算机技术员工、冷冻管道技术员工、综合技术员工、工程技术部办公室文员等。

第二节 酒店工程技术部管理制度的建立和执行

酒店工程技术部是酒店工程技术应用的综合部门,要使酒店工程技术部在酒店总经理室统一领导下有效开展工作,首先必须建立一套工程技术部的管理制度,而管理制度的建立第一要符合相关法律法规,如制度符合社会相关部门法规或行业相关的法规、标准等;其次管理制度建立要通过企业的职代会讨论和通过,并有酒店的权威部门(如总经理室、人事部等)下达执行,一旦执行在其适用范围内具有强制作用和性质,下面就介绍酒店工程技术部的管理制度。

一、酒店工程管理制度和岗位职责的概念

1. 酒店管理制度的概念

首先要认识何为酒店企业管理制度,企业的管理制度是企业管理的原则、体制和内部管理方法等规定的总称,是企业对一系列管理机制、管理原则、管理方法以及管理机构设置等规范的总和。

酒店是企业的一种类型,酒店企业管理制度符合一般企业的管理制度的规则,酒店企业管理制度,也和其他企业一样,是以产权制度为核心,同时建立企业组织制度和企业管理制度。这里有三个基本制度(含义):

第一是酒店企业的产权制度,它是指界定和保护参与酒店企业的个人或经济组织的财产

权利的法律和规则。

第二是酒店企业的组织制度,即酒店企业组织形式的制度安排,它规定了酒店企业内部的权责、分工、协作和分配关系等。

第三是酒店企业的管理制度,该制度就是具体地制定酒店企业在管理酒店企业文化、管理组织机构、管理人才、管理方法、管理手段、管理途径等一系列规则。

在上面三项制度中,产权制度是决定酒店企业组织和管理的基础,酒店企业组织制度和管理制度则在一定程度上反映了酒店企业财产权利的安排,因而这三者共同构成了现代酒店企业管理制度。酒店企业的管理制度的核心是解决企业与主管部门(如董事会),以及酒店企业与员工之间的利益分配等关系。随着酒店管理理论的不断丰富,生产力的发展和生产关系的调整,酒店企业的管理制也需要不断地调整和修订。

2. 酒店岗位职责的概念

岗位职责是由岗位和职责组成;岗位是组织为完成某项任务而确立的。由工种、职务、职称和等级内容组成。职责是职务与责任的统一。由授权范围和相应的责任两部分组成。任何岗位职责都是一个责任、权利与义务的综合体,有多大的权力就应该承担多大的责任,有多大的权力和责任应该尽多大的义务,任何割裂开来的做法都会发生问题。不明确自己的岗位职责,就不知道自己的定位,就不知道应该干什么、怎么干、干到什么程度。酒店企业的岗位职责是和酒店的各个岗位匹配的,酒店工程技术部的岗位职责应该如此。

3. 管理制度和岗位职责的区别

在这里要分清管理制度和岗位职责的区别,岗位职责是指一个岗位所要求的需要去完成的工作内容以及应当承担的责任范围。制度是一个企业比较大的组织原则和统领性的纲要。当然酒店每个部门有自己的一些制度,制度往往带有共同性的规则。由此看出,制度和岗位职责是有区别的,许多酒店企业把管理制度和岗位职责混在一起,这样操作时就比较困难了。它们之间的区别是:

①管理制度是解决带有普遍性的管理规则。如考勤制度(适合酒店企业的所有员工,包括酒店高级管理层)、奖惩制度等。

②岗位职责是针对某一个岗位的,是确定具体员工岗位职责和责任。如酒店工程技术部经理的岗位职责、酒店工程技术部电工的岗位职责等;每个岗位的员工必须做好自身岗位的工作,这样才能保障酒店企业的经营目标的完成。

③管理制度的适用范围更大,岗位职责范围相对较小。岗位职责的制定要服从管理制度的"大法"。

④在岗位职责的制定过程中,对重大的、重要的岗位操作要制定相应的操作流程。如强电工的配送电操作流程、计算机技术人员的数据保存操作流程等。

⑤管理制度的支撑点是法律法规、企业的董事会、职代会。岗位职责的支撑点是行业行规、技术操作规程、技术操作流程、技术规范等。岗位职责要符合国家部门的法规,如人事保障部等,许多条款无需董事会和职代会通过的。

图 10-5 为酒店工程技术部制度和岗位职责关系的示意图。从图中可以看出它们之间的关系和区别它们各自制定的依据和支撑点。

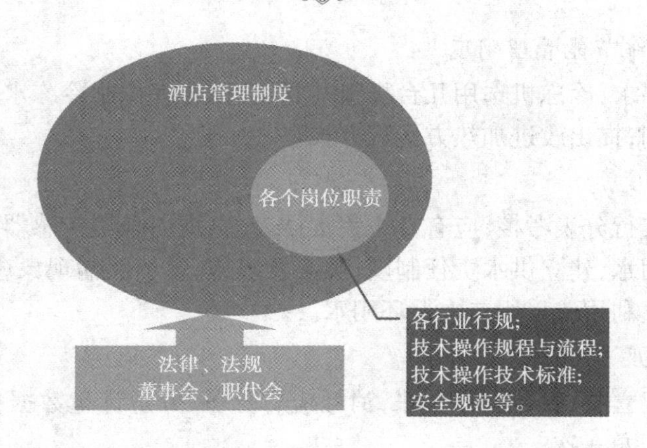

图 10-5　酒店管理制度和岗位职责的关系示意图

二、酒店工程技术部管理制度介绍

酒店工程技术部的管理制度是酒店各种管理制度的组成部分,该管理制度的制定和执行是在酒店企业统一的范畴进行的。一般的工程技术部管理制度会有下面具有共性的几种制度:

1. 工程技术部部门例会制度

该制度是制定在总经理室领导下,协同各个部门积极开展工作,为完成各项任务,按管理要求举行例会制度。制度对会议时间、地点、会议主持、会议记录、参加人员、列席人员、会议质量、会议档案等要素进行规范。

2. 酒店工程技术部安全操作管理制度

该制度根据会涉及工程技术部的全部工种,如电工(配电间)、电梯维修(机房)、管道工、锅炉工、空调操作、装修维修工、焊工、弱电工程师(操作)、高空安全作业、动用明火安全制度等。这个安全管理制度适用于酒店其他部门,如高空作业的安全制度等。

3. 酒店(工程技术部)设备、实施管理制度

这类的管理制度更适用于酒店的各个部门,如设备选购制度、设备改装、移装制度、设备使用保养制度、设备报废制度、设备事故责任制度等。

4. 酒店工程技术部能源管理制度

该制度涉及酒店的各个部门,该制度从酒店企业的高度,对全酒店的能源进行管理和监控。该制度具体执行条款有以下几个方面:

(1)能源计划与用能管理制度

各部门要制定节能降耗年度工作目标和计划,并检查和总结计划执行情况。对制订计划,各部门的各种能耗计划考核指标,应考核,并计算出能耗成本和费用情况,并及时反馈上报。

(2)节电管理制度

实行部门用电及重要用电设备分表考核制度。照明系统应保证有合理照度,根据不同场合要求,优先选用光效高、显色性好的节能光源及高效灯具。并根据各种光源的有效寿命,制定更新周期,维持光效水平。

(3)空调暖通系统节能管理制度

根据不同负荷要求,冷冻机选用几台机组并联运行,合理控制冷冻水,冷却水温度和水质,客房和空调调温控制;提出改进加热方优选方式。

(4)节水管理制度

主要用水部门实行分表考核,应有专人负责抄表,更提倡采用传感器进行数据采集。根据供水指标实行计划用水,建立供水责任制度;员工发现跑、冒、滴、漏现象应及时报修;对冷却水和锅炉凝结水应重复利用或采用二次循环用水。

(5)节油管理制度

燃料油入库应建立收、发、盘、存台账,消耗应有分班、分炉计量数据;每班填写“锅炉运行日志”,并每月统计汇总一次。

(6)节气管理制度

锅炉烟道、风道、炉墙、看火门等处不得有明显隙缝,排污阀、逆止阀必须开关灵活;各种蒸汽阀门、热力管道必须保温。用气设备的凝结水出口处,必须有与之相匹配的疏水阀。

(7)能源计量管理与统计报表制度

执行电、水、煤气、油等一、二、三级检测率达到所在地技术监督局规定的计量标准;对大容量、高能耗设备实行单台消耗计量;每年统计每万元营业收入能耗比(耗电、燃油、煤气、水等)。

(8)节能培训制度

工程技术部制定酒店节能培训计划,按计划对节能管理岗位进行技术管理培训;配合人事部,完成酒店节能减排的培训工作。

(9)酒店节能减排新技术的推广

工程技术部负有对节能减排新技术推广的职责,对节能减排的高新技术有责任学习,消化与推广,为酒店的节能减排、“碳达峰”和“碳中和”而不断创新地工作。

5. 酒店工程设备安全运行制度

根据国家有关部门规定,组织对电工、司炉工、电(气)焊工等特殊工种员工进行考核,持有操作证的才能上岗。制度要规定加强劳动安全教育,在进行有危险的设备检修时,管理员或经理应亲自到场。对易燃、易爆物品必须存放在危险品仓库妥善保管,并应控制最大存放量。对重要机房如配电房、锅炉房、冷冻机房、电梯机房等应设警戒牌,严禁非工作人员入内。对水箱、蓄水池的入口处,机房、技术层设施、配电房等均应上锁,钥匙应由专人保管。对外单位施工人员,必须进行安全教育,并签订安全协议书。应在施工中进行检查监督,避免事故发生。对各配备设施的接地设施,要定期检查保养;其接地电阻值应符合规范要求。工程技术部每年检查一次,相关部门配合检查。对酒店内进行电、气焊、活动燃放烟花等必须取得动火证等。

6. 酒店工程系统日常报修制度

酒店应该从制度规定,设立酒店工程技术部专门报修电话,24 小时有内勤或部门值班接听。工程技术部值班在接到报修单或接到电话报修时,要问清维修内容、地点等,认真做好记录,并及时派相关技术人员到现场维修。维修结束,应让使用部门员工认可,现场如有客人,在维修前和维修后都要主动与客人适度表示礼仪。维修中要注意现场环境,不随意弄脏设施。维修结束要处理现场废弃物,保持现场整洁。技术人员到现场进行维修,如无法解决,应及时

向管理员或部门汇报。工程技术部管理员应掌握了解维修情况,如有问题,要及时提出方案,采取措施,重大问题向部门汇报。影响酒店经营的要向总经理室汇报。

7. 酒店工程技术部交、接班制度

酒店工程技术部制度要求接班人员必须提前10分钟到岗。交班人员在接班人员未到达之前或未完成交接班工作之前,不得离开岗位。交班人员必须按要求填写交班工作记录,并将工作情况向接班人员交代清楚;接班人员应认真阅看值班记录,听取情况介绍。交班人员应如实回答接班人员提出的问题,并共同检查系统运行状况。接班人员发现交班人员未完成应做的工作,应及时提出并要求其继续履行职责,同时向值班中心汇报。在处理重大设备故障,遇险抢修,并且部门要求限时完成的情况下,交班人员不得交班,并向接班人员讲明情况,要求配合做好工作。中、夜班值班人员对一般可处理的故障,应及时排除,难于修复的应尽力做好应急处理,并将情况详细记录在值班簿上。因维修需要而人员不足时,现场维修人员有责任组织其他班组成员协助工作,在保证系统正常运行下,其他班组成员不得推诿。必要时,维修人员可向部门或酒店总值班经理汇报情况,请求支持。交班人员在工作时限已过,接班人员未到岗的情况下,应继续在岗工作,并及时向值班中心和部门负责人汇报。

8. 酒店工程突发故障或事件处置报告制度

酒店工程技术部建立重大系统、设备设施故障或事件处理紧急预案,上报总经理审批,审核后,批复执行。对酒店工程重大系统、设备设施故障或事件处理启动,需要上报工程技术部总监批准,其他相关部门配合,同时工程技术部总监上报总经理。酒店工程重大系统、设备设施故障或事件处理完毕后,需恢复现场,并由工程技术部总监或经理上报酒店总经理。酒店工程重大系统、设备设施故障或事件处理完毕后,由系统的班组写分析报告,找原因并对处置进行小结。酒店工程技术部总监对修订该系统故障和事件处置预案进行负重处置。

9. 酒店工程技术部工具管理制度

工程技术部专用维修工具领用制度规定:员工借用公用工具时,均要在工程技术部文员处进行登记。专用工具均由工程技术部文员进行发放,严禁私自拿公用工具。借用者下班前要交还所借工具,如不能及时交还应办理继借手续。借用后,专用工具出现丢失和损坏的情况(因公除外),责任人应照价赔偿。严禁将专用工具带出酒店。借用者归还专用工具时,必须由工程技术部文员签收。

10. 连锁酒店计算机数据传送制度

连锁酒店所有相关操作者,须持有信息技术(IT)相关技术证书或上岗证。数据传送每天晚间按规定时间节点,上传和下载相关计算机数据,并做好记录,记录内容包括文件生成时间和大小。数据异常,及时与总部计算机数据中心联系,不能马上处置的,马上报告信息主管。执行酒店数据处理的保密制度,如发生数据泄露,将立即报告工程技术部总监,由酒店相关部门按有关法律和酒店制度处置。

11. 酒店日常报表报送工作制度

酒店报表报送的相关操作者,须持有信息技术(IT)相关技术证书或上岗证。每天规定时间节点,上传和下载相关计算机数据,并做好记录,记录内容包括文件生成时间和大小。按规程进行上传和下载数据处理、保存、复制、覆盖等。数据异常及时与总部计算机数据中心联系,不能马上处置的，马上报告信息主管，信息主管应报总经理。执行酒店数据处理的保密制度，如发生数据泄露，将立即报告工程技术部总监，由酒店相关部门按有关法律和酒店制度处置。

12. 酒店工程技术部领用物品制度

酒店技术人员需领用酒店工程库存物品时，要在计算机系统中填写“领料单”，维修完成后，在计算机管理系统中进行相应的信息记录。对有些高额物品，要以旧换新。维修常用的零配件和少量低值易耗为备用物品，上限由工程技术部经理设定，每年进行调整。对更换频繁的电器件、零件，要进行备用。备用要在计算机管理信息系统中设定库存上限。对制造周期长、工序长、加工复杂的精密、关键零配件、市场供应偏紧的零配件，要进行备用。备用要计算机管理信息系统中设定库存上限。酒店对目前这类管理都采用线上管理的模式。

上面的酒店工程技术部一些制度进行了介绍，是给大家一种启发，具体的酒店工程技术部制度，要根据每个酒店自身的资源要素（星级、规模、市场、技术人员、设施、设备等）进行合理配置，这个制度的建立很大程度上，取决于酒店聘任的工程技术部经理（或总监）的技术、管理的水准。酒店工程技术部的制度建立和执行也要根据酒店集团的状况，如果是连锁酒店集团，则要重新布局。随着时代的发展，新的技术、管理方法、厂商的服务模式，无不影响着酒店的管理制度，由此该制度要及时修改，适用管理模式的发展。例如：现在酒店电梯维护保养的外包越来越多。再如：大型酒店的中央空调实行厂商远程监控等。

三、酒店工程技术部岗位职责介绍

1. 酒店工程技术部岗位职责确定

前面已经介绍了岗位职责的概念，这里要说明岗位职责的具体内容或者说是怎么确定的。酒店工程技术部的岗位职责确定要素如下：

◇ 根据工作任务的需要确立工作岗位名称及其数量；
◇ 根据岗位工种确定岗位职务范围；
◇ 根据工种性质确定岗位使用的设备、工具和工作质量效率等；
◇ 明确岗位环境和确定岗位任职资格；
◇ 确定各个岗位之间的相互关系；
◇ 根据岗位的性质明确实现岗位的目标的责任。

2. 实行岗位职责管理的作用和意义

可以最大限度地实现劳动用工的科学配置，提高工作效率和工作质量有效地防止因职务重叠而发生的工作扯皮现象。提高内部竞争活力，更好地发现和使用人才，是酒店企业考核的依据。规范操作行为，减少违章行为和违章事故的发生。

3. 制定酒店工程技术部岗位职责的原则

（1）明确岗位的性质

要酒店工程技术部技术人员真正明白岗位的工作性质。岗位工作的压力不是来自他人的压力，而是使此岗位上的工作人员发自内心自觉自愿地产生，从而转变为主动工作的动力，而要推动此岗位员工参与设定岗位目标，并努力激励他实现这个目标。因此岗位的目标设定、准备实施、实施后的评定工作都必须由此岗位员工承担，让岗位员工认识到这个岗位中所发生的

任何问题,并由自己着手解决掉,技术人员的主管仅仅只是起辅助他的作用,他的岗位工作是为他自己做的,而不是为他主管或者老板做的,这个岗位是他个人展现能力和人生价值的舞台。在这个岗位上各阶段工作的执行,应该由岗位上的员工主动发挥创造力,靠他自己的自我努力和自我协调的能力去完成。员工必须在本职岗位的工作中主动发挥自我解决、自我判断、独立解决问题的能力,以求工作成果的绩效实现最大化。因此,企业应激励各岗位工作人员除了主动承担自己必须执行的本职工作外,也应主动参加自我决策和对工作完成状况的自我评价。

(2)岗位职责的包容性

酒店企业在制定岗位职责时,要考虑尽可能一个岗位包含多项工作内容,以便发挥岗位上的员工由于长期从事单一型工作而被埋没了个人的其他才能。丰富的岗位职责的内容,可以促使一个多面手的员工充分地发挥各种技能,也会收到激励员工主动积极工作的意愿的效果。

(3)岗位职责的可发展性

在企业人力资源许可情况下,可在有些岗位职责里设定针对在固定期间内出色完成既定任务之后,可以获得转换到其他岗位的工作的权利。通过工作岗位转换,丰富了企业员工整体的知识领域和操作技能,同时也营造酒店企业各岗位员工之间和谐融洽的酒店企业文化氛围。

4. 岗位职责的构建方法

(1)岗位职责构建下行法

下行法是一种基于组织战略,并以流程为依托进行工作职责分解的系统方法。具体来说,就是通过战略分解得到职责的具体内容,然后通过流程分析来界定在这些职责中,该职位应该扮演什么样的角色,应该拥有什么样的权限。利用下行法构建工作职责的具体步骤为:

①确定职位目的。根据组织的战略目标和酒店工程技术部门的职能定位,确定岗位和职位设置的目的,说明设立该职位的总体目标,即要精练地陈述出本岗位为什么存在,它对组织的特殊(或者是独一无二)贡献是什么。使酒店工程技术部技术人员应当能够通过阅读职位目的而辨析此工作与其他工作目标的不同。岗位职责的一般编写的格式为:工作依据 + 工作内容(职位的核心职责)工作成果。

②分解关键成果领域。通过对酒店工程技术部岗位目的的分解得到该职位的关键成果领域。所谓关键成果领域,是指一个职位需要在哪几个方面取得成果,来实现职位的目的。利用任务分解图作为工具对工程技术部技术岗位进行职位目的的分解,得到岗位的关键成果领域。

③确定职责目标。

确定酒店工程技术部职责目标,即确定该职位在该关键成果领域中必须取得的成果。因为职责的描述是要说明工作持有人所负有的职责以及工作所要求的最终结果,因此,从成果导向出发,应该明确关键成果领域要达成的目标,并确保每项目标不能偏离职位的整体目标。

④确定工作职责。

如上所述,通过确定酒店工程技术部技术人员职责目标表达了该职位职责的最终结果,那么本步骤就是要在此基础上来确定任职者到底要进行什么样的活动,承担什么样的职责,才能达成这些目标。

因为每一项职责都是业务流程落实到职位的一项或几项活动(任务),所以该职位在每项职责中承担的责任应根据流程而确定,也就是说,确定应负的职责项就是确定该职位在流程中所扮演的角色。在确定岗位职责时,职位责任点应根据信息的流入流出确定。信息传至该职位,表示流程责任转移至该职位;经此职位加工后,信息传出,表示责任传至流程中的下一个职位。该原理体现了"基于流程""明确责任"的特点。

⑤进行职责描述。

前面讲到了,岗位职责描述是要说明工作持有人所负有的职责以及工作所要求的最终结果,因此,通过以上两个步骤明确了职责目标和主要职责后,就可以将两部分结合起来,对岗位职责进行描述了,即:职责描述=做什么+工作结果。

(2)岗位职责构建上行法

上行法与下行法在分析思路上正好相反,它是一种自下而上的结果,因此,通过以上两个步骤明确了职责目标和主要职责后,就可以将两部分结合起来,对该原理体现了在流程中所扮演的角色。在确定,并确保每项目标不能偏离职位的整体目标。特别系统的分解方法,但在实际工作中更为实用、更具操作性。利用上行法撰写岗位职责的步骤是:

第一步,罗列和归并基础性的工作活动(工作要素),并据此明确列举出必须执行的任务。

第二步,指出每项工作任务的目的或目标。

第三步,分析工作任务并归并相关任务。

第四步,简要描述各部分的主要职责。

第五步,把各项职责对照职位的工作目的完善职责描述。

上面介绍的构建酒店工程技术部岗位职责的方法,也适用于酒店其他部门的岗位职责的构建。再次强调:每个酒店一定要根据自己情况进行构建。

5. 酒店工程技术部岗位职责的设置样本

酒店工程技术部岗位很多,此处将举例些重要的岗位,供读者参考。

工程技术部总监岗位职责和工作说明书

岗位名称	工程总监	岗位职级	总监级	岗位代码	E01
直属上级	总经理	直接下级	经理助理、值班工程师和主管		
主要横向沟通岗位或部门		酒店各个部门经理			
职务概述					
全面负责酒店工程技术部的经营管理和技术工作,对总经理负责,保障酒店所有工程系统、设备设施正常运行,完成总经理和集团层面下达的相关工程任务和指令,不断跟进工程新技术的应用和推广,尤其是数字化、信息技术的应用,规划酒店节能减排工作,以前台经营部门为服务对象,完成酒店的经营目标。					

岗位任职条件
基本素质:1. 责任心强,善于沟通,具备组织协调能力,具有相当的管理知识和能力。 2. 掌握酒店企业管理一般理论知识,具备丰富的酒店工程技术专业知识,有对现代化酒店应用的数字、信息技术、电力、管道、空调、电梯等技术的技术应用专业知识和实际工作的技术组织和指挥能力。 3. 熟悉酒店的前台经营,具备酒店客房、餐饮、厨房、娱乐等前台部门经营管理知识。 4. 具备酒店基本的规划和工程项目更新、改造的规划能力、工程预算能力、部门年度计划能力。 5. 具有一定外语(英语)能力。 教育背景:具有大学本科及以上学历。 性格要求:严谨、思维缜密、处事果敢。 持证要求:具有高级工程师专业技术职称。 培训经历:受过酒店工程管理等相关等方面的培训或获得相关职业资格证书。 工作经历:五年以上合资酒店管理经验及三年以上酒店工程管理经历。
岗位职责
1. 在总经理的领导下,负责部门日常运行与管理工作,主持部门工作例会,协同酒店其他部门的工作。 2. 制定本部门的组织机构和管理运行模式,使其运行高效、合理,保障酒店设备、设施正常运行,保障建筑和装潢的完好,负责酒店重大工程检修与抢修工作。 3. 编制部门年度工作计划,编审部门年度预算,编制酒店工程系统、项目维修预算,审核部门月度费用执行情况,审核各类系统、设备设施的维修、执行情况,报总经理审阅。 4. 负责酒店能源节能减排工作,控制和管理酒店的水、电、气等的能耗,提出节能技术措施和改造计划。 5. 负责酒店信息化技术应用推广工作,为酒店经营管理提出信息化新技术应用,为酒店经营提出全局性的应用技术方案。 6. 参与和规划酒店重大基改工程项目的规划、组织、实施。 7. 配合酒店保安部搞好消防、技防等安全工作。 8. 制定工程技术部内部员工培训计划,按计划对员工进行业务技能、服务意识、基本素质的培训。配合培训部制定酒店内部工程系统、设备实施操作培训。 9. 建立完整的工程系统、设备设施技术档案和维修档案。 10. 注重工程技术团队建设,关心员工思想和生活,技术水准等,创建和建设一支优秀的工程技术团队。 11. 每月30日前应完成下列任务: (以书面报告的形式上交总经理助理) (1)部门当月工作执行情况和部门的工作小结。 (2)会同副经理、经理助理编制的部门下月工作计划、费用调整计划。 (3)审核酒店当月的各种能源消耗数据、处理和报告。 (4)对主管以上的管理人员的工作评估。 (5)签署文员报告的部门人员出勤、奖金分配情况报告。

工程技术部经理岗位职责和工作说明书

<table>
<tr><td>岗位名称</td><td>工程技术部经理</td><td>岗位职级</td><td>部门正职</td><td>岗位代码</td><td>E02</td></tr>
<tr><td>直属上级</td><td>工程总监</td><td>直接下级</td><td colspan="3">值班工程师和各种系统主管</td></tr>
<tr><td colspan="2">主要横向沟通岗位或部门</td><td colspan="4">酒店各个部门经理、副经理等</td></tr>
<tr><td colspan="6">职务概述</td></tr>
<tr><td colspan="6">协助工程技术部总监做好酒店工程技术部的工作，执行酒店年度计划，协助酒店工程技术部总监，确保酒店工程系统运行正常，确保酒店设备设施达到一定的完好率，向工程技术部总监提出合理化建议，使酒店工程技术部高效运作，为前台和客人提供达标的经营环境，确保酒店的综合竞争力。</td></tr>
<tr><td colspan="6">岗位任职条件</td></tr>
<tr><td colspan="6">基本素质：1. 责任心强，具有酒店一般的管理知识和能力。
2. 具有组织管理能力、沟通能力，能协调各部门的相互关系。
3. 具有丰富的酒店工程技术管理专业知识。
4. 具有现代酒店工程系统的专业知识，对酒店工程系统了解较全面，对下列系统有 2 ~ 3 项特别专业专长，如酒店供电系统、数字技术系统、制冷和暖通、电梯、分布式设备设施等。
5. 具有外语（英语）基础。
教育背景：具有大学本科及以上学历。
性格要求：认真、仔细、工程技术意识强。
持证要求：具有高级工程师专业技术职称或工程师专业技术职称。
培训经历：受过酒店工程管理等相关等方面的培训或获得相关职业资格证书。
工作经历：三年以上合资酒店管理经验及两年以上酒店工程管理经历。
性别要求：无</td></tr>
<tr><td colspan="6">岗位职责</td></tr>
<tr><td colspan="6">1. 协助工程技术部总监做好部门日常运行与管理工作。
2. 协助工程技术部总监制定本部门的组织机构和管理运行模式，使其操作快捷合理，并能有效地保障酒店工程系统、设备设施安全运行，使酒店建筑、装潢达到一定的完好率。
3. 协助工程技术部总监编制部门年度工作计划，编审部门年度预算，审核部门月度工作计划。
4. 按需参加酒店各类会议和活动。
5. 协助工程技术部总监编制工程技术部运维计划、预算，在工程技术部统一布置下，下达班组工作计划，按年度、季度编制或审核各类酒店工程系统、设备设施的维修、改造、更新技术计划。
6. 全面负责所分管班组工作。
7. 按指令参与酒店重大基改项目的规划、组织、实施等。
8. 负责酒店工程系统重大设备设施检修与抢修工作。
9. 配合保安部搞好酒店消防和安防技术工作。
10. 建立完整的酒店工程系统、设备设施技术档案和维修档案。
11. 协助工程技术部总监每月 30 日前完成下列任务：
（以书面报告的形式上交总工程技术部总监助理）
（1）当月工程技术部工作、任务完成、执行情况和部门的工作小结。
（2）编制的工程技术部下月工作计划、费用预算，报工程技术部总监。
（3）审核酒店当月的各种能源消耗报表，如有异常，报工程技术部总监，并分析和说明原因及下阶段措施和处理结果。
（4）对主管以上的管理人员的工作评议。
（5）对部门全体人员出勤、奖金分配情况做出报告，报工程技术部总监审批。
12. 关心工程技术部员工思想和生活，协助工程技术部总监创建和谐部门，建设优秀的技术服务团队。
13. 完成工程技术部总监交办的其他工作。</td></tr>
</table>

工程技术部值班工程师岗位职责和工作说明书

<table>
<tr><td>岗位名称</td><td>工程技术部值班工程师</td><td>岗位职级</td><td>部门主管</td><td>岗位代码</td><td>E03</td></tr>
<tr><td>直属上级</td><td>工程技术部经理</td><td>直接下级</td><td colspan="3">工程技术部当班技术人员</td></tr>
<tr><td colspan="2">主要横向沟通岗位或部门</td><td colspan="4">工程技术部各个组主管和酒店各个部门当班负责人</td></tr>
<tr><td colspan="6">职务概述</td></tr>
<tr><td colspan="6">负责处理值班期间发生的一切有关酒店工程系统、设备设施的维修事务，检查并掌握酒店各系统设备运行状况，发现异常或故障，立即做出正确判断，采取有效措施及时解决，重大事件及时报告，确保酒店工程系统、设施设备正常运转。</td></tr>
<tr><td colspan="6">岗位任职条件</td></tr>
<tr><td colspan="6">基本素质：1. 责任心强，有一定的纪律性。
2. 工作踏实、细致，情绪稳定，有进取心。
3. 有一定的组织能力。
4. 掌握酒店工程 2～3 个及以上系统专业技术知识，接受过酒店工程技术培训，对工程技术部各个环节较全面了解，有较强的动手能力，能阅读技术图纸和说明书并加以应用。
5. 具有现代酒店工程系统的专业知识，有一定的计算机技术和英语基础，具有一定的数字化技术应用的能力。
教育背景：具有本科及以上学历。
性格要求：认真、仔细、工程技术意识强。
持证要求：具有工程师专业技术职称或工程技师专业技术职称。
培训经历：受过酒店工程技术等方面的培训和获得相关工程系统职业资格证书。
工作经历：两年以上酒店工程技术管理经历。
性别要求：男</td></tr>
<tr><td colspan="6">岗位职责</td></tr>
<tr><td colspan="6">1. 协助工程技术部经理做好部门日常运行与技术管理工作。
2. 负责处理值班期间发生的一切有关工程及设备方面的维修事宜。
3. 执行岗位监督检查，按时检查所辖范围内的设备运行状况、环境状况、安全技防，保障酒店工程系统、设备设施正常运行。
4. 检查并掌握酒店各系统设备运行状况，发现异常或故障，立即做出正确判断，采取有效措施及时解决。
5. 做好值班记录，审阅各班组设备运行报表。
6. 做好酒店报修单的登记、审阅统计工作。
7. 接收并组织实施工程技术部经理运行调度令和日常维修改造指令，并监督、检查完成情况。
8. 设备发生故障及时组织检修，发现隐患要及时处理把好技术关，保证所管辖系统设备经常处于优良状态。
9. 当酒店发生重大工程系统故障时，应启动紧急预案，并加以执行。
10. 完成工程技术部经理下达的其他工作。</td></tr>
</table>

工程技术部办公室文员岗位职责和工作说明书

岗位名称	工程技术部办公室文员	岗位职级	员工级	岗位代码	E04
直属上级	工程技术部经理	直接下级			
主要横向沟通岗位或部门		酒店各个部门文员和工程技术部主管			
职务概述					
负责工程技术部文书与内勤工作,负责酒店工程技术档案管理工作,负责工程技术部二级虚拟仓库管理工作。					
岗位任职条件					
基本素质:1. 工作踏实细致、办事严谨、高效、有一定的纪律性、保守秘密。 2. 了解酒店管理的一般知识。 3. 了解工程技术部在酒店中的地位和作用,具有一定工程技术的基础知识。 4. 有较好的语言文字能力,能够处理办公室日常业务能力。 5. 具有技术档案的基础。 6. 能熟练使用计算机办公应用软件和一定的英语能力。 教育背景:具有大专及以上学历。 性格要求:认真、仔细、工程技术意识强。 持证要求:具有工程师专业技术职称或工程技师专业技术职称。 培训经历:受过相关方面的培训或获得相关职业资格证书。 工作经历:具有两年以上酒店工程技术管理经历。 性别要求:女或男					
岗位职责					
1. 做好工程技术部所有文秘工作。 2. 负责工程技术部内勤工作。 3. 负责酒店工程技术档案管理工作。 4. 负责工程技术部二级虚拟仓库管理工作。 5. 记录和传达相关电话记录。 6. 做好工程技术部所有会议记录,存档和提供调用。					

工程技术部强电主管岗位职责和工作说明书

<table>
<tr><td>岗位名称</td><td>工程技术部
强电主管</td><td>岗位职级</td><td>主管</td><td>岗位代码</td><td>E05</td></tr>
<tr><td>直属上级</td><td colspan="2">工程技术部经理或值班工程师</td><td>直接下级</td><td colspan="2">工程技术部强电领班和技术员工</td></tr>
<tr><td colspan="2">主要横向沟通岗位或部门</td><td colspan="4">工程技术部各个系统主管或酒店其他部门主管等</td></tr>
<tr><td colspan="6">职务概述</td></tr>
<tr><td colspan="6">负责酒店供电系统,包括所有酒店电能的输入端、中转和输出端设备,确保整个酒店供电系统安全和稳定运行。</td></tr>
<tr><td colspan="6">岗位任职条件</td></tr>
<tr><td colspan="6">基本素质:1. 工作认真、果敢、处事冷静。
2. 掌握酒店工程技术管理的一般知识。
3. 熟悉工程强电系统的运维工作,熟悉强电技术标准、操作规程。
4. 能和供电部门协调的能力。
5. 有组织、指挥强电技术员工,完成酒店供电系统运维的能力。
6. 对酒店强电系统全面了解,有较强的上岗操作能力。
7. 能熟练使用计算机办公应用软件。
教育背景:具有大专及以上学历。
性格要求:遇事冷静、作风硬朗。
持证要求:具有工程师专业技术职称或工程技师专业技术职称。
培训经历:受过相关方面的培训和持有有关部门颁发的高压配电上岗资格证书。
工作经历:具有三年以上酒店工程技术管理经历,5 年以上变电设备系统管理运行的工作经验。
性别要求:男</td></tr>
<tr><td colspan="6">岗位职责</td></tr>
<tr><td colspan="6">1. 协助工程技术部总监或工程技术部经理,做好工程技术部工作。
2. 负责整个酒店供电系统技术管理工作。
3. 负责带领酒店工程技术部强电组工作。
4. 确保酒店供电系统安全、可控运行。
5. 完成每年强电岗位复训工作。
6. 做好每年工程技术部强电系统的工作计划、运维预算。
7. 执行每年工程技术部工作计划、做好预算的执行工作。
8. 不断带领班组加强学习和操作练习,为完成酒店强电技术工作打下基础。</td></tr>
</table>

数字技术主管岗位职责和工作说明书

<table>
<tr><td>岗位名称</td><td>工程技术部
数字技术主管</td><td>岗位职级</td><td>主管</td><td>岗位代码</td><td>E06</td></tr>
<tr><td>直属上级</td><td colspan="2">工程技术部经理或值班工程师</td><td>直接下级</td><td colspan="2">工程技术部数字技术领班和技术员工</td></tr>
<tr><td colspan="2">主要横向沟通岗位或部门</td><td colspan="4">工程技术部各个系统主管或酒店其他部门主管等</td></tr>
<tr><td colspan="6">职务概述</td></tr>
<tr><td colspan="6">负责酒店所有信息系统的技术管理工作,确保酒店信息系统(硬件和软件)的稳定、可靠和可控运行。</td></tr>
<tr><td colspan="6">岗位任职条件</td></tr>
<tr><td colspan="6">基本素质:1. 意识超前、反应灵活、思维缜密、处事冷静。
2. 掌握现代酒店管理的一般知识和流程。
3. 掌握酒店数字化、信息技术的管理知识和技能。
4. 能和相关部门协调的能力(电信、公安、消防等)。
5. 有组织、指挥信息技术员工,完成酒店所有信息系统运维的能力。
6. 对酒店各类信息系统有全面了解,有较强技术动手能力。
7. 能熟练使用计算机办公应用软件。
8. 有较强的学习和接受新知识的愿望和能力。
教育背景:具有本科及以上学历。
性格要求:喜爱接受新事物和计算机操作、思维活跃。
持证要求:具有工程师专业技术职称或相关计算机职业技术资格证书。
培训经历:受过相关方面的培训和持有相关计算机技术岗资格证书。
工作经历:具有三年酒店工作经历,两年以上酒店信息技术管理经历。
性别要求:男(年轻)</td></tr>
<tr><td colspan="6">岗位职责</td></tr>
<tr><td colspan="6">1. 协助工程技术部总监或工程技术部经理,做好工程技术部工作。
2. 负责整个酒店信息系统技术管理工作。
3. 负责带领酒店工程技术部信息技术组工作。
4. 确保酒店信息系统安全、可靠、可控运行。
5. 组织和完成每年信息技术组新知识的学习和交流工作。
6. 配合人事培训部,做好年度酒店计算机培训计划,并加以监督。
7. 做好每年酒店所有信息系统运维的工作计划、预算。
8. 执行每年工程技术部工作计划、做好预算的执行工作。
9. 不断学习新的信息技术的知识,不断向酒店领导层推荐新技术应用的方案,不断向经营部门建议新技术在经营(包括营销)中的应用,为酒店信息化而积极有效工作。</td></tr>
</table>

冷冻管道主管岗位职责和工作说明书

岗位名称	工程技术部 冷冻管道主管	岗位职级	主管	岗位代码	E07
直属上级	工程技术部经理或值班工程师	直接下级	工程技术部冷冻管道领班和技术员工		
主要横向沟通岗位或部门	工程技术部各个系统主管或酒店其他部门主管等				

职务概述

负责酒店暖通、空调和给排水系统技术管理工作，对酒店所负责的空调系统、暖通、风机、水箱及附件设备设施进行运维管理，对酒店分布式冰箱进行管理维护。确保各大系统在标准工况下运行。

岗位任职条件

基本素质：1. 处事稳重、工作踏实、细致、能吃苦耐劳。
2. 掌握酒店管理的一般知识。
3. 掌握酒店工程维修技术和技能。
4. 有组织、指挥本班组技术员工，完成酒店所管辖的各大系统运维能力。
5. 有较强的酒店机电维修能力。
6. 能掌控酒店空调系统运维。
7. 能掌控酒店暖通系统运维。
8. 能掌控酒店给排水系统的运维。
9. 能熟练使用计算机办公应用软件。
10. 有较强的学习能力。

教育背景：具有大专或中专及以上学历。
性格要求：稳重、仔细，喜欢观察。
持证要求：具有工程师专业技术职称或相关技师技术资格证书。
培训经历：受过相关方面的培训或获得相关职业资格证书。
工作经历：具有 2 年酒店工作经历，一年以上酒店相关工作经历。
性别要求：男

岗位职责

1. 协助工程技术部总监或工程技术部经理，做好工程技术部工作。
2. 负责整个酒店暖通、空调和给排水系统技术管理工作。
3. 负责带领酒店冷冻管道班组工作。
4. 确保暖通、空调和给排水系统安全、可靠、可控运行。
5. 组织和完成每年相关技术复训和交流工作。
6. 制定年度酒店暖通、空调和给排水系统运维的工作计划和预算。
7. 制定年度酒店所管辖的分布式相关设备设施的运维计划和预算。
8. 执行每年工程技术部工作计划和预算的执行工作。
9. 不断学习新的技术并加以推广。

综合技术主管岗位职责和工作说明书

<table>
<tr><td>岗位名称</td><td>工程技术部
综合技术主管</td><td>岗位职级</td><td>主管</td><td>岗位代码</td><td>E07</td></tr>
<tr><td>直属上级</td><td>工程技术部经理或
值班工程师</td><td>直接下级</td><td colspan="3">工程综合技术领班和技术员工</td></tr>
<tr><td colspan="2">主要横向沟通岗位或部门</td><td colspan="4">工程技术部各个系统主管或酒店其他部门主管等</td></tr>
<tr><td colspan="6">职务概述</td></tr>
<tr><td colspan="6">负责酒店分布式和移动式设备设施技术管理工作，即负责对酒店电梯、锅炉、燃气、酒店装潢、环境装饰、PA 小型设备、餐饮厨房、洗衣房等设备进行技术管理工作。对酒店上述设备设施进行维护和保养，且对上述设备设施提出使用规范，保证上述机电设备的完好和正常运行。</td></tr>
<tr><td colspan="6">岗位任职条件</td></tr>
<tr><td colspan="6">基本素质：1. 工作踏实、细心、能吃苦耐劳。
2. 掌握酒店管理的一般知识。
3. 掌握酒店机电设备维修技术和技能。
4. 有组织、指挥本班组技术员工，完成酒店分布式和移动式设备设施运维的能力。
5. 有较强的酒店机电维修能力。
6. 能阅读工程设备图纸、技术使用说明书的能力。
7. 有较强的动手能力。
8. 能协调与设备供应商的关系，使上述设备运维符合相关标准。
9. 能熟练使用计算机办公应用软件。
10. 有较强的学习能力。
教育背景：具有大专或中专及以上学历。
性格要求：吃苦耐劳、喜欢观察、善于沟通。
持证要求：具有工程师专业技术职称或相关技师技术资格证书。
培训经历：受过相关方面的培训或获得相关职业资格证书。
工作经历：具有 2 ~ 3 年酒店工作经历，3 年以上机修管理运行的工作经验。
性别要求：男</td></tr>
<tr><td colspan="6">岗位职责</td></tr>
<tr><td colspan="6">1. 协助工程技术部总监或工程技术部经理，做好工程技术部工作。
2. 负责整个酒店分布式和移动式设备设施技术管理工作。
3. 负责酒店电梯的运维工作。
4. 确保 PA、餐饮厨房、洗衣房等区域的设备设施正常运行。
5. 组织和完成每年相关技术复训和交流工作。
6. 制定年度酒店分布式和移动式设备计划和预算。
7. 制定年度酒店分布式相关设备设施的运维计划和预算。
8. 执行每年工程技术部工作计划和预算的执行工作。
9. 不断学习新的维修技术并加以推广。</td></tr>
</table>

四、酒店工程技术部操作流程和紧急事件预案

酒店工程技术部负责酒店重大工程系统的运行和维护工作。要使酒店的工程系统、设施和设备安全、高效运转，除了有健全的工程技术部制度和岗位职责外，还必须培训技术人员，在平时操作中，还要有一定的技术操作流程。工程技术部的操作流程，能有效提高系统的安全操作和高效运作。酒店工程技术部应该建立一整套对应高难度和突发事件的操作流程和预案。

1. 酒店工程技术部相关技术岗位的操作流程介绍

这类的操作流程，主要针对高难度、技术系数高、有一定操作危险性的岗位，建立操作流程是相当必要，通过实践这类的操作流程可以提高操作的准确性和安全性。下面通过举例加以说明：

(1)电力倒闸操作流程

①高压双电源用户，做倒闸操作，必须事先与供电局联系，取得同意或拉供电局通知后，按规定时间进行，不得私自随意倒闸。和当地供电局联系的电话要设立录音状态并进行完整的录音。

②倒闸操作必须先送合空闲的一路，再停止原来一路，以免用户受影响。

③发生故障未查明原因，不得进行倒闸操作。

④两个倒闸开关，在每次操作后均应立即上锁，同时挂警告字牌。

⑤倒闸操作必须由二人进行(一人操作、一人监护)。

(2)高压设备巡视流程

①值班技术人员必须定期参加有关部门的培训，考试合格后方可上岗。

②值班工作人员应对高压电气设备进行巡视检查，巡视周期为每三小时一次。

③巡视检查工作必须由二人同时进行，其中一人担任监护。

④巡视时不得进行其他操作，不得开柜拉闸断电。

⑤发现异常情况和事故时，应按规定采取相应保护措施，并及时报告主管，如危及人和设备安全时，可按操作规程先断开有关闸刀或者采取其他现场保护措施，然后及时报告主管和变电所有关部门，不得违章操作。

⑥当高压设备发生接地时，室内不得靠近故障点 4 米以内，必须进入时穿绝缘靴，戴绝缘手套。

⑦每次巡视情况，应及时记入在规定的记录本中。

⑧保持高压设备干净整洁，通风良好，物品摆放整齐。

(3)电工检修安全操作流程

①工作前必须检查工具，测量仪表和防护用具是否完好。

②任何电气设备未经验电，一律视为有电，不允许用手触及。

③电气设备不得在运行中拆卸修理，必须在停机后切断电源，取下熔断器，挂上“禁止合闸，有人工作”的警示牌，并验明无电后，方可工作。

④每次工作结束后，必须清点工具，以防遗失和留在设备内造成事故。

⑤设备修理完后，要履行交代手续，共同结束，方可送电。

⑥必须进行带电工作时，要有专人监督，工作时要戴工作帽，穿工作服，戴绝缘手套，使用

有绝缘柄的工具,并站在绝缘垫上工作,邻近带电部分和接地部分应用绝缘板隔开,严禁用锉刀、钢锯作业。

⑦动力配电箱的闸刀开关,禁止带负荷拉闸。

⑧带电装卸熔断器管时,要用绝缘夹钳,站在绝缘垫上工作。

⑨修理和替换熔断器时,要检查熔断器或空气开关的容量要与设备和线路安装容量相适应。

⑩电气设备的金属外壳必须接地(零线)并符合标准,有电不准断开外壳接地线。

(4)消防报警系统技术人员日常巡检工作流程

①日、夜班各到消防中心巡视二次,发现问题,及时处理,并做好记录。如遇不能解决问题,及时向主管汇报。

②保证质量做好每年的消防测试工作。

③每月5日配合安保做一次消防和联动测试,完成对系统的全面技术标准评估。

④周一检查消防中心监控录像,调阅硬盘数据,进行查询。

(5)酒店信息电信技术人员巡检程控机房工作流程

①当班人员每天交接班时,用程控交换机(PABX)控制终端查看程控交换运行情况,并做好记录。

②每天上班9:00查看稳压电源器的电压值和电流值。

③每天下午4:00巡检机房空调机的运转情况和电缆气压,控制机房温度。

④每周一检查中继线的使用情况,遇到阻塞及时处理或报修电信部门。

⑤每月5日检查蓄电池(48VDC)电压,每年12月5日进行充放电操作。

2.酒店工程技术部紧急预案介绍

酒店工程技术部除了制定工作制度、岗位职责,还要制定紧急预案。这样可以保证酒店工程技术部技术人员在遇到紧急情况的时候,能沉着应对。为此还必须建立一系列的紧急预案,来处理紧急事件。下面就以电梯的紧急事件为案例,说明酒店工程技术部紧急预案的建立。

酒店客人电梯困人时的解救预案:

①当电梯因故障困人时,电梯专业人员应通过监视、对讲系统,告知被困人员解救工作正在进行,以示安慰,对监控图像进行定格。

②迅速查清故障电梯是否平层。

如故障电梯平层或在门区,可采用以下措施解救:

迅速吊出困人电梯号(如:#1,#2,#3等)并键入开门信号"OD",让其开门放出被困人员。如果不成功,采取下面的步骤。

◇　按动困人电梯开门接触器让其开门放出被困人员。

◇　迅速关闭门机电源,使门机处于失电状态。电梯工作人员迅速赶至现场或动员被困人员,拉开电梯门,放出被困人员。

如故障电梯不在门区或不平层,可采用以下措施解救:

◇　如非门机故障并皮带未断情况下(门刀未张开),可临时跨接回路用电梯检修速度将轿厢移至门区或平层,去除跨接连线,选择采取上面步骤,打开电梯门,放出被困人员。

③如因门机故障并皮带已断(门刀张开)情况下,电梯工作人员必须赶到现场,将厅门打

开，在条件允许的情况下，通知机房，转检修按下急停按钮，工作人员合拢门刀，并打开轿厢门，救出被困人员。

④因突发停电引起的人员被困解救方法。

因突发停电使人员被困于电梯中，如电梯在门区或平层中即可采取上述方法解救方法操作。如电梯不在门区或不平层，工作人员必须快速赶至现场，打开停门，扎拢门刀后，通知机房，用专用工具（松闸扳手）松闸，溜车至门区或平层，也可以用上述方法操作。

上面通过客人电梯的紧急预案，来说明酒店工程的紧急预案的重要性。在酒店层面更可以建立更高层次的紧急预案，如火警紧急预案等。这些预案是酒店处置重大事件的必要保障。上面仅仅是案例，每个酒店应该根据自己的实际情况，建立必要的事件紧急预案。

第三节　酒店工程技术部与酒店运营

酒店工程技术部在酒店经营管理中的作用和地位，一直是争议其地位，有的认为很重要，有的认为是二线部门等。其实种种认识，都是从酒店自身规模、类型和酒店自身发展周期有关联的。在第 1 章中对此进行了清晰的描述。在这个章节讨论酒店工程技术部制度和岗位责任制的最后，进行酒店工程技术部和酒店前台经营的关系的探讨。

一、相互融合和不断交叉的关系

我国酒店业从改革开放后开始，取得了高速度的发展。工程技术部作为酒店开业前的重要和必需的部门，发挥了必要的作用。但从酒店业这个业态和酒店自身发展高度看，酒店的工程技术部和酒店的各个部门是一个相互融合的关系。融合关系是指在酒店的规划、筹建、建设、试营业、营业、再装修改造等“产品周期”过程中，酒店工程技术部和其他各个部门是你中有我、我中有你，谁都离不开谁。这种相互融合的关系表现为以下几个方面：

①工程技术部是酒店的工程技术部门，酒店的营业离不开酒店的“硬件”，是经营的基础。

②酒店业的发展，需要在酒店规划开始，就有市场定位、经营销售的引领的元素加入，由此工程技术的规划、设计等阶段就开始和酒店的前台经营融合了。

③酒店的正式营业阶段，工程技术部作为酒店的一个能源、维修管理部门，在经营管理中起到举足轻重的作用，该部门必须在站酒店企业高度认识和处理问题，既要掌握好费用的使用，执行好年度计划，又要保障酒店的前台经营。这个过程就是和前台经营部门不断融合的过程。酒店工程技术部的费用控制，直接影响到整个酒店企业的经济效益。

④是不断交叉的关系，时代的发展会出现新的技术、新的管理理念、新的模式、新的业态等，这些都会影响酒店的发展。如：信息化和工业化的融合，使得酒店的管理、营销发生了根本的变革。工程技术部一定要起到引进新技术到酒店的领头羊的作用。如：酒店的数字化高新技术、计算机技术引进、应用是工程技术部的重要责任。节能技术的不断应用，工程技术部应担当起当仁不让的作用。这样和前台经营是分不可的。工程技术部要不断支持前台的新技术应用。

⑤酒店业的发展，在组织架构上也会发生变革。如：现在许多酒店成立“网络营销部”或者“新媒体营销部”等。这些都是营销加网络技术的产物。从酒店企业的角度就是营销部门和工

程技术部结合的产物,是融合和交叉的结晶。

二、酒店前后台是共同体的关系

酒店的工程技术部和酒店其他部门是共同体的关系,这个可以用“冰山效应”表述,酒店工程技术部在酒店经营中,是在海水下面的。但不管是海水上面,还是海水下面,彼此不能分离,在市场竞争上是一个共同体的关系。企业之间的竞争就像“冰山的碰撞”不仅仅海平面上(图10-6),更多的是在海平面以下进行“竞争”。工程技术部在“海平面”以下,担当起市场竞争的重要角色,该部门必须“托起”酒店的经营,为前台服务提供有力和新的技术保障,从而在市场上和同行或者其他行业、企业竞争、碰撞。在这个前提下,酒店的所有部门是在一个“共同体”下生存、协同作战并取得成就。

图 10-6　冰山效应

章节练习

论述题

1. 试论述酒店管理制度和岗位职责的联系与区别。
2. 试论述酒店工程技术部与前台经营管理的关系。

参考文献

[1] 中华人民共和国文化和旅游部官网. https://www.mct.gov.cn.

[2] 迈点网. https://www.meadin.com.

[3] 国家质量监督检验检疫总局,国家标准化管理委员会. 旅游饭店星级的划分与评定:GB/T 14308—2010[S]. 2010-10-18.

[4] 国家质量监督检验检疫总局. 标志用公共信息图形符号:第2部分 旅游设施与服务符号:GB/T 10001.2—2002[S]. 2002-06-13.

[5] 黄崎. 旅游电子商务[M]. 上海:上海交通大学出版社,2021.

[6] 黄崎,杜鑫可. 旅游电子商务基础[M]. 北京:中国旅游出版社,2018.

[7] 朱承强,曾琳. 现代酒店营销实务[M]. 武汉:华中科技大学出版社,2016.

[8] 李伟清. 酒店运营管理[M]. 重庆:重庆大学出版社,2018.

[9] 陈为新,黄崎,杨荫稚. 酒店管理信息系统教程——Opera 系统应用[M]. 2版. 北京:中国旅游出版社,2016.

[10] 顾东晓,王敏. 电子商务实用基础教程[M]. 北京:清华大学出版社,2012.

[11] 黄崎,康健成,黄晨皓. 基于传感器网络的智慧酒店系统研究[J]. 计算机时代,2015(7):277.

[12] Qi Huang. Construction of the Comprehensive Energy Consumption Assessment Model for Star-rated Hotels and the Difference Analysis[J]. Journal of Resources and Ecology,2015,6(5):164-171.

[13] Qi Huang. The Research on Establishing Monitoring Reporting Verification (MRV) of Carbon Emission in Hospitality[J]. Advanced Materials Research, 2014(4): 962-965.

[14] Qi Huang. The Research on the Potential of Energy Saving and Emission Reduction in Hospitality[J]. Applied Mechanics and Materials, 2013(9): 448-453.

[15] 黄崎. 基于智慧旅游阈值的智慧酒店应用发展研究[J]. 电子商务,2017,213(9):1-3.

[16] 黄崎,康健成,张建业. 酒店业碳排放基准线的构建与节能减排实证研究[J]. 旅游科学,2017,31(4):79-94.

[17] 黄崎,梁雅丽,余杨. 基于智慧酒店综合技术应用的课程体系研究[J]. 电子商务,2018,222(6):87-90.

[18] 黄崎. 区块链高新技术在旅游互联网中应用的挑战[J]. 软件,2019(12):90-96.

[19] 白琳. 酒店电子商务[M]. 广州:暨南大学出版社,2010.

[20] 黄崎. 基于 SAAS 模式下的酒店决策支持系统(HDSS)[J]. 电子商务,2012(9):55-57.

[21] 黄崎,康建成,黄晨皓.酒店业碳排放评估与节能减排潜力研究[J].资源科学,2014,36(5):1013-1020.

[22] Wang X, Li J F, Zhang Y X. An analysis on the short-term sectoral competitiveness impact of carbon tax in China[J]. Energy Policy, 2011, 39(7):4144-4152.

[23] 李彬,卢超,曹望璋,等.基于区块链技术的自动需求响应系统应用初探[J].中国电机工程学报,2017(13):3691-3702.

[24] 袁勇,王飞跃.区块链技术发展现状与展望[J].自动化学报,2016(4):481-494.

[25] 郝珍珍,李健.我国碳排放增长的驱动因素及贡献度分析[J].自然资源学报,2013,28(10):1664-1673.

[26] 黄崎.打造"智慧型酒店"[J].上海企业,2011(11):75-76.

[27] 王淑玲,李云.电子商务时代酒店微博营销分析[J].电子测试,2016(8):158+149.

[28] 黄崎.宾馆经营管理与物联网的融合[J].上海企业,2010(11):63-65.

[29] 贝宇倩.酒店微博营销效果影响因素及效果评估研究[D].杭州:浙江工商大学,2015.

[30] Putra E H, Supriyanto E, Din J B, et al. Cross Layer Design of Wireless LAN Based on H.264/SVC and IEEE802.11e[C]//Proc. Of International Conference on Electrical Engineering and Informatics. Bangung, Indonesia: IEEE Press, 2011.